Leben durch chemische Evolution?

Hans R. Kricheldorf

Leben durch chemische Evolution?

Eine kritische Bestandsaufnahme von Experimenten und Hypothesen

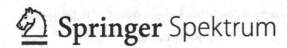

Springer Spektrum

Hans R. Kricheldorf
Institute for Technical and Makromolekular
Chemistry, Universität Hamburg
Hamburg, Deutschland

ISBN 978-3-662-57977-0   ISBN 978-3-662-57978-7   (eBook)
https://doi.org/10.1007/978-3-662-57978-7

Die Deutsche Nationalbibliothek verzeichnet diese Publikation in der Deutschen Nationalbibliografie; detaillierte bibliografische Daten sind im Internet über http://dnb.d-nb.de abrufbar.

Springer Spektrum
© Springer-Verlag GmbH Deutschland, ein Teil von Springer Nature 2019

Einbandabbildung: © deblik Berlin
Verantwortlich im Verlag: Rainer Münz

Springer Spektrum ist ein Imprint der eingetragenen Gesellschaft Springer-Verlag GmbH, DE und ist ein Teil von Springer Nature
Die Anschrift der Gesellschaft ist: Heidelberger Platz 3, 14197 Berlin, Germany

*Nichts setzt dem Fortgang der Wissenschaft
mehr Hindernis entgegen, als wenn man zu
wissen glaubt, was man nicht weiß.*

Georg Christoph Lichtenberg

Vorwort

Etwa neunzig Jahre Forschung zu der Thematik „Chemische Evolution und der Ursprung des Lebens" haben schätzungsweise an die Tausend Publikationen zur Folge gehabt, darunter auch zahlreiche Übersichtsartikel zu Teilbereichen sowie Bücher zur gesamten Thematik. Der potenzielle Leser kann daher mit Recht fragen, was es in einem weiteren Buch Neues zu sagen gibt, zumal es sich nicht um einen Fortschrittsbericht handelt, der nur den neuesten Stand der Forschung kommentieren soll. Die Antwort ergibt sich, erstens, aus der Beobachtung des Autors, dass fast alle Bücher und Übersichtsartikel, die von Wissenschaftlern zu diesem Thema geschrieben wurden, aus einer optimistischen, meist sogar überoptimistischen Grundhaltung heraus entstanden sind. Eine solche Grundhaltung ist für Wissenschaftler naheliegend, die viele Jahre, oft die gesamte Arbeitszeit ihres Lebens, der Bearbeitung von Fragestellungen zum Ablauf einer chemischen bzw. molekularen Evolution gewidmet haben. Dabei ergibt es sich, dass das Konzept einer chemischen Evolution hin zur ersten lebenden Zelle von einer Arbeitshypothese zur festen Überzeugung mutiert. Wenn aber anstelle einer unbewiesenen Hypothese eine feste Überzeugung von deren Richtigkeit tritt, dann ergibt sich das von allen Gläubigen einer Ideologie oder Religion bekannte Phänomen, dass Objektivität schwindet, störende Fakten ignoriert und fehlende Beweise durch Wunschdenken ersetzt werden. Es war daher die primäre Zielsetzung dieses Buches, die vorliegenden experimentellen Befunde und ihre Interpretation auf ihre Beweiskraft zugunsten einer chemischen Evolution hin zu beurteilen.

Der zweite Teil der Antwort ergab sich aus der Beobachtung, dass keiner der dem Autor bekannten Übersichtsartikel oder Bücher von einem Chemiker verfasst wurde, der auf den Gebieten Polykondensation und Polypeptidsynthese umfangreiche Erfahrung gesammelt hatte. Es war daher weiteres Anliegen des vorliegenden Buches, die bislang bekannten Modellexperimente und Untersuchungen von Meteoriten auch nach Maßstäben der Polymerchemie zu analysieren und zu bewerten. Demzufolge wurde den Kapiteln, die sich mit den experimentellen Ergebnissen befassen, ein Kapitel (Kap. 3) vorangestellt, in dem die Charakteristika der für eine chemische Evolution relevanten Polymerisationsprozesse dargelegt und diskutiert werden. Dabei kommt auch zur Sprache, dass die Polykondensationsprozesse, die für den Fortschritt der chemischen Evolution hin zu Biopolymeren postuliert werden, schon vom Prinzip her völlig verschieden sind von denjenigen Polymerisationen, die im lebenden Organismus die Entstehung von Biopolymeren ermöglichen. Wie dieser gravierende Unterschied im Lauf einer chemischen Evolution überwunden werden konnte, wird ebenfalls diskutiert.

Die Erforschung der hypothetischen chemischen Evolution ausgehend von Reaktionen einfachster Bausteine wie CH_4, CO_2, N_2 und H_2O bis hin zu Proteinen, Nucleinsäuren und den Urzellen wird in der angelsächsischen Literatur üblicherweise als *bottom-up approach* bezeichnet, während die Erforschung von Zusammensetzung und Eigenschaften der primitivsten möglichen Zelle *top-down approach* genannt wird. Das vorliegende Buch bezieht sich ausschließlich auf den *bottom-up approach*. Eine gute Übersicht über die Forschung auf dem Gebiet des *top-down approach* und der *minimal cell theory* findet sich z. B. in dem Buch *The Emergence of Life* von P. L. Luisi (2006).

Wenn die an vielen Stellen geäußerte Kritik an der Interpretation von Ergebnissen des *bottom-up approachs* den einen oder anderen Leser zu neuen Experimente stimulieren sollte, dann hat dies Buch seinen Zweck erreicht. Es war jedenfalls nicht die Absicht des Autors, den Leser mit einer neuen Hypothese oder gar Pseudoreligion zur Entstehung des Lebens zu beglücken.

Hans R. Kricheldorf

Danksagung

Bei der Fertigstellung dieses Buches wurde ich von mehreren Freunden und Bekannten unterstützt, für deren Hilfe ich mich an dieser Stelle bedanken möchte. Prof. Saber Chatti (INRAP, Tunesien) und Dr. F. Scheliga (TMC, Hamburg) haben die zahlreichen Formeln gezeichnet. Frau Britta Peters und Yvonne Köhn (Bibliothek, FB Chemie, Hamburg) haben mir zahllose Kopien wissenschaftlicher Publikationen sowie viele der zitierten Bücher beschafft. Frau Anja Groth (Springer-Verlag) und Herr Florian Neukirchen (Copy Editing) haben sich um die Überarbeitung des Manuskriptes verdient gemacht. Dr. Rainer Münz (Springer-Verlag) hat sich für die Finanzierung und Drucklegung des Buches eingesetzt.

Inhaltsverzeichnis

Abkürzungsverzeichnis

A	Adenosin
Abu	Aminobuttersäure
Aibu	Aminosiobuttersäure
Ala	Alanin
AMP	Adenosinmonophosphat
Arg	Arginin
AS	Aminosäure
Asn	Asparagin
Asp	Asparaginsäure
ATP	Adenosintriphosphat
C	Cytidin
CCP	Condensative Chain Polymerization (Kondensative Kettenpolymerisation)
CDI	Carbonyldiimidazol
CMP	Cytidinmonophosphat
Cys	Cystein
d	desoxy, kennzeichnet ein Nucleosid, Nucleotid, das auf 2-Desoxyribose basiert.
Deca(T)	Decatymidylsäure (Decatymidinmonophosphat); korrekt wäre Deca(Tp)
DNA	Desoxyribonucleinsäure (die auf em englischen Acid basierende Abkürzung is auch im Deutschen Standard)
Dodeca(T)	Dodecatymidylsäure (Dodecatymidinmonophosphat); korrekt wäre Dodeca(Tp)
EiRG	Evolution im Reagenzglas
Gln	Glutamin
Glu	Glutaminsäure
GMP	Guanosinmonophosphat, Guanylsäure
Gly	Glycin
Gly-Gly	Glycylglycin
Hexa(T)	Hexatymidylsäure; korrekt wäre hexa(Tp)
His	Histidin
IDPs	Interstellar Dust Particles (interstellare Staubpartikel)

Ile	Isoleucin
Leu	Leucin
Lys	Lysin
Met	Methionin
NCA	N-Carbocyanhydrid (einer α-Aminosäure)
N-Me-Ala	N-methylalanin
norLeu	Norleucin
O-Phos-Ser	O-Phosphorylserin
Orn	Ornithin
p	Phosphordiestergruppe, die zwei Nucleoside über 3′-5′-OH Gruppen verknüpft (z. B. ApA)
Phe	Phenylalanin
Poly(A)	Polyadenylsäure
prAS	proteinogene Aminosäure
Pro	Prolin
RNA	Ribonucleinsäure (die auf dem englischen Acid basierende Abkürzung ist auch im Deutschen Standard).
sAMP	Cycloadenosinmonomophosphat
Sar	Sarcosin
Ser	Serin
SIP	Salt Induced Polycondensation (Salz induzierte Polykondensation
T	Thymidin
TAD	Thiazolidin-2,5-dion
tert.Leu	Tertiärleucin
TMP	Thymidinmonophosphat, Thymidylsäure
TOO	Thiooxooxazolidin-5-on
Trp	Tryptophan
Tyr	Tyrosin
U	Uridin
UMP	Uridinmonophosphat, Uridylsäure
Val	Valin

Einleitung

1

> *[In science] the last court of appeal is observation and experiment and not authority.*
>
> Thomas Huxley

Inhaltsverzeichnis

1.1 Was heißt Leben?

Wenn man sich mit der Frage beschäftigt, ob und wie Leben durch chemische Evolution entstanden sein kann, dann sollte man auch in der Lage sein, das Ziel, also Leben, klar zu benennen. Zu diesem Punkt hat sich allerdings der Schriftsteller Arthur Schnitzler sehr skeptisch geäußert: „Was Leben ist, vermag kein Wissenschaftler zu sagen." Dennoch haben sich zahlreiche Wissenschaftler mit der Frage, wie das Phänomen Leben zu definieren sei, ausführlich auseinandergesetzt, und an dieser Stelle soll nur eine Zusammenfassung verschiedener Aspekte dieser Problematik präsentiert werden, weil der Schwerpunkt dieses Buches eine ausführlichere Diskussion dieser Thematik nicht erfordert. Ausführliche Abhandlungen zu diesem Thema finden sich zum Beispiel in den Büchern folgender Autoren: Bernal (1951, 1967, 1971), Folsome (1979), Chyba und McDonald (1995), Rizzotti (1996), Palyi et al. (2002), Popa (2004), Luisi (2006).

Allein die Vielzahl der Definitionsversuche zahlreicher Wissenschaftler zeigt schon, dass es eine einfache und präzise Definition, welche die Mehrheit der Wissenschaftler zufrieden stellt, wohl nicht gibt und nicht geben kann. Was heißt hier einfach und präzise? Es gibt eine in Latein kurz und präzise gefasste

Gebrauchsanweisung für die Formulierung einer Definition: „Definitio fit per genus proximum et differentia specifica" (eine Definition erhält man durch Wahl eines geeigneten Überbegriffs in Kombination mit der Benennung spezifischer Unterschiede/Eigenschaften). Nach diesem Schema lassen sich zwar fast alle lebenden und toten Objekte oder auch Vorgänge definieren, aber nur wenn ein Überbegriff vorhanden ist, und an solch einem geeigneten Überbegriff fehlt es, wenn es darum geht, Leben zu definieren. Versuche Leben zu definieren haben daher einen mehr oder minder beschreibenden Charakter, wobei es natürlich von der Forschungsrichtung und vom Weltbild des jeweiligen Autors abhängt, wo der Schwerpunkt der „Beschreibung" liegt.

F. Crick hat in seinem Buch *Life Itself* (1983) diesen Aspekt folgendermaßen formuliert:

> Perhaps the best way to approach the problem [definition of life] is to describe what we know of the basic processes of life, stripping of the skins of the onion until there is little or nothing left, and then to generalize what we have discovered.

Dazu kommt, dass zahlreiche Wissenschaftler des 19. Jahrhunderts im Hinblick auf eine molekulare Evolution eine präzise Definition auch nicht für sinnvoll hielten, weil sie den Übergang von noch nicht lebender Materie zu einem lebenden Organismus eher für kontinuierlich denn für sprunghaft halten. Zwischen einem Konglomerat unbelebter Materie und primitiven Lebewesen wurde kein qualitativer Unterschied gesehen, sodass während der Evolution der ersten Zellen ein kontinuierlicher Übergang naheliegend schien. Diese Denkrichtung findet sich schon bei den Biologen und Philosophen F. Rolle (1863), Ernst Häckel (1868) und W. Pryer (1880). Da zur damaligen Zeit wenig über die Struktur von Proteinen und nichts über die Struktur von Polynucleotiden bzw. Nucleinsäuren bekannt war, sahen sich diese Autoren auch nicht veranlasst, ihre Vorstellungen vom kontinuierlichen Übergang chemisch zu präzisieren.

Schließlich empfiehlt es sich, die weithin bekannte Aussage des Biochemikers T. Dobzhansky (1991) im Hinterkopf zu behalten: „Nothing in biology makes sense except in the light of evolution". Vor dem Hintergrund dieser Einsichten sollen nun einige Definitionsversuche und Beschreibungen von Leben und Lebewesen vorgestellt werden, die einen repräsentativen Querschnitt durch die Vielzahl diesbezüglicher Aussagen darstellen.

Ein früher Versuch, schon aus dem Jahre 1820, stammt von S. T. Coleridge, der aber nur eine sehr schwammige Formulierung zu bieten hat:

> I define life [...] as a whole that is presupposed by all its parts.

Eine überraschend frühe Definition/Beschreibung des Lebens findet sich auch schon bei dem Biologen und Geschichtsphilosophen F. Engels (1894), für den Leben vor allem in Struktur und Stoffwechsel von Proteinen bestand:

> Leben in seiner niedrigsten bis zu seiner höchsten Form ist nichts anders als die normale Daseinsform der Eiweißkörper.

Über die Rolle von Nucleinsäure konnte F. Engels zu diesem Zeitpunkt noch nichts wissen.

Eine Betonung des eigenständigen Stoffwechsels findet sich in dem von Varela (1974) und Maturana (1980) entwickelten Begriffs der „Autopoiesis" wieder (wörtlich: Aufrechterhaltung seiner selbst). In Poerksen (2004) schrieb Maturana:

> Whenever you encounter a network whose operations eventually produce itself as a result you are facing an autopoietic system. It produces itself.

In den meisten Definitionen und Beschreibungen der fundamentalen Eigenschaften erster lebender Organismen findet sich nach 1950 der Gedanke der Selbstreproduktion als roter Faden wieder. Zu den ersten Definitionen, die den Aspekt der Selbstvermehrung beinhalten, gehört z. B. die Aussage von N. H. Horowitz (1959):

> I suggest that these three properties – mutability, self-dublication and heterocatalysis – comprise a necessary and sufficient definition of living matter.

Im Jahre 1961 präsentierte A. I. Oparin eine Charakterisierung lebender Organismen auf Basis folgender sechs Eigenschaften: 1) Fähigkeit, Stoffe mit der Umgebung auszutauschen, 2) Fähigkeit zu wachsen, 3) Fähigkeit zur Vermehrung *(population growth),* 4) Fähigkeit zur Selbstreproduktion, 5) Fähigkeit zur Bewegung, 6) Fähigkeit, angeregte Zustände anzunehmen.

Eine ganz neue Charakterisierung stammt von V. Kubyshkin et al. (2017):

> Life can thus be defined as a process shaped by two forms of causality: (i) deterministic laws of chemistry and physics (Natural Laws) and (ii) a genetic program that determines all biological activities and phenomena.

Schließlich rückte der Aspekt der Evolution in den Vordergrund. Von C. H. Waddington (1968):

> [...] it might be claimed that the most important fact about them [living objects] is that they take part in the long term process of evolution

Von J. T.-F. Wong (2002) stammt diese Aussage:

> A living system is one capable of reproduction and evolution, with a fundamental logic that demands an incessant search for performance with respect to the building blocks and arrangement of these building blocks. The search will only end when perfection or near perfection is reached.

Eine große Akzeptanz hat in den letzten 20 Jahren die sogenannte NASA-Definition gefunden:

> Life is a self-sustained chemical system capable of undergoing Darwinian evolution.

Nach all diesen unterschiedlichen Versuchen Leben zu definieren oder zumindest kurz und präzise zu beschreiben ist es im Hinblick auf den Zweck dieses Buches wichtig, eine Aussage des Nobelpreisträgers J. W. Szostak (2012) zu zitieren:

> Attempts to define life do not help to understand the origin of life.

Nun ist allen diesen Beschreibungen oder Definitionen gemeinsam, dass sie sich auf ein Phänomen beziehen, das auf chemischen Reaktionen von Molekülen beruht, die fast ausschließlich aus den Elementen Kohlenstoff, Wasserstoff, Stickstoff und Sauerstoff bestehen. Es gibt aber auch einige wenige Autoren, die den Begriff Leben wesentlich weiter definieren wollen. So hat z. B. der anorganische Chemiker und theoretische Biologe A. Cairns-Smith, wie in Abschn. 2.4 näher beschrieben, den vielgestaltigen Silikaten eine Art Eigenleben zugetraut. Dabei spielt aber Wasser immer noch das entscheidende Reaktionsmedium. Der Biochemiker R. Shapiro und der Physiker G. Feinberg plädieren gemeinsam dafür (1990), Leben und Lebensräume sehr viel weiter zu fassen, als es durch die Struktur der Erdoberfläche und der sich darauf abspielenden Prozesse vorgegeben ist. Diese Autoren vertreten die Ansicht, dass Leben die Aktivität einer ganzen Biosphäre ist, und eine Biosphäre „is a highly ordered system of matter and energy characterized by complex cycles that maintain or gradually increase the order of the system through an exchange of energy with its environment". Reproduktion und Unterteilung in Arten und einzelne Organismen sind Strategien, die für die Erde typisch sind, aber an anderen Orten im Weltall könnten sich andere Mechanismen entwickelt haben, die dafür sorgen, dass die dort existierende materielle und energetische Ordnung erhalten wird oder zunimmt.

Daher schlagen Sie vor, dass auch geordnete sich wiederholende Zyklen chemischer Reaktionen im flüssigen Ammoniak kalter Planeten oder oberhalb von 1000 °C in Silikatschmelzen heißer Planeten als eine Art Leben gemäß ihrer Definition angesehen werden kann. Sie gehen sogar soweit, ihre Sicht von Leben auf Systeme auszudehnen, in denen es nur physikalische Veränderungen, aber keine chemischen Reaktionen mehr gibt. Ordnung könnte z. B. aufrechterhalten werden oder zunehmen beim Energieaustausch und bei Dichteschwankungen im Plasma heißer Sterne, im Strahlungsmuster interstellarer Wolken oder im festen Wasserstoff extrem kalter Planeten.

Nun ist es in den Naturwissenschaften sicherlich sehr nützlich, den geistigen Horizont zu erweitern und originelle Ideen zu entwickeln. R. Shapiro und G. Feinberg sind aber hier, wie viele andere Wissenschaftler in andern Fällen auch, der Versuchung erlegen, immer mehr Aspekte in eine nützliche und bedeutende Definition hineinzupacken, um die Bedeutung dieser Aspekte zu erhöhen oder vermeintlich besser erklären zu können. Für diese auch bei Philosophen zu beobachtende Tendenz hat der Wissenschaftstheoretiker S. Toulmin (1968) das folgende schöne Bild formuliert: „Definitionen sind wie Hosengürtel. Je kürzer sie sind, desto elastischer müssen sie sein. Ein kurzer Gürtel sagt noch nichts über seinen Träger, wenn man ihn hinreichend dehnt, kann er fast jedem passen. Und eine kurze Definition, die auf eine heterogene Sammlung von Beispielen angewandt wird, muss gedehnt, qualifiziert und umgebaut werden, bevor sie auf jeden Fall passt."

Diese Tendenz geht aber nach Ansicht des Autors in die falsche Richtung. Definieren heißt umgrenzen oder eingrenzen und nicht expandieren. Definitionen machen eine Verständigung zwischen Wissenschaftlern überhaupt erst möglich, und zwar umso besser, je enger, präziser und damit unmissverständlicher sie sind. Für das vorliegende Buch beschränkt sich der Autor daher auf Leben als ein Phänomen, das auf chemischen Reaktionen von Molekülen beruht, die im Wesentlichen aus den Elemente C, H, N und O aufgebaut sind.

1.2 Warum Leben durch chemische Evolution?

Zunächst soll hier geklärt werden, was unter dem Begriff „chemische (molekulare) Evolution" zu verstehen ist. Dazu soll zunächst A. G. Cairns-Smith (1982) zitiert werden (vom Autor übersetzt):

> [...] die Doktrin der chemischen Evolution beinhaltet einfach: 1) dass Leben aus Systemen entstanden ist, für die die normalen Gesetze der Physik und Chemie gelten, 2) dass es einen präbiotische Prozess gegeben hat, einen natürlichen Trend analog der biologischen Evolution, der von Atomen zu kleinen Molekülen und dann zu größeren Molekülen fortgeschritten ist, und schließlich zu Systemen, die zur Reproduktion und Evolution unter natürlicher Selektion befähigt waren, 3) dass, die im präbiotischen Prozess relevanten Moleküle den in heutigen Lebewesen vorkommenden Molekülen gleichen. Die bezüglich Punkt 3) von dieser Charakterisierung abweichende Sichtweise von Cairns-Smith wird in Abschn. 2.5 beleuchtet.

Die Frage, „warum soll die Entstehung von Lebewesen als Folge einer chemischen Evolution erklärt werden?", wurde schon von A. I. Oparin (1924, 1938, 1953, 1957, 1961), dem Vater der molekularen Evolutionsforschung, beantwortet: „Wie soll man ein Phänomen untersuchen, das bestenfalls nur einmal in der ganzen Existenzdauer der Erde vorgekommen ist?" Der Biologe C. DeDuve formulierte in seinem Buch 2002: „Die Wissenschaft vom Ursprung des Lebens muss eine deterministische kontinuierliche Entwicklung [d. h. chemische Evolution] annehmen, da es andernfalls unmöglich wäre, wissenschaftliche Untersuchungsmethoden anzuwenden." In anderen Worten: Nimmt man einen einmaligen Schöpfungsvorgang an, gleichgültig ob er von einem individuellen Gott oder einer anonymen Kraft verursacht wurde, dann sind die Naturwissenschaftler zum Thema Entstehung des Lebens arbeitslos.

- *Urknall*
- Energie (Strahlung)
- Nucleonen (Protonen, Neutronen)
- Atomkerne

- Atome inklusive der Elektronen
- Einfache Moleküle (Gase)
- Organische Moleküle (inkl. Biomonomere)
- Einfache kurze Biopolymere
- Proteine, Nucleinsäuren
- Aggregate aus Proteinen und Nucleinsäuren
- Vesikel mit eigenem Stoffwechsel
- Einzelliger Organismus

Schema 1.1 Vereinfachte Darstellung der Evolution der Materie seit dem Urknall, wie sie sich als Konsequenz fallender Temperaturen ergeben haben könnte.

Nun ist der Einsatzwille von Wissenschaftlern, zum Thema Entstehung des Lebens Forschungsarbeiten zu leisten, sicherlich eine sehr löbliche Eigenschaft, aber sie ist *per se* kein Beweis dafür, dass es eine chemische Evolution gab. Wenn man die verschiedenen Konzepte, mit denen die Entstehung des Lebens erklärt wurden, auf ihre Grundelemente hin analysiert, so ergibt sich folgendes Bild:

- Hypothese I: Die rein wissenschaftliche Sichtweise einer chemischen Evolution besagt, dass diese von den einfachsten Gasmolekülen ausgehend aufgrund von Naturgesetzen zwangsläufig einen Verlauf hin zur ersten überlebensfähigen und fortpflanzungsfähigen Zelle eingeschlagen hat. Von diesem Konzept einer „gerichteten Evolution" gibt es zwei sehr verschiedene Varianten.

A) Die hier zuerst diskutierte Variante soll als reduktionistisch-deterministisch bezeichnet werden. Diese Hypothese postuliert, dass die mit dem Urknall beginnende stetige Abkühlung des Universums eine Entwicklung der Materie in Gang setzte, die schließlich in der Entstehung der ersten lebenden Zellen mündete. Schema 1.1 illustriert eine vereinfachte Sequenz der Ereignisse. Reduktionistisch heißt, dass sich die Eigenschaften eines Objektes A vollständig aus den Eigenschaften seiner Komponenten B, C und D erklären lassen. Der Biophysiker und Nobelpreisträger M. Eigen hat sich 1971 dafür ausgesprochen, dass sich die Entstehung eines selbstorganisierenden und fortpflanzungsfähigen Stoffwechsel-Superzyklus im Prinzip aus den wellenmechanisch berechenbaren Eigenschaften von Atomen und Molekülen sowie aus günstigen experimentellen Reaktionsbedingungen, wie sie auf der Urerde vorgelegen haben müssen, erklären lässt. Dazu C. DeDuve (1991): „Given the suitable initial conditions, the emergence of life is highly probable and governed by the laws of chemistry and physics". Ein anderer Exponent dieser Denkrichtung, der Biophysiker H. J. Morowitz, schrieb (1992, S. 3): „Only if we assume that life began by deterministic processes on the planet are we full able to pursue the understanding of life's origin within the constraints of normative science". (S. 13) „We also reject the suggestion of Monod that the origin requires a series of highly improbable events [...]". (S. 121) „We have no reason to believe that biogenesis was not a series of chemical events subject to all the laws governing atoms and their interactions".

Der Biologe C. DeDuve (2002) hat diese Hypothese auch als deterministisch-kontinuierlich bezeichnet und dazu folgende weit bekannte und vielfach zitierte Aussage getätigt (S. 298):

> It is self-evident that the universe was pregnant with life and the biosphere with man. Otherwise, we would not be here. Or else, our presence can be explained only by a miracle [...]

Der reduktionistisch-deterministische Ansatz ist ein rein wissenschaftliches, konsistentes Konzept, dessen Glaubwürdigkeit sich durch Forschungsergebnisse zur Möglichkeit einer chemischen Evolution weitgehend beweisen oder widerlegen lässt. Dazu nochmals DeDuve (1991):

> The science of the origin of life has to adopt the deterministic, continuity view, otherwise it would not be possible to adopt a scientific method of inquiry.

In Kap. 4 und zum Schluss dieses Buches (Abschn. 11.3 und 11.4) präsentiert der Autor seine Beurteilung dieses Konzeptes.

B) Die zweite Variante kommt zwangsläufig ins Spiel, wenn die reduktionistische Hypothese nicht hinreichend bewiesen werden kann. Hypothese I (B) postuliert, dass der gerichtete Verlauf der chemischen Evolution auf einer Naturgesetzlichkeit beruht, die ergänzend zu den reduktionistischen chemischen und physikalischen Gesetzen dafür sorgt, dass die beteiligten Moleküle die Zielrichtung der Evolution gekannt haben. Die Wissenschaftler des 19. Jahrhunderts (und davor) hätten wohl den damals virulenten Begriff der *vis vitalis* zu Hilfe genommen. Die antireduktionistischen Wissenschaftler des 20. und 21. Jahrhunderts sprechen von einem *added value,* der beim Übergang von einer Aggregation toter Biomoleküle zu einer lebensfähigen Zelle hinzukommen muss. Der erste und wichtigste wissenschaftliche Denkansatz in dieser Richtung stammt von dem Nobelpreisträger I. Prigogine, der die Entstehung geordneter, „dissipativer" Strukturen postuliert und berechnet hat. Er hat die Rolle der Zeit als irreversiblen Zeitpfeil für das Verständnis aller Lebensvorgänge in die Betrachtung einbezogen, und er hat dargelegt, dass die Lebensprozesse kinetisch kontrollierte irreversible Reaktionen sind, die ständiger Energiezufuhr bedürfen, weil sie, auf der Ebene der einzelnen Zelle betrachtet, nicht auf Entropiegewinn ausgerichtet sind. Unter besonderer Berücksichtigung deutscher Texte sind hier folgende Bücher zu nennen: Prigogine 1955, 1992 und 1998, Prigogine und Glansdorff 1971, Nicolis und Prigogine 1977, Prigogine und Stengers 1993a und b. Als frühe Zusammenfassung mit Beiträgen andere Autoren sei hier das Buch *Irreversible Thermodynamics and the Origin of Life* der Herausgeber Oster et al. (1974) zu nennen.

Es muss nun an dieser Stelle hervorgehoben werden, dass jegliches Konzept einer gerichteten chemischen Evolution den Schönheitsfehler hat, dem heutigen Verständnis der biologischen Evolution zuwiderzulaufen. Das heutige Verständnis der biologischen Evolution sieht nicht vor, dass mit Beginn der ersten Zelle alle folgenden Lebewesen gewusst haben, dass sie sich in Richtung auf die Menschheit entwickeln müssen. Vielmehr wir davon ausgegangen, dass jede Zelle und jede Art sich um Optimierung ihrer Fähigkeiten bemüht, um ihre Überlebenschance zu verbessern. Die enorme Diversifikation, die im Lauf der gesamten Evolution zu beobachten ist, lässt sich als Überlebensstrategie des Prinzips Leben verstehen, denn je mehr verschiedene ökologische Nischen besetzt werden, desto größer ist die Chance, dass irgendwelche Organismen überleben können, wenn, wie am Ende des Perms und der Kreide geschehen, große globale Katastrophen eintreten. Die über die Gesamtdauer der biologischen Evolution zu beobachtende Zunahme der Komplexität kann als Teilaspekt der zunehmenden Diversifikation verstanden werden. Ein einheitliches Verständnis von chemischer und biologischer Evolution erfordert also, entweder eine Rolle rückwärts beim Verständnis der biologischen Evolution hin zu einer gezielten Evolution, oder die Entstehung der ersten Zelle ausgehend von einfachen Gasmolekülen als Konsequenz einer ungerichteten chemischen Evolution zu verstehen.

• Hypothese II: Die zweite Denkrichtung, die hier skizziert werden soll, basiert auf der Hypothese einer ungerichteten Evolution und ist durch eine entscheidende Rolle des Zufalls charakterisiert. Sie soll hier daher als „Hypothese des glücklichen Zufalls" bezeichnet werden. Auch diese Hypothese setzt eine reduktionistisch erklärbare, chemische Evolution bis hin zu enzymatisch aktiven Proteinen, hochmolekularen Nucleinsäuren (insbesondere RNA) und zu Vesikel bildenden Fett- und Ölsäuren voraus. Die Entstehung der ersten lebensfähigen Zelle wird dann aber dem günstigen Zusammentreffen aller benötigten Komponenten unter optimalen Bedingungen zugeschrieben. In Abschn. 2.1 werden Berechnungen für die Wahrscheinlichkeit der Bildung der benötigten Biomoleküle vorgestellt. Die Anhänger von Hypothese II argumentieren nun, dass das Leben existiert, trotz der unendlich geringen Wahrscheinlichkeit, dass Leben durch ein zufälliges Zusammentreffen der benötigten Komponenten zustande kommen konnte. Daher muss es einen glücklichen Zufall gegeben haben, der zur Entstehung des ersten Lebewesens geführt hat. Das Glück des Lottospielers, der entgegen aller Wahrscheinlichkeit eben doch den Hauptgewinn erhält, dient hier als Argument und Vorbild. Dieser Art von Logik und Erklärungsversuch wird der Leser im folgenden Text des Buches noch mehrfach begegnen, und daher soll hier als Kennzeichnung der Begriff „a posteriori-Argument" geprägt werden.

An dieser Stelle ist es angebracht, die Bedeutung des Begriffs Zufall etwas genauer zu betrachten. Dazu definieren wir hier einen Zufall I, als einen Zufall, der nichts weiter bewirkt als den Zeitpunkt zu bestimmen, an dem ein bestimmtes Ereignis eintritt bzw. eingetreten ist. Das Eintreten dieses Ereignisses war aber früher oder später zwangsläufig. Ein solcher Zufall ist Teil von Hypothese I. Im Gegensatz dazu hat der für Hypothese II postulierte Zufall eine schöpferische Kompetenz und er entscheidet über das Eintreten einer neuen Marschrichtung im

Gesamtverlauf der Evolution des Universums. Dieser Zufall II ist weder wider-
legbar noch beweisbar, denn die Existenz von Lebewesen ist kein zwingender
Beweis für einen schöpferischen glücklichen Zufall, weil, wie unter Hypothese III
dargelegt, auch andere Begründungen für die Existenz von Lebewesen postuliert
werden können. Die Frage, ob Hypothese II wissenschaftlich tragfähig ist oder
nicht, entscheidet sich daher allein durch die Beweisbarkeit oder Widerlegbarkeit
einer chemischen Evolution, die von einfachsten Molekülen wie Methan, Ammoniak und Wasser zu allen denjenigen Komponenten führte, die für die Bildung
einer lebenden Zelle benötigt werden. Nun zeigt aber die Gesamtheit aller Modellsynthesen (Kap. 4, 5, 6, 7), dass es eine Koexistenz aller für eine Zelle benötigten
Komponenten wohl nie gegeben hat. Darüber hinaus ist aber auch zu bedenken,
dass ein glückliches Zusammentreffen aller Komponenten nicht zwangsläufig mit
dem Übergang von der thermodynamisch kontrollierten Chemie der toten Materie zur kinetisch kontrollierten Biochemie einer lebenden Zelle verknüpft gewesen
sein muss. Ein weiterer Kommentar zu dieser Problematik befindet sich am Ende
von Abschn. 8.3.

Hier ist auch ein Vergleich mit der Bedeutung, die man dem Zufall in der biologischen Evolution zumisst, von Interesse. In der zweiten Hälfte des 20. Jahrhunderts war es Mainstream-Denken unter den Evolutionsbiologen, dass die
Entstehung einer Art (und damit auch des Menschen) durch Zufälle zustande
kommt, die analog wie Zufall II in der chemischen Evolution, eine schöpferische Kompetenz aufweisen und auch eine neue Marschrichtung der Evolution in
Gang setzen. Exponent dieser Sichtweise war der französische Nobelpreisträger
Jaques Monod, der in seinem Buch (1970) *Le Hazard et la Nécessité* (dt.: *Zufall
und Notwendigkeit* (1975)) die entscheidende Rolle des Zufalls im Verlauf der biologischen Evolution herausgearbeitet hat.

Diese dominierende Rolle zufälliger Ereignisse wurde aber in der modernen Evolutionsforschung vor allem durch die Entwicklung der Genetik zu Grabe
getragen. Die amerikanische Nobelpreisträgerin B. McClintock hat durch ihre
Entdeckung der „springenden Gene" ein neues Verständnis der Entstehung neuer
Arten initiiert. Arten entstehen, wenn eine Zelle (oder viele Zellen eines größeren Organismus) ihr Genom verändern als Antwort auf den Stress durch sich ver-
ändernde Umweltbedingungen. Zufällige Punkt-Mutationen einzelner Gene, z. B.
durch radioaktive Strahlung, können die im Genom angestrebten Änderungen
begünstigen und werden dann von der Zelle toleriert, während schädliche Mutationen repariert werden. Zufällige Mutationen im Genom spielen also die Rolle eines
Hilfsmotors, entscheiden aber weder über Beginn noch Richtung der Entwicklung.
Für die Hypothese vom glücklichen Zufall ergibt sich damit wieder die unerfreu-
liche Konstellation, dass sie für den Erfolg der chemischen Evolution eine Art
von Zufall postuliert, der im heutigen Konzept der biologischen Evolution keine
Existenzberechtigung mehr hat.

- Hypothese III: Eine dritte Art von Hypothesen ist durch die Annahme charakterisiert, dass der Entstehung von Lebewesen ein im ganzen Universum einmaliger
  schöpferischer Akt zugrunde liegt, der nur einer einzigen Stelle des Universums
  stattfand, und der auch eine chemische Evolution von Gasmolekülen zu einigen

einfachen Biomonomeren akzeptiert oder sogar voraussetzt, aber keine chemische Evolution zu Biopolymeren und Protozellen mit eigenem Stoffwechsel. Dieser schöpferische Akt kann aus religiöser Sicht einem Gott zugeordnet werden, oder aus atheistischer Sicht einer anonymen Energie (Aristoteles „*dynamis*" lässt grüßen). Da ein einmaliger Vorgang sich jeder wissenschaftlichen Überprüfbarkeit entzieht, wird diese religiöse oder pseudoreligiöse Sichtweise von Wissenschaftlern als unwissenschaftlich eingestuft (was richtig ist) und gleichzeitig oft auch abschätzig beurteilt (was zumindest verfrüht ist).

Dabei wird gerne übersehen, dass es im Rahmen von Hypothese III auch ein Modell gibt, bei dem eine *a priori* Disqualifizierung der Argumentation als unwissenschaftlich nicht gerechtfertigt ist, und dieses Modell soll hier die Kurzbezeichnung „Doppel-Urknall-Modell" erhalten. Darunter ist die Hypothese zu verstehen, dass die Entstehung eines mit Leben ausgestatteten Universums auf zwei Urknallereignissen hin konzipiert sein könnte. Der erste Urknall lieferte den Rahmen Zeit und Raum sowie die Evolution der unbelebten Materie bis hin zu einigen Biomonomeren. Sobald die Erde entstanden war, erfolgte als zweiter Urknall die Entstehung der ersten Organismen (z. B. primitive Einzeller). *A priori* ist die Hypothese eines zweiten Urknalls auch nicht unwissenschaftlicher als die Annahme eines ersten Urknalls, denn auch für den Urknall des Universums lassen sich keine Ursachen ermitteln, weil alle wissenschaftliche Methodik nur auf das Zeit-Raum-Universum beschränkt ist. Allerdings lässt sich die Hypothese eines zweiten Urknalls widerlegen, wenn sich der Ablauf einer chemischen Evolution auf Erden eindeutig beweisen lässt. Solange das nicht der Fall ist, kann die Hypothese vom Doppel-Urknall zumindest den gleichen Anspruch auf Wissenschaftlichkeit erheben wie die Hypothese II.

Bei jedem Glauben an einen einmaligen Schöpfungsakt bzw. einen „Urknall des Lebens" stellt sich zwangsläufig die Frage, warum gerade die Erde als Bühne dieses Ereignisses ausersehen wurde. Natürlich wissen wir heute, dass die Erde dafür fast ideale Voraussetzungen bot, die nur auf relativ wenigen Exoplaneten zu erwarten sind. Aber selbst wenn nur wenige Exoplaneten in unserer Galaxie infrage kämen, so ist zu berücksichtigen, dass es Tausende von Milliarden Galaxien im gesamten Universum gibt, sodass eine Einmaligkeit der irdischen Bedingungen wissenschaftlich nicht begründbar ist. Nimmt man andererseits an, dass ein „Urknall des Lebens" auf allen geeigneten Planeten stattgefunden hat oder noch stattfinden wird, dann ist man wieder bei einer Hypothese angelangt, die die Entstehung des Lebens als Konsequenz von Naturgesetzten interpretiert und damit zurück bei den Hypothesen IA oder IB.

Schließlich soll noch die Hypothese der Panspermie erwähnt werden. Sie wird hier nicht als Hypothese IV geführt, weil sie keine Aussagen über den Ursprung des Lebens im Universum macht. Sie besagt lediglich, dass das Leben in Form von Genen, Sporen oder Einzellern irgendwie aus dem Weltraum auf die Erde gekommen ist. Die früheste Version einer Panspermie findet sich schon bei dem vorsokratischen Philosophen Anaxagoras von Klazomenai (etwa 499–428 v. Chr.), der glaubte, dass „Samen des Lebens" über den gesamten Weltraum verteilt seien. Gedanken zur Panspermie finden sich auch wieder im 19. Jahrhundert in Schriften von J. J. Berzelius (1779–1848), L. Pasteur (1822–1895), H. E. F. Richter (1806–1876), Lord Kelvin (1824–1907) und H. L. F. von Helmholtz (1821–1894). Eine ausführliche und konsistente Panspermie-Hypothese wurde schließlich 1908 von dem schwedischen Chemiker und Nobelpreisträger S. Arrhenius publiziert, und zwar in einem Buch mit dem Titel *Das Werden der Welten*. Arrhenius favorisierte Sporen, die durch den „Strahlungsdruck" von Sternenlicht bewegt durch den Weltraum reisen, als Urheber sich verbreitender „Lebenskeime".

In neuerer Zeit lassen sich zwei Varianten der Panspermie-Hypothese unterscheiden. Zum einen wird angenommen, dass die Primitivlebewesen, welche die Erde infiziert haben sollen, überall und zu jeder Zeit durch unsere Galaxie geistern, ohne dass eine Aussage über ihren Ursprung gemacht wird. Modernere Befürworter dieser ungerichteten Panspermie sind der Astronom Sir F. Hoyle (1983, 2000) und sein Mitarbeiter C. Wickramasinghe. In ihrem Buch *Evolution aus dem Weltall* (1981) steht zu lesen: „Die Gene sind kosmischen Ursprungs. Sie erreichen die Erde als DNA oder RNA, entweder als ausgewachsene Zellen oder als Viren, Viroide oder einfach als einzelne Bruchstücke von genetischem Material. Die Gene sind funktionsbereit, wenn sie ankommen. Die für die Enzyme bestimmten Gene erzeugen z. B. Polypeptide, deren Aminosäuren in der richtigen Reihenfolge angeordnet sind, so dass sie alle katalytischen Reaktionen bewirken können, die wir von Enzymen erwarten". Als Schutz gegen die Zerstörung durch UV-Licht nehmen diese Autoren an, dass zumindest ein Teil dieses genetischen Materials eine dünne Schutzschicht aus Graphit besitzt.

Die zweite Variante kann als „gerichtete Panspermie" bezeichnet werden. Diese vom Nobelpreisträger F. Crick und von L. E. Orgel (1973, 1983) favorisierte Spekulation besagt, dass sich Leben sofort auf dem ersten Planeten entwickelt hat, der in unserer Galaxie die Voraussetzung für die Entstehung von Leben erfüllte. Es entwickelte sich daraus eine Hochkultur, die sich schließlich bemühte, Päckchen mit Einzellern in den Weltraum zu verschicken, um andere Planeten damit zu beglücken. Gleichgültig welche Variante man in Betracht zieht, die Panspermie-Hypothese ist wissenschaftlich kaum beweisbar und hat, es sei wiederholt, den entscheidenden Nachteil, dass sie keine Erklärung für die Entstehung des Lebens bietet.

Zum Abschluss dieses Kapitels soll kurz erzählt werden, wie denn nun die Forschung zum Thema „chemische Evolution" ins Leben gerufen wurde. Der Erste, der die Idee einer auf chemischer Evolution basierenden Entstehung des Lebens formulierte, war C. Darwin. In einem Brief (1863) an den Botaniker J. D. Hooker (zitiert von seinem Sohn F. Darwin 1896) äußerte sich Darwin noch negativ über solche Gedankenspiele: „It is mere rubbish thinking at the present of the origin of life; one might as well think of the origin of matter". Ein Brief aus dem Jahre 1871 macht jedoch deutlich, dass er in den vorangegangenen acht Jahren eine Kehrtwendung seiner Einstellung vollzogen hat:

It is often said that all the conditions for the first production of a living organism are now present, which could ever have been present. But if (and oh! what a big if!) we could conceive in some warm little pond, with all sorts of ammonia and phosphoric salts, light, heat, electricity etc. present that a protein compound was chemically formed ready to undergo still more complex changes, at the present day such matter would be instantly devoured or absorbed, which could not have been the case before living creatures were formed. Dieser Brief, der sich im Archiv der Royal Society (London) befindet, wurde jedoch erst 1959 publiziert, sodass C. Darwin *de facto* keinen Beitrag zur Entwicklung der Forschung über chemische Evolution geleistet hat.

Als Vater der Forschung über molekulare Evolution gilt daher der russische Biochemiker Alexander I. Oparin (1894–1980, Abb. 1.1). Dieser studierte an der Staatlichen Universität Moskau und wurde dort 1927 zum Professor für Biochemie ernannt. Seine Forschungsarbeiten betrafen vor allem die Wirkung von Pflanzenenzymen; seine internationale Bekanntheit verdankt er jedoch seiner 1924 erschienen Schrift über den Ursprung des Lebens. Im Jahre 1970 wurde er zum Präsidenten der internationalen Gesellschaft für Studien über den Ursprung des Lebens gewählt. Da seine erste Publikation (1924) zum Ursprung des Lebens in russischer Sprache erschien, wurde sie lange Zeit in der westlichen Welt nicht zur Kenntnis genommen. Ab 1938 folgten dann englische Übersetzungen sowie von Oparin selbst verfasste neue Texte und Bücher zum gleichen Thema. Zuvor, d. h. 1929, war ein Aufsatz mit dem Titel „The Origin of Life" aus der Feder des britischen Biochemikers und Genetikers J. B. S. Haldane (Abb. 1.2) erschienen, der in der westlichen Welt zunächst schneller bekannt wurde als die erste Publikation von Oparin. Die Konzepte beider Autoren haben einen wichtigen Aspekt gemeinsam, nämlich den Gedanken, dass die ersten lebenden Organismen als Folge einer chemische Evolution in einer weite Teile der Erde bedeckenden

Abb. 1.1 Alexander Iwanowitch Oparim (1894–1980), © Science Photo Library

Abb. 1.2 John Burdon S.
Haldane (1892–1964), © RIA
Nowosti/picture alliance

„Ursuppe" entstanden sein sollten („a hot dilute soup" gemäß Haldane). Zu den Voraussetzungen und zum Verlauf der chemischen Evolution hatten beide Autoren, die selbst niemals Experimente durchführten, unterschiedliche Ansichten, worauf im nächsten Kapitel näher eingegangen wird.

Literatur

Arrhenius S (1908) Das Werden der Welten. Akademische Verlagsgesellschaft, Leipzig (Originalausgabe 1906)

Bernal JD (1951) The physical basis of Life. Routledge & Kegan Paul, London

Bernal JD (1967) The origin of life. Weidenfeld & Nicolson und World Publishing Company, London

Bernal JD (1971) Der Ursprung des Lebens, Edition Rencontre

Cairns-Smith AG (1982) Genetic takeover and the mineral origins of life. Cambridge University Press, Cambridge

Chyba F, McDonalds GD (1995) The origin of life in the solar system: current issues. Ann Rev Earth Planet Sci 23:215–249

Coleridge ST (1820) Theory of life, S 42, Zitiert in Snyder AD (1929) Coleridge on logic and learning

Crick F (1983) Life itself. Simon & Schuster, New York

Crick F, Orgel LE (1973) Icarus Int J Solar Syst Stud 19:341

Darwin F (1896) The life and letters of Charles Darwin, Bd 2. Appleton& Co, New York, S 202

Darwin C (1959 posthum) in Some unpublished letters, Sir Gavin de Beer (Hrsg) Notes and Records of the Royal Society of London 14, 1

DeDuve C (1991) Blueprint for a cell: the nature and the origin of life. Neil Patterson, Burlington

DeDuve C (2002) Life evolving, molecules, mind and meaning. Oxford University Press, Oxford

Dobzhansky T (1991) Am Biol Teach 35:125–129

Eigen M (1971) Die Naturwissenschaften 58:465

Engels F (1894) Herrn Eugen Dühring's Umwälzung der Wissenschaft. Dietz, Berlin

Folsome CE (1979) The origin of life: a warm little pond. W. H. Freeman & Co., San Francisco

Häckel E (1868) Allgemeine Anatomie der Organismen. De Gruyter, Berlin

Haldane JBS (1929) The origin of life, The rationalist annual 3 (reprinted in Bernal 1967, S 242–249)

Horowitz NH (1959) "On defining Life". In: Clark F, Synge RLM (Hrsg) The origin of life on the Earth. Pergamon, London, S 106–107

Hoyle F (1983) The intelligent universe. Michael Joseph Ltd., London

Hoyle F, Wickramasinghe C (1981) Evolution aus dem All. Ullstein, Berlin

Hoyle F, Wickramasinghe C (2000) Leben aus dem All. Zweitausendeins, Frankfurt
Kubyshkin V, Acevedo-Rocha CG, Budisa N (2017) Biosystems 10:10
Luisi PL (2006) The emergence of life. Cambridge University Press, Cambridge
Maturana HR, Varela F (1980) Autopoiesis and cognition: the realization of the living. Reidel, Dordrecht
Monod J (1970) Le Hazard et la Nécessitée, Edition de Seuil, Paris; "Zufall und Notwendigkeit" (1971). Piper & Co., München
Morowitz HJ (1992) Beginning of cellular life. Yale University Press, New Haven
Nicolis G, Prigogine I (1977) Selforganization in Nonequilibrium Systems. Wiley Interscience, New York
Oparin AI (1924) Proiskhozhdenie Zhizny. Izd Moskovskii Rabochii, Moscow (reprinted in transl.: Bernal 1967, S 199–214)
Oparin AI (1938) Origin of life. McMillan, New York
Oparin AI (1953) The origin of life. Dover, New York
Oparin AI (1957) The origin of life on earth. Academic Press, New York
Oparin AI (1961) Life: its nature, origin and development. Oliver and Boyd, Edinburgh
Oster G, Sliver I, Tobias G (1974) Irreversible thermodynamics and the origin of life. Gordon & Breach, New York
Palyi G, Zucchi C, Caglioti L (Hrsg) (2002) Fundamentals of life. Elsevier, New York
Poerksen B (2004) The certainty of uncertainty. Dialogues introducing constructivism. Imprint Academy
Popa R (2004) Between necessity and probability: searching for the definition and origin of life. Springer, Berlin
Prigogine I (1955) Introduction to thermodynamic processes. Charles Thomas, Springfield
Prigogine I (1992) Vom Sein zum Werden. Pieper, München
Prigogine I, Stengers I (1993a) Dialog mit der Natur. Piper, München
Prigogine I, Stengers I (1993b) Das Paradox der Zeit. Piper, München
Prigogine I (1998) Die Gesetze des Chaos. Insel Verlag, Frankfurt
Pryer W (1880) Die Hypothesen über den Ursprung des Lebens. Gebrüder Pætel, Berlin
Rizzotti M (Hrsg) (1996) Defining Life. University of Padua, Padua
Rolle F (1863) Ch. Darwins Lehre von der Entstehung der Arten in ihrer Anwendung auf die Schöpfungsgeschichte. J. C. Hermann, Frankfurt a. M.
Shapiro R, Feinberg G (1990) Possible forms of life in environments very different from the Earth. In: Leslie J (Hrsg) Physical cosmology and philosophy. McMillan, New York
Szostak JW (2012) J Biomol Struct Dyn 29(4):599
Toulmin S (1968) Voraussicht und Verstehen, ein Versuch über die Ziele der Wissenschaft. Suhrkamp, Frankfurt a. M.
Varela FJ, Maturana HR, Rosch E (1974) Biosystems 5:187
Waddington CH (1968) The basic ideas of biology In: Towards a theoretical biology. Allen & Unwin, London
Wong JTF (2002) Short definition of life. In: Palyi G, Zucchi C, Caglioti L (Hrsg) Fundamentals of Life. Elsevier, New York

Weiterführende Literatur

Horowitz NH, Miller SL (1962) In: Zechmeister L (Hrsg) Progress in the chemistry of natural products, Bd 20. Springer, Berlin, S 423–459
Joyce J (1994) In: Deamer DW, Fleischacker GR (Hrsg) Origins of life: the central concepts, (Vorwort). Jones & Bartlett, Boston

Hypothesen zur molekularen Evolution

2

Inhaltsverzeichnis

2.1   Uratmosphäre, Ursuppe und die Protein-Welt

Schon den ersten Protagonisten einer chemischen Evolution war klar, dass die Zusammensetzung der Uratmosphäre unserer Erde einen wesentlichen Einfluss auf die Wahrscheinlichkeit haben würde, mit der die organischen Bausteine lebender Organismen gebildet werden. Schon sehr früh, d. h. vor 1950, gab es zwei Denkrichtungen. Erstens waren da die Advokaten einer Atmosphäre, die als oxidierend oder neutral angesehen werden kann und bei der CO_2 und CO als primäre Kohlenstoff-Quellen sowie N_2 als Stickstoff-Quelle angesehen wurden. Zweitens gab es die Vertreter einer reduzierenden Atmosphäre, die H_2 enthielt und bei der Methan als entscheidender Kohlenstofflieferant und NH_3 als Stickstofflieferant in Betracht gezogen wurden. Äußerungen zur potenziellen Zusammensetzung der Uratmosphäre gab es vor allem von Geologen schon vor 1950 ohne direkten Bezug zum Konzept einer molekularen Evolution. Aber mit den ersten beiden Protagonisten einer chemischen Evolution, A. I. Oparin (1924, 1938, 1957, 1961) und J. B. S. Haldane (1929), traten gleich zu Beginn der Forschung zwei Vertreter mit den zuvor genannten gegensätzlichen Ansichten zur Uratmosphäre in Erscheinung.

Vor dem 2. Weltkrieg waren die Vertreter einer CO_2-haltigen Atmosphäre dominierend. Haldane sah das CO_2 in der Atmosphäre als Quelle der sich in seiner

Ursuppe anreichernden organischen Substanzen an. UV-Strahlung war nach seiner Ansicht die Energiequelle, die es ermöglichte, über verschiedene Reaktionswege eine Reduzierung des CO_2 zu erreichen. Haldane war Biologe und bezog seine Vorstellungen über die Urchemie, die seiner Ursuppe zugrunde lag, aus den Publikationen anderer Wissenschaftler. Dazu gehörten Arbeiten von Allen (1899), Moore (1913), Moore und Webster (1913), Becquerel (1924), Baly et al. (1921) oder Baly et al. (1922).

Oparin war Anhänger einer reduzierenden Uratmosphäre etwa in der Art, wie sie damals vom Jupiter bekannt war. Neben Wasserstoff waren gasförmige Wasserstoffverbindungen verschiedener Elemente wie etwa Methan und Ammoniak die Hauptkomponenten dieser Atmosphäre. Nach dem 2. Weltkrieg wurde diese Sicht der Uratmosphäre zunächst zum dominierenden Glaubensbekenntnis, und zwar vor allem durch den Einfluss des amerikanischen Chemieprofessors Harold C. Urey (1893–1981). Ureys Ansichten hatten ein besonders Gewicht, denn er hatte 1934 den Nobelpreis für die 1931 erfolgte Entdeckung des schweren Wasserstoffs (Deuterium) erhalten. Urey beschäftigte sich mit der Identifizierung von Isotopen und Molekülen anhand ihrer spektralen Eigenschaften, und er hatte ein besonderes Interesse an der Entstehung der Planeten und deren frühen Atmosphären. In diesem Zusammenhang beschäftigte er sich auch mit der Frage, wie das Leben aus der Uratmosphäre entstanden sein könnte. Seine Erkenntnisse und Hypothesen fasste er in einem (1952) erschienenen Buch zusammen: *The Planets: Their Origin and Development.*

Da Wasserstoff zweifellos das Urmaterial war, aus dem das Sonnensystem entstanden war, lag es nahe, für die Uratmosphäre zunächst auch einen hohen Wasserstoffgehalt sowie die Anwesenheit von Methan und Ammoniak zu postulieren. Ureys Verständnis der irdischen Uratmosphäre schien eine endgültige Bestätigung durch Experimente seines Studenten Stanley L. Miller zu erfahren. Dieser hatte eine simulierte Uratmosphäre viele Tage lang stillen elektrischen Entladungen ausgesetzt und dabei die Entstehung einiger Aminosäuren nachgewiesen. Die reduzierende Uratmosphäre lieferte also zumindest einige der postulierten Bausteine des Lebens. Eine ausführliche Beschreibung und Bewertung der Miller'schen Experimente folgt in Kap. 4.

In der Folgezeit häufte sich jedoch die Kritik an der Urey'schen Uratmosphäre. Zuerst war da das Argument, dass die im Vergleich zu Jupiter und Saturn geringe Schwerkraft der Erde den Wasserstoff gar nicht lange festgehalten haben konnte. Vor allem aber mehrten sich die Aussagen und Befunde von Geologen und Vulkanologen, die den Gaseruptionen von Vulkanen und geologisch aktiven Oberflächenbereichen einen entscheidenden Beitrag zur Entstehung der Uratmosphäre beimaßen. Auch enthielten die frühesten Gesteinsschichten, die auf der Erde gefunden wurden (bis zu ca. 3,9 Mrd. Jahre alt) u. a. oxidiertes Eisen und andere Metalloxide. S. L. Miller war objektiv und flexibel genug, dieser neuen Argumentationslinie zu folgen und so wiederholte er seine Versuche zur Entstehung von Aminosäuren nach 1970 mit Gasgemischen, die CO_2 als Kohlenstoffquelle und zumindest überwiegend das stabile N_2-Molekül als Quelle organischer Stickstoffverbindungen aufwies (s. Abschn. 4.1).

Oparin und Haldane hatten zwar als gemeinsames Konzept die Vorstellung, dass eine Ursuppe Quelle und Arena der molekularen Evolution sei, ihre Vorstellungen über die Art und Weise der molekularen Evolution unterschieden sich aber nicht nur hinsichtlich der Uratmosphäre, sondern auch hinsichtlich des chemischen Ablaufs ganz wesentlich. Haldane sah Verlauf und Erfolg der molekularen Evolution vor allem in der Entstehung von Biopolymeren, die zu einer Selbstreproduktion fähig waren. Mit seinen eigenen Worten:

> The first living or half-living things were probably large molecules synthesized under the influence of sun's radiation, and only capable of reproduction in the particularly favorable medium in which they originated.

Die Idee, dass die Entstehung des Lebens auf der Entwicklung von reproduktionsfähigen Biopolymeren, den Urgenen, zurückzuführen seien, hatten allerdings auch schon andere Autoren, wie Troland (1914), Lipman (1924), Morgan (1926) oder Muller (1929) vor Haldane, und weitere Autoren verfolgten dieses Konzept nach (1929) in verschiedenen Richtungen. Die in Abschn. 2.2 und 2.3 vorgestellten Theorien der „RNA-Welt" (RNA World) bzw. der „Poly(nucleotid)-Welt" können als die modernen Fortsetzungen dieser Denkrichtung angesehen werden.

Für Oparin stand nicht die Entstehung von Urgenen, sondern die Entwicklung von Urzellen im Vordergrund seiner Theorie, Urzellen, die durch eine Art Membran von der Umgebung separiert einen eigenständigen Stoffwechsel entwickeln konnten. Als frühes Stadium der molekularen Evolution sah er die Bildung von coacervate droplets, Tröpfchen, in denen organische Moleküle durch Nebenvalenzen zusammengehalten allmählich ein chemisches Eigenleben entwickelten und zu größeren Tröpfchen mit größerer Komplexität heranreiften. Eine Art Vererbung der gesamten Struktur und Chemie eines Tröpfchens sollte sich erst schrittweise in einem späten Stadium der Entwicklung herausbilden. Eigene Experimente machte Oparin (wie auch Haldane) nie, aber Oparin fühlte sich in seiner Wertschätzung der Coazervate durch die 1932 veröffentlichten Versuche von Bungenberg de Jong (1932) bestätigt. Eine moderne Fortsetzung von Oparins Coacervat-Hypothese sind die in Abschn. 2.6 diskutierten „Compartment-Hypothesen".

Die Oparin'sche Sichtweise und die Versuche von Miller zur Aminosäuresynthese hatten die Konsequenz, dass die Proteine im Vordergrund des Interesses standen. Der Name Protein stammt ja von dem griechischen Wort protos, der Erste, ab und sollte signalisieren, dass die Proteine sowohl von ihrer Menge und Vielfalt her, als auch von ihrer Bedeutung als Biokatalysatoren (Enzyme) her die wichtigste Substanzklasse aller Biopolymere darstellten. Der Biochemiker F. Cedrangolo schrieb (1959) in einem Beitrag zum Ursprung der Proteine:

> The problem of the origin of life is in our opinion, essentially the problem of the formation and of the appearance for the first time on our planet of the giant protein molecule. Once we respond satisfactorily to this problem, I believe that all the other related problems can be easily and surely solved.

Die Wertschätzung der „Protein-Welt"-Hypothese erreichte Mitte der 1960er-Jahre ihren Höhepunkt, als es S. Fox und K. Harada gelang, sogenannte Proteinoide durch Erhitzen von Aminosäuregemischen herzustellen (s. Abschn. 6.1). Beide Chemiker gehörten dann auch zu den eifrigsten Verfechtern der „Protein-Welt". Zu den einflussreichen frühen Befürwortern der Protein-Welt gehörte ferner der in Cambridge tätige Biochemiker J. D. Bernal, der seine Sicht der chemischen Evolution zuerst (1951) in einem Büchlein mit dem Titel *The Physical Basis of Life* darlegte, dem später (1967) eine ausführlichere Darlegung folgte.

Die Begeisterung für eine molekulare Evolution, bei der die Entstehung von Proteinen im Vordergrund stand, begann jedoch ab Mitte der 1960er-Jahre allmählich abzukühlen. Die Skepsis speiste sich aus zwei Quellen. Erstens erwiesen sich Modellversuche zur Synthese von Polypeptiden keineswegs als so erfolgreich, wie man das zuerst erhofft hatte (die Details werden in Kap. 6 diskutiert). Zweitens wurden von verschiedenen Autoren Berechnungen angestellt, wie wahrscheinlich die zufällige Entstehung eines aus zwanzig verschiedenen Aminosäuren bestehenden Enzymproteins in einer Ursuppe sein würde und wie wahrscheinlich die Entstehung eines Einzellers aus mindestens 200 Enzymen (eine Minimalzahl). Die hier folgenden Zahlen wurden von dem Biochemiker R. Shapiro (1987) in seinem Buch *Origins – A Skeptics Guide to The Creation of Life on Earth* präsentiert. Es demonstriert, dass die zufällige Bildung eines biologisch relevanten Proteins eher in die Rubrik Wunschdenken als in die Rubrik wissenschaftlich sinnvolle Arbeitshypothesen eingeordnet werden muss.

R. Schapiro berechnete zunächst die maximal mögliche Zahl von Ereignissen, bei denen die Kombination von Biopolymeren zur Bildung eines Einzellers hätte führen können. Er nahm an, dass die gesamte Erdoberfläche von einem Ozean bedeckt war, der eine Tiefe von 10 km besaß (was sicherlich ein um den Faktor 10 zu hohes Reaktionsvolumen ergibt). Dann nahm er an, dass die reagierenden Komponenten einen Raum (quasi einen Minireaktor) von ca. 1 Kubikmikrometer ($1 \ \mu m^3$) beansprucht haben, sodass der gesamte Ozean zu jeder Zeit ca. 10^{36} Minireaktoren zur Verfügung stellen konnte. Dann stellt er eine Dauer von einer Milliarde Jahren für den Ablauf der molekularen Evolution in Rechnung, ein Wert, von dem wir heute wissen, dass er um den Faktor 4–5 zu hoch gegriffen ist. Diese Dauer entspricht etwa 5×10^{14} min und eine Minute ist die Zeitdauer, die Shapiro für das einzelne Ereignis ansetzt, da dies die Minimalzeit ist, den ein Einzeller für seine Reproduktion benötigt. Multipliziert mit der Gesamtzahl der im Ozean gegebenen Minireaktoren ergibt sich also eine Maximalzahl an 10^{50} Ereignissen, die zur Entstehung einer lebenden Zelle zur Verfügung gestanden haben könnten.

Diese Zahl wird nun mit der Bildungswahrscheinlichkeit eines Enzyms und schließlich eines aus 2000 verschiedenen Enzymen bestehenden Einzellers verglichen (wobei Shapiro Zahlen des Astronomen Sir F. Hoyle und dessen Partners C. Wickramasinghe verwendet). Ausgehend von 20 verschiedenen proteinogenen Aminosäuren (prAS) ergibt sich als statistische Wahrscheinlichkeit für die Bildung einer spezifischen Enzymkette bestehend aus 200 Aminosäuren die Zahl 1 zu 10^{120}. Dagegen wurde eingewendet, dass verschiedene Enzymketten etwa dieselbe katalytische Wirkung haben können, sodass die Wahrscheinlichkeit für die

Bildung einer Enzymkette mit einer speziellen katalytischen Wirkung eher bei $1:10^{20}$ zu suchen ist. Nun erfordert aber die Entstehung eines Einzellers zumindest die Kombination von 2000 verschiedenen Enzymen, sodass sich als Wahrscheinlichkeit für die zufällige Bildung des Einzellers die Zahl von $1:10^{40.000}$ ergibt. Diese Wahrscheinlichkeit ist also um viele Zehnerpotenzen geringer als die Zahl möglicher Ereignisse (10^{50}), die zur Verfügung stand. Nachdem derartige Berechnungen bekannt wurden, haben sich Sir Fred Hoyle und C. Wickhramasinghe sowie viele weitere Wissenschaftler von starken Befürwortern einer statistischen molekularen Evolution zu Gegnern dieses Konzeptes gewandt.

Zum Vergleich soll hier auch die Berechnung des Physikers H. N. Horowitz (1986) angeführt werden, der von folgendem Modell ausging: Ein versiegelter Behälter, der eine größere Menge dichtgepackter Bakterien enthält, wird soweit aufgeheizt, bis sich alle chemischen Bindungen gelöst haben. Danach wird er langsam abgekühlt, dass sich chemische Bindungen wieder bilden können, und zwar stets einem thermodynamischen Gleichgewicht entsprechend. Die chemisch stabilsten (energieärmsten) Moleküle würden am häufigsten sein. Horowitz stellte nun die Frage, welchen Anteil am gesamten Produktgemisch nun neu gebildete lebende Bakterien haben. Die gleiche Rechnung von anderer Seite aufgezogen mündet in der Frage: Wenn dieses Experiment nur mit einem Bakterium gestartet würde, wie groß ist die Chance, dass wieder ein lebendes Bakterium entsteht? Seine Rechnung ergab eine Wahrscheinlichkeit oder Fraktion von $1:10^{100.000.000.000}$. Diese Zahl unterbietet die ungünstigsten Berechnungen von Shapiro und Hoyle also noch bei Weitem. Wie auch immer solche Rechnungen im Einzelnen durchgeführt wurden, die große Mehrheit der Wissenschaftler kam zu der Ansicht, dass die Kombination von Ursuppe und Evolution einer Protein-Welt bis hin zum Einzeller keine vernünftige Arbeitshypothese sein konnte.

Allerdings gab es auch den Einwand, dass Lottospieler, die das große Los ziehen, ja im Verhältnis zur Gewinnchance nur sehr kurze Zeit gespielt, dann aber Glück gehabt haben. Da es ja Leben auf der Erde gibt, hat das Leben und damit die Menschheit jenseits aller statistischen Wahrscheinlichkeit eben Glück gehabt. Diese Einstellung verlässt allerdings den Boden wissenschaftlicher Arbeitshypothesen und endet im Wunschdenken, wie schon in Abschn. 1.2 bei Hypothese II dargelegt. Der Glaube an ein glückliches chemisches Wunder ist auch nicht wissenschaftlicher als der Glaube an einen von einem Gott ausgehenden Schöpfungsakt.

Die Entdeckung, dass einfache Ribonucleinsäuren, RNA, nicht nur die Replikation von komplementären RNAs fördern können, sondern auch über katalytische Fähigkeiten verfügen, führte in den Jahren nach 1982 zu einem raschen Umdenken mit der Konsequenz, dass man nun die Entstehung von RNAs als Basis des evolutionären Geschehens ansah. Diese Hypothese, die sich im Anfang des 21. Jahrhunderts zum geistigen Mainstream der molekulare-Evolution-Hypothese entwickelt hat, erhielt 1986 von W. Gilbert das Etikett *RNA World*. Entstehung, Vorzüge und Nachteile dieser „RNA World"-Hypothese werden im nächsten Abschnitt ausführlicher beschrieben.

Nichtsdestotrotz wurde die Protein-Welt-Hypothese zu Beginn des 21. Jahrhunderts durch K. Ikehara wiederbelebt (2002, 2005, 2009, 2014). Dieser propagierte die sogenannte [GADV]-Theorie, bei der G für Glycin, A für Alanin, D für Asparaginsäure und V für Valin steht. Copolypeptide aus diesen vier prAS sollen als Vorläufer aller Proteine und auch als Vorläufer von RNAs zuerst entstanden sein. Sie sollten in Wasser globuläre Strukturen gebildet haben, die u. a. auch zu einer Art Selbstreplikation befähigt waren. Er nahm an, dass diese Copolypeptide durch thermische Polykondensation an den Hängen von Vulkanen entstanden sind, offensichtlich ohne die misslungenen Versuche von S. Fox und Harada zu kennen (Kap. 6). Es gibt keine Begründung, warum gerade diese vier prAS aus einem Pool zahlreicher Amino- und Iminosäuren eine Sonderrolle einnehmen sollten, auch ein Problem wie Racemisierung (Abschn. 10.3) wurde ignoriert und die Selbstreplikation blieb ebenfalls unbegründet. Insgesamt muss man die GADV-Hypothese als Luftschloss ohne jede nennenswerte experimentelle Basis klassifizieren.

2.2   Die RNA-Welt

Das Konzept einer chemischen Evolution, in deren frühem Stadium zuerst Oligo- und Poly(ribonucleotide) (RNAs) entstanden, die zur Selbstreplikation fähig waren, wurde erstmals 1967 von C. Woese veröffentlicht. Fast zur gleichen Zeit (1968) wurde auch von L. E. Orgel eine Abhandlung über die Entstehung des genetischen Codes publiziert, in der die primäre Entstehung von Oligo- und Polynucleotiden des RNA- und DNA-Typs diskutiert wurde. Der Begriff *RNA World* wurde aber, wie schon erwähnt, erst 20 Jahre später von dem Biologen W. Gilbert (1986) in die Welt gesetzt. Das Konzept der RNA-Welt wurde dann in späteren Jahren von verschiedenen Autoren (z. B.: R. F. Gesteland und Atkins 1993; M. Yarus 2006; J. W. Szostak 2012; G. F. Joyce 1993, 2002, 2006; L. E. Orgel 2004; Chen und Szostak 2006; Schrum et al. 2010; Robertson und Joyce 2012; Blain und Szostak JW 2014) auf der Basis neuer experimentelle Ergebnisse zahlreicher Arbeitsgruppen konkretisiert und modernisiert.

Bis zum Jahre 1982 hatte es sich um eine theoretische Diskussion gehandelt, der jegliche experimentelle Grundlage weitgehend fehlte. Dann folgten in kurzer Zeit mehrere Veröffentlichungen der Arbeitsgruppen T. R. Czech (1987, 1993, Kruger et al. 1982; Zaug et al. 1983; Zaug und Czech 1986) sowie von C. Guerrier-Takada und S. Altman (Guerrier-Takada et al. 1983; Guerrier-Takada und Altman 1984; Altman et al. 1986; Gardiner et al. 1985), in denen über katalytische Fähigkeiten von RNA-Ketten unterschiedlicher Herkunft berichtet wurde. Die Czech-Gruppe beobachtete zunächst, dass Segmente ribosomaler (r) RNA aus dem Wimpertierchen *Tetrahymena thermophila* bei der Selbstaufspaltung *(self-splicing)* der rRNA katalytisch aktiv sind. Sie fanden daraufhin, dass verkürzte Segmente dieser rRNA auch in vitro Spaltung und Rekombination von Oligonucleotiden in einer sequenzabhängigen Art und Weise katalysieren können. Die

Altman/Guerrier-Takada-Gruppe untersuchte die RNase des Bakteriums *Escherichia coli*, das für die in-vivo-Biosynthese von transfer(t)-RNA wichtig ist. Sie fanden, dass dieses Enzym auch *in vitro* tRNA-Vorläufer spalten kann, ohne dass die geringste Menge Protein anwesend sein muss.

Diese Befunde waren eine Sensation für Biochemiker und Molekularbiologen, denn bis zu diesem Zeitpunkt galt das Dogma, dass nur Proteine über enzymatische Fähigkeiten verfügen. Dieses Dogma war ja auch ein wesentlicher Grund, weshalb in den vorausgegangenen Jahrzehnten der Fortschritt der chemischen Evolution vor allem in der Entstehung von Polypeptiden und Proteinen gesehen worden war.

Die Begeisterung für die RNA-Welt-Hypothese wurde allerdings dadurch gedämpft, dass sich zunächst keine Experimente finden ließen, die eine spontane Entstehung von Oligo- und Polynucleotiden unter präbiotischen Bedingungen glaubhaft machen konnten. Der 1986 verfasste Kommentar von A. G. Cairns-Smith (1982) zu diesem Aspekt lautet folgendermaßen (S. 56):

> There have indeed been many interesting and detailed experiments in this area. But the importance of this work lies to my mind, not in demonstrating how nucleotides could have formed on the primitive Earth, but in precisely the opposite; these experiments allow us to see, in much greater detail than would otherwise have been possible, just why prevital nucleic acids are highly inplausible.

Im folgenden Text zählt Cairns-Smith sage und schreibe 18 Argumente auf, die gegen eine präbiotische Bildung von Nucleotiden sprechen. In dieser Liste ist das von Joyce et al. 1984 entdeckte Phänomen der enantiomeric cross-inhibition noch nicht mal berücksichtigt. Dabei handelt es sich um den Befund, dass bei einer durch oligoRNA (Template) gesteuerten Synthese einer komplementären oligoRNA die Anwesenheit eines L-Ribonucleosids die Synthese zum Erliegen bringt. Da man nicht erwarten kann, dass gleich zu Beginn der chemischen Evolution ausschließlich D-Saccharide und L-Aminosäuren vorlagen, schien allein schon dieser Befund von Orgel et al. ein tödliches Argument gegen die RNA-Welt-Hypothese zu sein.

Im Jahre 1992 gab es in Cold Spring Harbor (Long Island, USA) eine Konferenz, die dem Thema *RNA World* gewidmet war (publiziert von Gesteland und Atkins 1993). Es gab 23 Beiträge zu Eigenschaften verschiedener RNA, aber bezeichnenderweise keinen einzigen Beitrag zur Entstehung von RNA unter präbiotischen Bedingungen. In einer theoretischen Abhandlung mit dem Titel *Catalysis and Prebiotic RNA Synthesis* schrieb der Chemiker J. Ferris (1993) in der Einleitung:

> There is a growing consensus that the RNA World did not evolve directly from molecules formed by prebiotic processes (Orgel L. E. 1986; Joyce et al. 1987; Joyce 1989). The reasoning is that the chemical processes involved in the formation of RNA oligomers are too complex to have occurred on the primitive Earth. It is suggested that the original life was simpler and that it evolved to the RNA World. Indeed there is evidence to support the hypothesis that it is unlikely that the RNA World emerged from simple prebiotic molecules.

Aus dieser Situation heraus ergaben sich zwei Konsequenzen. Einerseits wurden neue Hypothesen entwickelt, die erklären sollten, wie einfachere und chemisch stabilere Polymere als Vorläufer der RNA entstanden und das Prinzip der Replikation „erfanden" und schließlich die Entstehung von RNA ermöglichten. Die wichtigsten derartigen Hypothesen werden in den folgenden Abschn. 2.3 und 2.4 vorgestellt. Andererseits verblieben Anhänger der RNA-Welt, die sich bemühen, Beweise für eine direkte präbiotische Bildung von RNA zu finden. So wurden in neuerer Zeit zahlreiche experimentelle Befunde publiziert, die als wesentliche Unterstützung der RNA-Welt-Hypothese angesehen werden können. Dazu gehört ein Bericht von Unrau und Bartel (1998), die entdeckten, dass bestimmte RNA-Typen die Synthese verschiedener Stoffwechselprodukte katalysieren können, vor allem aber die Synthese von Nucleotiden, also den RNA-eigenen Bausteinen. Ferner die Arbeitsgruppen von M. W. Powner und J. D. Sutherland ab 2009 über Nucleotidsynthesen unter möglicherweise präbiotischen Bedingungen (Powner et al. 2009). Diese Arbeiten, wie auch alle anderen Modellversuche zur Synthese von Nucleosiden und Nucleotiden, werden in den Kap. 5 und 7 ausführlicher diskutiert. Schließlich sind die Arbeiten von Johnston et al. (2001) und Lincoln und Joyce (2009) zu erwähnen, die zeigen konnten, dass RNA auch die Selbstreplikation katalysiert (s. Abschn. 8.2). Diese neueren Arbeiten stellen einen beträchtlichen Fortschritt dar, und in einem Übersichtsartikel aus dem Jahre (2006) präsentieren G. F. Joyce und L. E. Orgel einen deutlich positiveren Ausblick als noch zwanzig Jahre zuvor:

> After contemplating the possibility of self-replicating ribozymes emerging from pools of random polynucleotides and recognizing the difficulties that must have been overcome for RNA replication to occur, in a realistic prebiotic soup, we now face the challenge of constructing a realistic of the origin of the RNA World. [...] One can sketch out a logic order of events, beginning with prebiotic chemistry and ending with DNA/protein-based life. However it must be said that the details of this process remain obscure and are not likely to be known in the near future. The presumed RNA World should be viewed as a milestone, a plateau in the early history of life on Earth. So too, the concept of an RNA World has been a milestone in the scientific study of life's origin. Although this concept does not explain how life originated, it has helped to guide scientific thinking and has served to focus experimental efforts. Further progress will depend primarily on new experimental results, as chemists, biochemists and molecular biologists work together to address problems concerning molecular replication, ribozyme enzymology, and RNA based cellular processes.

Die nach 2005 erzielten Ergebnisse der Arbeitsgruppen von G. F. Joyce, J. W. Szostack, D. P. Bartel, P. Unrau, P. Hollinger und anderer Forscher haben die Glaubwürdigkeit der RNA-Welt-Hypothese in neuester Zeit erheblich gefördert. Auf diese Versuche und das Konzept der „Evolution im Reagenzglas" wird in Abschn. 8.2 näher eingegangen.

Bei der Beurteilung der RNA-Welt-Hypothese muss aber auch bedacht werden, dass nicht nur die Erklärung der präbiotischen Entstehung von Oligo- und Polynucleotiden ein großes Problem darstellt, sondern auch die geringe Hydrolysebeständigkeit. Ein Anhäufen von Polynucleotiden in einer Ursuppe ist

völlig unrealistisch. Dieser Nachteil ist besonders gravierend bei Evolutions-
modellen, die hohe Temperaturen voraussetzen. Dazu gehört die Hypothese,
dass die Entwicklung primitiver Lebewesen in der Nachbarschaft heißer Quellen *(hot vents)* auf dem Ozeanboden stattgefunden haben soll. Man kann hier
einwenden, dass es ja thermophile Organismen gibt, die unter Benutzung von
RNA bei Temperaturen um 90 °C leben können. Es gibt aber auch das Gegenargument, dass das Überleben aller Organismen nur unter Einsatz effektiver
Reparaturmechanismen möglich ist, die Schäden an RNA (und DNA) schnell
wieder beheben. Die von Biebricher und H. Trinks favorisierte Evolution in
Meerwasser und Eis bei Temperaturen < 0 °C (s. Abschn. 2.6) ist hier im Vorteil,
doch fehlt es dann an Erklärungen, wie unter diesen Bedingungen die Nucleotide
entstanden sind.

2.3   RNA-Vorläufer und die Poly(nucleoamid)-Welt

Die Frage, welche einfacheren und stabileren Polymere als Erste zur Replikation
befähigten Moleküle der RNA vorausgegangen sein könnten, bewegte etwa ab
1986 zunehmend die Gedanken von Wissenschaftlern, die sich mit den Anfängen
der chemischen Evolution beschäftigten. Im Jahre 1987 veröffentlichten Joyce,
Schwartz, Miller und Orgel ein Konzept, bei dem die Polyphosphatstruktur bei-
behalten, die Ribose aber durch einfachere 1,3-Diole ersetzt wurde. Zwei der
publizierten Kandidaten waren achiral (C und D in Schema 2.1). Die genannten
Autoren sahen den Vorteil achiraler Monomere einmal darin, dass ihre Entstehung
unter präbiotischen Bedingungen wahrscheinlicher war als die Entstehung von
Ribose. Ferner kann der Aufbau von Poly(phosphorsäurediestern) aus achiralen
Monomeren nicht durch eine *enantiomeric cross-inhibition* gestoppt werden. Die
Stereochemie dieser RNA-Vorläufer wird in Analogie zur Stereochemie von Polyolefinen beschrieben. So ist z. B. Polystyrol als isotaktisches Homopolymer eine
meso-Verbindung, doch werden die einzelnen Monomerbausteine chiral, wenn
Comonomere in mehr oder minder statistischer Reihenfolge eingebaut werden.
Bei Poly(phosphorsäureestern) der Monomere C und D (Schema 2.1) entspricht
dieser Vorgang der Copolykondensation von Diolen, welche verschiedene Nucleobasen gebunden haben.

Joyce et al. nahmen auch zur potenziellen Bildung von Helices Stellung, und
sie spekulierten über den allmählichen Übergang zur RNA-Welt:

> If RNA is such an unlikely candidate for use as the first genetic material, then why should
> it be any more suitable at a later stage of the evolution? Presumably, many of the prob-
> lems associated with the replication of RNA were solved by development of appropriate
> catalytic functions in an anchestrial genetic polymer. [...] Apparently the physical and
> chemical properties of RNA were advantageous for its primitive role as information car-
> rier and catalyst and eventually allowed it to usurp the function of some precursor genetic
> material during the early history of life on Earth.

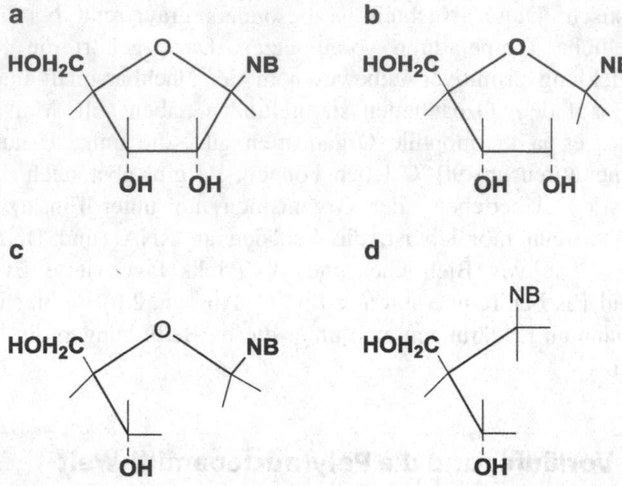

a

HOH₂C ⟨O⟩ NB

OH   OH

b

HOH₂C ⟨O⟩ NB

OH   OH

c

HOH₂C ⟨O⟩ NB

OH

d

NB

HOH₂C

OH

Schema 2.1 Ribonucleoside (**a**) und einfachere Analoga, die auf Threose (**b**) oder Glycerin-derivaten basieren

Leider folgten dieser phantasievollen Fiktion keine experimentellen Studien, nicht einmal für die Synthese der achiralen Monomere und deren Polykondensation.

Einen sehr ähnlichen Ansatz verfolgten Zhang et al. (2005), die Polyphosphate von substituierten Glykolen, d. h. eine um ein C-Atom verkürzte Wiederholungseinheit (a in Schema 2.2), synthetisierten. Sie konnten zeigen, dass hinsichtlich der Nucleobasen komplementäre Oligoester unerwartet stabile Doppelhelices bilden können. Wie diese Polyester aber unter präbiotischen Bedingungen entstanden sein könnten, bleibt offen.

Ein weiterer, von der präbiotischen Synthese her viel wahrscheinlicherer Typ von RNA-Vorläufern auf Basis von Poly(phosphorsäureestern) wurde von Eschenmoser und Mitarbeitern vorgeschlagen (Schöning et al. 2000), nämlich Polyphosphorsäureester auf Basis des C_4-Saccharids Threose (b in Schema 2.2). Trotz des um ein C-Atom kürzeren Abstandes zwischen den Phosphatgruppen können auch diese Poly(saccharidphosphate) mittels der Watson-Crick'schen Basenpaarung mit RNA Doppelhelices bilden. Interessant ist hierbei, dass die präbiotische Entstehung von C_4-Sacchariden, und vor allem Threose, sehr viel wahrscheinlicher (und daher häufiger) ist als die Entstehung von Ribose. So sind Tetrosen die einzigen Reaktionsprodukte bei der Dimerisation von Glykolaldehyd, dem ersten Kondensationsprodukt von Formaldehyd, das außerdem auch im Weltraum nachgewiesen wurde (s. Kap. 9).

Drei Arbeitsgruppen beschäftigten sich mit der Frage, ob Polypeptide mit seitenständigen Nucleobasen, sog. Poly(nucleopeptide), PNEs. als primitive Vorläufer von RNA fungiert haben könnten. Diedrichsen (1996, 1997) synthetisierte mit Nucleobasen substituierte Polyalanine (c in Schema 2.2). Das hervorstechendste Ergebnis dieser Studie war der Befund, dass Basenpaarung zwischen

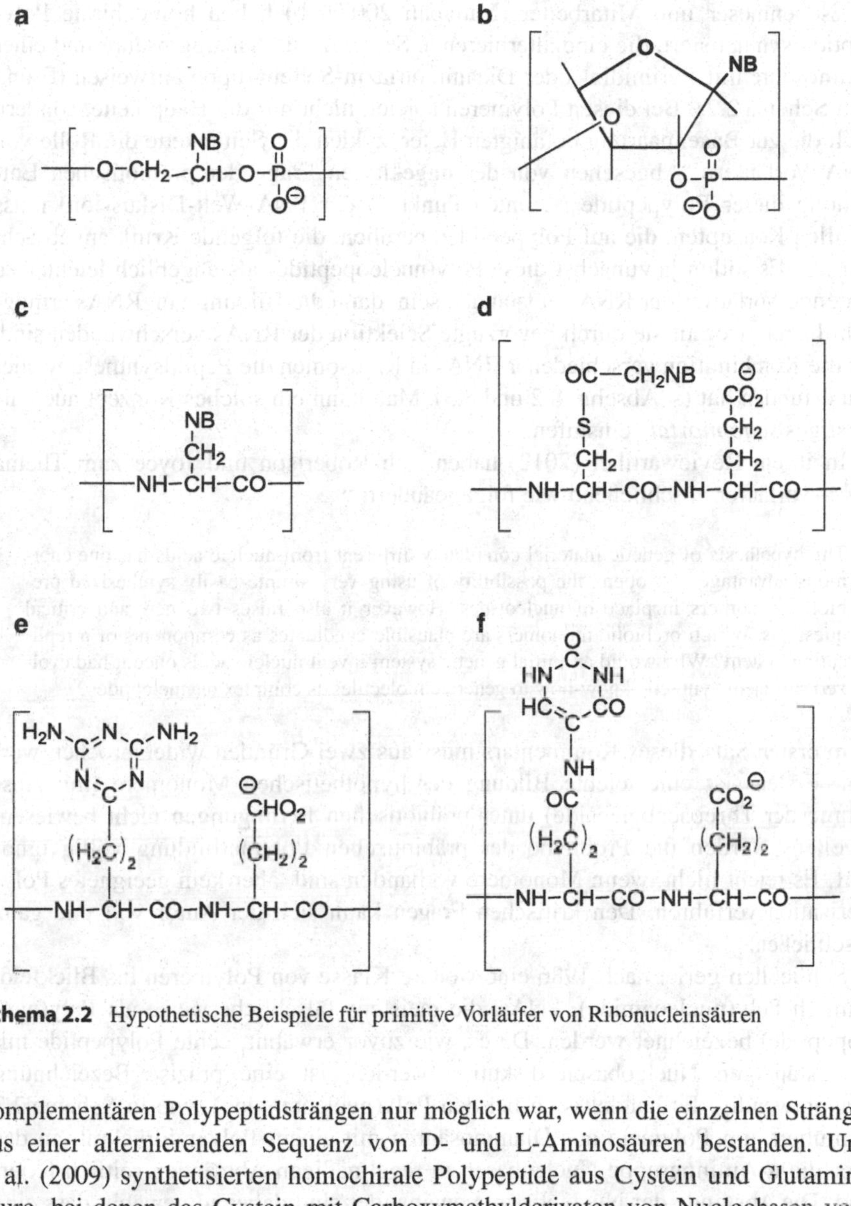

a

$$\left[\!-O-CH_2-\underset{\underset{NB}{|}}{CH}-O-\underset{\underset{O^\ominus}{\overset{\overset{O}{\|}}{P}}}{}-\!\right]$$

b

$$\left[\;\right]\;NB,\;\;O,\;\;O-\overset{\overset{O}{\|}}{\underset{\ominus O}{P}}$$

c

$$\left[\!-NH-\underset{\underset{\underset{NB}{|}}{\overset{|}{CH_2}}}{CH}-CO-\!\right]$$

d

$$\left[\!-NH-\underset{\underset{\underset{\underset{\underset{OC-CH_2NB}{|}}{S}}{CH_2}}{CH}}{CH}-CO-NH-\underset{\underset{\underset{\underset{CO_2^\ominus}{|}}{CH_2}}{CH_2}}{CH}-CO-\!\right]$$

e

$$\left[\!-NH-\underset{\underset{\underset{\underset{\underset{\underset{N}{\overset{N}{C}}}{(H_2C)_2}}{}}{}}{CH}}{CH}-CO-NH-\underset{\underset{(CH_2)_2}{CHO_2^\ominus}}{CH}-CO-\!\right]$$

f

$$\left[\!-NH-\underset{\underset{\underset{\underset{\underset{HN{\overset{C}{\diagdown}}NH}{HC{\diagup\!\!\diagdown}CO}}{NH}}{OC}}{(H_2C)_2}}{CH}-CO-NH-\underset{\underset{(CH_2)_2}{CO_2^\ominus}}{CH}-CO-\!\right]$$

Schema 2.2 Hypothetische Beispiele für primitive Vorläufer von Ribonucleinsäuren

komplementären Polypeptidsträngen nur möglich war, wenn die einzelnen Stränge aus einer alternierenden Sequenz von D- und L-Aminosäuren bestanden. Ura et al. (2009) synthetisierten homochirale Polypeptide aus Cystein und Glutaminsäure, bei denen das Cystein mit Carboxymethylderivaten von Nucleobasen verestert war (d in Schema 2.2). Neben anderen Einwänden (s. u. und Robertson und Joyce 2012) muss hier bedacht werden, dass Thioestergruppen wie vom Acetyl-Coenzym-A bekannt sehr reaktiv sind und mit fast allen Arten von Aminogruppen rasch reagieren. So wäre z. B. eine Entstehung von Peptiden durch einen Prozess, der freie Aminoendgruppen erfordert, nicht möglich. Vor allem aber müsste Ammoniak abwesend sein, der aber gerade zur Synthese von Aminosäuren unerlässlich ist.

Eschenmoser und Mitarbeiter (Mittapali 2007a, b) haben homochirale Polypeptide synthetisiert, die eine alternierende Sequenz aus Asparaginsäure und einer
Aminosäure mit Pyrimidin- oder Diaaminotriazin-Seitengruppe aufweisen (E und
F in Schema 2.2). Bei diesen Polymeren spielen nicht nur die Hauptkette, sondern
auch die zur Basenpaarung befähigten Heterozyklen der Seitenkette die Rolle von
RNA Vorläufern. Abgesehen von der ungeklärten Frage der präbiotischen Entstehung dieser Polypeptide (s. unten Punkt 4) der PNA-Welt-Diskussion) muss
zu allen Konzepten, die auf Polypeptiden beruhen, die folgende Kritik angebracht
werden. Es sollen ja zunächst diese Poly(nucleopeptide) als angeblich leichter zu
bildende Vorläufer der RNAs entstanden sein, dann die Bildung von RNAs ermöglicht haben, worauf sie durch bevorzugte Selektion der RNAs verschwunden sind,
bis die Kombination verschiedener RNAs in Ribosomen die Peptidsynthese wieder
neu erfunden hat (s. Abschn. 8.2 und 8.3). Man kann ein solches Konzept auch als
geistiges *salto mortale* einstufen.

In ihrem Reviewartikel (2012) haben sich Robertson und Joyce zum Thema
RNA-Vorläufer abschließend wie folgt geäußert:

> The hypothesis of genetic material completely different from nucleic acids has one enor-
> mous advantage – it opens the possibility of using very simple easily synthesized pre-
> biotic monomers in place of nucleosides. However it also raises two new and critical
> questions. Which prebiotic monomers are plausible candidates as components of a repli-
> cating system? Why would an initial genetic system invent nucleic acids once it had evol-
> ved sufficient synthetic know-how to generate molecules as complex as nucleotides?

Dem ersten Satz dieses Kommentars muss aus zwei Gründen widersprochen werden. Erstens ist eine leichte Bildung der hypothetischen Monomere (mit Ausnahme der Threosenucleoside) unter präbiotischen Bedingungen nicht bewiesen.
Zweitens werden die Probleme der präbiotischen Polymerbildung völlig ignoriert. Es reicht nicht, wenn Monomere vorhanden sind, aber kein geeignetes Poly-
merisationsverfahren. Den kritischen Fragen kann sich der Autor voll und ganz
anschließen.

Schließlich geriet nach 1986 eine weitere Klasse von Polymeren ins Blickfeld,
nämlich Poly(nucleoamide), PNAs, die meistens fälschlicherweise als Poly(nucleopeptide) bezeichnet werden. Da es, wie zuvor erwähnt, echte Polypeptide mit
seitenständigen Nucleobasen diskutiert werden, ist eine präzise Bezeichnung
hier notwendig. Es handelt sich bei den Poly(nucleoamiden), wie in Schema 2.3
formuliert, um Polymere aus Diaminosäuren mit einem Polyamidrückrat, an das
über die α-Aminogruppe Nucleobasen in regelmäßigen Abständen seitlich fixiert
sind. Die Abstände der Nucleobasen voneinander sind dabei so gewählt, dass eine
Wechselwirkung mit RNA mittels der üblichen Basenpaarung sterisch möglich
wird. Damit sollte gewährleistet werden, dass sich die Evolution der Poly(nucleoamide) in eine Evolution der RNA fortsetzen konnte.

Dieses Konzept wurde erstmals von Westheimer (1987) formuliert, aber ohne
jeglichen experimentellen Befund. Nach 1992 wurde diese Hypothese von P. E.
Nielsen übernommen (1993):

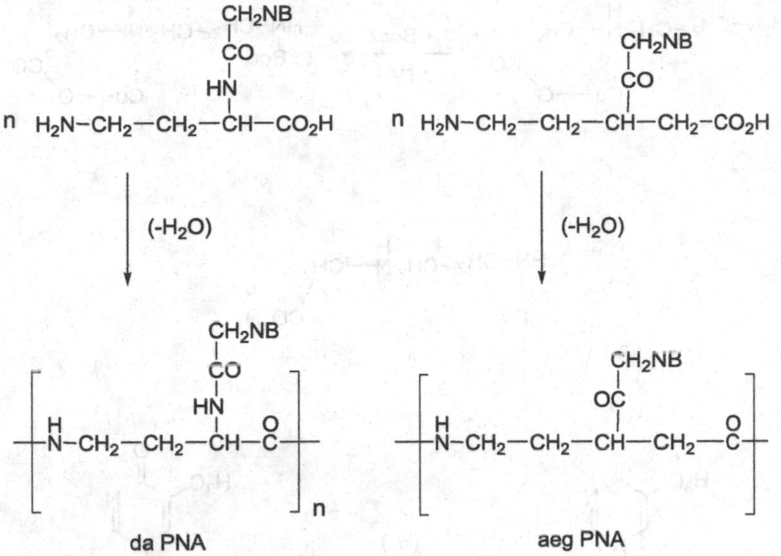

CH₂NB
│
CO
│
HN
│
n H₂N—CH₂—CH₂—CH—CO₂H

CH₂NB
│
CO
│
n H₂N—CH₂—CH₂—CH—CH₂—CO₂H

(-H₂O)

(-H₂O)

CH₂NB
│
CO
│
HN   O
│   ‖
—N—CH₂—CH₂—CH—C—
 │
 H   n

da PNA

CH₂NB
│
OC
│
H   O
│   ‖
—N—CH₂—CH₂—CH—CH₂—C—

aeg PNA

Schema 2.3 Hypothetische Beispiele für Bausteine von Polynucleoamiden, die als chemisch stabilere Vorläufer von Ribonucleinsäure postuliert wurden

> Due to the chemical fragility of RNA it is, however, highly unlikely that prebiotic life could have relied on RNA. [...]We recently described a novel DNA analog, PNA (peptide nucleic acid) which might be relevant for this discussion [...] and we have found that PNA binds to oligo(deoxy)ribonucleotides obeying the Watson-Crick base-pairing rules, i. e., A-T and G-C base pairs are highly preferred. Thus in a chemical sense, but not in a functional sense, PNA bridges the gap between proteins and nucleic acids, and the results obtained with PNA clearly show that molecules with the potential of carrying genetic information are not required to contain either phosphates or sugars but could be peptides.

Zusammen mit verschiedenen Kollegen und Mitarbeitern wurde das PNA-Konzept von Nielsen theoretisch wie experimentell weiter ausgearbeitet (Egholm et al. 1992, 1993; Böhler et al. 1995; Schmidt et al. 1997; Koppitz et al. 1998; Kozlow et al. 2000), wobei die Wechselwirkung verschiedener PNAs mit RNA und DNA im Mittelpunkt der Untersuchungen stand. In einem Übersichtsartikel von (2012) äußerten sich Roberston und Joyce auch sehr positiv: „Thus it seems that a transition from a PNA World to a RNA World is possible".

Zu der entscheidenden Frage, wie diese PNAs im Lauf der chemischen Evolution entstehen konnten, wurden dagegen weder plausible theoretische Konzepte noch experimentelle Arbeiten publiziert. Es ist daher von großem Interesse zu sehen, wie denn die „Nielsen-Gruppe" ihre Modellsubstanzen synthetisiert hat. Wie in Schema 2.4 dargestellt, wurde zunächst eine tert-Butoxycarboynl (Boc) -Schutzgruppe an der ω-Aminogruppe von N-Aminoethylglycin eingeführt und danach die α-Aminogruppe mit dem Pentafluorophenylester von Carboxymethyltymidin umgesetzt. Die doppelt substituierte Diaminosäure wurde dann in ebenfalls

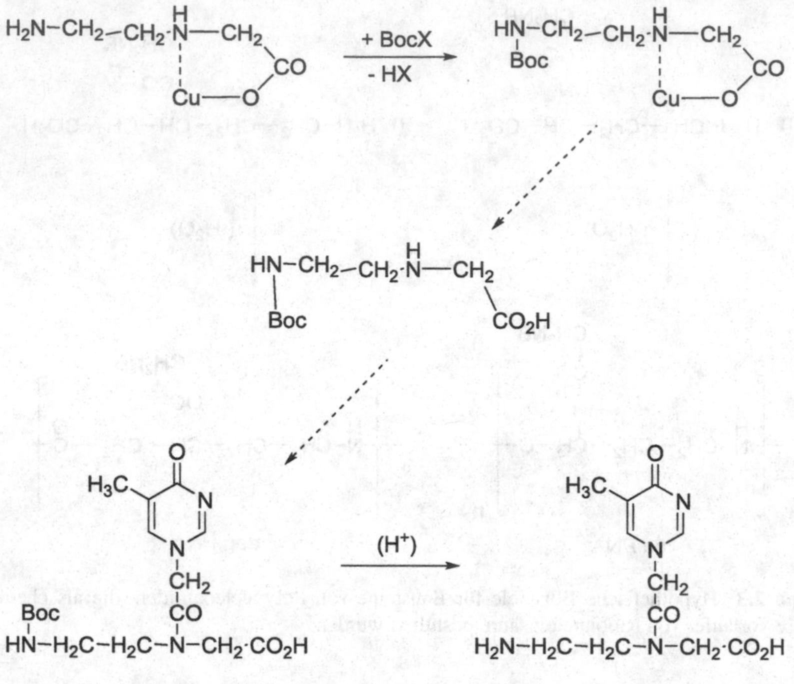

Schema 2.4 Gezielte Substitution von N-(2-Aminoethyl)glycin an der α-Aminogruppe mittels der Boc-Schutzgruppen-Methode

als Pentafluorophenylester aktiviert und schließlich Oligoamide mithilfe der Merrifield-Methode schrittweise aufgebaut. Die Autoren (Egholm et al. 1992, 1993) vertrauten also auf ein Synthesekonzept der klassischen Peptidchemie mit Schutzgruppentechnik und waren nicht in der Lage, ein eigenes präbiotisches Synthesekonzept zu entwickeln.

Einige Jahre später outete sich auch der deutsche Chemiker U. Meierhenrich (2004) als Anhänger der PNA-Welt. Ausgehend von der Extraktion minimaler Mengen verschiedener Diaminocarbonsäuren aus dem Murchison-Meteoriten (s. Abschn. 9.4) entwarf er ein Konzept, bei dem PNAs aus dem Weltraum die chemische Evolution auf der Erde in Gang setzten; im Originalton:

The delivery of organic compounds by meteorites, Interstellar Dust Particles or comets to the early earth is one mechanism thought to have triggered the appearance of life on Earth. […] In the case of the evolution of genetic material it is widely accepted that todays „RNA-Protein-World" was preceded by a prebiotic system, in which RNA oligomers functioned both as genetic material and as enzyme like catalysts. In recent years oligonucleotide systems with properties resembling RNA have been studied intensively, and interesting candidates for a potential predecessor of RNA were found. Among these candidates a peptide nucleic acid molecule (PNA) is an uncharged analog of a standard nucleic acid in which the sugar phosphate backbone is replaced by a backbone held together by amide bonds. The backbone can either be composed by N-(2-aminoethyl)glycine (aeg) or its structural analog leading to aegPNA molecules or by a α, ω-diamino acid (da) leading to daPNA structures [Schema 2.3]. The nucleobases adenine, uracil, guanine and cytosine are attached via spacers to the obtained PNA structures.

Aus den folgenden Gründen ist das PNA-Konzept völlig unrealistisch:

1. Nucleobasen mit kovalent gebunden Spacern wurde in Meteoriten niemals entdeckt.
2. Nelson et al. (2000) haben einige Nucleobasen mit Carboxymethylen-Spacern in geringen Mengen unter potenziell präbiotischen Bedingungen herstellen können. Wenn derartige Synthesen aber unter präbiotischen Bedingungen effektiv gewesen wären, hätten sie die Bildung von Nucleosiden behindert oder verhindert.
3. Die Bildung von Monomeren des Typs A in Schema 2.2 steht im Gegensatz zu allem, was über die Chemie von Ornithin, Lysin und andern Diaminosäuren bekannt ist. Die α-Aminogruppe ist etwas weniger reaktiv (nucleophil) als die ω-Aminogruppe, und daher wird jede elektrophile Substitution vor allem die ω-Aminogruppe betreffen und es wird ein Produktgemisch entstehen. Durch Komplexierung mit zweiwertigen Metallionen wird die Reaktivität der α-Aminogruppe weiter gesenkt, und zweiwertige Metallionen wie Mg^{2+} und Ca^{2+} sind im Urozean immer präsent gewesen. Für präparative Zwecke verwendet man meist Cu^{2+}, weil es mit H_2S leicht wieder entfernt werden kann. Dieser Trick wird daher genutzt, die ω-Aminogruppe selektiv mit einer Schutzgruppe zu versehen (Schema 2.4).
4. Die in Kap. 4 ausführlich behandelten Modellversuche zur Synthese von Aminosäuren zeigen, dass auf der frühen Erde zahlreiche verschiedene Aminosäuren entstanden sein müssen und die Extraktion von Meteoriten ergibt die gleiche Schlussfolgerung. Selbst wenn also Monomere des Typs c in Schema 2.2 entstanden waren, wäre niemals eine Homopolykondensation dieser Monomere zustande gekommen. Der Einbau anderer Aminosäuren in die PNA-Kette zerstört aber deren Fähigkeit zur Basenpaarung mit RNA und DNA und die Ausbildung stabiler Helices. Diese Kritik gilt auch für alle oben erwähnten Poly(nucleoamid)e, die als RNA-Vorläufer vorgeschlagen wurden.
5. Das Kondensieren von $N^α$-substituierten ω-Aminosäuren in Lösung resultiert vor allem in Zyklisierung, sodass Lactame oder niedermolekulare zyklische Oligomere gebildet werden (Gl. 1 in Schema 2.5). Diese Kritik äußerte L. E. Orgel schon (1998) und widersprach dabei seiner 1987 mit Joyce et al. (1987) geäußerten optimistischen Einschätzung, während Miller sich noch 1997 positiv zur PNA-Hypothese stellte.
6. Das Alternativkonzept, die Polykondensation unsubstituierter Diaminosäuren zuerst gefolgt von einer Substitution durch Nucleobasen-Derivate in α-Position, ist ebenfalls unrealistisch. Bei der Polykondensation trifunktioneller Monomere entstehen verzweigte (hyperbranched) Polymere (Gl. 2 in Schema 2.5) und keine ausschließlich linearen Polymere. Zur Polykondensation trifunktioneller Monomere gibt es zahlreiche Studien und hier soll nur ein Übersichtsartikel genannt werden: Kricheldorf (2014).

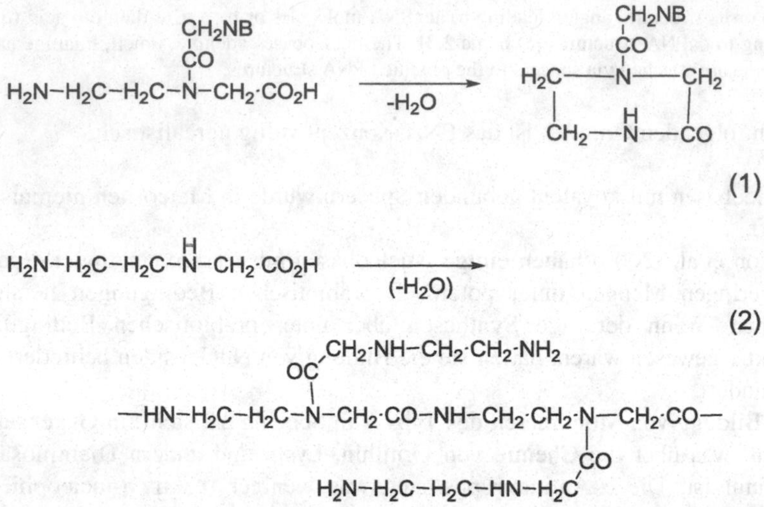

$$\text{H}_2\text{N–H}_2\text{C–H}_2\text{C–} \underset{\underset{\text{CO}}{\overset{\text{CH}_2\text{NB}}{|}}}{\text{N}} \text{–CH}_2\text{·CO}_2\text{H} \xrightarrow[-\text{H}_2\text{O}]{} \quad \text{H}_2\text{C–} \underset{\underset{}{}}{\overset{\overset{\text{CH}_2\text{NB}}{\overset{|}{\text{CO}}}}{|}} \text{N–CH}_2$$

(ring structure) H₂C—N—CH₂ / CH₂—N—CO

$$\text{(1)}$$

$$\text{H}_2\text{N–H}_2\text{C–H}_2\text{C–} \overset{\overset{\text{H}}{|}}{\text{N}} \text{–CH}_2\text{·CO}_2\text{H} \xrightarrow[(-\text{H}_2\text{O})]{}$$

$$\text{(2)}$$

$$\underset{\text{H}_2\text{N–H}_2\text{C–H}_2\text{C–HN–H}_2\text{C}}{\overset{\overset{\text{CH}_2\text{·NH–CH}_2\text{·CH}_2\text{·NH}_2}{\overset{\text{OC}}{}}}{-\text{HN–H}_2\text{C–H}_2\text{C–}\underset{}{\text{N}}\text{–CH}_2\text{·CO–NH–CH}_2\text{·CH}_2\text{·}\underset{\underset{\text{CO}}{}}{\text{N}}\text{–CH}_2\text{·CO–}}}$$

Schema 2.5 Kondensationsreaktionen, die einer präbiotischen Entstehung von Poly(nucleoamiden) entgegenstehen

Jedes der Argumente 3–6 ist für sich alleine schon ausreichend, die PNA-Hypothese zu Fall zu bringen. Insgesamt lässt sich sagen, dass die „PNA World"-Hypothese vor allem dadurch auszeichnet, dass sie von ihren Anhängern einen starken Glauben an chemische Wunder erfordert. Deutlicher ausgedrückt kann man in der PNA-Welt (und nicht nur in dieser) auch das Musterbeispiel einer antiwissenschaftlichen Hypothese erkennen, weil sie bekannten chemischen Gesetzen widerspricht. Gerade auf dem Gebiet der chemischen Evolution ist es sinnvoll, zwischen unwissenschaftlichen und antiwissenschaftlichen Hypothesen zu unterscheiden. Unwissenschaftlich ist eine Hypothese dann, wenn sie wissenschaftlich nicht bewiesen werden kann, aber auch keinen etablierten wissenschaftlichen Gesetzen widerspricht.

2.4   Die Silikat-Welt

Der Titel „Silikat-Welt" basiert auf dem englischen Begriff *Clay World* und interpretiert ihn auch, denn mit dem Begriff *clay* kann im Prinzip jede Art von feinen Mineralpartikeln gemeint werden. Da die feste Erdoberfläche jedoch zu über 95 % aus Silikaten verschiedenen Typs besteht (und schon immer bestand), stehen Struktur und Eigenschaften von Silikaten im Mittelpunkt der folgenden Diskussion.

Silikate können vier verschiedene Klassen von Polymerarchitekturen bilden, nämlich kettenförmige, bandförmige und flächige Architekturen sowie dreidimensionale Netzwerke. Eine weitere Dimension der Variierbarkeit besteht in der Veränderlichkeit der räumlichen Anordnung. So können die Abstände zwischen übereinandergestapelten Silikatschichten aufgeweitet und anorganische wie organische Verbindungen in die Zwischenräume eingelagert werden. Die in Kap. 6 diskutierten Synthesen von Oligopeptiden und Polypeptiden machen sich genau diese Eigenschaft zu Nutze. Ferner können in Silikatnetzwerken Hohlräume entstehen, deren Form und Größe variieren kann. Diese Hohlräume lassen sich dann als chemische Nanoreaktoren interpretieren, denen auch katalytische Fähigkeiten zugeschrieben werden können.

Eine dritte Dimension der Variierbarkeit von Silikaten besteht in ihrer chemischen Zusammensetzung, vor allem im teilweisen Ersatz von Silizium durch Aluminiumatome.

Da das Aluminiumatom in Silkaten an vier O-Atome gebunden ist, entsteht an dieser Stelle des Silikatgerüstes eine negative Ladung. Die sogenannten Alumosilikate enthalten also Aluminatanionen, die zur Wahrung der elektrischen Neutralität die Anwesenheit von Kationen wie Na^+, K^+, Mg^{2+} oder Ca^{2+} erfordern. Die Anwesenheit von Ionen erhöht natürlich auch die Bandbreite von Wechselwirkungen mit organischen Substanzen und erhöht die Wahrscheinlichkeit katalytischer Beeinflussung chemischer Reaktionen. Es ist daher nicht überraschend, dass zahlreiche Wissenschaftler den Silikaten eine wichtige Rolle im Frühstadium der chemischen Evolution beimessen. So hat z. B. der Kristallograph J. D. Bernal die Rolle von Silikaten darin gesehen, dass sie Biomonomere aus der verdünnten Ursuppe eingefangen und durch sie dramatisch erhöhte Konzentration an Oberflächen und/oder in Hohlräumen zur Reaktion gebracht haben. Andere Wissenschaftler haben katalytische Wirkungen hineininterpretiert.

Das mit Abstand umfassendste, detaillierteste und originellste Konzept einer wesentlichen Beteiligung von *clay* in der chemischen Evolution stammt von dem theoretischen Biologen A. G. Cairns-Smith. Seine fundamentale Vision besteht darin, dass er schon Silikaten allein typische Eigenschaften von Lebewesen beimisst, nämlich Katalyse chemischer Reaktionen und Selbstreproduktion mit Vererbung erworbener Eigenschaften.

Sein Konzept teilt die Evolution in vier Etappen ein:

1. Entstehung der mineralischen Chemie
2. Wechselwirkung mit organischen Molekülen und Katalyse organischer Synthesen
3. Übertragung des mineralischen Selbstreproduktionsmechanismus auf organische biopolymere (RNA, Proteine).
4. Verdrängung des mineralischen Lebens durch die effektiveren Biopolymere und die daraus entstehenden Einzeller.

Cairns-Smith war sich der Provokation, die von seinem Konzept ausging, voll bewusst. Im Vorwort seines umfassendsten Buches mit dem Titel *The Genetic Takeover* (1982) schrieb er:

The main idea in this book is that the first organisms on Earth had an altogether different chemistry from ours that they had a solid state biochemistry. This idea was already in the opening sentence of the abstract of my first paper on the origin of life (1966): It is proposed that life on Earth evolved through natural selection from inorganic crystals. It sounds

an odd idea, but I meant it literally. I still do [...] I have to persuade you that the very first
organisms need not have contained organic molecules [...] I have to provide an account,
at least in principle and in as much detail as possible, as to how early evolutionary processes should have transformed organisms with one kind of central control machinery into
organisms based on control structures of an altogether different kind (This is genetic take-
over). I should explain too, why evolution should have had such oblivious beginning [...].

Cairns-Smith hat angenommen, dass feine Silikatpartikel (mit Nano- und Mikro-
dimensionen) durch Erosion von Gebirgen entstanden sind, sie werden durch
Wasser (Regen, Bäche) transportiert, verformt und eventuell in ihrer chemischen
Zusammensetzung geringfügig verändert. Das Wachstum von Silikatkristallen
erfolgte durch seitliches Anlagern gelöster Silikatbausteine an lamellare Kristall-
strukturen. Ab einer bestimmten Größe war die Wahrscheinlichkeit groß, dass
Bewegung zum Abbruch kleinerer Lamellenstücke führte (Abb. 2.1). Diese konnten in wässriger Lösung von Silikaten, die allmählich verdunstete, weiterwachsen,
wodurch eine Art Selbstreproduktion zustande kam.

Ein erster Vererbungsmechanismus ergab sich aus der Übertragung spezifischer
Eigenschaften der „Mutterlamelle" an die Bruchstücke, also an die nächste Generation von Lamellen. So konnten z. B. in einer großen Kristalllamelle die Silikat-
ketten an verschiedenen Stellen etwas unterschiedliche Sequenzen an Al und Si
Atomen existent sein. Beim Auseinanderbrechen entstanden Bruchstücke, die sich
geringfügig in diesen Sequenzen unterschieden (s. Abb. 2.2). Es war eine neue
Population von individuellen Silikatkristallen entstanden, die ihre Eigenschaften
durch Wachstum und Spaltung an eine nächste Generation weitervererbten.

Die nächste Stufe der Silikatrevolution bestand in der Bildung von Architekturen mit Hohlräumen in der Art eines Kartenhauses. Die Anfänge eines
solchen Kartenhauses mit Originaltext illustriert Abb. 2.3. Die Hohlräume entwickelten sich zu chemischen Reaktoren, in denen Synthesen verschiedener organischer Produkte stattfanden, wobei Form und Oberfläche der Hohlräume auch
einen katalytischen Einfluss hatten.

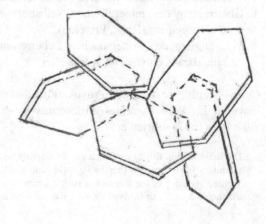

Abb. 2.1 Modell eines
„Kartenhauses" aus
Schichtsilikaten, das gemäß
A. G. Cairns-Smith (1982)
durch elektrostatische
Wechselwirkungen zwischen
positive Kanten und negative
Oberflächen entstehen kann

Cairns-Smith spekulierte über die Synthesen verschiedener Aminosäuren und Nucleobasen aufgrund verschiedener Stoffkreisläufe, wie sie aus Stoffwechselzyklen heutiger Lebewesen bekannt waren. Die einzelnen Nanoreaktoren mussten sich also zu großen Fabriken vereinigen, in denen die „Reaktoren durch Öffnungen mit Schleusencharakter miteinander verbunden waren. Die Ausgangsprodukte für eine Synthese mussten Zugang zum einzelnen Reaktor haben, die gewünschten Syntheseprodukte mussten an andere Reaktoren zur weiteren Modifizierung weitergeleitet werden und die Abfallprodukte mussten entsorgt werden. Im Lauf von vielen Millionen Jahren sorgten Selektionsprozesse für die Entstehung hoch spezifischer Synthesen für die einzelnen Biomonomere, die für das Fortschreiten der chemischen Evolution bis hin zum Einzeller benötigt wurden."

Spätestens hier muss die erste massive Kritik einsetzen. Erstens gibt es keine Modellversuche, welche die Entstehung und das Funktionieren solcher phantastischer Fabriken beweisen. Zwar konnte gezeigt werden, dass Schichtsilikate wie Montmorillonit oder Biotit einen positiven Einfluss auf die Bildung von höheren Oligopeptiden haben können (s. Kap. 6), doch handelt es sich nur um wenige Beispiele und nur um Polykondensation von Aminosäuren. Das ist viel zu wenig, um das Konzept von Cairns-Smith zu beweisen. Zweitens gibt es keine Begründung dafür, warum sich die Synthesen in den Silikatfabriken im Rahmen einer ungerichteten Evolution auf die heute bekannten Biopolymere spezialisiert haben sollten. Das dritte Gegenargument, nämlich das Fehlen geologischer Beweise ist dagegen von geringer Bedeutung, denn hier kann der Zufall im Spiel sein. Gesteinsformationen, die älter als 3,5 Mrd. Jahre alt sind, wurden bis heute nicht gefunden und solche mit einem Alter von 3,0–3,5 Mrd. Jahre sind sehr selten. Insgesamt sind die hochspezialisierten Fabriken der Silikatwelt ein phantastisches Luftschloss, dessen Bausteine aus Wunschdenken bestehen.

Nun geht es in der Silikatwelt-Hypothese noch zwei Schritte weiter. Cairns-Smith postulierte, dass die erfolgreiche Synthese von Proteinen und RNAs dazu geführt hat, dass die Silikatfabriken diesen Biopolymeren die Fähigkeit zur Katalyse und zur Informationsspeicherung übertragen haben. Der nächste Schritt war dann die Emanzipation der Biopolymere von den Silikatorganismen und die Begründung einer Aktionsgemeinschaft, mit der die ersten Einzeller ins Leben gerufen wurden. Hier ist weitere massive Kritik angebracht, die direkt den Kern des Silikatwelt-Konzeptes betrifft. Die Annahme eines *genetic takeover* basiert nur auf der Kenntnis heutiger und fossiler Lebewesen, deren Biochemie weitgehend auf organischen Verbindungen beruht. Mit solchen „a posteriori Argumenten" lassen sich viele unwahrscheinliche Hypothesen rechtfertigen, wie in diesem Buch an mehreren Stellen aufgezeigt wird. Das *genetic take-over* ist aber völlig unwahrscheinlich, wenn man eine ungerichtete Evolution zugrunde legt. Warum sollten die Silikatorganismen andere Organismen auf Basis einer völlig anderen Chemie erschaffen und dabei ihr eigenes Grab geschaufelt haben? Direkt daran anschließend stellt sich die Frage, warum die Silikatorganismen von organischen Lebewesen verdrängt worden sein sollen. Es gibt schließlich keine Nahrungskonkurrenz und fast keine Platzkonkurrenz. Die Silikatorganismen benötigen gelöste Silikate als „Nahrung" für Wachstum und Vermehrung und die Einzeller benötigten organische Verbindungen, die sich in der Ursuppe tummelten. Wo es keine Konkurrenz gibt, kann es auch keine Selektion geben, die zur Verdrängung einer Lebensform führt.

Darüber hinaus muss man noch die Konsequenzen von Katastrophenzyklen in Betracht ziehen und Umweltkatastrophen gab es auf der frühen Erde wohl häufiger als heute. Gleichgültig, ob rasche Temperaturerhöhungen oder -erniedrigungen, Druckschwankungen, Wechsel in der Zusammensetzung der Uratmosphäre oder Asteroideneinschläge in Betracht gezogen werden, die Silikatorganismen waren robuster als die organischen Lebewesen und hatten einen Selektionsvorteil. Es gibt daher weder überzeugende Argumente noch experimentelle Beweise für eine chemische Evolution mit *genetic take-over* aus dem Schoße von Silikatfabriken. In einem teils zustimmenden, teils kritischen Kommentar hat R. A. Shapiro die folgende Schlussbetrachtung formuliert (S. 223):

> We must wait for any final answer for Clay Life. If in fact we began in this way, it would be one of the most satisfying scientific answers. We inhabit this planet, and use its resources. Our bodies are placed into the earth when we pass on. How fitting if we were born of this soil as well, as suggested in Genesis 2.6-7 But there went up a mist from the earth, and watered the whole face of the ground. And the Lord God formed the man out of the dust of the ground, and breast into his nostrils the breath of life, and man became a living soul.

2.5   Die Eisen-Schwefel-Welt

Wie der Titel nahelegt, spielen Eisensulfide in der (1988) von dem deutschen Chemiker G. Wächtershauser erstmals vorgestellten Hypothese eine entscheidende Rolle. Im Unterschied zur Silikat Welt-Hypothese spielen aber nicht Hohlräume eine entscheidende Rolle, sondern die Oberfläche von Pyritkristallen. Da Pyrit (FeS_2) und seine alternative Kristallmodifikation, Markasit, zu den häufigsten Schwermetallmineralien der Erdkruste zählen, kann diese Wahl nicht *a priori* kritisiert werden.

Die Eisensulfid- und die Silikat-Welt haben interessanterweise zwei wichtige Eigenschaften gemeinsam. Erstens, sie geben der Entwicklung von Reaktionszyklen (Stoffkreisläufen) den Vorrang vor der Entstehung von Biopolymeren und Replikationssystemen. Zweitens, sie werden von ihren Autoren nicht als Beiträge zur Ursuppenhypothese verstanden, sondern als Alternativen. Diese Abgrenzung hat ihren Ursprung nicht in der Absicht, die Originalität der eigenen Hypothesen hervorzuheben, sondern sie resultiert auch aus der Weiterentwicklung der Evolutionshypothese insgesamt, die in den Jahren nach 1980 eine zunehmende Anzahl von Kritikern der Ursuppe auf den Plan rief. Der Originaltext (Wächtershäuser 2003) lautet:

> It is occasionally suggested that experiments within the iron-sulfur world theory demonstrate merely yet another source of organics for the prebiotic broth. This is a misconception. The new finding [formation of pyruvic acid at high temperature and high pressure] drives this point home. Pyruvate is too unstable to ever be considered as a slowly accumulating component in a prebiotic broth. The prebiotic broth theory and the iron-sulfide

world theory are incompatible. The prebiotic broth experiments are parallel experiments
that are producing a greater medley of potential broth ingredients. Therefore the maxim of
the prebiotic broth theory is "order out of chaos". In contrast, the iron-sulfur world experiments are serial, aimed at long reaction cascades and catalytic feed-back (metabolism)
from the start. The maxim of the iron-sulfur world theory should therefore be "order out
of order out of order".

Wächtershäuser beschreibt sein Konzept als Entstehung von zweidimensionalen
autotrophen Reaktionszyklen. Die Oberflächen von Pyritkristallen, auf denen
alle chemischen Reaktionen stattfinden, bewirken die Zweidimensionalität des
gesamten Geschehens. Diese Oberflächen sorgen, teilweise in Kombination mit
Nickelsulfiden, für die katalytischen Effekte. In Kombination mit H_2S, das aus
vulkanischen Ausdünstungen stammt, werden auch mehrere Energie liefernde
Redoxreaktionen möglich, die die Charakterisierung des Eisensulfid-Stoffwechsels
als autotroph rechtfertigen. Sonnenlicht, elektrische Entladungen oder radioaktive
Strahlung, die fast allen Modellexperimenten zur Ursuppentheorie zugrunde liegen (Kap. 4 und 5), werden nicht benötigt. Die Eisen-Schwefel-Chemie kann
sich daher im Dunkeln z. B. am Meeresgrunde abspielen, an Orten, die thermische Energie liefern und H_2S, wie das in der Nachbarschaft der *hot vents* auf dem
Meeresboden der Fall ist.

Es gehört zu den Vorzügen der Eisen-Schwefel-Welt-Theorie, dass einige
Schritte des gesamten Stoffwechsels durch Modellexperimente belegt sind.
Tab. 2.1 gibt einen Überblick zum Stand 2003. Hier stellt sich aber nun die ent-
scheidende Frage: War es möglich und wie war es möglich, dass dieser begrenzte
zweidimensionale Stoffwechsel eine dreidimensionale Evolution von Proteinen,
Nucleinsäure, Reproduktionsmechanismen und Vesikeln mit individuellem Stoff-
wechsel generiert hat. Dazu gibt es keine experimentellen Beweise, sondern nur
Spekulationen. Wächtershäuser (1988):

Tab. 2.1 Reaktionen des „Eisen-Schwefel-Stoffwechsels", die durch Modellexperimente belegt
sind

Reaktionen	Kat	Temp. (°C)	Literatur
$CO \rightarrow HCO_2H$	(Fe, Ni)S	100	Huber und Wächtershäuser (1997)
$CO \rightarrow CH_3SH$	(Fe, Ni)S	100	Huber und Wächtershäuser (1997)
$CO \rightarrow CH_3CO_2H$	(Fe, Ni)S	100	Huber und Wächtershäuser (1997)
$HCO_2H \rightarrow CH_3COCO_2H$	FeS	250	Cody et al. (2000)
$CH_3SH \rightarrow CH_3CO-SCH_3$	(Fe, Ni)S	100	Huber und Wächtershäuser (1997)
$CH_3COCO_2H \rightarrow NH_2CHRCO_2H$	FeS	100	Hafenbrandl (1995)
$NH_2CHRCO_2H \rightarrow$ Oligopeptide	(Fe, Ni)S	100	Huber und Wächtershäuser (1998)

The genetic machinery of the cells develops from surface metabolism precursors with catalytic imidazole residues glycosidically bonded to a polyhemiacetal backbone of (surface-adhering) phosphotrioses. It produces self-folding enzymes which compete with the mineral surface for bonding the metabolic constituents. In this stage evolution becomes double-tracked: an evolution of metabolic pathways and one of the bonding surfaces for their constituents. In the third stage the pyrite support is abandoned and true cellular organisms arise which become free to conquer three-dimensional space.

Ferner Wächtershäuser (1994):

Now it is important to realize that a synthetic autocatalytic cycle has an inherent tendency towards higher complexity. This means an inherent tendency towards an increasing number of reaction possibilities. Thus, life creates its own prospects. This is the physical basis of the interpretation of evolution as a process of self-liberation.

Dazu muss man sagen, dass seine allmähliche Zunahme der Vielfalt an Reaktionen und Produkten noch glaubhaft ist. Das heißt aber nicht, dass die Komplexität der Moleküle nennenswert zugenommen haben muss, wie das für die Bildung von Proteinen und RNA nun einmal notwendig ist. Hier bekommt das Wunschdenken von G. Wächtershäuser Flügel. Nun haben Huber und Wächtershäuser (1998) den überraschenden Befund publiziert, dass unter Einwirkung von CO und H_2S (oder CH_3SH) in Gegenwart von nickelhaltigem Eisensulfid α-AS aktiviert und zu Dipeptiden kondensiert werden. Jene Autoren arbeiteten bei 100 °C und alkalischem pH (7,5–10,1), sodass es nicht überraschen kann, dass unter diesen Bedingungen Peptidbindungen auch wieder schnell hydrolysiert werden.

Die gemessenen Dipeptidmengen wurden von Huber und Wächershäuser als Ergebnis eines chemischen Gleichgewichtes interpretiert, das sie als typische Analogie zu allen existierenden Stoffwechselzyklen ansahen (Huber et al. 2003). Diese Einschätzung mag zwar einen Stoffwechsel-Fan befriedigen, aber diese Versuche zeigen doch vor allem, dass unter diesen Bedingungen keine längeren Peptide oder gar Proteine zustande kommen können. Ein zweiter und mindestens ebenso gewichtiger Kritikpunkt ergibt sich aus der raschen Racemisierung, die α-AS in monomerem Zustand wie auch in der Peptidkette erleiden, wenn sie mit Temperaturen um 100 °C und alkalischem pH konfrontiert sind. Selbst in neutralem Wasser racemisieren einige α-AS bei 100 °C schon im Lauf weniger Wochen (s. Kap. 10). Das sind extrem kurze Reaktionszeiten gemessen an den vielen Millionen von Jahren, die eine vollständige chemische Evolution erfordert haben muss. Die rasche Racemisierung von α-AS ist ein entscheidender Grund, warum alle Hypothesen zur Entstehung von Leben durch chemische Evolution bei hohen Temperaturen unglaubwürdig sind. Nur Modellexperimente, die zeigen, wie aus racemischem Aminosäuremischungen bei 90–100 °C homochirale Copolypeptide entstanden sind, können diese Kritik widerlegen, aber derartige Modellexperimente gibt es nicht.

Der Autor dieses Buches ist keineswegs der einzige Kritiker der Eisen-Schwefel-Welt als Basis einer umfassenden chemischen Evolution. Schon (1991) haben sich DeDuve und Miller kritisch zu dem damals vorliegenden Konzept geäußert, und Wächtershäuser hat diese Kritik (1994) analysiert und teilweise entkräftet. Aber L. E. Orgel folgte (2000 und 2003) mit weiteren kritischen Argumenten, die nicht widerlegt wurden. Die zuvor erwähnte Racemisierungsproblematik wurde dabei noch nicht einmal berücksichtigt. So ergibt sich als Fazit, dass die Eisen-Schwefel-Welt ein originelles und faszinierendes Konzept ist, das gestützt auf zahlreiche Modellexperimente die Entstehung komplexerer Reaktionssequenzen einiger organischer Chemikalien erklären kann, aber ein nennenswerter Beitrag zu einer chemischen Evolution, die Lebewesen der heute bekannten Art generierte, lässt sich nicht erkennen.

2.6 Compartment-Hypothesen

Der Begriff *compartment* kann mit Behälter, Gefäß, umgrenzter Raum usw. übersetzt werden, aber da kein deutsches Wort den Sinn von *compartment* im Zusammenhang mit chemischer Evolution trifft, soll hier der Begriff Compartment-Theorie verwendet werden. Alle diese Hypothesen und Theorien haben gemeinsam, dass Entstehung und Eigenschaften von Compartments den Verlauf der chemischen Evolution entscheidend beeinflussen, wenn nicht überhaupt erst ermöglicht haben. Unabhängig von strukturellen Details, werden in den Compartments auch die Vorläufer der Urzellen gesehen. Zumindest die folgenden zwei äußerst wichtigen Eigenschaften sollten diese Compartments erfüllen:

- Innerhalb der Compartments erfolgt eine Konzentration von Chemikalien, relativ zur gesamten Ursuppe, wodurch bimolekulare Reaktionen, insbesondere Polykondensationen, stark beschleunigt werden.
- Innerhalb der Compartments können sich chemische Reaktionen entwickeln, die außerhalb nicht möglich waren, d. h. es könnte sich eine Art von compartmentspezifischem Stoffwechsel entwickeln.

Schon der Vater der CE-Forschung A. I. Oparin hat der Bildung von Compartments eine wichtige Rolle für den Erfolg der chemischen Evolution zugebilligt. Dabei hatte er vor allem den Aspekt der Substanzkonzentration im Blick sowie die Ausbildung zellähnlicher Strukturen angefüllt mit strukturierten Proteinen, die als Vorläufer des Zellplasmas gedacht waren. Oparin machte auch zu diesem Aspekt keine Versuche selbst, sondern bezog sein Wissen und seine Vision vor allem aus den umfangreichen Experimenten von F. Bungenberg de Yong und dessen Arbeitsgruppe. Da (1957) eine deutsche Version von Oparins Gedankengebäude publiziert wurde, soll Oparin am besten hier selbst zu Wort kommen:

> Wir haben weiter oben gesehen, dass schon im Prozess einer rein abiogenen Evolution der organischen Stoffe auf der Erdoberfläche im Urozean äußerst verschiedenartige und in einer Reihe von Fällen sehr hochmolekulare Stoffe entstehen mussten, insbesondere eiweißähnliche Polypeptide, Polynucleotide usw. [...] Eine charakteristische Besonderheit dieser Stoffe, darunter auch jeden individuellen Eiweißes oder sogar eines einfachen eiweißähnlichen Polymers ist ihre klar ausgeprägte Fähigkeit mit anderen

hochmolekularen Stoffen, also auch mit anderen Eiweißen und Polypeptiden Komplexe zu bilden. Bei derartigen Assoziationen einzelner eiweißähnlicher Stoffe entstehen polymolekulare Gebilde, deren physikalische und chemische Eigenschaften sich wesentlich von den Eigenschaften der sie zusammensetzenden individuellen Eiweiße unterscheiden. Gleichzeitig können die eiweißähnlichen sowie auch Natureiweiße, wenn sie miteinander assoziieren, unter gewissen Bedingungen polymolekulare Schwärme bilden, die sich, wenn sie eine bestimmte Größe erreicht haben, aus der Lösung in Form von gesonderten Phasen oder vielphasigen Systemen, die schon den Charakter morphologischer Gebilde haben, absondern […]. Bungenberg de Yong nannte sie [diese Entmischung] zur Unterscheidung von der gewöhnlichen Koagulation Coazervation. Die sich entmischende kolloidale Flüssigkeit nannte er Coazervat und die mit ihr im Gleichgewicht stehende, kolloidarme Lösung Gleichgewichtsflüssigkeit. In vielen Fällen setzt sich die das Coazervat nicht als kompakte flüssige Schicht ab, sondern es bildet sich in Form kleiner, unter dem Mikroskop aber gut sichtbarer Tröpfchen, die in der Gleichgewichtslösung schwimmen. Die Erscheinung der Koazervation ist von unserem Blickpunkt aus vor allem deshalb besonders interessant, weil sie im Evolutionsprozess der organischen Stoffe ein mächtiges Mittel zur Konzentrierung hochmolekularer Verbindungen, insbesondere in der irdischen Hydrosphäre gelösten eiweißähnlichen Stoffen, sein könnte.

Oparin äußert sich dann auch über die Entstehung komplexer Coazervate durch Kombination von Eiweißen mit anderen Substanzklassen wie z. B. Lipiden oder Polynucleotiden. Im Originaltext:

> Von großem Interesse sind die sogenannten vielfachen komplexen Coazervate, die aus mehreren verschiedenen Komponenten bestehen. Als Beispiel für diese Gebilde kann das von uns bereits erwähnte Coazervat aus Gelatine, Gummiarabicum und Natriumnucleinat dienen. Es kann als einheitliches komplexes Coazervat existieren, oder zwei verschiedene Coazervate bilden, die sich nicht miteinander mischen. Die Tropfen des einen Coazervates können dabei kleine Tröpfchen des anderen enthalten.

Die Vision von Oparin war sicherlich ein nützlicher Denkanstoß, hat aber zwei entscheidende Schwachstellen. Erstens setzt Oparin voraus, dass es in die Ursuppe zur Entstehung hochmolekularer eiweißähnlicher und RNA-ähnlicher Biopolymere kam, wofür es selbst im Jahre 2017 noch keine Beweise gibt (s. Kap. 6 und 7). Zweitens liefert er keinerlei Erklärungen für die Entstehung eines coazervatspezifischen Stoffwechsels.

Quasi die Fortsetzung des Oparin'schen Konzeptes, aber nun auf einer experimentellen Basis, wurde etwa ab 1959 von S. W. Fox und Mitarbeitern erarbeitet (Fox et al. 1959). Wie in Kap. 6 ausführlich beschrieben, war es dieser Arbeitsgruppe gelungen, proteinähnliche Copolypeptide, sog. Proteinoide mit Molgewichten (M_n) im Bereich von 4000–10.000 Da herzustellen, indem Mischungen zahlreicher prAS mit einem Überschuss an Glu oder Lys auf Temperaturen von 120–200 °C erhitzt wurden. Fox und Mitarbeiter fanden nun, dass beim Abkühlen wasserlöslicher Proteinoide Mikrosphären auftraten (Fox 1969; Fox und Dose 1977). Diese Mikrosphären besitzen im Unterschied zu den Coazervaten relativ stabile Polypeptidhüllen, doch lassen sich durch Variation der Arbeitsbedingungen verschiedene Größen und Aggregationszustände herstellen. Fox glaubte auch beobachtet zu haben, dass Proteinoidmikrosphären eine Teilung in zwei „Tochtersphären" eingehen können und klassifizierte sie daher als eine Art fortpflanzungsfähige Urzellmodelle.

Diese Phänome wurden später auch von anderen Arbeitsgruppen untersucht und weitgehend bestätigt und R. S. Young (1965) fand, dass auch schon ein Abkühlen von 25 auf 0 °C ausreicht, um Mikrosphären zu erzeugen. Zur Frage der „Zellteilung" der Mikrosphären hatte Young jedoch eine kritische Haltung und formulierte die folgende Beurteilung:

It is quite obvious that there is a tremendous diversity of size and morphology in these microspheres, and that structure is dependent on environmental variations. For example, changes in the salt concentration or ionic species give corresponding variations in the resultant microspheres. The pH of the medium, the temperature and pressure used, as well as the treatment of microspheres after formation, all have an effect on microsphere morphology. The microsphere is a remarkably stable structure in that it can be centrifuged at high speeds, lyophilized, heated etc., without destroying its integrity. On the other hand, shaking of a suspension of microspheres results in fragmentation and increases in number of spheres, which under certain circumstances may be mistaken as division.

Schon die Zeitgenossen von Fox kritisierten in den 60er- und 70er-Jahren seine euphorische Einschätzung der Proteinoidmikrosphären als Zellvorläufer mit Fortpflanzungsfähigkeit teils heftig, und im 21. Jahrhundert gerieten die Proteinoide völlig in Vergessenheit, zumal Fox auch keine chemischen Reaktionen innerhalb dieser Mikrosphären untersuchen konnte.

Eine theoretische Fortsetzung Oparin'scher Vorstellungen wurde ab 1971 von dem ungarischen Biochemiker T. Ganti publiziert (1971, 1974, 1979, 2003). Er propagierte eine sogenannte „Chemoton-Theorie", bei der die Entwicklung eines selbstständigen Stoffwechsels in Vesikeln im Vordergrund stand. Aus seinem Buch *Principles of Life* (2003) sind folgende Zitate entnommen (S. xii und xiii):

[...] all living must contain an autocatalytic network comprised of reversible reactions and similarly autocatalytic but unidirectional reaction system of irreversible reactions. The specific coupling of the two creates a functional system or "machine" which unlike machines created by humans manipulates the energy that flows through it in chemical than rather mechanical or electric ways.

Und:

In this book the term "chemoton" was coined for the simplest chemical "machine" which shows the generally established characteristic of life.

Mit dieser Aussage stellte er sich an den Beginn der *minimal cell theory* und sein Chemoton-Konzept gehört damit eher in den Bereich des *top-down approaches*.

Zu den frühen Hypothesen über Entstehung und Funktion von Compartments gehört auch die Spekulation des Biologen C. Woese (1979) über die Rolle von Tröpfchen in der warmen Atmosphäre der frühen Erde verbunden mit einer Ablehnung der Ursuppentheorie:

The widely accepted Oparin thesis for the origin and early evolution of life seems sufficiently far from its true state as to be considered incorrect. It is proposed that life on Earth actually arose in the planet´s atmosphere, however an atmosphere very different from the present one. Because of an extremely warm surface, the early earth may have possessed no liquid surface water, its water being partitioned between a molten crust and a fairly dense atmosphere. Early preliving systems are taken to arise in the droplet phase in such an atmosphere. The early earth, which resembles Venus then and to some extent now, underwent a transition to its present conditions largely as a result of the evolution of methanoghenic metabolism.

Woese machte keine konkreten Angaben, welche Art von Chemie sich in den Tröpfchen abgespielt haben könnte, und er lieferte auch keine experimentellen Fakten.

Eine Fortsetzung Oparin'scher Vorstellungen auf theoretischer Seite wurde von F. Dyson (1985) vorgestellt. Er entwickelte ein mathematisches Modell für die Entstehung eines compartmentspezifischen Stoffwechsels u. a. auf Basis folgender Annahmen:

• Zellen kamen zuerst, Enzyme anschließend und Gene viel später.
• Eine Zelle ist ein Compartment, das eine Population von Polymeren enthält, die auf die Zelle begrenzt sind.

Dann erklärt er seinen Ansatz wie folgt:

This chapter describes my own attempt to understand the Oparin theory of the origin of life. The general theory begins with an abstract multidimensional space of molecular populations [...] The decisive events in a theory of the origin of metabolism are the rare statistical jumps when a molecular population in one quasi stationary state happens to undergo a succession of chemical reactions which push it up against the gradient of probability over a barrier and down into another quasi stationary state. If an initial state is disorganized and the final state is organized, the jump may be considered to be a model for the origin of metabolism. In a complete theory of the origin of life it is likely that there would be several such jumps, each jump taking a population of molecules to a new quasi-stationary state having a more complex structure than the previous state.

Nun ersetzen auf dem Gebiet der chemischen Evolutionsforschung auch die schönsten mathematischen Modelle keine chemischen Experimente, und Dysons wie Oparins Konzept hat z. B. die Schwachstelle, dass die Entstehung von homochiralen Biopolymeren als weitgehend problemlos vorausgesetzt wird.

Konkretere Vorstellungen über chemische Struktur und biochemische Funktion von Compartments wurden (1992) von H. J. Morowitz beigesteuert. Er postulierte eine schon frühe Bildung von Vesikeln, deren äußere Membran aus Lipidschichten bestehen, mit folgenden Worten:

Many early theories of biogenesis have a postulated elaborate evolutionary development in an unpartitioned, aqueous environment – the "primordial soup" or the Oparin ocean. This places an extraordinary burden to counter diffusion and the other dissipative consequences of the Second Law of Thermodynamics. At what stage of biogenesis partition occurred is an open question, but an answer of early rather than late provides some obvious advantages. One of the primary features that characterizes the approach of this monograph is its strong focus on the notion that membranes and vesicle formation constituted one of the early stages and involved an abrupt transition from the homogeneous to the heterogeneous domain [...] I shall argue that that the transition to vesicles led to the directed chemistry or vectorial chemistry necessary for biogenesis [...] It is for this reason that the title of this book is "The Beginning of life": It is the closure of an amphiphilic bilayer membrane into a vesicle that represents a discrete transition from nonlife to life.

H. J. Morowitz präsentiert sich auch als Anhänger einer gerichteten chemischen Evolution (s. Abschn. 1.1) und erwartet daher, dass sich alle Entwicklungsstufen auch in Laborexperimenten beweisen lasen, weil der Verlauf der chemischen Evolution ja in der Struktur (in den Orbitalen) der Moleküle angelegt ist. Wie in den Kap. 4, 5, 6, 7, 8, 9, 10 und 11 dargelegt, fehlt es bisher nicht nur an Beweisen für diese Sichtweise, sondern es gibt zahlreiche experimentelle Ergebnisse, die einer gerichteten, deterministischen Evolution widersprechen.

Ausgedehnte experimentelle Studien zu Entstehung und Eigenschaften von Vesikeln mit Lipidmembranen folgten in den Jahren 1977 bis 2017 von D. W. Deamer und Mitarbeitern zur Struktur von Mizellen und Vesikeln (s. Abb. 2.2). Eine der ersten Untersuchungen galt der Veresterung von Glycerin oder Glycerinmonoäthern mit Dodecansäure und Natriumhydrogenphosphat mit Cyanamid als Kondensationsmittel und Kieselsäure oder Kaolin als Katalysator (Hargreaves et al. 1977). Es gab positive Ergebnisse, aber eine Quantifizierung der Ausbeuten war zu diesem Zeitpunkt nicht möglich. Später wurde auch die unkatalysierte Veresterung von Glycerin mit Dekansäure untersucht, wobei je nach den Bedingungen unterschiedliche Ausbeuten an Glycerinmonodekanoat erhalten wurden. (Apel und Deamer 2005). Zu den weiteren Untersuchungen gehörten Modellexperimente, bei denen Brenztraubensäure unter Drücken bis zu 200 GPa in wässriger Lösung auf Temperaturen bis 250 °C erhitzt wurden. Damit sollten die Bedingungen in nächster Umgebung von unterseeischen Hydrothermalquellen simuliert werde. In den komplexen Reaktionsgemischen wurden amphiphile Komponenten (wahrscheinlich aliphatische Carbonsäuren) entdeckt, die zur Vesikelbildung befähigt waren. Ein Vergleich mit den aus dem Murchsion-Meteor extrahierten Carbonsäuren wurde diskutiert (Hazen und Deamer 2007).

Studien zu Entstehung und Eigenschaften von Vesikeln begannen schon (1978) (Hargreaves und Deamer).Es zeigte sich, dass Zugabe nichtionischer Amphiphile zu Dekansäure deren in Wasser entstehende Doppelschichten stabilisiert, sodass sie in einem größeren pH-Bereich stabil waren und auch widerstandsfähig gegen eine Koagulation durch zweiwertige Metallionen, die im Urozean anwesend waren (Mg, Ca, Fe) (Apel und Deamer 2005). Einen noch besseren Stabilisierungseffekt für die Membranen von Vesikeln fanden Namani und Deamer (2008), wenn aliphatische Amine wie Decylamin mit Decansäure kombiniert wurden.

Abb. 2.2 Anionische Amphiphile (z. B. Alkansäureanionen), die in Wasser eine Mizelle bilden (**a**) oder die Doppelschicht eines Vesikels (**b**)

a b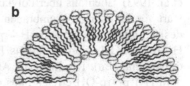

Überraschenderweise wurde ein erheblicher Stabilisierungseffekt bei Dekansäure-Doppelschichtmembranen auch beobachtet, wenn Nucleobasen wie A, C und U sowie Monosaccharide zugesetzt wurden. Die Anlagerung dieser Biomonomere an die Doppelmembran verhinderte eine frühe Flokkulierung bei Zusatz zweiwertige Metallionen. Interessanterweise hatte D-Ribose dabei einen stärkeren Einfluss als die andern Monosaccharide, die zum Einsatz kamen (Black et al. 2013).

Weitere Untersuchungen galten dem Einfluss aromatischer Kohlenwasserstoffe mit funktionellen Gruppen auf Dekansäure-Doppelmembranen. 1-Hydroxypyre, Anthracen-9-carbonsäure und 1,4-Chrysenquinon kamen zum Einsatz, Verbindungen, die auch in Meteoritextrakten gefunden wurden. Groen et al. (2012) gelangten zu folgender Bewertung:

> Vesicle size distribution and critical vesicle concentration were largely unaffected by PAH incorporation but 1-hydroxypyrene und 9-carboxyanthracene lowered the permeability of fatty acid bilayers to small solutes up to 4-fold. These data represent the first indication of a cholesteric-like stabilization effect of oxidized PAH derivatives in a simulated prebiotic membrane.

Schließlich wurde untersucht, inwieweit sich Phospholipidschichten, Nanofilme, kristallines Ammoniumchlorid oder Montmorillonit auf Basenpaarung und dreidimensionale Anordnung von AMP- und UMP-Gemischen auswirken. Bei diesen Experimenten hatten die Phospholipidmembranen allerdings den geringsten Effekt (Himbert et al. 2016). Die von Deamer und Mitarbeitern durchgeführten Untersuchungen zum Vorkommen von amphiphilen Substanzen in Meteoriten werden in Kap. 9 besprochen (Deamer 1985, 2005).

Schließlich sei erwähnt, dass Rao et al. (1987) bei der Umsetzung von Phosphatidylsäure mit Ethanolamin mittels Cyanamid als Kondensationsmittel Erfolge verbuchen konnten. Insgesamt haben diese Autoren Membranen aus amphiphilen Doppelschichten eine entscheidende Bedeutung bei der Entstehung der Urzellen beigemessen. Zur Frage, wie denn Proteine und/oder RNA aus einer chemischen Evolution hervor gegangen sein könnten, hat keine dieser Compartment-Hypothesen einen Beitrag geleistet.

Experimentelle Fortschritte in diese Richtung wurden jedoch nach 1980 von mehreren anderen Arbeitsgruppen erzielt. So berichteten Kuneida et al. (1981), dass prAS mit lipophilen Estergruppen unter Bedingungen unter denen sie Micellen bilden leicht zu Oligopeptiden kondensieren (a in Schema 2.6), während prAS Alkylester in homogener Lösung vor allem zyklische Dipeptide (2,5-Dioxopiperazine) bilden (Schema 2.3). Die stark erhöhte Konzentration in lipophilen Doppelschichten begünstigte auch die Polykondensation der Tripeptide (b Schema 2.6), deren lipophile Seitenkette die Einlagerung in Membranen ermöglicht (Nishikawa et al. 1993). Ebenfalls über Polykondensationen verschiedener Dipeptide in Gegenwart von Liposomen-Membranen berichteten Blocher et al. (1999). Vier Dipeptide des Tryptophans, nämlich H-Trp-Trp-OH, H-Trp-Gly-OH, H-Trp-Glu-OH und H-Trp-Asp-OH, wurden mittels EEDQ kondensiert (2-Ethoxy-1-ethoxycarbonyldihydrochinolin). Die höchsten Ausbeuten an Oligopeptid (bis 70 %) wurden mit dem H-Trp-Trp-OH erreicht, das das lipophilste Dipeptid war. Offensichtlich kam es auch hier zu einer Anreicherung in der Membran. Die anderen drei Dipeptide bildeten vor allem 2,5-Diketopiperazine.

Drei Arbeitsgruppen beschäftigten sich mit der Polymerisation von prAs-N-Carboxyanhydriden (NCAs, s. Kap. 3.3) innerhalb und außerhalb von Vesikeln. Zunächst berichteten Shibata et al. (1986) über die Polymerisation von γ-Dodecyl-L-GluNCA (c in Schema 2.6) sowie γ-benzyl-D-Glu-NCA in Gegenwart von Liposomen und verglichen das Ergebnis mit Polymerisationen in Dioxan und nicht wie es sinnvoll gewesen wäre in Wasser ohne Vesikel. Dabei ergaben die Liposomen niederere Ausbeuten und Polymerisationsgrade (DPs<9) als die Polymerisationen in Dioxan. Erfolgreicher waren die Versuche von Böhler et al. (1996). Drei prAS mit negativ geladenen Seitenketten, Asp, Glu und PhosphoSer (d in Schema 2.6) wurden mittels Carbonyldiimidazol (CDI) in NCAs umgewandelt und in situ polymerisiert. In Gegenwart von kationischen Liposomen

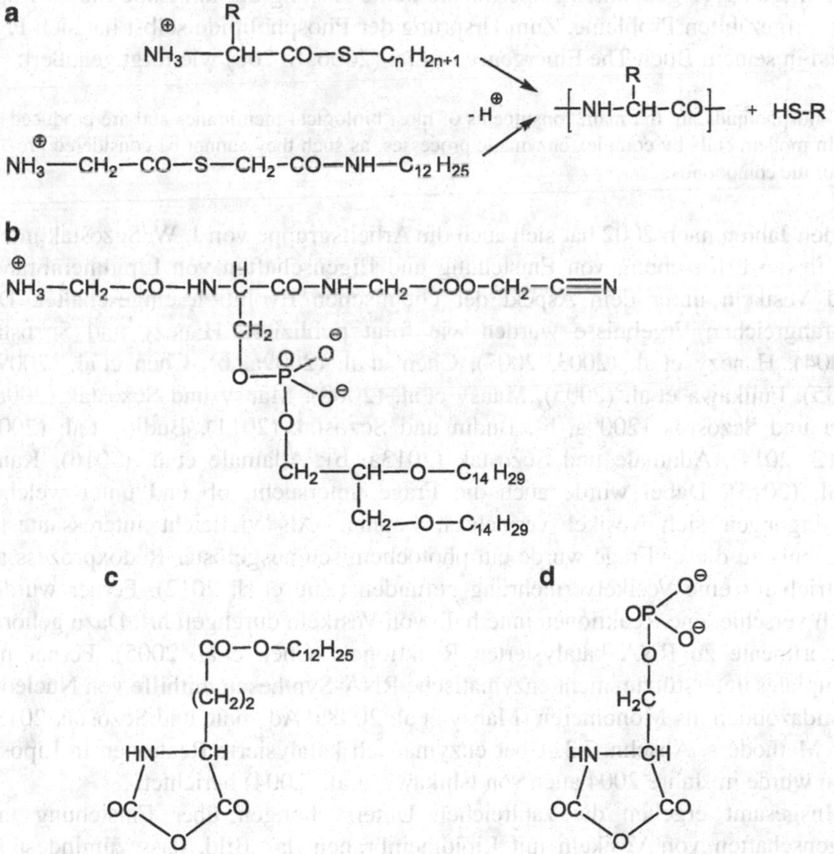

Schema 2.6 Monomere, die innerhalb von Vesikeln erfolgreich polykondensiert bzw. polymerisiert wurden

basierend auf Cetyltrimethylammoniumbromid kam es zu hohen Ausbeuten und hohen DPs. Auch hier war die Anreicherung an der Membranoberfläche der entscheidende Faktor.

Die Arbeitsgruppe von P. L. Luisi (Blocher et al. 1999, 2000; Hitz et al. 2001) untersuchte die Polymerisation von Trp-NCA oder Trp+CDI in Anwesenheit oder Abwesenheit von Liposomen. Da Trp eine lipophile Seitengruppe hat, erhöhten Liposomen auch bei diesen Versuchen Ausbeute und DP. Wenn D, L-Trp eingesetzt wurde, dann hatten die Liposomen allerdings keinen Einfluss auf die Stereoselektivität der Polymerisation, bei der die Bildung homochiraler Sequenzen bevorzugt wurden (s. Abschn. 10.3). Insgesamt zeigten diese Versuche zur Peptidsynthese erstmals, dass Liposomen/Vesikel einen positiven Einfluss auf die Bildung spezieller Peptide haben können. Höhere Copolypeptide, die als Vorläufer von Proteinen angesehen werden können, wurden aber durch Polykondensation nicht erhalten, und die Polymerisation von NCAs kann aus den in Abschn. 3.3 dargelegten Gründen in der chemischen Evolution keine Rolle gespielt haben. Ferner bieten die zuvor genannten Experimente keine Lösung der am Ende dieses Kapitels aufgezählten Probleme. Zum Ursprung der Phospholipide selbst hat sich P. L. Luisi in seinem Buch The Emergence of Life (2006, S. 206) wie folgt geäußert:

> Phospholipids are the main constituents of most biological membranes and are produced in modern cells by complex enzymatic processes: as such they cannot be considered prebiotic compounds.

In den Jahren nach 2002 hat sich auch die Arbeitsgruppe von J. W. Sczostak intensiv in die Erforschung von Entstehung und Eigenschaften von Lipidmembranen und Vesikeln unter dem Aspekt der chemischen Evolution eingeschaltet. Die umfangreichen Ergebnisse wurden wie folgt publiziert: Hanczy und Sczostak (2004), Hanczy et al. (2003, 2007), Chen et al. (2009a, b), Chen et al. (2009c, 2005), Fujikawa et al. (2005), Mansy et al. (2008), Mansy und Sczostak (2008), Zhu und Sczostok (2009a, b), Budin und Sczostak (2011), Budin et al. (2009, 2012, 2014), Adamale und Sczostak (2013a, b); Adamale et al. (2016), Kanat et al. (2015). Dabei wurde auch die Frage untersucht, ob und unter welchen Bedingungen sich Vesikel vermehren können. Als vielleicht interessantestes Ergebnis zu dieser Frage wurde ein photochemisch ausgelöster Redoxprozess als Antrieb für eine Vesikelvermehrung gefunden (Zhu et al. 2012). Ferner wurden auch verschiedene Reaktionen innerhalb von Vesikeln durchgeführt. Dazu gehören Experimente zu RNA katalysierten Reaktionen (Chen et al. 2005). Ferner mit Templates unterstützte, nicht enzymatische RNA-Synthesen mithilfe von Nucleotidimidazoliden als Monomeren (Mansy et al. 2008a; Adamale und Sczostak 2013), zur Methode s. Abschn. 7.3. Über enzymatisch katalysierte Reationen in Liposomen wurde im Jahre 2004 auch von Ishikawa et al. (2004) berichtet.

Insgesamt ergeben die zahlreichen Untersuchungen über Entstehung und Eigenschaften von Vesikeln mit Lipidmembranen das Bild, dass zumindest im Spätstadium der molekularen Evolution diese organischen Compartments eine entscheidende Rolle gespielt haben. Diese Schlussfolgerung schließt aber nicht aus, dass die Anfänge der chemischen Evolution von anorganischen Compartments begünstigt wurden und dass es im Lauf der Evolution zu einem „Compartment-Takeover" gekommen ist. Ein interessanter Befund in diese Richtung findet sich in einer Publikation der Sczostak-Gruppe (Hanczy et al. 2007), in der gezeigt wird, dass bestimmte Mineraloberflächen die Bildung von Membranen und Vesikel aus Fettsäuren begünstigen. Offen geblieben ist hier aber die Frage, wie langkettige (C>12) unsubstituierte Carbonsäuren und Alkohole unter präbiotischen Bedingungen entstanden sein können. Darauf wird in Kap. 9 im Zusammenhang mit der Weltraumchemie näher eingegangen.

Die neueste und fortschrittlichste Hypothese zur Rolle anorganischer Compartments soll hier unter dem Stichwort „Weiße Raucher" vorgestellt werden. Der Name „Weiße Raucher" steht hier als saloppe Kennzeichnung für unterseeische Thermalquellen, die im Unterschied zu den als „Schwarze Raucher" bezeichneten Heißwasserquellen keinen schwarzen „Rauch" ausstoßen, sondern lediglich ein an Mineralien reiches, aber „rauchloses" heißes Wasser mit Temperaturen, die typischerweise im Bereich 50–80 °C liegen. Diese Hydrothermalquellen liegen in der Nähe von Dehnungs- und Subduktionszonen der Erdkruste und daher nicht selten auch in der Nachbarschaft von „Schwarzen Rauchern". Sie unterscheiden sich von Letzteren in einigen wichtigen Eigenschaften, die sie in den Augen einiger Biologen zu einem idealen Geburtsort von Urzellen machen. Ein Ausstoß großer Mengen an Schwermetallsulfiden (vor allem FeS und NiS), die den Rauch der *black smokers* ausmachen, findet nicht statt. Die Lebenszeit der „Schwarzen Raucher" beträgt nur einige Jahrzehnte, dann sind die heißen Zonen, durch die sie befeuert werden, unter ihnen weg gewandert. Die Lebenszeit der „weißen Raucher" kann dagegen viele Tausend Jahre betragen. Der relativ sanfte Ausfluss des heißen Wassers ermöglicht viel eher eine Ansammlung organischer Moleküle und Urzellen an und in den porösen Wänden der „Weißen Raucher" als der unter hohem Druck erfolgende, heftige Ausstoß des Wassers aus den Schloten der „Schwarzen Raucher". Ein besonders bedeutsamer Unterschied ist der leicht saure pH der „Schwarzen Raucher", während das aus den „Weißen Rauchern" ausströmende Wasser stark alkalisch ist (pH 9–11).

Mehrere Biologen und Geologen haben die „Weißen Raucher" als Wiege der Urzellen ausgemacht (Früh-Green et al. 2004; Holm et al. 2006; Schulte et al. 2006; Martin und Russell 2007; Martin et al. 2008; Russell und Arndt 2005; Russell et al. 1994, 2010; Mulkidjanian 2009; Sleep et al. 2011; Sousa et al. 2013). Im Zusammenhang mit „Weißen Rauchern" wurde die umfassendste Compartment-Hypothese von dem Biologen N. Lane 2015 in seinem Buch *The Vital Question* vorgestellt (deutsche Übersetzung: *Der Funke des Lebens*, 2017) vorgestellt. Er führt zugunsten seines Konzeptes folgende Argumente ins Feld. Die Wände dieser Thermalquellen bestehen aus Serpentinit und sind porös. Serpentinit ist ein metamorphes Gestein, das durch die Einwirkung des heißen Wassers auf Inselsilikate wie Olivin oder Kettensilikate wie Pyroxen entsteht. Die Wände der Poren im Serpentinit können Calciumcarbonat und Schwermetallsalze enthalten, wobei Eisensulfid-Cluster, die auch heute noch in der Atmungskette lebender Organismen vorkommen, eine entscheidende Rolle als Katalysatoren von Redoxreaktion zugedacht ist. Allerdings wurde von Russell et al. schon 2010 diskutiert, dass bei der Entstehung von Serpentinit in baischen hydrothermalen Quellen Energie und H_2 freigesetzt wird, so dass aus im Wasser gelöstem N_2 und CO_2 schließlich Ammoniak, Metahnol, Amaisensäure, Metha und komplexere Folgeprodukte enstehen können. Zumindest ein Teil der Poren ist außerdem durch ein Geflecht von feinsten Silikatfasern, die wie eine partiell durchlässige Membran wirken, gegen eine rasche Durchmischung mit Ozeanwasser abgeschirmt. Diese Compartments ermöglichen (was experimentell bewiesen wurde) eine Anreicherung komplexer organischer Moleküle und damit auch eine von der Umgebung verschiedene Kombination chemischer Reaktionen. Hier fühlt man sich an die „chemischen Fabriken aus Silikatkartenhäusern" erinnert, die Cairns-Smith in seiner „Silikat-Welt" skizziert hat, und die tragende Rolle von Eisen-Nickel-Sulfiden als Redoxkatalysatoren entstammen dem Wächtershäuser'schen Konzept der Eisen-Schwefel-Welt.

Die Membranen bewirkten durch Trennung von saurem Ozeanwasser (außen) und alkalischem Thermalwasser (innen) einen Protonengradienten, der eine urtümliche Adenosintriphoshat-Synthase angetrieben haben könnte. In heutigen Mitochondrien wird die ATP-Synthase ebenfalls durch einen Protonenstrom angetrieben, nur dass der Protonengradient entlang von Atmungslette und ATP-Synthase zuerst durch Protonen pumpende Proteine erzeugt werden muss. Im Falle der Urzellen wurde die benötigte Energie letztlich durch Reduktion von CO_2 mittels H_2 erzeugt, da beide Gase in relativ großen Mengen aus den Hydrothermalquellen ausströmten. Die erste Stufe dieses Reduktionsprozesses war die Erzeugung von Essigsäure bzw. Acetylresten (formal: $2CO_2 + 4H_2 \rightarrow CH_3CO_2H + 2H_2O$). Im Unterschied zu Bakterien lernten es die Archaeen, eine Weiterführung der CO_2-Reduktion hin zu Methan durchzuführen (formal: $CO_2 + 4H_2 \rightarrow CH_4 + 2H_2O$). Bevor es zur Erfindung einer ATP-Synthase kam, spielten wahrscheinlich Acetylthioester (CH_3CO-SR, als Vorläufer des Acetyl-Coenzyms-A) und Acetylphosphat die Rolle der universellen Träger chemischer Energie. Diese Ausführungen sind nur eine kurze Skizze eines umfassenderen Konzeptes, bei welchem der Erzeugung und Nutzung chemischer Energie eine zentrale Rolle für Verlauf und Begrenzung der Evolution zugedacht ist.

Nun haben N. Lane, W. Martin und M. J. Russell ein plausibles Szenario entworfen, das erklärt, warum Urzellen in den porösen Serpentiniten submariner Hydrothermalquellen existiert und sich zu Archaeen und Bakterien differenziert haben könnten. Dieses Szenario erklärt aber noch nicht, wie Urzellen aus einer Ansammlung toter Materie entstanden sind. Einige der chemischen Probleme der molekularen Evolution, die nicht angesprochen wurden, sollen hier genannt werden.

- Einige der zwanzig prAS konnten weder in Modellsynthesen hergestellt noch aus Meteoriten extrahiert werden. Dazu gehören Arginin, Lysin, Histidin, Tryptophan und Cystein. Woher kamen sie, wenn sie nicht von lebenden Zellen erzeugt wurden?
- Wie und warum wurden die prAS aus einem Pool von etwa 80–90 Amino- und Iminosäuren selektiert, die unter präbiotischen Bedingungen in der Ursuppe vorhanden gewesen sein können (s. Kap. 4 und Abschn. 9.4)?

- Wie und warum wurden die vier für RNA typischen Nucleobasen aus einem Pool von über 10 oder mehr Stickstoffheterozyklen selektiert, von denen einige auch zur Basenpaarung geeignet waren (z. B. Xanthin, Hypoxanthin, Diaminopurin, Methylcytosin, Dimethyluracil)?
- Wie wurden kleine Moleküle, die die Bildung von RNA und Proteinen behindert oder sogar vollständig verhindert haben, aus den biochemisch aktiven Poren des Serpentinits ferngehalten? Zu diesen Störenfrieden gehören z. B. Aldehyde, Amine und Carbonsäuren. Auch die von N. Lane als Urenergieträger favorisierten Acetylverbindungen Methylthioacetat und Acetylphosphat reagieren leicht mit Aminogruppen und blockieren so das Wachstum von Peptiden und Proteinen durch Acetylierung von Amino(end)gruppen:
  $$CH_3CO-X + NH_2-CHR-CO-Y \rightarrow CH_3CO-NH-CHR-CO-Y + HX$$
- Ein Problem von besonderem Gewicht ist ferner die Racemisierung von prAS. Bei Temperaturen von 50–90 °C und pH Werten um 10 racemisieren einige prAS (z. B. Asp, Glu, Phe, Ser) schon in wenigen Stunden und alle übrigen prAS innerhalb weniger Tage (s. Abschn. 10.3). Wie konnten also homochirale Proteine aus einem sich schnell regenerierenden Pool racemischer Aminosäuren entstehen, wenn nicht Zellen, die mit einem proteinfrei und hoch effizient arbeitenden genetischen Apparat die L-Aminosäuren blitzschnell selektiert und zu Proteinen verknüpft haben?
- Bei den prAS Asparagin (Asn) und Glutamin (Gln) wird die Amidgruppe bei höheren Temperaturen und pH>9 schnell hydrolysiert. Sie standen für eine Proteinsynthese also gar nicht zur Verfügung, selbst wenn sie in der umgebenden Ursuppe in geringen Mengen vorhanden gewesen wären.

Es ist verständlich, dass Biologen diese und andere chemische Probleme der molekularen Evolution nicht in dem Maße kennen und nicht in gleicher Schärfe beurteilen können, wie das von einem Chemiker zu erwarten ist, was bedeutet, dass gerade auf dem Gebiet der chemischen Evolution ein Gedankenaustausch zwischen Wissenschaftlern verschiedener Fachrichtungen besonders wichtig ist.

Schließlich soll noch eine weitere erst in den letzten 15 Jahren propagierte Compartmenthypothese erwähnt werden, die das zuvor genannte Problem der raschen Racemisierung von prAS sowie der Instabilität von Cytosin, Asn und Gln weitgehend entschärft, dafür allerdings andere Schwachpunkte aufweist. Es handelt sich um das von H. Trinks und C. K. Biebricher entwickelte Konzept der chemischen Evolution im Bereich der Eis-Meerwasser-Grenze bei Temperaturen<0 °C (Trinks 2001; Trinks et al. 2003, 2005). Das Gefrieren von Meerwasser ist ein komplexer Prozess, der an der Grenze des Eises zu vielfältigen Strukturen führen kann, die auch zu porösen Compartments führen, die z. B. aus mit Salzwasser gefüllten winzigen Kanälen und Hohlräumen bestehen (Wettlaufer et al. 1999; Trinks et al. 2001, 2003). Die Anwesenheit von Luftbläschen und/oder Ausfällungen organischer Materialien können, wie in Abb. 2.3 illustriert (Trinks 2005), die Komplexität diese Systems weiter erhöhen. Aufgrund mikroskopischer Untersuchungen schätzten H. Trinks et al. (2005), dass 1 m^3 Meereis etwa 10^{14}–10^{15} Compartments enthält, die zusammen mit den Kapillaren eine Oberfläche von 10^5–10^6 m^2 besitzen.

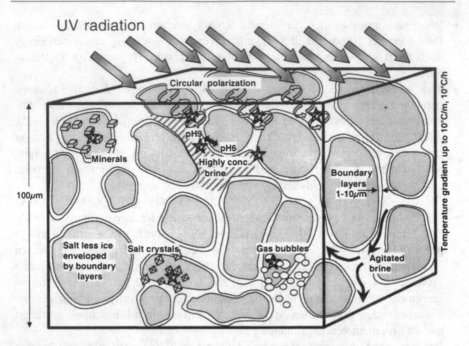

Abb. 2.3 Compartmentstrukturen im Grenzbereich Meerwasser-Eis. (Figure 1 aus H. Trinks et al.: Origins Life Evol. Biosph. (2005), 35, 429, mit Genehmigung des Springer-Verlages, Berlin)

Die von N. Lane für den Geburtsplatz der ersten Zellen und deren Energie-haushalt geforderte Dynamik des Umfeldes mit Protonengradienten ist eben-falls gewährleistet. Das Meerwasser, das H. Trinks auf seinen Expeditionen nach Spitzbergen untersucht hat, hatte einen pH-Wert um 8,2, aber vom Eis-Wasser-Grenzbereich wurden auch schon Gradienten von pH 5 bis pH 9 berichtet (Bronshteyn et al. 1991). Dazu kommen Gradienten der Salzkonzentration beim Schmelzen des gefrorenen, salzfreien Wassers relativ zum umgebenden Meer-wasser und dementsprechend gibt es auch elektrische Potentialdifferenzen bis zu 50 mV (Steponkus et al. 1984). Weitere dynamische, nämliche chromato-graphische Effekte wurden beobachtet, wenn Mischungen organischer Substanzen auf die Oberfläche dünner Eisschichten aufgetragen wurden. Die Diffusion in die mit Wasser gefüllten Kapillaren des Eises (s. Abb. 2.3) war mit einer chromato-graphische Auftrennung der verschiedenen Komponenten verbunden. Obwohl trivial, sollte doch noch erwähnt werden, dass die jahreszeitlich bedingten Temperaturschwankungen für einen ständigen Grundrhythmus aller biologischen, chemischen und physikalischen Vorgänge an der Eis-Wasser-Grenze sorgen.

Es gibt zahlreiche weitere Befunde, welche die Hypothese von der chemi-schen Evolution im Eis unterstützen. So gelang es vier Arbeitsgruppen, RNA-Fragmente selbst noch bei Temperaturen von bis zu −18 °C herzustellen. R. Stribling und S. l. Miller berichteten schon (1991), dass sich Oligonucleotide mit

Polymerisationsgraden (DPs) im Bereich von 12–15 aus Nucleotidimidazoliden gewinnen lassen (zur Methode s. Abschn. 7.3), wenn Reaktionszeiten von acht Wochen in Kauf genommen werden. Monnard et al. berichteten (2002, 2003), dass bei einer Copolykondensation der vier RNA-typischen Nucleotidimidazolide bei −18 °C ein äquimolarer Einbau von Purin- und Pyrimidinnucleosiden erfolgte. Vlassov et al. (2004) gelang es in weitgehend gefrorenen Salzlösungen, kurze RNA-Fragmente mithilfe von Ribozymen zu verknüpfen. H. Trinks unterwarf eine Lösung von AMP-Imidazolid in Gegenwart Oligo(U)-Matrices einem Heiz-Kühlungs-Zyklus zwischen −7 und −24 °C und konnte nach einem Jahr die Bildung von hochmolekularem Poly(A) nachweisen (2005). Von erheblicher Bedeutung sind Experimente der Arbeitsgruppe von P. Hollinger (Attwater et al. 2010, 2013) zur Selbstreplikation künstlicher Ribozyme (katalytisch aktive RNAs, s. Abschn. 8.2), die beweisen, dass die Temperaturen um und unter 0 °C für die Selbstreplikation von Ribozymen deutlich günstiger sind als Temperaturen > 25 °C, weil die Basenpaarungen zwischen Monomeren und Ribozymtemplate stabiler sind und weniger Ablesefehler auftreten.

Schließlich ist hervorzuheben, dass im Eis-Meerwasser-Bereich viele Mikroorganismen existieren, deren Enzyme meist auch noch bei Temperaturen bis zu −15 °C aktiv sind (Groudieva et al. 2004; Trinks et al. 2005).

Vergleicht man die Tieftemperatur-Evolution im Eis (TTE) mit der Hochtemperatur-Evolution (HTE) in den „Weißen Rauchern", so ragen zwei Unterschiede (es gibt mehrere) besonders heraus:

- Da CO_2 und H_2 aus den „Weißen Rauchern" strömt und Eisen- sowie Nickel-Sulfide als Redoxkatalysatoren vorhanden sind, kann eine eigenständige Basischemie, z. B. durch Bildung von Formaldehyd, Ameisensäure und Essigsäure entwickelt werden. Außerdem können Protozellen eine Gewinnung chemischer Energie auf solchen Redoxprozessen aufbauen. Diese Möglichkeit fehlt bei der TTE und alle notwendigen Chemikalien müssen von der umgebenden Ursuppe angeliefert werden.
- Die Racemisierungsgeschwindigkeit von prAS und daraus entstehenden Peptiden ist unter den Bedingungen der HTE extrem schnell mit geschätzten Halbwertszeiten von wenigen Stunden (s. Abschn. 10.3). Da bei der TTE nicht nur die Temperatur um 80–90 °C niedriger ist, sondern auch der pH nahe bei 7 liegt, dürfte die Racemisierungsgeschwindigkeit um einen Faktor 10^8–10^{10} niedriger sein, ein entscheidender Vorteil für die Entstehung homochiraler Proteine.

Daher lässt sich nach Ansicht des Autors beim derzeitigen Kenntnisstand noch keine endgültige Entscheidung treffen, welches der zuvor genannten Szenarien mit dem Titel „Geburtsort der chemischen Evolution" versehen werden kann. Gleichgültig, ob anorganische und/oder organische Compartments, HTT oder TTE dieses Etikett verdienen, die Kombination von RNA-Welt mit einer dieser Compartment-Hypothesen ist sicherlich der aussichtsreichste Ansatz zur Begründung einer chemischen Evolution.

Literatur

Adamale K, Sczostak JW (2013) Science 342:1098
Adamale K, Szostak JW (2013) Nat Chem 5(6):495
Adamale K, Engelhart AE, Sczostak JW (2016) Nat Commun 7:11041
Allen FJ (1899) Proc Birmingham nat hist philos Soc 11:44–67
Altman S, Baer M, Guerrier-Talada C, Vioque A (1986) TIBS II:515–518
Apel CL, Deamer DW (2005) Orig Life Evol Biosph 35:323
Attwater J, Wochner A, Pinheiro VB, Coulson A, Hollinger P (2010) Nat Commun, 1
Attwater J, Wochner A, Hollinger P (2013) Nat Chem 5:1011
Baly ECC, Heilbron IM, Barker WF (1921) J Chem Soc 119:1025–1035
Baly ECC, Heilbron IM, Hudson P (1922) J Chem Soc 121:1078–1088
Becquerel P (1924) Bull Soc Astron Fr 38:393–417
Bernal JD (1951) The physical basis of life. Routledge and Kegan Paul, London
Bernal JD (1967) The origin of life. World Publishing, Cleveland
Black RA, Blosser MC, Stottrup BL, Tavakley R, Deamer DW, Keller SL (2013) Proc Natl Acad Sci USA 110, 13272
Blain JC, Sostak JW (2014) Ann Rev Biochem 83:615
Blocher M, Liu D, Walde P, Luisi PL (1999) Macromolecules 32:7332
Blocher M, Liu D, Luisi PL (2000) Macromolecules 33:5787
Böhler C, Nielsen PE, Orgel LE (1995) Nature 376:578
Böhler C, Hill AR, Orhel LE (1996) Orig Life Evol Biosph 26:1
Bronshteyn VR, Chernov AA (1991) J Crystal Growth 112:129
Budin I, Sczostak JW (2011) Proc Natl Acad Sci USA 108:5249
Budin I, Bruckner RJ, Sczostak JW (2009) J Am Chem Soc 131:9628
Budin I, Debnath A, Sczostak JW (2012) J Am Chem Soc 134:20812
Budin I, Prywes N, Zhang N, Sczostak JW (2014) Biophys J 107:1582
Bungenberg de Jong HG (1932) Protoplasma 15, 110–173
Cairns-Smith AG (1982) Genetic takeover. Cambridge University Press, Cambridge
Cedrangolo F (1959) The problem of the origin of the proteins in the origin of life on the Earth. Pergamon Press, London
Chen GS, Szostak JW (2006) Chem Biol 13(2):139
Chen IA, Sczostak JW (2009a) Proc Natl Acad Sci USA 101:7965
Chen IA, Sczostak JW (2009b) Biophys J 87:988
Chen IA, Roberts RW, Sczostak JW (2009) Science 305:1474
Chen IA, Saleh-Ashtiani K, Sczostak JW (2005) J Am Chem Soc 127:13213
Cody GD et al (2000) Science 289:1337
Czech TR (1987) Science 236:1532–1539
Czech TR (1993) Gene 135:33–36
Deamer DW (1985) Nature 312:792–794
Deamer DW (2005) A giant step towards artificial life? Trends Biotechnol 23:336
DeDuve C, Miller SL (1991) Proc Natl Acad Sci 88:10014
Diedrichsen U (1996) Angew Chem Int Ed 35:445
Diedrichsen U (1997) Angew Chem Int Ed 36:1886
Dyson FJ (1985) Origins of life. Cambridge University Press, Cambridge
Egholm M, Burchhardt O, Nielsen PE, Berg RH (1992) J Am Chem Soc 114:1895–1897
Egholm M, Buchadt O, Christensen L, Behrens C, Freier SM, Driver DA, Berg RH, Kim SK, Norden B, Nielsen PE (1993) Nature 365:566
Ferris J (1993) Origins Life Biosph. 23:307
Fox SW (1969) Die Naturwissenschaften 56:1–9
Fox SW, Dose K (1977) Molecular evolution and the origin of life, revised edn. Marcel Dekker, New York
Fox SW, Harada K, Kendrick J (1959) 129, 1221

Früh-Green GL, Connolly JAD, Kelly DS, Plas A, Grobery B (2004) AGU geophys monomgr 144:119

Fujikawa SM, Chen IA, Sczostak JW (2005) Langmuir 21:12124

Ganti T (1971) Az elet pricipuma (The principles of life), Gondolat, Budapest (auf Ungarisch)

Ganti T (1974) Biologia 22:17

Ganti T (1979) Biologia 27:161

Ganti T (2003) The principles of life. Oxford University Press, Oxford

Gardiner K, March T, Pace N (1985) J Biol Chem 260:5415–5419

Gesteland RF, Atkins JF (1993) The RNA world. Cold Spring Harbor Laboratory Press, Cold Spring Harbor

Gilbert W (1986) Nature 319:618

Groen J, Deamer DW, Kros A, Ehrenfreund P (2012) Orig Life Evol Biosph 42:295

Groudieva T, Kambourova M, Yusef H, Royter M, Grote R, Trinks H, Antanikian G (2004) Extremophiles

Guerrier-Takada C, Gardiner K, March T, Pace N, Altman S (1983) Cell 35:849–857

Guerrier-Takada C, Altman S (1984) Science 223:285–286

Hafenbrandl D et al. (1995) Tetrahedron Lett 36, 5179

Haldane JBS (1929) The origin of life, rationalist annual 3 (Reprint in Bernal J.D. 1967, Weidenfeld & Nicolson, London, S 242–249)

Hanczyc MM, Fujikawa SM, szostak JW (2003) Science 302:618

Hanczy MM, Sczostak JW (2004) Curr Opin Struct Biol 8:660

Hanczy MM, Mansy SS, Sczostak JW (2007) Orig Life Evol Biosph 37:67

Hargreaves WR, Mulvihill SJ, Deamer DW (1977) Nature 266:78

Hargreaves WR, Deamer DW (1978) Biochemistry 17:3759

Hazen RM, Deamer DW (2007) Orig Life Evol Biosph 37:145

Himbert S, Chapman M, Deamer DW, Rheinstädter MC (2016) Scientific Report [G:31285]. Doi: 10.1038 srep 31285

Hitz T, Blocher M, Walde P, Luisi PL (2001) Macromolecules 34:2443

Holm NG, Dumont M, Ivansson M, Konn C (2006) Geochem Trans 7.7

Horowitz NH (1986) Energy flaw in biology. Academic Press, New York

Huber C, Wächtershäuser G (1997) Science 276:245

Huber C, Wächtershäuser G (1998) Science 281:670

Huber C, Eisenreich W, Hecht S, Wächtershäuser G (2003) Science 301:938

Ikehara K (2002) J Biosci 27:165

Ikehara K (2005) Chem Rec 5:107

Ikehara K (2009) Int J Mol Sci 10:1525

Ikehara K (2014) Orig Life Evol Biosph 44:299

Ishikawa K, Sato K, Shima Y, Urabe I, Yomo T (2004) FEBS Lett 576:387–390

Johnston WK, Unrau PJ, Lawrence MS, Glaser ME, Bartel DP (2001) Science 292:1319–1325

Joxce GF, Visser GM, VanBockelt CAA, van Boon LH, Otgel LE, van Vestrem J (1984) Nature 310:602

Joyce GF, Schwartz AW, Miller SL, Orgel LE (1987) Proc Natl Acad Sci USA 84:4398–4402

Joyce GF, Orgel LE (1993) The RNA world (Chapter 1). Cold Spring Harbor Laboratory Press, S 1

Joyce GF (2002) Nature 418:214

Joyce GF, Orgel LE (2006) In: Gesteland RF, Czech TR, Atkins JF (Hrsg) The RNA World (Chapter 2) Cold Spring Harbor Laboratory Press (USA), S 23

Kanat NP, Tobe S, Tan T, Sczostak JW (2015) Angew Chem Int Ed 54:11735

Koppitz M, Nielsen PE, Orgel LE (1998) J Am Chem Soc 120:4563–4569

Kozlow IA, Orgel LE, Nielsen PE (2000) Angew Chem Int Ed 39:4292

Kricheldorf HR (2014) Polycondensazion – history and new results. Springer, Berlin

Kruger K, Grabowski PJ, Zaug AJ Sands J, Gottschling DE, Cech TR, (1982) Cell, 31, 145–157

Kuneida N, Okamoto K, Fuei N, Kinoshita M (1981) Macromol Chem Rapid Commun 2:711

Lane N (2017) Der Funke des Lebens, WBG. (K. Theiss Verlag), Darmstadt
Lincoln TA, Joyce GF (2009) Science 323:1229–1233
Lipman CB (1924) Sci Mon 14:357–367
Luisi PL (2006) The emergence of life. Cambridge University Press, Cambridge
Mansy SS, Schrum JP, Krishnamurthy M, Tobe S, Treco D, Sczostak JW (2008) Nature 454:172
Mansy SS, Sczostak JW (2008) Proc Natl Acad Sci USA 105:13351
Martin W, Russell MJ (2007) Philos Trans Royal Soc B 362:1887
Martin W, Baross J, Kelley D, Russell MJ (2008) Nat Rev Microbiol 6:805
Meierhenrich U, Munoz-Caro M, Bredehöft JH, Jesseberger EK, Thiemann WHP (2004) Proc
      Natl Acad Sci USA 101:9182–9186
Mittapali GK, Reddy KR, Xiong H, Munoz O, Han B, DeRicardi F, Krishnamurthy R, Eschen-
      moser A (2007a) Angew Chem Int Ed 46:2470
Mittapali GK, Osornio YM, Guerrero MA, Reddy KR, Kishramurthy R, Eschemoser A (2007b)
      Angew Chem Int Ed 46:2478
Monnard P, Appel CL, Kanaraviuti C, Deamer DW (2002) Astreobiology 2:139
Monnard P, Kanaraviuti A deamer DW (2003) J Am Chem Soc 125, 13734
Moore B (1913) The origin and nature of life. The Home University Library of Knowledge und
      Henry Holt, London
Moore B, Webster TA (1913) Proc Royal Soc B 87:163–176
Morgan TH (1926) The theory of the gene. Yale University Press, New Haven
Morowitz HJ (1992) Beginning of cellular life. Yale University Press, New Haven
Mulkidjanian AY (2009) Biol Direct 4:26
Muller J. H. (1929) The gene as the basis of life. In: Dagger BM (Hrsg) Proceedings of the inter-
      national congress of planet science 1926, Menasha, Wisconsin, George Banta, S 899–921
Namani T, Deamer DW (2008) Orig Life Evol Biosph 38:329
Nelson KE, Levy M, Miller SL (2000) Proc Natl Acad Sci USA 97:3868–3871
Nielsen PE (1993) Orig Life Evol Biosph 23:323–327
Nishikawa N, Arai M, Ono M, Itoh I (1993) Chem Lett 2017–2020
Oparin AI (1924) Proiskhozhdenie Zhizny, Moscow: Izd. Moskovskii Rabochii (Reprint in transl.
      Bernal 1967, S 199–214
Oparin AI (1938) Origin of life. McMillan, Ottawa
Oparin AI (1957) The origin of life on Earth. Academic Press, New York
Oparin AI (1961) Life: its nature, origin and development. Oliver and Boyd, Edinburgh
Orgel LE (1968) J Mol Evol 38:381
Orgel LE (1986) J Theor Biol 123:127
Orgel LE (1998) Trends Biochem Sci (TIBS) 23:491
Orgel LE (2000) Proc Natl Acad Sci USA, 97, 12503
Orgel LE (2003) Orig Life Evol Biosph 33:211
Orgel LE (2004) Crit Rev Biochem Molec Biol 39:99
Powner MW, Gerland B, Sutherland JD (2009) Nature 459:235
Rao M, Eichberg J, Oro J (1987) J Mol Evol 25:1
Robertson MP, Joyce GF (2012) Cold Spring Harb Perspect Biol 4(5):a003608
Russell MJ, Daniel RM, Hall AJ, Sherrington JA (1994) J Mol Evol 39:231
Russell MJ, Arndt NT (2005) Biogeoscience 2:97
Russell MJ, Hall AJ, Martin W (2010) Geobiology 8:355
Schmidt JG, Nielsen PE, Orgel LE (1997) Nucl Acid Res 120:4563–4569
Schöning KU, Scholz P, Guntha S, Krishnamurthy R, Eschemoser A (2000) Science 290:1347
Schrum JP, Zhu TF, Szostak JW (2010) Cold Spring Harb Perspect Biol 2:9
Schulte MD, Blake DF, hehler TM, McCollom T (2006) Astrobiology 6, 364
Shapiro R (1987) Origins – a sceptic's guide to the creation of life on Earth, bantham books/
      summit books. Simon & Schuster, New York
Shibata A, Yamashita S, Ito Y, Yamashita T (1986) Biochim Biophys Acta 854:147
Sleep NH, Bird DK, Pope EC (2011) Philosoph Trans: Biol Sci 366:2857

Sousa FL, Thiergart T, Landan G, Nelson-Sathi S, Pereira IAC, Allen JF, Lane N, Marin WF (2013) Philosoph Trans: Biol Sci 368:1
Steponkus PL, StoutDG Wolfe J, Lovelace RVE (1984) Cryo-Letters 5:343
Stribling R, Miller SL (1991) J Mol Evol 32:289
Szostak JW (2012) J Syst Chem 3:2
Trinks H (2001) Auf den Spuren des Lebens. Shaker, Aachen
Trinks H, Schroeder W, Biebricher CK (2003) Eis und die Entstehung des Lebens. Shaker, Aachen
Trinks H, Schroeder W, Biebricher CK (2005) Orig Life Evol Biosph 35:429
Troland LT (1914) Monist 24:92–133
Unrau PJ, Bartel DP (1998) Nature 3395:260–263
Ura Y, Beierle JM, Lehman LJ, Orgel LE, Ghadiri MR (2009) Science 325:73
Urey HC (1952) The planets, new haven, connecticut. Yale University Press, New Haven
Vlassov AV, Johnston BH landweber LF, Kazakov SA (2004) Nucl Acid Res 32, 2966
Wächtershäuser G (1988) Microbiological Rev 52:452
Wächtershäuser G (1994) Proc Natl Acad Sci USA 91:428
Wächtershäuser G (2003) Science 289:1307
Westheimer FH (1987) Science 235:1173–1178
Wettlaufer JS, Dash JG, Untersteiner N (1999) Ice physics and the natural environment. Springer, Berlin
Woese C (1979) J Mol Evol 13:95
Yarus M (2006) The RNA world. Cold Spring Harbor Liberary Press, Chapter 9, S 205
Young RS (1965) Morphology and chemistry of microspheres from proteinoids. In: Fox SW (Hrsg) The origin of prebiological systems Academic Press, New York
Zaug AJ, Grabowski PJ, Cech TR (1983) Nature 301:578–583
Zaug AJ, Cech TR (1986) Science 231:470
Zhang I, Peritz A, Meggers E (2005) J Am Chem Soc 127.4174
Zhu TF, Sczostak JW (2009a) J Am Chem Soc 131:5705
Zhu TF, Sczostak JW (2009b) PloSOne 4(4)
Zhu TF, Adamale k, Zhong N, Sczostak JW (2012) Proc Natl Acad Sci USA 109, 9828

Weiterführende Literatur

Beadle GW (1949) Genes and biological enigma. Sci Prog 6:184–249
Blocher M, Hitz T, Luisi PL (2001) Helv Chim Acta 84:842
Blum HT (1951) Time's arrow and evolution, princeton. Princeton University Press, Princeton
Deamer DW, Pashley RN (1989) Orig Life Biosph 19:21–38
Deauvillier A (1938) Astronomie 52:529
Keller M, Blöchl E, Wächtershäuser G, Stetter KO (1994) Nature 368:836
Luisi PL, Oberholzer T (2001) Origin of life on Earth: molecular biology in liposomes as an approach to the minimal cell. In: Giovanelli F (Hrsg) The bridge between the big bang and biology. CNP Press, S 345–355
Martin W (2009) Biol unserer Zeit 39(3):166
Nielsen PE, Egholm M, Berg RH, Buchardt O (1991) Science 254:1497
Nomura SM, Tsumoto K, Yoshikawa K, Ourisson G, Nakatassi Y (2002) Cell Mol Biol Lett 7:245–246
Oparin AI (1953) The origin of life. Dover, New York
Wächtershäuser G (1990) Proc Natl Acad Sci USA 87:200
Wächteshäuser G (1992) Proc Natl Acad Sci USA 89:8117
Wächtershäuser G (1992) Prog Piophys Mol Biol 58:85

Die Polymerisationsprozesse der chemischen Evolution

3

> *Ein Irrtum ist lehrreich, wenn er verstanden und korrigiert wurde.*
>
> Manfred Rommel

Inhaltsverzeichnis

3.1   Polykondensationen

Gemäß J. P. Flory, Nobelpreisträger für Chemie 1974, lassen sich alle Arten von Polymerisationen in zwei Gruppen einteilen: Stufenwachstum-Polymerisationen und Kettenwachstum-Polymerisationen. Diese Unterteilung beruht auf kinetischen und nicht auf thermodynamischen Eigenschaften der Polymerisationsprozesse. Die Stufenwachstum-Polymerisationen untergliedern sich in Polykondensationen und Polyadditionen, die sich thermodynamisch deutlich unterscheiden. Bei Polykondensationen ist die Entropiebilanz etwa bei Null und bei der Entstehung von Biopolymeren durch Polykondensation musste die Natur nicht gegen einen Entropieverlust ankämpfen. Daher war es möglich, dass auch Polykondensationen mit geringer oder gar fehlender negativer Polymerisationsenthalpie, d. h. schwach exotherme Polymerisationen, zum Zuge kommen konnten.

Diesen thermodynamischen Vorteil haben auch die Polymerisationsprozesse, die in lebenden Organismen bei der Bildung von Biopolymeren ablaufen. Hierbei handelt es sich allerdings um Kettenwachstum-Polymerisationen, deren Ablauf sich von Polykondensation in kinetischer Hinsicht gravierend unterscheiden.

© Springer-Verlag GmbH Deutschland, ein Teil von Springer Nature 2019
H. R. Kricheldorf, *Leben durch chemische Evolution?*,
https://doi.org/10.1007/978-3-662-57978-7_3

Daher werden in diesem Kapitel auch die fundamentalen Eigenschaften beider Typen von Polymerisationen besprochen.

Die systematische Untersuchung von Polykondensationen begann ab 1927 durch den Chemiker W. H. Carothers und seine Mitarbeiter bei der Firma E. I. DuPont und hatte u. a. die Erfindung der Nylons zur Folge (Carothers 1931; Kricheldorf 2014, Kap. 2). Der junge Mitarbeiter J. P. Flory beschäftigte sich mit der theoretischen Analyse der Polykondensationsversuche. Nach dem Tode Carothers im Jahre 1937 startete Flory seine akademische Karriere und entwickelte ab 1945 die erste (klassische) Theorie der Stufenwachstum-Polymerisationen, die noch heute jedem Lehrbuchkapitel zum Thema Polykondensation zugrunde liegen (Flory 1946, 1953). Dieser Theorie zufolge sind Polykondensationen durch folgende drei Eigenschaften charakterisiert:

- Monomere, Oligomere und Polymere können zu jedem Zeitpunkt und bei jeder Konzentration miteinander reagieren.
- Polykondensationen unterscheiden sich von Polyadditionen dadurch, dass bei jedem Wachstumsschritt ein Beiprodukt eliminiert wird, wodurch die Reaktionsentropie bei 0 bleibt.
- Zyklisierungsreaktionen spielen keine Rolle.

In den vergangenen fünfzig Jahren wurden von anderen Wissenschaftlern zwei weitere Kriterien für die Definition von Polykondensationen erarbeitet:

- Wenn Polykondensationen in der Schmelze oder in Lösung durchgeführt werden, sodass die Polymerketten beweglich bleiben, konkurriert Zyklisierung mit jedem Kettenwachstum zu jeder Zeit und bei jeder Konzentration (Kricheldorf 2014, Kap. 6).
- Die molare Konzentration aller linearen aktiven Moleküle [La] (Monomere, Oligomere plus Polymere) vermindert sich mit fortschreitendem Umsatz gemäß dem Gesetz der Selbstverdünnung (Gl. 3.1) (Kricheldorf, 2009). Diese Selbstverdünnung begünstigt wiederum Zyklisierung aufgrund des Ruggli-Ziegler'schen Verdünnungsprinzips (K. Ziegler 1934).

$$[\text{La}]_0 = [\text{La}]_0(1 - p) \tag{3.1}$$

Flory formulierte vier einfache mathematische Gleichungen als Grundlage seiner Polykondensationstheorie. Gl. 3.2 korreliert den Fortschritt des Umsatzes *(p)* mit dem mittleren Polymerisationsgrad des gesamten Reaktionsproduktes (DP).

$$\text{DP} = 1/(1 - p) \tag{3.2}$$

Der zahlenmäßige Anteil einer Sorte von Ketten mit dem Polymerisationsgrad x variiert mit dem Umsatz gemäß Gl. 3.3:

$$n_x = (1 - p)p^{x-1} \quad \text{(entspricht } N_x/N \text{ in Tab. 3.1)} \tag{3.3}$$

Tab. 3.1 Molare Verhältnisse (Wahrscheinlichkeiten) von Oligomeren und Polymeren mit einem Polymerisationsgrad x in einem a-b-Polykondensat nach einem Umsatz von 50 % (mittlerer Polymerisationsgrad DP=2)

x	N_x/N	x	N_x/N
1	1/2	10	$(1/2)^{10}$
2	$(1/2)^2$	11	$(1/2)^{11}$
3	$(1/2)^3$	12	$(1/2)^{12}$
4	$(1/2)^4$	20	$(1/2)^{20}$
5	$(1/2)^5$	50	$(1/2)^{50}$
6	$(1/2)^6$	100	$(1/2)^{100}$
7	$(1/2)^7$	200	$(1/2)^{200}$
8	$(1/2)^8$		
9	$(1/2)^9$		

N = Gesamtzahl der Oligomere und Polymere

Für den gewichtsmäßigen Anteil von Ketten mit dem Polymerisationsgrad x gilt:

$$w_x = (1-p)^2 p^{x-1} \tag{3.4}$$

Die Dispersität eines unveränderten (ungereinigten) Polykondensates berechnet sich nach:

$$D - M_w/M_n - 1 + p \tag{3.5}$$

M_w und M_n sind der Gewichts- und Zahlenmittelwert der des Polykondensats.

Besonders wichtig für die Diskussion von experimentellen Ergebnissen in diesem Buch sind Florys Gleichungen, die den DP mit stöchiometrischem Ungleichgewicht zweier Comonomer (z. B. Nucleosid+Phosphorsäure) verknüpfen (I), oder den Einfluss monofunktioneller Reagenzien (Kettenabbrecher) in Rechnung stellen (II). Für den Fall I wurden folgende Definitionen verwendet:

$$DP = (1+r)/2r(1-p) + 1 - r \tag{3.6}$$

Dabei gilt: $r = N_{a0}/N_{b0}$ (die anfänglichen Konzentrationen der funktionellen Gruppen in den Monomeren a_2 und b_2).

Bei 100 % Umsatz vereinfacht sich Gl. 3.6 zu Gl. 3.7:

$$DP = (1+r)/(1-r) \tag{3.7}$$

Gl. 3.7 ist nun auch anwendbar für Fall (II), für die Anwesenheit monofunktioneller Kettenabbrecher (ct), wenn r folgendermaßen umdefiniert wird:

$$r = N_{a0}/(N_{b0} + N_{ct}) \tag{3.8}$$

Es ist hier wichtig klarzustellen, dass der nach Gl. 3.6 und Gl. 3.7 berechnete DP die Summe von a und b Einheiten bedeutet und damit doppelt so hoch wie die Zahl der Wiederholungseinheiten ist, die aus einer a- und einer b-Einheit bestehen (der eigentliche DP). Daher muss der berechnete DP halbiert werden, wenn a-b-Monomere wie z. B. Aminosäuren zur Reaktion kommen. Ein konkretes und für die folgenden Kapitel relevantes Beispiel lautet wie folgt. Die Anzahl an monofunktionellen Kettenabbrechern (z. B. Carbonsäuren oder Ammoniak) N_{ct}

betrage $^2/_3$ der Anzahl an a_2- oder b_2-Monomeren, dann ergibt sich ein DP von 4. Bei a-b-Monomeren ergibt sich aus $N_{ct} = {}^2/_3$ von N_{ab} aber ein DP von 2, d. h. Dimere. Ein DP von 2 ergibt sich aber auch, wenn in Abwesenheit von Kettenabbrechern ein Umsatz von nur 50 % erreicht wird. Die Wahrscheinlichkeiten für die Bildung höherer Oligomere und Polymere sind in Tab. 3.1 gelistet. Sind also in einer Polykondensation von α-AS equimolare Mengen von Carbonsäuren vorhanden, dann sinkt die Wahrscheinlichkeit für die Entstehung eines Polypeptids/Proteins de facto gegen Null. Die gleiche Aussage ergibt sich für dic Polykondensation eines Nucleotids, wenn equimolare Mengen eines Alkohols oder eines Alkylphosphates gegenwärtig sind. Diese Betrachtung ist ganz unabhängig von der Frage, wie wahrscheinlich die Bildung einer bestimmten Sequenz ist (s. Abschn. 2.1).

Im Jahre 1972 publizierten die britischen Physikochemiker R. F. T. Stepto und Waywell (1972) sowie M. Gordon und W. B. Temple (1972a, b) Berechnungen des kinetischen Verlaufs irreversibler Polykondensationen und verglichen vier mathematische Modelle. Sie korrigierten die klassische Theorie von Flory im Hinblick auf das Auftreten von Ringschlussreaktionen wie folgt:

- Zyklisierung konkurriert mit Kettenwachstum bei jeder Konzentration und bei jedem Umsatz (s. Schema 3.1).
- Der Anteil an Ringen wächst mit fortschreitendem Umsatz und erreicht 100 % bei vollständigem Umsatz.
- Verdünnung begünstigt Zyklisierung auf Kosten des Kettenwachstums wegen des Ruggli-Ziegler'schen Verdünnungsprinzips.

Schema 3.1 Konkurrenz zwischen Kettenwachstum und Zyklisierung bei Polykondensationen in Lösung und in der Schmelze

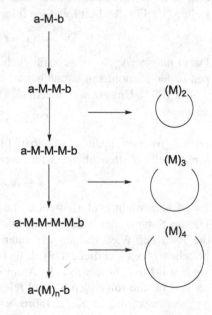

Zahlreiche experimentelle Beweise wurden ab 1999 von Kricheldorf und Mitarbeitern mithilfe der neuen MALDI-TOF-Massenspektrometrie erarbeitet (Kricheldorf und Schwarz 2003; Kricheldorf 2014).

Das Ruggli-Ziegler'sche Verdünnungsprinzip besagt, dass eine Erniedrigung der Monomerkonzentration um den Faktor 2 die Zyklisierungstendenz um den Faktor 2 erhöht. Die Zyklisierungstendenz ist hier der Quotient aus Zyklisierungsgeschwindigkeit und Wachstumsgeschwindigkeit (v_z/v_w). Es ergibt sich daraus ferner, dass die Carothers-Gleichung (Gl. 3.2) durch Gl. 3.9 ersetzt werden muss, die den Einfluss der Ringbildungsreaktionen widerspiegelt (Kricheldorf und Schwarz 2003):

$$DP - 1/\left[1 - p\left(1 - X^{\alpha}\right)\right] \tag{3.9}$$

mit $\alpha = v_z/v_w$

Was sind nun die Konsequenzen der oben vorgestellten Polykondensationstheorie für die Hypothese der chemischen Evolution? Zwei Aspekte sind von ganz besonderer Bedeutung:

- Hohe Ausbeuten und vor allem hohe Molekulargewichte lassen sich am ehesten bei hoher Monomerkonzentration erreichen. Die *hot dilute soup* von J. B. S. Haldane ist genau das Gegenteil von dem, was für eine erfolgreiche Polykondensation erforderlich ist. Polykondensation in Substanz, z. B. durch Verdampfen wässriger Lösungen auf den heißen Hängen eines Vulkans (s. Abschn. 6.1) führt aber zur Zersetzung von Sacchariden, insbesondere von Ribose und verursacht rasche Racemisierung von Aminosäuren (Abschn. 10.3). Adsorption von Monomeren, Oligomeren und Polymeren auf Mineraloberflächen und Polykondensationen in Kanälen und Hohlräumen sind hier wesentlich vorteilhafter. Eine starke Fixierung von Oligomeren auf Oberflächen könnte zwar Zyklisierung unterdrücken, behindert oder verhindert aber auch das Kettenwachstum. Gibt es ein dynamisches Adsorptionsgleichgewicht mit der Lösung, wird auch Zyklisierung nicht mehr verhindert.
- Die Anwesenheit großer Mengen monofunktioneller Verbindungen, wie z. B. Carbonsäuren, Alkohole, Aldehyde oder Amine (hohes N_{ct} in Gl. 3.8) verhindert jegliches Kettenwachstum durch Blockierung reaktiver Endgruppen. Nach Kenntnis des Autors ist R. Shapiro (2006) der einzige andere Autor, der diesen Einwand, zumindest einmal kurz formuliert, ins Feld geführt hat.

Aus der vorstehenden Diskussion ergibt sich zwangsläufig, dass es nicht ausreicht, in Modellversuchen einige Aminosäuren oder Nucleobasen zu identifizieren, um eine chemische Evolution zu beweisen. Wenn gleichzeitig eine große Zahl von Nebenprodukten entsteht, die die Polykondensation von Biomonomeren verhindern können, mögen die Modellversuche *per se* zwar interessant sein, aber als Beweis einer chemischen Evolution sind sie weitgehend wertlos. Bei den weitaus meisten Modellversuchen wurden Untersuchungen über Struktur und Quantität funktioneller Nebenprodukte gar nicht oder nur ungenügend durchgeführt. Um realistische Reaktionsbedingungen für die präbiotische Entstehung von Biopolymeren zu finden, ist die Erforschung funktioneller Nebenprodukte genauso wichtig wie die Identifizierung von Biomonomeren. Mit Ausnahme von S. L. Miller wurde dieser entscheidende Gesichtspunkt von fast allen Autoren von Modellsynthesen ignoriert. Bei der Erforschung der im Weltall entstehenden organischen Verbindungen wurde diesbezüglich sehr viel bessere Arbeit geleistet.

3.2 Kondensative Kettenpolymerisation

Der Ausdruck „kondensative Kettenpolymerisation" ist die – allerdings wenig gebräuchliche – Übersetzung des von der Internationalen Union für Reine und Angewandte Chemie (IUPAC) etablierten Begriffes *condensative chain polymerization,* sodass in diesem Buch die Abkürzung CCP bevorzugt wird. In Übereinstimmung mit ihrem Namen folgt die CCP dem kinetischen Muster einer Kettenwachstum-Polymerisation und ist durch die unter A)–G) gelisteten Eigenschaften charakterisiert:

A) Jeder Wachstumsschritt beinhaltet eine Eliminierungsreaktion. Dies ist die einzige Eigenschaft, in der CCP und Polykondensation übereinstimmen.
B) Es gibt nur eine einzige Art von Wachstumsschritt, nämlich die Reaktion eines Monomeren mit dem aktiven Kettenende.
C) Eine CCP kann durch einen Initiator gestartet werden, sodass das Kettenwachstum nur an einem Kettenende stattfindet.
D) Der DP kann durch die Menge des Initiators, d. h. durch das Mon./In.-Verhältnis kontrolliert werden.
E) Relativ enge Molekulargewichtsverteilungen sind die Regel und Dispersitäten um 1,1 können erreicht werden.
F) Es finden keine Zyklisierungsreaktionen statt, die mit dem Kettenwachstum konkurrieren.
G) In Abwesenheit von Nebenreaktionen bleibt ein Kettenende immer aktiv und nach 100 % Umsatz von Monomeren „A" lässt sich die Polymerisation mit dem Monomeren „B" fortsetzen, sodass ein Zweiblock-Copolymer entsteht. Diese schrittweise Addition unterschiedlicher Monomere lässt sich wiederholen, sodass schließlich Multiblock-Copolymere gebildet werden.

Wenn man diese Liste von Eigenschaften einer CCP durchgeht und richtig interpretiert, sieht man sofort, warum nur CCPs und nicht Polykondensationen dafür geeignet sind, Biopolymere mit perfekt kontrollierter Kettenlänge und definierter Sequenz von Comonomeren zu erzeugen. Aber nur wenn eine perfekte Kontrolle aller strukturellen Parameter erfolgt, können spezifische biologische Funktionen erfüllt werden. Die einzelnen Punkte sollen wie folgt kommentiert werden.

Zu A): Als wichtigste Konsequenz ergibt sich daraus eine Reaktionsentropie (ΔS) um 0, sodass auch schwach exotherme CCPs ablaufen und zu hohen Molgewichten führen können. Selbst eine Polymerisationsenthalpie um 0 erlaubt eine erfolgreiche CCP, wenn das eliminierte Beiprodukt aus dem Gleichgewicht entfernt wird. Das kann auf drei Wegen geschehen:

- Verdampfen, wie das für gasförmige Beiprodukte wie CO_2 typisch ist.
- Kristallisieren aus dem Reaktionsgemisch, wie das für die Freisetzung von NaCl typisch ist.
- Chemische Modifizierung des Beiproduktes, wofür die Freisetzung und Hydrolyse von Pyrophosphat ein typisches Beispiel ist.

Daraus ergeben sich für die chemische Evolution sowie für eine lebende Zelle zwei Vorteile. Erstens, es müssen keine hoch energiereichen Monomerderivate hergestellt werden, um eine CCP zu ermöglichen. Zweitens muss die Polymerisation (bzw. die lebende Zelle) nicht gegen einen Entropieverlust ankämpfen, was insofern besonders vorteilhaft ist, als die Synthese einer spezifischen, im biologischen Sinne geordneten Sequenz ohnehin einen, wenn auch geringen, Entropieverlust darstellt.

Zu B), C), D) und G): Diese Eigenschaften sind die Voraussetzung dafür, dass von einem Startermolekül (Primer) ausgehend ein Kettenwachstum erfolgen kann, das hinsichtlich Kettenlänge und Sequenz der Comonomere kontrollierbar ist. Ein einfaches Modell einer Biopolymersynthese im Reagenzglas ist die Polymerisation von Glucose-1-phosphat unter Einwirkung des Enzyms Kartoffel-Phosphorylase. Der Start erfolgt durch Zugabe einer Oligoamylose, die die Rolle des „Primers" spielt.

Zu E) ist zu sagen, dass es bisher Polymerchemikern nicht gelungen ist, einen Polymerisationsprozess zu realisieren, bei dem alle Ketten absolut gleiche Länge erhalten. Die genetisch gesteuerte Synthese identischer Enzymketten ist eine technisch bisher unerreichte Spitzenleistung lebender Organismen.

Zu F): Die Abwesenheit von konkurrierenden Zyklisierungsreaktionen ist die entscheidende Voraussetzung dafür, dass erstens bei der biochemischen Polymersynthese eine einheitliche Architektur erreicht wird und zweitens, dass geordnete, d. h. biologisch sinnvolle Monomersequenzen während der Polymerisation aufrechterhalten werden können. Zyklische Biopolymere werden zwar von lebenden Organismen ebenfalls gebildet, aber die Zyklisierungsreaktion ist nur ein einzelner Syntheseschritt, welcher zum Schluss des Kettenwachstums folgt.

Der charakteristische Unterschied zwischen Polykondensation und CCP ist von großer Bedeutung für einen erfolgreichen Ablauf einer chemischen Evolution und deren Erklärung. Selbst wenn es gelingt, im Konzept einer ungerichteten Evolution die Entstehung von Biopolymeren durch Polykondensation in Modellversuchen demonstrieren zu können, so ergibt sich daraus noch keine Erklärung, wie die lebende Zelle gelernt hat, CCPs durchzuführen. Mit der Etablierung des genetischen Apparates ist das Problem natürlich gelöst, aber es bleibt die Frage, wie die Komponenten des genetischen Apparates, die nur durch eine CCP entstanden sein können, und deren Kooperation zustandegekommen sind. Die selbstkatalysierte Selbstreplikation von RNAs (sog. Ribozyme, s. Abschn. 2.2 und 8.2), die im Rahmen der Forschung zur „Evolution im Reagenzglas" entdeckt bzw. erarbeitet wurde (Abschn. 8.2), liefert den Ansatz für eine Antwort auf die vorstehende Frage.

Interessanterweise gibt es gerade auf dem Gebiet der Polypeptidsynthese eine Modellpolymerisation, die alle Charakteristika einer CCP aufweist, und das sind bestimmte Polymerisationen von α-Aminosäure-N-Carboxyanhydriden (NCAs). Im Unterschied zu vielen anderen Büchern mit dem Thema „Origin of Life" hat Luisi in seinem Buch *The Emergence of Life* (2006) einen kurzen Kommentar zur Polymerisation dieser Monomere präsentiert. Er spricht dabei aber stets von Polykondensation der NCAs, was die Verwechslung von Polykondensation und CCP dokumentiert. Nun ist die Polymerisation von NCAs nicht nur wegen ihres Modellcharakters für CCPs von Interesse, sondern es gibt auch Spekulationen und experimentelle Untersuchungen darüber, dass NCAs tatsächlich eine wichtige Rolle für die Entstehung von Proteinen in der chemischen Evolution gespielt haben. Daher soll im folgenden Abschnitt auf die Chemie der NCAs näher eingegangen werden.

3.3   Polymerisation von α-Aminosäure-NCAs

NCAs sind sehr reaktionsfähige Monomere, deren Polymerisation sich durch zahlreiche Initiatoren oder Katalysatoren in Gang setzen lässt. Unter den Bedingungen der chemischen Evolution kommen allerdings nur protische Nucleophile infrage, und das sind in erster Linie Wasser und Amine (insbesondere NH_3) sowie am Rande primäre Alkohole wie u. a. durch die Formosereaktion gebildet werden. Die Initiierung mit primären aliphatischen Aminen ist etwas schneller als das Kettenwachstum und um Größenordnungen schneller als die Initiierung durch Wasser oder Alkohole. Der etwas vereinfacht dargestellte Ablauf einer Amin-initiierten Polymerisation ist in Schema 3.2 formuliert. Die intermediär gebildeten Carbamidsäuregruppen sind in neutralem (und saurem) pH instabil. In leicht alkalischem Milieu werden die Carbaminsäuren vorübergehend als Anionen stabilisiert, können aber am Kettenwachstum teilnehmen. Eine ausführliche Diskussion von Reaktionsmechanismen wurde vom Autor publiziert (Kricheldorf 1987, 2006).

Charakteristisch für den Ablauf einer CCP sind die folgenden Eigenschaften der durch Amine oder Wasser initiierten Polymerisation:

- Es gibt eine durch den Initiator erzeugte tote Endgruppe sowie eine aktive (Amin)Endgruppe.
- Das Kettenwachstum erfolgt ausschließlich durch die Reaktion von Monomeren mit dem aktiven Kettenende.
- Sofern die entstehenden Polypeptide in Lösung bleiben, ergeben sich enge Molekulargewichtsverteilungen, z. B. Dispersitäten von 1,1.
- Nach vollständiger Polymerisation eines ersten NCAs lassen sich durch Zugabe weiterer NCAs Zweiblock- und Multiblock-Copolypeptide herstellen.
- Es findet keine Zyklisierung statt.

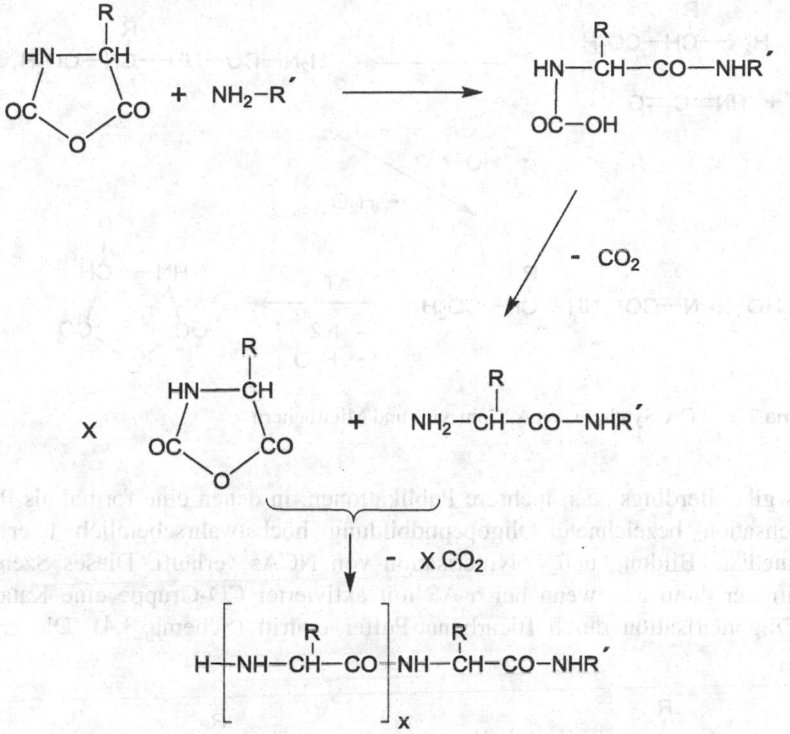

Schema 3.2 Mechanismus der durch primäre Amine initiierten Polymerisation von α-Aminosäure-NCAs

Nun stellt sich die Frage, ob die von Aminen oder Wasser initiierte Polymerisation von NCAs nur als Modellsystem der biochemischen Proteinsynthese von Interesse ist, oder ob sie einen realen Beitrag zur chemischen Evolution von Proteinen geleistet haben könnte. Um diese Frage zu beantworten, muss man zuerst klären, ob und wie NCAs unter den Bedingungen einer chemischen Evolution überhaupt entstanden sein könnten. Die in der Laborforschung verwendeten Synthesemethoden sind unter den Bedingungen der präbiotischen Chemie nicht anwendbar. Comeyras und Mitarbeiter (Taillades et al. 1998, 1999, Comeyras et al. 2002) fanden jedoch einen Syntheseweg, dessen Reaktionsbedingungen präbiotischen Rahmenbedingungen ziemlich nahe kommt. Wie in Schema 3.3 dargelegt, sind im ersten Schritt die Bildung von Harnstoffderivaten der α-AS (z. B. Hydantoinsäuren) postuliert, die mit einem NO/O$_2$-Gasgemisch über die Zwischenstufe von instabilen Diazoverbindungen zu NCAs weiterreagieren. Diese Synthese verläuft sogar in Gegenwart von (kaltem) Wasser erfolgreich, obwohl NCAs sehr hydrolyseempfindlich sind. Das Ergebnis hängt vor allem vom pH ab. Unter sauren Bedingungen dominiert Hydrolyse zu α-AS vollständig. Ein Überwiegen von Oligomerisation bzw. Polymerisation ist nur in neutralem oder schwach basischem Milieu (pH 7–8) möglich.

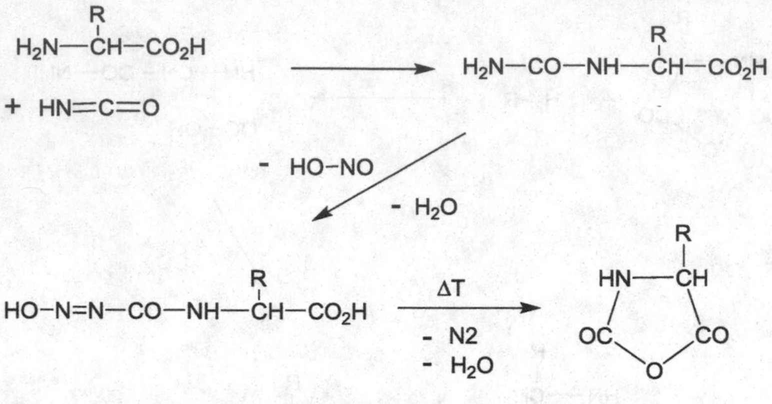

$$H_2N-\underset{\underset{\displaystyle R}{|}}{CH}-CO_2H$$

$$+ \ HN{=}C{=}O$$

$$\longrightarrow \qquad H_2N-CO-NH-\underset{\underset{\displaystyle R}{|}}{CH}-CO_2H$$

$$- \ HO-NO$$
$$- \ H_2O$$

$$HO-N{=}N-CO-NH-\underset{\underset{\displaystyle R}{|}}{CH}-CO_2H \qquad \xrightarrow[\substack{- \ N2 \\ - \ H_2O}]{\Delta T}$$

NCA-Ringstruktur

Schema 3.3 NCA-Synthese von A. Comeyras und Mitarbeitern

Es gibt allerdings auch mehrere Publikationen, in denen eine formal als Poly-kondensation bezeichnete Oligopeptidbildung höchstwahrscheinlich über die intermediäre Bildung und Polymerisation von NCAs verläuft. Dieses Szenario tritt immer dann auf, wenn bei α-AS mit aktivierter CO-Gruppe eine Katalyse der Oligomerisation durch Bicarbonat-Puffer eintritt (Schema 3.4). Die ersten

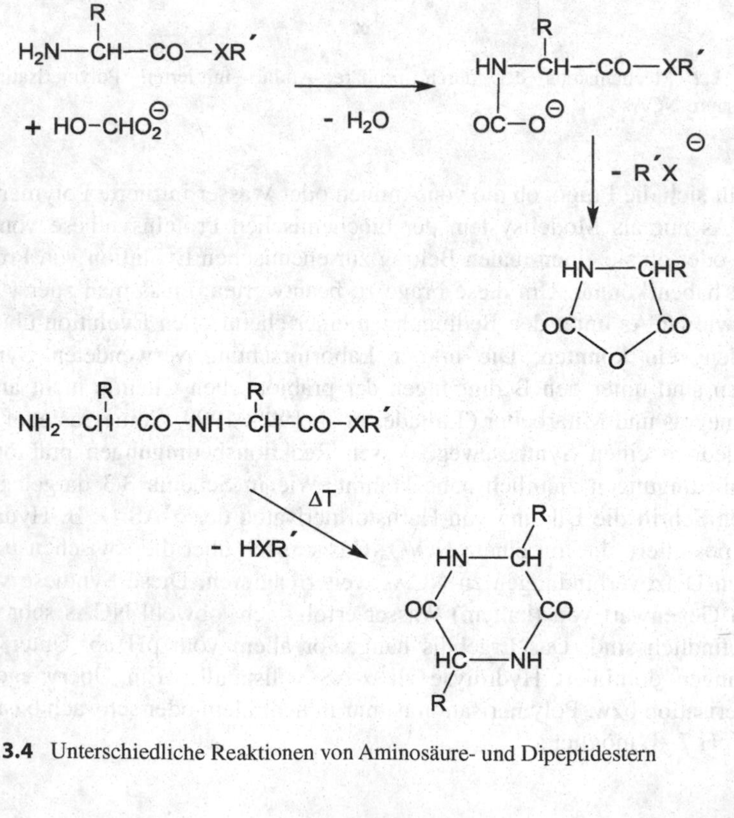

$$H_2N-\underset{\underset{\displaystyle R}{|}}{CH}-CO-XR'$$

$$+ \ HO-CHO_2^{\ominus}$$

$$\xrightarrow{- \ H_2O}$$

$$HN-\underset{\underset{\displaystyle R}{|}}{CH}-CO-XR'$$
$$\underset{\underset{\displaystyle O^{\ominus}}{|}}{OC}-O$$

$$\downarrow - \ R'X^{\ominus}$$

NCA-Ringstruktur

$$NH_2-\underset{\underset{\displaystyle R}{|}}{CH}-CO-NH-\underset{\underset{\displaystyle R}{|}}{CH}-CO-XR'$$

$$\xrightarrow[- \ HXR']{\Delta T}$$

Diketopiperazin-Ringstruktur

Schema 3.4 Unterschiedliche Reaktionen von Aminosäure- und Dipeptidestern

Hinweise auf einen solchen Reaktionsverlauf wurden schon 1954 von V. V. Kors-
hak et al. geliefert, die beim Einleiten von CO_2 in Alanin- oder Glycin-Ethyles-
ter bei 50 °C Oligopeptide erhielten, ohne CO_2 aber fast ausschließlich zyklische
Dipeptide (2,5-Diketopiperazine) (Kozarenko et al. 1957). Analoge Ergebnisse
erhielt A. Brack (1982, 1987) mit α-AS-p-Nitrophenylestern oder -S-Ethylestern.
Über die von M. Paecht-Horowitz untersuchten Polykondensationen von α-AS-
Adenylaten wird in Kap. 6 ausführlich berichtet. Dies gilt auch für die von L.
E. Orgel und Mitarbeitern extensiv untersuchten Oligopeptidsytesen mithilfe
von Carbonyldiimidazol. Auch bei diesen Polymerisationen wurde die inter-
mediäre Bildung von NCAs postuliert (eine ausführlichere Diskussion erfolgt in
Abschn. 6.3).

Schließlich sollen Spekulationen von L. Leman et al. (2004) über die intermediäre Bildung von NCAs bei der durch COS aktivierten Oligomerisation von
α-AS erwähnt werden. Eine detaillierte Diskussion über die Rolle von NCAs in
der präbiotischen Evolution wurde 2005 von R. Pascal et al. publiziert.

Inwieweit eignen sich nun die genannten Ergebnisse als Beweis für die Entstehung von Proteinen im Verlauf einer chemischen Evolution? Da wäre zunächst
zu bedenken, dass die von Comeyras entdeckte NCA-Synthese eine hohe Konzentration von NO und O_2 in der Atmosphäre erfordert, weil die frisch gebildeten
NCAs sofort weiterreagieren, insbesondere durch Hydrolyse. Nach allem, was
bisher über die Uratmosphäre bekannt ist, kann es eine solche Zusammensetzung
aber nicht gegeben haben. Der hohe O_2-Gehalt der heutigen Atmosphäre beruht
auf Photosynthese, und in diesem fast nur aus N_2 und O_2 bestehenden Gasgemisch
gibt es nur Spuren an NO, die außerdem wohl überwiegend aus Dieselmotoren
stammen. Ferner zersetzen sich NCAs oberhalb ihres Schmelzpunktes, d. h. oft
schon ab 60 °C, auch sind sie äußerst hydrolyse- und racemisierungsempfindlich.
Daher ist eine tragende Rolle von NCAs in der chemischen Evolution mit Szenarien, die hohe Temperaturen erfordern, völlig unverträglich. NCAs kurzlebige
Zwischenstufen sind bei Temperaturen von 0–30 °C denkbar, aber es gibt einen
weiteren, entscheidenden Einwand gegen eine bedeutende Rolle von NCAs bei der
Entstehung von Proteinen.

Dieser Einwand basiert auch auf der fehlenden Existenzfähigkeit einiger
NCAs. Die meisten NCAs mit funktionellen Gruppen, vor allem die NCAs
von Ser, Thr, Cys, His, Lys und Arg, unterliegen, wie in Schema 3.5 an einigen
Bespielen exemplarisch formuliert, einer raschen Umlagerung (T. Saito 1964,
Hirschmann et al. 1971), die bei Glu allerdings erst bei höheren Temperaturen eintritt. Wie schon von K. W. Ehlers et al. berichtet (1977), verhindert diese Instabilität auch die Beteiligung von Ser, Thr und His an Polymerisationen, die durch
Carbonyldiimidazol vermittelt werden. Ohne diese NCAs kann es aber keine Evolution hydrophiler Proteine gegeben haben. Oligopeptide, die ausschließlich aus
hydrophoben α-AS bestehen, sind aber schon ab Polymerisationsgraden > 4 in
Wasser unlöslich.

Schließlich muss bedacht werden, dass keine nennenswerten Mengen an
Ammoniak und Methylamin vorliegen dürfen, da die mit NCAs zu Aminosäure-
oder Dipeptidamiden reagieren und eine Polymerisation zu längeren Peptidketten

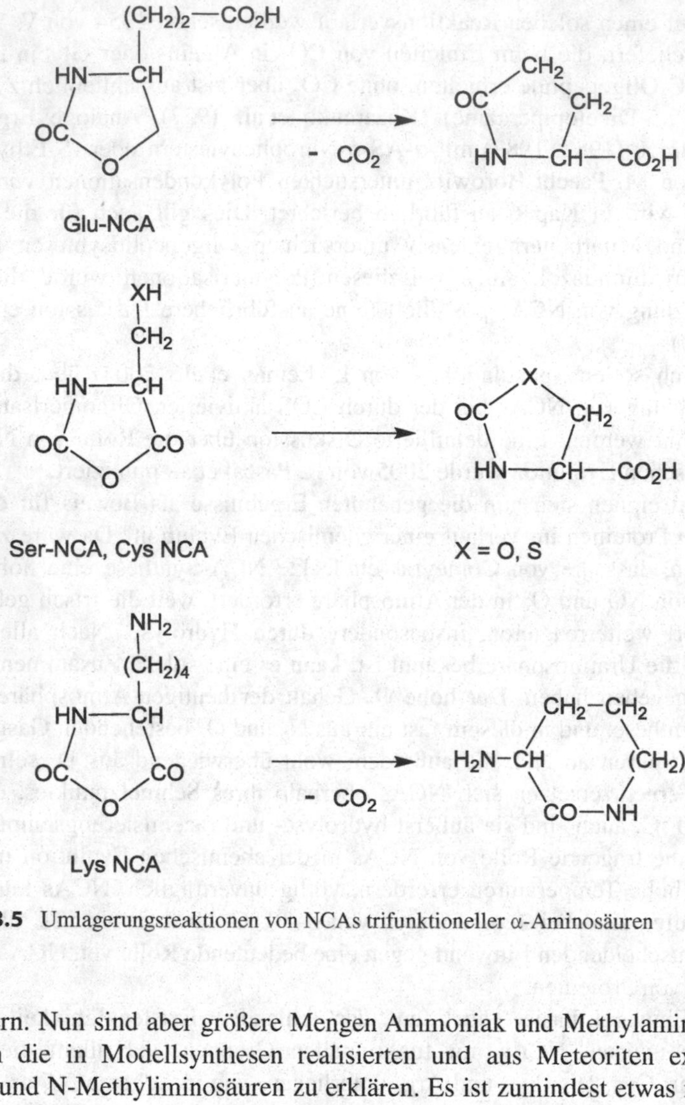

$(CH_2)_2$—CO_2H

Glu-NCA

$- CO_2$

XH

CH_2

Ser-NCA, Cys NCA

X = O, S

NH_2

$(CH_2)_4$

Lys NCA

$- CO_2$

Schema 3.5 Umlagerungsreaktionen von NCAs trifunktioneller α-Aminosäuren

verhindern. Nun sind aber größere Mengen Ammoniak und Methylamin erforderlich, um die in Modellsynthesen realisierten und aus Meteoriten extrahierten Amino- und N-Methyliminosäuren zu erklären. Es ist zumindest etwas naiv anzunehmen, dass diese Amine zuerst ihre Aufgabe der Aminosäuresynthese erledigt haben, dann aber völlig verschwunden sind, um die Polymerisation von NCAs nicht zu stören. Aber auch wenn keine Amine mehr anwesend waren, dann konnten immer noch größere Mengen an Carbonsäuren die Polymerisation von NCAs blockiert haben. So haben Szostak und Mitarbeiter (Izgu et al. 2016) vor kurzem gezeigt, dass die Polymerisation von Val-NCA in Gegenwart von Ölsäure oder Octansäure zu N-Acylaminosäuren und N-Acyloligopeptiden führt, wobei ein gemischtes Anhydrid als Zwischenstufe auftritt (Schema 3.6). Nun wurden aber sowohl bei Modellsynthesen von Aminosäuren (Kap. 4) wie auch bei der Extraktion von Meteoriten (Kap. 9) relativ (zu den α-AS) große Mengen an

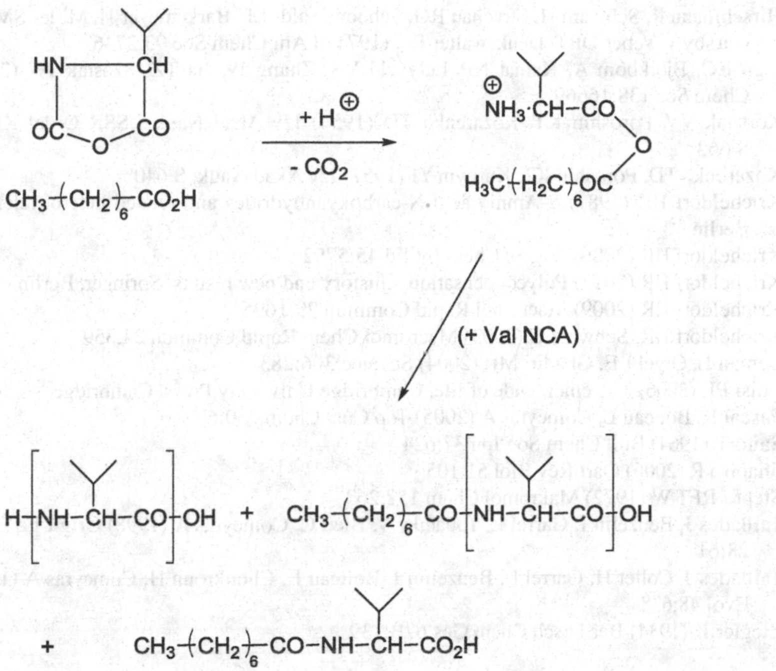

Schema 3.6 Reaktionsprodukte, die beim Erhitzen aus Val-NCA und Octansäure entstehen

aliphatischen Carbonsäuren gefunden, welche einer erfolgreichen Polymerisation von NCAs im Wege gestanden haben, wenn man nicht wieder ein wundersames, rechtzeitiges Verschwinden postulieren will.

Aus all diesen Aspekten ergibt sich die klare Schussfolgerung, dass eine chemische Evolution von Proteinen nicht auf der Polymerisation von α-AS-NCAs basiert haben kann, jedoch kann ein geringfügiger Beitrag zur Bildung von Oligopeptiden nicht ausgeschlossen werden.

Literatur

Brack A (1982) Biospheres 15:201

Brack A (1987) Origins Life 17:367

Carothers WH (1931) Chem Rev 8:353

Comeyras A, Collet H, Moiteau L, Taillades J, Vandenabeele-Trambouze O, Biron JP, Plasson R, Miron L, Lagrille O, Martin H, Seilsis F, Dobrijevic M (2002) Polym Int 51:661

Ehlers KW, Girard E, Orgel LE (1977) Biochem Biophys Acta 491:253

Flory JP (1946) Chem Rev 39:137

Flory JP (1953) Principles of polymer chemistry (Chapters III und VIII). Cornell University Press, Ithaca

Gordon M, Temple WB (1972a) Makromol Chem 152:277

Gordon M, Temple WB (1972b) Makromol Chem 160:263

Hirschmann R, Schwam H, Strachan RG, Schoenewaldt EF, Barkemeyer H, Miller SM, Conn JB, Garsby V, Veber DET, Denkewalter RG (1971) J Am Chem Soc 93:2746

Izgu EC, Björkbom A, Kamat NP, Lelyveld VS, Zhang W, Jia TZ, Szostak JW (2016) J Am Chem Soc 138:16669

Korshak VV, Poroshin KT, Kozarenko TD (1954) Izv Akad Nauk USSR Ordel Khim Nautz, S 663

Kozarenko TD, Poroshin KT, Kuruyin YI (1957) Izv Akad Nauk, S 640

Kricheldorf HR (1987) α-Amnio acid N-carboxyanhydrides and related heterocycles. Springer, Berlin

Kricheldorf HR (2006) Angew Chem Int Ed 45:5752

Kricheldorf HR (2014) Polycondensation – history and new results. Springer, Berlin

Kricheldorf HR (2009) Macromol Rapid Commun 29:1695

Kricheldorf HR, Schwarz G (2003) Macromol Chem Rapid Commun 24:359

Leman L, Orgel LE, Ghadiri MR (2004) Science 306:283

Luisi PL (2006) The emergende of life. Cambridge University Press, Cambridge

Pascal R, Boiteau L, Comeyras A (2005) Top Curr Chem 259:69

Saito T (1964) Bull Chem Soc Jpn 37:624

Shapiro R (2006) Qart Rev Biol 51:105

Stepto RFT W (1972) Makromol Chem 152:263

Taillades J, Beuzelin I, Garrel L, Tobaciky V, Bied C, Comeyras A (1998) Orig Life Evol Biosph 28:61

Taillades J, Collet H, Garrel L, Beuzelinj I, Boiteau L, Choukroun H, Comeyras A (1999) J Mol Evol 48:638

Ziegler K (1934) Ber Dtsch Chem Ges 67B:139

Modellsynthesen von Aminosäuren

4

> *Nicht alles, was synthetisiert werden kann, ist wünschenswert, und nicht alles, was wünschenswert ist, kann synthetisiert werden.*
>
> Hans R. Kricheldorf

Inhaltsverzeichnis

4.1 Die Aminosäuresynthesen von Stanley L. Miller

Da Peptide und Proteine die vielfältigste und häufigste Substanzgruppe darstellen, die in Tieren vorkommt, und da auch in Pflanzen fast alle Biokatalysatoren aus Proteinen bestehen, ist der Ursprung der Peptide und Proteine von besonderer Bedeutung für jegliche Theorie über den Ursprung des Lebens. Für die Entstehung ihrer Bausteine, der proteinogenen α-Aminosäuren (prAS), kommen zwei verschiedenen Quellen infrage, nämlich Kometen und Meteorite (s. Kap. 9) einerseits, und andererseits eine effiziente Synthesechemie auf der Erde selbst. Diese Ursprünge sind nicht notwendigerweise Alternativen, sondern können koexistiert haben und haben sich vielleicht sogar synergistisch ausgewirkt, indem optisch aktive Aminosäuren aus dem Weltraum die Entstehung von prAS mit Enantiomeren-Überschuss auf der Erde katalysiert haben (s. Kap. 10).

Die Geschichte der Modellversuche zur Bildung von prAS unter möglicherweise präbiotischen Bedingungen begann nicht, wie meist fälschlich behauptet, mit den berühmten Experimenten von Stanley L. Miller im Jahre (1953), sondern mit den Arbeiten von Löb im Jahre (1913), auch haben Dhar und Mukerjee (1954) annähernd zeitgleich mit Miller ähnliche Experimente durchgeführt. Löb setzte Gasgemische aus CO_2, H_2O und NH_3 oder wässrige Formamidlösungen der Einwirkung elektrischer Entladungen aus und erhielt Glycin in geringen Ausbeuten, wobei allerdings die dürftigen analytischen Methoden der damaligen Zeit die Analyse der Reaktionsgemische stark einschränkte. Dhar und Mukerjee bestrahlten Mischungen aus Diolen oder Sacchariden und Nitraten des Natriums, Kaliums oder Ammoniums mit Sonnenlicht und fanden eine rasche Bildung von Aminosäuren, allerdings wurden keine individuellen prAS identifiziert. Die Anwesenheit von Nitrationen auf der frühen Erde ist zwar unwahrscheinlich, aber dies gilt auch für das von Miller in seinen ersten Experimenten verwendete reduzierende Gasgemisch.

Nach einer Kurzmitteilung in *Science* (1953) publizierte Miller (Abb. 4.1) eine ausführliche Beschreibung seiner Experimente im Jahre (1955) (s. Tab. 4.1). Ein den Vorstellungen seines Mentors H. C. Urey entsprechendes reduzierendes Gasgemisch, das u. a. NH_3 und H_2 enthielt, wurde der Einwirkung elektrischer Entladungen ausgesetzt. Das Hauptprodukt aller seiner Experimente war eine nicht näher identifizierte Polymermasse. Miller benötigte mehrere Variationen seiner Versuchsbedingungen, bis er mit der Identifizierung von prAS Erfolg hatte. Durch Aufarbeitung mit Säulenchromatographie, insbesondere mit Ionen-austauschern, konnte er Gly und Ala isolieren und eindeutig identifizieren. Die Bildung von Asp, Glu und Val wurde aufgrund von Papierchromatogrammen als wahrscheinlich erachtet. Ganz wesentlich ist aber der Befund, dass auch α-Abu, β-Ala und Sarkosin in nennenswerten Mengen isoliert werden konnten. Miller beschreibt drei etwas unterschiedliche Versuchsabläufe (*run* 1–3) und bezeichnet die Ergebnisse von *run* 3 als Mittelwerte von vier sich annähernd reproduzierenden Versuchen.

Abb. 4.1 Stanley L. Miller hinter einer seiner Apparaturen, in denen Aminosäuren aus Gasgemischen durch elektrische Entladungen erzeugt wurden

Tab. 4.1 Stanley Millers Aminosäure-Synthesen mithilfe elektrischer Entladungen in einer reduzierenden Atmosphäre

Ausgangsstoffe	Proteinogene α-AS	Andere Amino- und Iminosäuren	Beiprodukte	Literatur
CH_4, NH_3, H_2O, H_2	Gly, Ala, (Asp), (Glu), (Val)	α-Abu, β-Ala, Sar	Ameisens., Essigs., Propions., Glykols., Milchs., versch. Amine	Miller (1955)
CH_4, NH_3, H_2O, H_2	Gly, Ala, Asp, Glu	β-Ala, α-Abu, Sar, N-Me-Ala, Imino-diessigsäure, Imino-essig-Propionsäure	Ameisens., Essigs., Propions., Glykols., Milchs., α Hydoxy- butters., Bernsteins., Harn-stoff, Methylharnst	Miller (1957)
CH_4, NH_3, H_2O, H_2 oder CO/CO_2, N_2, H_2O, H_2	Gly, Ala, Asp, Glu, Ser, Val	Keine Angaben	Keine Angaben	Schlesinger und Miller (1983)
CH_4, NH_3, H_2S, CO_2	Gly, Ala, Asp, Glu, Met, Ile, Leu, Ser, Thr, Val	β-Ala, α-Abu, β-Abu, γ-Abu, α-Amino isobutters, *iso*-Ser, *iso*-Val, S-Me-Cys + seine Sulfoxide und Sulfone, Ethionin Homocystein	Methylamin, Ethylamin, Ethanol, Cysteamin, keine Angaben über Carbonsäuren	Parker et al. (2011a, b)

Das entscheidende Ergebnis von *run* 3 ist der Befund, dass Sarkosin als häufigstes Produkt entstand und nicht eine prAS. Dieser wichtige Befund wird in keinem späteren Übersichtsartikel oder Buch, die typischerweise Hymnen über die Miller'schen Versuche verbreite(te)n, erwähnt.

Ferner hat Miller drei aliphatische Carbonsäuren und zwei Hydroxysäuren isoliert, deren Molmenge diejenige der prAs um etwa das Dreifache übertraf. Schwach basische Verbindungen sowie Peaks zahlreicher, nicht identifizierter Substanzen wurden gefunden, aber nicht im Einzelnen identifiziert, da dieser Aufwand aus damaliger Sicht nicht gerechtfertigt schien. In einer etwas späteren Arbeit (Miller 1957) wurde die Entstehung von Gly, Ala, Asp und Glu bestätigt und noch weitere, nichtproteinogene Iminosäuren in minimalen Mengen gefunden. Zusätzlich wurden aber auch Bernsteinsäure sowie Harnstoff und N-Methyl-harnstoff identifiziert. Im Jahre 1983 berichtete die Miller-Gruppe auch über die Identifizierung minimaler Mengen an Ser und Val. (Schlesinger und Miller 1983). Schließlich ist noch zwei von Parker et al. (2011a, b, c) posthum publizierte Analysen alter Miller'scher Versuche zu erwähnen, bei denen dem Gasgemisch auch etwas H_2S zugegeben wurde, um die Entstehung von Cystein und Methionin zu ermöglichen. Die Analysen ergaben allerdings, dass zwar einige Schwefel enthaltende Aminosäuren entstanden, einschließlich Methionin, aber Cystein oder Cystin konnten nicht entdeckt werden.

Aus diesen Ergebnissen lässt sich schon ein wichtiger Trend eindeutig ablesen. Diese Resultate stehen im Gegensatz zur Hypothese einer reduktionistisch erklärbaren, deterministisch abgelaufenen chemischen Evolution (Hypothese IA in Abschn. 1.2). Wäre die Bildung von Biomonomeren und Biopolymeren in den Orbitalen von Atomen und einfachen Molekülen angelegt, so hätte bei den Miller'-schen Modellversuchen:

- eine erheblich größere Zahl verschiedener prAS entstehen müssen;
- nichtproteinogene AS und Iminosäuren hätten höchstens in Spuren entstehen dürfen;
- funktionelle Beiprodukte wie Carbonsäuren, die die Bildung von Proteinen massiv behindern, wären höchstens in geringen Mengen entstanden.

Die vorstehenden (und in Tab. 4.1 zusammengefassten) Modellversuche bezeugen genau das Gegenteil, und diese Schlussfolgerung wird durch die weiteren Versuche der Miller-Gruppe und andere Forscher (vgl. Tab. 4.2, 4.3, 4.4, 4.5, 4.6 und 4.7) bestätigt.

Nach 1960 gelangten Geologen und andere „Urzeitforscher" allmählich zu der Überzeugung, dass eine stark reduzierende Uratmosphäre zum Zeitpunkt, als die ersten „Biomoleküle" entstanden sein mussten, gar nicht mehr gegeben war, weil sich der Wasserstoff schon in den Weltraum verflüchtigt hatte. Außerdem wurde in den ältesten Gesteinen (3,5–3,8 Mrd. Jahre alt) oxidiertes Eisen gefunden. Man war nun der Ansicht, dass vor allem die Gase aus Vulkanen für die Zusammensetzung der Uratmosphäre verantwortlich waren und kaum Ammoniak, wohl aber Stickstoff vorhanden war. Miller reagierte sofort auf diesen Paradigmenwechsel und wiederholte nun Experimente in einer nicht oder kaum reduzierenden Atmosphäre (Tab. 4.2). Dabei ergab sich der problematische Befund, dass in totaler Abwesenheit aller reduzierender Gase (CH_4, NH_3, H_2) keine Aminosäuren gebildet wurden, höchstens Spuren von Glycin. Wenn prAS schon zu Beginn der chemischen Evolution entstanden sein sollen, dann muss die Uratmosphäre doch ein zumindest geringes Maß an reduzierenden Gasen enthalten haben, oder es gab lokale „Hotspots" der Evolution, welche diese Bedingungen erfüllt haben. Hier ist zu erwähnen, dass einige Biologen (Lane, Martin, Russell, s. Abschn. 2.6) heiße, alkalische Unterwasserquellen als Geburtsstätte der chemischen Evolution ansehen, u. a. weil hier CO und H_2 ausströmen. Das reichte dann zwar für die Bildung von Formaldehyd und Sacchariden, aber ohne Ammoniak und Blausäure nebst deren Derivaten konnten keine Aminosäuren und Nucleobasen entstehen.

Die neueren Miller-Versuche (Tab. 4.2) lieferten die schon zuvor identifizierten α-AS, aufgrund verbesserter Analytik wurden aber auch geringe Mengen an Ile und Pro entdeckt (Wolman et al. 1972; Ring et al. 1972; Ring und Miller 1984; Miller 1986). Damit waren immerhin neun von 20 nötigen prAS erhalten worden. Aber die Zahl an nichtproteinogenen Amino- und Iminosäuren hatte ebenfalls deutlich zugenommen, nämlich12 nicht-prAS, 5 ω-AS und 8 Iminosäuren. Wie in Abschn. 9.4 ausführlicher dargestellt, finden sich alle diese unerwünschten

Tab. 4.2 Stanley Millers Aminosäuresynthesen mithilfe von elektrischen Entladungen in einer wenig oder nicht reduzierenden Atmosphäre

Ausgangsstoffe	Proteinogene α-AS	Nichtproteinog. α-AS	ω-Aminosäuren	Iminosäuren	Literatur
CH_4, N_2, $H_2O + NH_3$ mit var. des Druckes	Gly, Ala, Asp, Glu, Ser, Thr, Leu, Ile, Val, Pro	α-Abu, α-Amino isobutters., iso-Val, nor-Val, allo-iso-Leu, nor-Leu, tert.-Leu, iso-Ser, allo-Thr, α,β-Diaminopropions., α, γ-Diaminobutters	β-Ala, β-Abu, γ-Abu, β-Amino-iso-butters., γ-Amino- iso-Butters	Sar, N-Ethyl-Gly, N-Pro-pyl Gly, N-isopropyl Gly, N-Met-hyl-Ala, N-Et-hyl-Ala, N-Methyl-β-Ala, Pipe-colsäure	Ring et al. (1972,), Wolman et al. (1972;) Miller (1986)
Alkane, Ethylen, Acetylen, N_2, H_2O	Gly, Ala, Asp, Glu, Ser, Thr, Leu, Ile, Val, Pro	Keine Angaben	Keine Angaben	Keine Angaben	Ring und Miller (1984)
CO_2, N_2, H_2O	Gly, Ala, Asp, Glu, Ser	Keine Angaben	Keine Angaben	Keine Angaben	Cleaves et al. (2008)

Amino und Iminosäuren auch in Meteoriten wieder, woraus man schließen kann, dass die „Miller'sche Chemie" große Ähnlichkeit mit dem chemischen Geschehen im Weltraum aufweisen muss. Ein derartiger Vergleich wurde von Miller und Mitarbeitern schon früh angestellt (Wolmann et al. 1972). Eine ausführlicher Diskussion und Bewertung der Miller'schen Versuche findet sich in Abschn. 4.3.

Miller interessierte sich auch für die Reaktionsmechanismen, die dem Zustandekommen der Aminosäuren in seinen Modellversuchen zugrunde liegen konnten. Er wählte die sog. Strecker'sche α-AS-Synthese als Ausgangspunkt seiner Messungen und Überlegungen, zumal er die Bildung von Aldehyden und Blausäure in seinen Reaktionsgemischen nachweisen konnte (Miller 1957, 1959). Nun wird bei der klassischen Streckersynthese die Nitrilgruppe durch Kochen mit mäßig konzentrierter Salzsäure erreicht. Ein derartig saures Milieu war jedoch unter präbiotischen Bedingungen nicht zu erwarten, und wenn es existiert hätte, hätte es jede weitere chemische Evolution verhindert. Miller machte Messungen zum Konzentrationsverlauf von Ammoniak, Blausäure Aldehyden und α-AS und kam zum Schluss, dass eine alkalische Verseifung bedingt durch den Überschuss an Ammoniak erfolgt sein musste (Schema 4.1). Miller postuliert also, dass zwar die Entstehung von Blausäure und Aldehyden (sowie CO und CO_2!) in der Gasphase erfolgte, die eigentliche Aminosäuresynthese aber im Wasser, in der

Schema 4.1 Von S. L. Miller vorgeschlagene Entstehung von α-Amino- und α-Hydroxycarbonsäuren gemäß einer modifizierten Strecker-Synthese

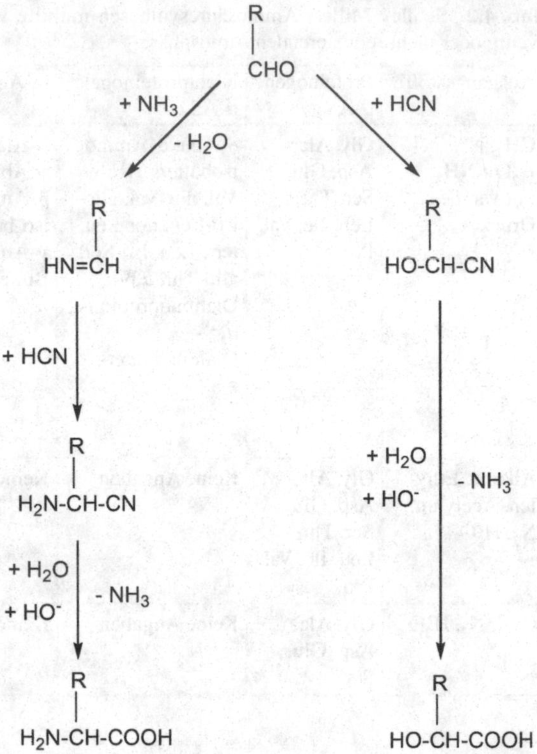

$$
\begin{array}{c}
R \\
| \\
CHO
\end{array}
$$

+ NH₃ (− H₂O) (links)   + HCN (rechts)

$$
\begin{array}{cc}
R & R \\
| & | \\
HN{=}CH & HO{-}CH{-}CN
\end{array}
$$

+ HCN (unter HN=CH)

$$
\begin{array}{c}
R \\
| \\
H_2N{-}CH{-}CN
\end{array}
$$

+ H₂O / + HO⁻ (− NH₃) (bei beiden Zweigen)

$$
\begin{array}{cc}
R & R \\
| & | \\
H_2N{-}CH{-}COOH & HO{-}CH{-}COOH
\end{array}
$$

Ursuppe. Ein derartiger Reaktionsverlauf mag wohl stattgefunden haben, ist aber als einziges Erklärungsmodell aus mehreren Gründen völlig unzureichend.

Eine große Menge Ammoniak in der Ursuppe ist *a priori* unwahrscheinlich, da NH₃ von UV-Licht schnell zersetzt wird und ein effizienter Bildungsmechanismus fehlt, auch hätten erhebliche Mengen an NH₃ die Entstehung aller Arten von Biopolymeren verhindert. Aminosäuren wurden in Meteoriten entdeckt (s. Abschn. 9.4), wo ihr Zustandekommen durch heiße Ammoniaklösung nicht erklärt werden kann, schon gar nicht bei Temperaturen unter −150 °C, wie sie für den Weltraum üblich sind. Ferner kann die Bildung von ω-Aminosäuren so nicht erklärt werden. Darüber hinaus erzeugen elektrische Entladungen eine Radikalchemie, mit der sich Entstehung aller Arten von Aminosäuren und Hydroxysäuren auf der frühen Erde wie auch im Weltraum erklären lässt. Die in Schema 4.2 skizzierten Reaktionsabläufe sollen hierzu als Illustration dienen.

Abschließend soll festgehalten werden, dass auch wenn die Ergebnisse aller Miller'schen Versuche zusammen gezählt werden, die folgenden sieben prAS niemals erhalten wurden: Asn, Arg, Cys, Gln, Lys, Trp, Tyr.

Schema 4.2 Hypothetische
Entstehung von
α-Aminosäuren und
α-Hydroxysäuren über
Radikale

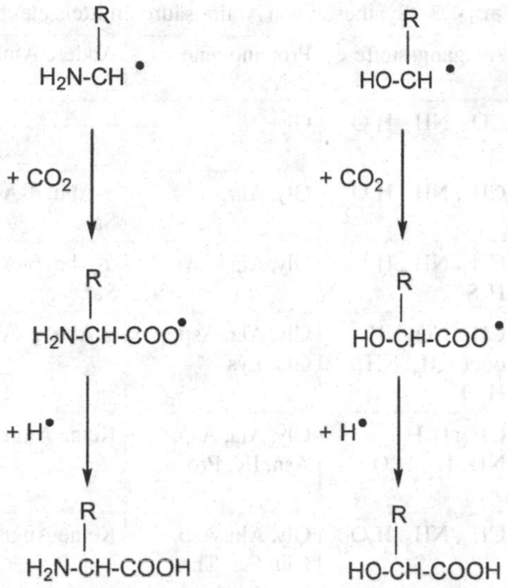

$$
\begin{array}{ccc}
\underset{\underset{\text{H}_2\text{N-CH}^{\bullet}}{|}}{\text{R}} & \qquad & \underset{\underset{\text{HO-CH}^{\bullet}}{|}}{\text{R}} \\
\Big\downarrow + CO_2 & & \Big\downarrow + CO_2 \\
\underset{\underset{\text{H}_2\text{N-CH-COO}^{\bullet}}{|}}{\text{R}} & & \underset{\underset{\text{HO-CH-COO}^{\bullet}}{|}}{\text{R}} \\
\Big\downarrow + H^{\bullet} & & \Big\downarrow + H^{\bullet} \\
\underset{\underset{\text{H}_2\text{N-CH-COOH}}{|}}{\text{R}} & & \underset{\underset{\text{HO-CH-COOH}}{|}}{\text{R}}
\end{array}
$$

4.2 Modellsynthesen von Aminosäuren verschiedener Autoren

Millers Publikationen (1953 und 1955) stimulierten zahlreiche andere Forscher zu ähnlichen Experimenten, wobei die Ausgangsprodukte und die Reaktionsbedingungen breit variiert wurden (Tab. 4.3, 4.4, 4.5, 4.6 und Tab. 4.7). Einige Arbeitsgruppen studierten ebenfalls den Einfluss elektrischer Entladungen auf Gasgemische. Ihre Ergebnisse sind in Tab. 4.3 zusammengestellt. In den ersten sieben Versuche dieser Tabelle wurden reduzierende Gasgemische verwendet, in Analogie zu den Miller'schen Experimenten. Zwei neue Ergebnisse wurden berichtet. Erstens konnte in drei Fällen Lysin identifiziert werden (Pavlowskaya und Pasynski 1959; Grossenbacher und Knight 1959; Matthews und Moser 1966). Im Übrigen wurden diejenigen α-AS gefunden, die auch Miller schon synthetisiert hatte. Zweitens wird von zwei Forschergruppen berichtet, dass als „Nebenprodukte" Nucleobasen entstanden, die allerdings nicht eindeutig identifiziert wurden (Heyns et al. 1957; Oró 1963). Dieses Ergebnis ist von besonderer Bedeutung, weil es ja für die Glaubhaftigkeit einer chemischen Evolution wenig nützt, wenn unter den Bedingungen X einige α-AS erhalten werden, aber keine Nucleobasen, unter den Bedingungen Y zwar zwei oder drei Nucleobasen, aber keine Aminosäuren. In vier Publikationen wird auch über die Identifizierung von β-Ala und in drei Fällen über die Entdeckung von α-Abu berichtet, aber die meisten Veröffentlichungen sagen wenig oder nichts über Zahl und Menge von Nebenprodukten aus.

Bei zahlreichen Experimenten wurden Gasgemische der Einwirkung verschiedener Formen von Energie ausgesetzt (Tab. 4.4). Bei einem Versuch wurden stark beschleunigte Protonen eingesetzt und fünf schon von Miller erwähnte

Tab. 4.3 Synthesen von Aminosäuren mittels elektrischen Entladungen in einer Gasphase

Ausgangsstoffe	Proteinogene α-AS	Andere Aminos.	Verschiedene Beiprodukte	Literatur
CO_2, NH_3, H_2O	Gly	–	Formamid, Oxamid	Löb (1913)
CH_4, NH_3, H_2O	Gly, Ala	α-Abu, β-Ala, Sar	Substituierte Guanidine	Heyns et al. (1957)
CH_4, NH_3, H_2O, H_2S	Gly, Ala	α-Abu, β-Ala, Sar	Ammonium Rhodanid	Heyns et al. (1957)
CH_4, CO, NH_3 oder CH_4, NH_3, H_2O	Gly, Ala, Asp, Glu, Lys	α-Abu, β-Ala	Keine Angaben	Pavlowskaya und Pasynski (1959)
CH_4; C_2H_6, NH_3,H_2, H_2O	Gly, Ala, Asp, Asn, Ile, Pro	Keine Angaben	Amine, Nucleobase, Aminosäureamide	Oró (1963)
CH_4, NH_3, H_2O	Gly, Ala, Asp, Glu, Ser, Thr, Leu, Ile, Lys	Keine Angaben	Nicht identifizierte Beiprodukte	Grossenbacher und Knight (1959)
CH_4, NH_3	Gly, Ala, Asp, Ser, His,Lys, Ile	Keine Angaben	Nicht identifizierte Beiprodukte	Matthews und Moser (1966)
CO_2, N_2, H_2O	Gly, Ala	Keine Angaben	Keine Angaben	Plankensteiner et al. (2004)
CO_2, N_2, H_2O	Gly, Ala, Val, Ser,Lys	Keine Angaben	Nicht identifizierte Beiprodukte	Plankensteiner et al. (2006)
CO, N_2, H_2O	Gly, Ala, Asp, Glu, Ser	β-Ala, Gly-Gly (Spuren)	Orotsäure	Hirose et al. (1990)

α-AS erhalten, aber es wurde auch Imidazol als Nebenprodukt gefunden (Kobayashi et al. 1990). Dieses Resultat ist insofern bemerkenswert, als Imidazol von mehreren Autoren für Modellversuche zur Synthese von Polypeptiden und Polynucleotiden verwendet wurde (Kap. 6 und Kap. 7). Allerdings präsentieren diese Versuchsbedingungen kein glaubwürdiges, präbiotisches Szenario. Bei den übrigen 15 Experimenten wurden Röntgenstrahlen, β-Strahlung, UV-Licht oder rasches starkes Erhitzen zur Spaltung chemischer Bindungen eingesetzt. Diese letztere Art der Energiezufuhr wurde damit begründet, dass der Eintritt von Meteoriten oder Asteroiden in die Erdatmosphäre zu kurzzeitigen Schockwellen und lokalen Überhitzungen geführt haben muss.

Bei drei von 16 Versuchen wurden Nucleobasen als „Nebenprodukte" erhalten (Palm und Calvin 1962; Oró 1963; Yoshino et al. 1971). Über nichtproteinogene Aminosäuren wurden meist keine Angaben gemacht, und wenn, dann wurden, wie zu erwarten, α-Abu, β-Ala und in zwei Fällen auch *allo-iso*-Leu gefunden. Im Unterschied zu den Versuchen der Miller-Gruppe wurden nun von mehreren Autoren auch basische Nebenprodukte identifiziert, und zwar berichten fünf

Tab. 4.4 Synthesen von Aminosäuren in der Gasphase mithilfe verschiedener Energiequellen

Ausgangsstoffe	Energiequelle	Proteinogene α-AS	Andere Aminos.	Verschiedene Beiprodukte	Literatur
CH_4, NH_3, H_2O, H_2, CO,CO_2, N_2	Röntgen-strahlung	Verschiedene α-AS	Keine Angaben	Verschiedene Amine	Dose und Rajewsky (1957)
CH_4, CO_2, N_2, NH_3, H_2O	Röntgen-strahlung	Gly, Ala, Asp	Keine Angaben	Essigs. Bernsteins., Brenztrau-bens., Milchs., Metylamin, Ethylamin	Dose und Risi (1968)
CH_4, NH_3, H_2O, H_2	UV	Gly, Ala+höhere α-Aminos	Keine Angaben	Verschiedene Amine	Groth und Weysenhoff (1957)
CH_4, NH_3, H_2O	UV	Verschiedene α-AS	Keine Angaben	Aldehyde	Terenin (1959)
CH_4, CO, NH_3, H_2O	UV	Verschiedene α-Aminos	nor-Leu	Amine, Hydrazin, Formaldehyd, Harnstoff	Dodonova und Siderova (1961)
CH_4, NH_3, H_2O, H_2S	UV	Gly, Ala, Asp, Glu, Ser, Cys	Keine Angaben	Keine Angaben	Sagan und Khare (1971)
CH_4, NH_3, H_2, H_2O	β-Strahlung	Verschiedene. α-Aminos	Keine Angaben	Harnstoff, Adenin, nicht identifiz. Bei-produkte	Palm und Calvin (1962)
CH_4, NH_3, H_2O	β-Strahlung	Gly, Ala	Keine Angaben	Glycinamid, Nucleobasen nicht identifiz. Beiprodukte	Oró (1963)
CH_4, NH_3, H_2O, H_2S	β-Strahlung	Keine Angaben	Keine Angaben	Taurin, Cysteins., Cysteamin	Choughuley und Lemmon (1966)
CO, NH_3, H_2O	Protonen (3 meV)	Gly, Ala, Asp, Glu, Ser	α-Abu, γ-Abu	Imidazol	Kobayashi et al. (1990)
CH_4, NH_3, H_2O	Hitze 950–1050 °C	Gly, Ala, Asp, Glu, Ser, Thr, Leu,Ile, Val, Pro, Phe, Tyr	Sar, β-Ala	Keine Angaben	Harada und Fox (1964)
CH_4, NH_3, H_2O	950–1050 °C	Gly, Ala, Asp, Glu, Ser, Thr, Leu, Ile, Val, Phe, Tyr	α-Abu, Allo-iso-Leu	Keine Angaben	Harada und Fox (1965)
CH_4, NH_3, H_2	Hitze 1300 °C	Gly, Ala, Asp, Glu, Ser, Thr. Leu, Ile, Phe, Tyr	β-Ala, Allo-iso-Leu	Keine Angaben	Oró (1965)

(Fortsetzung)

Tab. 4.4 (Fortsetzung)

Ausgangsstoffe	Energiequelle	Proteinogene α-AS	Andere Aminos.	Verschiedene Beiprodukte	Literatur
CH_4, NH_3, H_2O	900–1150 °C	Gly, Ala, Asp, Glu, Leu, Val, Lys, Trp, Pro, Phe, Tyr	α-Abu, β-Ala	Acetaldehyd, Propionaldehyd, Acrolein, Aceton, Methanol, Ethanol, versch. Carbonsäuren, Metyl- und Dimethylamin, Ethyl- and Diethylamin	Taube et al. (1967)
CO, NH_3, H_2	Hitze + (bis 1000 °C)	Gly. Ala, Asp, Glu, Arg, Lys,	Orn, Sar, β-Ala	Pyrimidin, Purin	Yoshino et al. (1971)
CH_4, NH_3, H_2O	900–1060 °C	Gly, Ala	Keine Angaben	Bernsteins	Lawless und Boyden (1973)
CH_4, C_2H_6, NH_3, H_2O	1000–2000 °C Schockwelle	Gly, Ala, Leu, Val (Ie)?	Keine Angaben	Keine Angaben	Bar-Nun et al. (1968); Bar-Nun (1975); Barak und Bar-Nun (1975)

Gruppen über die Bildung aliphatischer Amine. Schließlich soll noch die Arbeit von Choughuley und Lemmon (1966) erwähnt werden, weil hier dem Gasgemisch H_2S zugesetzt wurde. In Übereinstimmung mit den Ergebnissen von Parker et al. (2011a, b) wurden aber weder Cystein noch Cystin gefunden.

Zahlreiche Versuche wurden ferner mit UV-Licht als Energiequelle durchgeführt, aber im Unterschied zu den zuvor (in Tab. 4.3) erwähnten Versuchen wurden keine Gasgemische, sondern wässrige Lösungen oder feste Phasen eingesetzt (Tab. 4.5). Bei diesen Versuchen wurden natürlich die schon von Miller'schen Versuchen bekannten prAS, Gly, Ala, Asp, Glu und Ser gefunden. Bemerkenswert ist ferner die Veröffentlichung von Munoz et al. (2002a, b), weil hier neben nur sechs prAS zwölf nicht-prAS gefunden wurden, ein Ergebnis, das gut zu den Resultaten der Miller-Gruppe passt. Schließlich sollen die Versuche der Arbeitsgruppe von U. Meierhenrich hervorgehoben werden (Meinert et al. 2012). Diese Autoren bestrahlten das, was sie simulierte interstellare Eispartikel nennen, und erhielten neben sechs prAS 18 (!) nichtproteinogene Aminosäuren, die in Tab. 4.6 zusammengefasst wurden. Auf die Bedeutung dieser Ergebnisse wird im folgenden Abschnitt näher eingegangen.

In der letzten Tabelle sind Experimente aufgelistet, bei denen wässrige Lösungen der Ausgangsprodukte radioaktiver Strahlung oder Hitze ausgesetzt wurden (Tab. 4.7). Es wurden auch hier nur die meist gefundenen prAS identifiziert.

Tab. 4.5 Synthesen von Aminosäuren mittels UV-Strahlung in wässriger Lösung oder in fester Phase

Ausgangsstoffe	λ (nm)	Proteinogene α-AS	Andere Aminos	Verschiedene Beiprodukte	Literatur
Glykol, Glycerin und Saccharide + Na-, K- oder $NH_4NO_3 + TiO_2$	Sonnenlicht	Verschiedene.α-AS	Keine Angaben	Keine Angaben	Dhar et al. (1934)
CH_2O, KnO_3, $FeCl_3$	Sonnenlicht	Gly, Asp, Asn, Ser,	Keine Angaben	Keine Angaben	Bahadur (1954)
CH_2O, N_2, Mo-Oxide	Sonnenlicht	Gly, Ala,	Keine Angaben	Keine Angaben	Bahadur und Ranganayaki (1958)
NH_4HCO_3, KSCN, Acetic, Propions., Maleins	253,7	Gly, Ala, Asp	Keine Angaben	Keine Angaben	Deschreider (1958)
CH_2O, NH_4X + inorg. Salze	Versch. λ	Gly, Ala, Glu, Ser, Ile, Val, Phe	Basische Aminos	Keine Angaben	Pavlowskaya und Pasynski (1959)
CH_3OH, CH_2O, NH_3 + versch. anorg. Katalysatoren	184,8	Gly, Ala + unid. Amino a	Keine Angaben	Ameisens., Hexamethylenetetramin	Reid (1959)
CH_3OH, H_2O, NH_3 or CH_3OH, H_2O, HCN	<180 T < 80 K	Gly, Ala, Ser	Nicht nachweisbar	N-Formylglycine, Cycloserine, Ethanolamin	Bornstein et al. (2002)
CH_3OH, CO_2, CO, H_2O, NH_3 (mit Variation des Molverhältnisses)	<180 T < 80 K	Gly, Ala, Asp, Ser, Pro, Val	12 nichtprotein. Aminos	2,5-Diaminofuran, 2,5-Diaminopyrrol, 1,2,3-Triaminopropan	Munoz et al. (2002a, b)
CH_3OH, H_2O, NH_3	<180 T < 80 K	Gly, Ala, Asp, Ser, Pro, Hypro	18 versch. Aminos. (s. Tab. 4.6)	1,2,3-Triaminopropan, Pyroglutamins	Meierhenrich et al. (2002, 2005)

Erwähnenswert sind die Artikel von Hasselstrom et al. (1957) und Loewe et al. (1963), weil Diaminosäuren als Beiprodukte entdeckt wurden, welche in der Poly(nucleoamid)-Welt-Hypothese eine wichtige Rolle spielen (Abschn. 2.3).

Ferner sticht die Arbeit von Oró et al. (1959) dadurch hervor, dass hier einige Carbonsäuren als Beiprodukt erwähnt werden. Nur bei zwei weiteren der insgesamt 44 aufgelisteten Publikationen werden Carbonsäuren als Nebenprodukte

Tab. 4.6 Nichtproteinogene Aminosäuren, die nach UV-Bestrahlung von simulierten interstellaren Eispartikeln identifiziert wurden. (Munoz Caro et al. 2002a, b; Meinert et al. 2012)

Aminosäuren	Iminosäuren und Diaminosäuren
β-Alanin	Sarkosin
2-Aminobutters.	N-Ethylglycin
3-Aminobutters.	N-Methylalanin
4-Aminobutters.	N-(Aminomethyl)glycin
3-Aminoisobutters.	N-(Aminoethyl)glycin
Aminomethyl butters.	2,3-Diaminopropions.
5-Aminovalerians.	2,4-Diaminobutters.
Aminomethylvalerians.	Amino-(methylamino)essigs.
Aminoethylvalerians	3-Amino-2-(aminomethyl)propions

Tab. 4.7 Modellsynthesen von Aminosäuren in wässriger Lösung mithilfe verschiedener Energiequellen

Ausgangsstoffe	Energiequelle	Proteinogene α-AS	Andere Aminosäuren	Beiprodukte	Literatur
NH_3, Essigsäure	β-Strahlung	Gly, Asp	Diaminobernsteins.	Keine Info	Hasselstrom et al. (1957)
NH_3, H_2CO_3	γ-Strahlung	Gly	Nicht identif. Aminos	Keine info	Paschke et al. (1957)
NH_3, Essigsäure	Röntgenstrahlung	Gly,	β-Ala	Keine Info	Dose et al. (1958)
Alkylammoniumcarbonat	Röntgenstrahlung	Gly, Ala, Asp. Lys	β-Ala	Keine Info	Dose et al. (1968)
NH_3, HCN	Hitze (70 °C)	Verschiedene AS	Keine Info	Keine Info	Oro und Kamat (1961)
HCN, NH_3 in H_2O	Hitze (90 °C)	Gly, Ala, Leu, Ile, Ser, Thr	α-Abu, β-Ala, 2,3-Diaminopropions	>70 nicht identif. Amine	Loewe et al. (1963)
NH_3, NH_2OH, HCN, H_2CO_3	Hitze (70–100 °C)	Gly, Ala, (Asp, Ser, Thr)?	β-Ala	Ameisens., Essigs., Glykols., Milchs. +Glycinamide	Oro et al. (1959)

genannt. Beim Lesen aller dieser Publikationen ergibt sich jedoch der Eindruck, dass Carbonsäuren nicht abwesend waren, sondern dass kaum ein Autor nach Carbonsäuren gesucht hat, weil diesen simplen Beiprodukten keine Bedeutung beigemessen wurde.

Schließlich muss die Zuverlässigkeit der Identifizierung von prAS kritisch betrachtet werden. Die weitaus meisten Analysen von Reaktionsgemischen basieren auf chromatographischen Methoden, wobei die gesuchte Aminosäure als reine (kommerzielle) Vergleichssubstanz mit eingesetzt wurde, um den richtigen R_f-Wert sicherzustellen. Die Reaktion mit Ninhydrin diente dann zum optischen Nachweis. Es wurde dabei aber nicht überprüft, ob nicht auch andere, nichtproteinogene

Aminosäuren zufälligerweise denselben R_f-Wert hatten, zumal die Distanz zwischen den Ninhydrinflecken verschiedener Aminosäuren oft sehr gering ist. Ein besonders problematischer Fall ist hier die angebliche Identifizierung von Lysin (s. Tab. 4.3 und Tab. 4.4), das von Miller nicht gefunden wurde. Es ist äußerst unwahrscheinlich, dass in Radikalreaktionen spezifisch Lys gebildet wurde, aber kein Ornithin und andere Diaminosäuren. Die „Weltraumchemie" (s. Tab. 4.6 und Tab. 9.4) zeigt, dass mehrere Diaminosäuren gleichzeitig gebildet werden und die relative Häufigkeit mit steigender Zahl an Kohlenstoffatomen in der Aminosäure exponentiell abnimmt. Da die betreffenden Autoren weder Ornithin noch andere Diaminosäuren zum Vergleich herangezogen haben, ist die Identifizierung von Lys äußerst zweifelhaft.

Ein anderer kritischer Fall ist die angebliche Identifizierung von Tryptophan, die nur von Taube et al. (1967) berichtet wurde. Es ist wiederum äußerst unwahrscheinlich, dass, wenn Trp überhaupt gebildet wurde, keine anderen Aminosäuren mit N-Heterozyklen in der Seitenkette entstanden sein sollen. Die „Hochtemperaturversuche" (Tab. 4.4), die anscheinend auch das unter anderen Bedingungen kaum nachgewiesene Tyrosin ergeben haben sollen, sind insgesamt kritisch zu sehen. Die bei 1000 °C entstandenen prAS können ja nur durch Abschrecken der Reaktionsgase überlebt haben. Wo haben solche Bedingungen auf der frühen Erde bestanden? Falls sie in der frühesten Zeit bestanden hatten, müssten die dadurch gebildeten prAS in der Ursuppe viele Millionen Jahren überlebt haben, bis sie von RNA-Aptameren (s. Abschn. 8.2) wachgeküsst und der Proteinsynthese in Ribosomen zugeführt wurden. Eine entscheidende Aussage zum Abschluss der vorstehende Abschnitte ist die Feststellung, dass es keiner Arbeitsgruppe gelungen ist, in einem einzigen Versuch mehr als zwölf verschiedene prAS herzustellen.

4.3 Diskussion der Aminosäuresynthesen

Da in der Geschichte der Forschung zum Thema chemische Evolution den Versuchen von S. L. Miller eine besondere Bedeutung zukommt, soll schon hier, im Vorgriff auf Kap. 11, eine ausführlichere Diskussion und Bewertung der in den Tab. 4.1 bis 4.7 aufgelisteten Experimente präsentiert werden. Bei einer objektiven und wissenschaftlich sinnvollen Bewertung der Miller'schen Versuche muss man zwischen ihrer historischen Bedeutung und ihrer Beweiskraft für den Ablauf einer chemischen Evolution unterscheiden. Zur historischen Bedeutung schrieb der eher skeptisch eingestellte Biochemiker R. Shapiro (1987, S. 99):

> Im Falle der Miller-Urey-Experimente waren sowohl die Wissenschaft als auch die Öffentlichkeit beeindruckt. Diese Arbeiten wurden in den folgenden Jahren häufig zitiert und fanden sogar in Lehrbücher der Biologie und Geologie Eingang. Sie wurden die am besten bekannten Experimente zur Forschung über den Ursprung des Lebens.

Dann zitiert er den Chemiker William Day:

> It was an experiment which broke the logjam. The simplicity of the experiment, the high yields of the products and the specific biological products in limited number produced by the reaction was enough to show that the first step into the origin of life was not a chance event, but one that has been inevitable [...] With the appropriate mixture of gases, any energy source that can cleave the chemical bonds will initiate a reaction resulting in the formation of life's building blocks.

Danach wird der Astronom Carl Sagan zitiert, der sich intensiv mit dem Ursprung des Lebens im Weltraum beschäftigt hat:

> The Miller-Urey experiment is now recognized as the single most significant step in convincing many scientists that life is likely to be abundant in the cosmos.

Eine hohe Wertschätzung der Miller-Urey-Experimente in ihrer historischen Rolle als Türöffner für Forschung zur chemischen Evolution ist natürlich auch heute noch voll gerechtfertigt, aber was besagen diese Experimente aus der Sicht des Jahres 2017 über die Glaubwürdigkeit der chemischen Evolution? Um diese Frage zu beantworten, muss man die Probleme betrachten, die durch diese Experimente und ihre Reaktionsbedingungen aufgeworfen werden.

- Hier ist zunächst einmal die geringe Diversität der prAS zu nennen, die bei diesen Versuchen erhalten wurden. In den ersten Experimenten (Miller 1955) wurden nur zwei prAs mit Sicherheit identifiziert und drei weitere PrAs als wahrscheinlich erachtet. Unter Einziehung aller späteren Experimente (Tab. 4.1 und Tab. 4.2) wurden zwar etwa ein Dutzend prAS identifiziert, aber Aminosäuren wie Arginin, Asparagin, Cystein, Histidin, Glutamin, Tryptophan und Tyrosin wurden nicht gefunden. Diese prAS wurden (mit Ausnahme von Cys) anscheinend von anderen Arbeitsgruppen erhalten. Aber wie schon am Ende von Abschn. 4.2 diskutiert, ist die Identifizierung dieser prAS fragwürdig und/oder die Reaktionsbedingungen sind mit den Bedingungen einer frühen Erde nicht verträglich. So wurde auch Hydroxyprolin nur unter Bedingungen gefunden, die auf der frühen Erde sicherlich nicht existiert haben können (Munoz et al. 2002a, b).
- Es wurden große Mengen zahlreicher nicht-prAS erhalten, und bei einigen Experimenten fand Miller Sarkosin sogar als Hauptprodukt. Das Verhältnis nicht-prAS/prAs ist bei den aus Meteoriten extrahierten Aminosäuren noch krasser (Abschn. 9.4). Die Reaktivität der meisten nicht-prAS ist so groß wie die der prAs. Gleichgültig, welche Art von Polykondensations- oder Polymerisationsprozess abgelaufen sein könnte, die nicht-prAS wären immer in die entstehenden Polypeptidketten eingebaut worden. Schon der Einbau nennenswerter Mengen an Sar und β-Ala würde aber sowohl alle Arten von Helices ebenso wie die β-Faltblätter destabilisieren und die für biologische Funktionen wichtige, spezifische Kettenfaltung der Proteine (s. Abb. 4.2) verhindern. Wann und warum sind alle diese nicht-prAS verschwunden, bevor es zu einer

Abb. 4.2 Sekundär- und
Tertiärstrukturen beim
Myoglobin

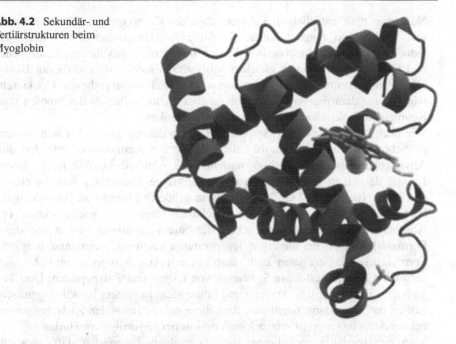

Evolution von Proteinen kam, oder wie konnten Proteine trotz Anwesenheit
dieser nicht-prAS entstehen? Der Autor konnte nur zwei sehr vage Antworten auf diese Fragen finden, nämlich in den Büchern von C. Wills und J. Bada
(2000) und von C. DeDuve (2002). Die Ansichten dieser Autoren werden in
Abschn. 11.1 diskutiert. Es bleibt daher festzustellen, dass es so lange keine
glaubhafte Erklärung für das Zustandekommen einer chemischen Evolution
gibt, wie für das Problem der nicht-prAS keine überzeugende Lösung gefunden
wurde.

- Es wurden von Miller Carbonsäuren und Hydroxycarbonsäuren in Mengen
  gefunden, welche die Mengen von prAs im Molverhältnis von etwa 3:1 über-
  steigen. Bei den aus Meteoriten extrahierten Substanzen ist das Verhältnis noch
  krasser, sodass die ersten Versuche von Miller das Molverhältnis Carbonsäure/
  prAs bei der präbiotischen Synthese eher unterschätzen. Die meisten anderen
  Forscher auf dem Gebiet der präbiotischen Aminosäuresynthese haben diesen
  Aspekt gar nicht bearbeitet. Nun können Carbonsäuren bei jeder Art von Polypeptidsynthese als Kettenabbrecher wirken, gleichgültig, ob bei Aminosäuren
  die Carboxylgruppe aktiviert wird oder die Aminogruppe. Gleichung Gl. 3.8 in
  Abschn. 3.1 sowie die diesbezüglichen Modellrechnungen in Tab. 3.1 zeigen
  aber, dass schon bei einem Abbrecher/Monomer-Verhältnis von 1:1 mit Polypeptidketten, die einen Polymerisationsgrad von 100 aufweisen, nicht mehr
  zu rechnen ist. Bei einem Verhältnis von 3:1 ist schon die Bildung von Oligopeptiden mit einem Polymerisationsgrad über 10 äußerst unwahrscheinlich.

Nun kann man natürlich spekulieren, dass die Carbonsäuren mit Ammoniak und Methylamin reagiert háben. Selektive Kondensationen dieser Art sind jedoch beliebig unwahrscheinlich. Ferner müsste man spekulieren, dass Amine und Carbonsäuren in etwa gleichen Molverhältnissen vorlagen, da ein Überschuss von Ammoniak und Aminen ebenfalls Proteinsynthesen blockieren würde. Eine derartige Argumentation ist aber nichts weiter als das Stopfen von Kenntnis- und Verständnislücken mit Wunschdenken.

- Wie auch immer die CO_2H-Gruppen der Aminosäuren entstanden sein mögen (s. Schema 4.1 und Schema 4.2), die Bildung von Aminosäuren erfordert die Anwesenheit von Formaldehyd (und höheren Aldehyden). Wie im nächsten Kapitel dargelegt, erfordert auch die präbiotische Entstehung von Sacchariden (incl. Nucleosiden) das Vorhandensein größerer Mengen an Formaldehyd. Formaldehyd wurde ferner in interstellaren Gaswolken nachgewiesen (s. Abschn. 9.1). Nun zeigt aber schon die Streckersynthese von α-AS, dass Formaldehyd auch bei niedrigen Temperaturen rasch mit Ammoniak reagiert. Formaldehyd reagiert daher auch rasch mit den Aminogruppen von prAS und verhindert dadurch effektive Synthesen von Oligo- und Polypeptiden. Die Tatsache, dass Miller solche Aminale und Imine nicht in seinem Reaktionsgemisch isoliert hat, liegt darin begründet, dass diese relativ instabilen Zwischenstufen bei der Aufarbeitung mit sauren Ionenaustauschern hydrolysiert wurden.

  Man müsste daher spekulieren, dass Formaldehyd zunächst dafür gesorgt hat, dass die Ursuppe genügend Ribose enthielt, sowie Glycin, um dann freundlicherweise das Weite zu suchen, um die Entstehung von Proteinen zu ermöglichen. Dabei ist auch zu bedenken, dass Formaldehyd und andere Aldehyde ebenfalls mit der ε-Aminosäuregruppe von Lysin und mit der Guanidingruppe von Arginin reagieren können. Die Frage, wie es möglich war, dass Proteine in Gegenwart von Aldehyden entstehen konnten, ist ein weiteres Rätsel, das der Autor in keinem Text zur chemischen Evolution diskutiert, geschweige denn gelöst fand.

Jeder der zuvor aufgeführten Punkte ist für sich alleine schon ausreichend, um die Hypothese einer chemischen Evolution zu Fall zu bringen, solange es keine experimentell begründete Lösung der genannten Probleme gibt. Wenn man davon ausgeht, dass die größte Menge der prAS nicht auf der Erde entstanden, sondern aus dem Weltraum angeliefert wurden, erledigt sich das Problem des letzten Punkts, aber die anderen Einwände nicht. Außerdem kommt der letzte Punkt wieder durch die Hintertür. Da in der Weltraumchemie bisher keine Ribose gefunden wurde, muss man wieder die auf Formaldehyd basierende Formose-Reaktion auf der frühen Erde postulieren. Auch wenn man gemäß der RNA-Welt-Hypothese die Entstehung von Proteinen erst unter dem Einfluss von Ribozymen (katalytsich aktiver RNAs) zustande gekommen sein sollte, und dies in Compartments geschehen ist (Kap. 8), verschwinden die zuvor genannten Probleme nicht.

Fasst man die am Ende von Abschn. 4.2 formulierte Kritik sowie die hier zuvor genannten Kritikpunkte zusammen, bleibt nur die Schlussfolgerung, dass die Versuche von Miller und von den in Tab. 4.3 bis Tab. 4.7 genannten Forschern vor allem gezeigt haben, wie eine chemische Evolution von Proteinen nicht stattgefunden haben kann. Es ist schon erstaunlich, dass auch noch in Büchern, die in letzten 20 Jahren geschrieben wurden, die Miller'schen Experimente nur in positivem Licht präsentiert werden und keines der oben genannten Probleme zur Sprache kommt, z. B.: Brack (1998), Fry (2000), Wills und Bada (2000), Zubay (2000), Day (2002), Popa (2004), DeDuve (2002), Luisi (2006), Rauchfuß H. (2006), Rauchfuß und Mitchell (2008), Thomas (2005), Rehder (2010). Ein Hauch von Kritik findet sich in dem Taschenbuch von S. P. Thomas (2005) mit der Aussage: „Die Kritik am Miller-Experiment richtet sich in erster Linie auf die Konzentration der Produkte. Es ist unwahrscheinlich, dass sich aus Aminosäuren, die in der Ursuppe in großer Verdünnung entstehen, etwas anderes wird als Aminosäuren." Bemerkenswert an dieser Aussage ist, dass sie ein Argument gegen die Ursuppentheorie präsentiert, das aber fälschlicherweise den Miller-Versuchen in die Schuhe schiebt.

Zum Schluss dieses Kapitels soll noch einmal das wohl wichtigste Ergebnis aller zuvor aufgeführten Modellsynthesen hervorgehoben werde, nämlich dass kein Experiment gefunden wurde, in dem mehr als zwölf verschiedene prAS gleichzeitig entstanden sind (auch wenn mit besserer Analytik eine dreizehnte und vierzehnte gefunden wird, ändert das nichts an der Situation). Dieses Negativresultat korrespondiert mit der Beobachtung, dass auch nur 14 prAS in Meteoriten gefunden wurden (Abschn. 9.4). Dieser Befund ist nicht nur für die Protein-Welt-Hypothese (Abschn. 2.1) ein Desaster, sondern auch ein entscheidendes Manko des RNA-Welt-Konzeptes. Denn auch die RNA-Welt hat bisher keine Erklärung für das präbiotische Zustandekommen aller 20 prAS. Die RNA-Welt Hypothese verschärft sogar die Problematik aus zwei Gründen. Erstens muss die Bildung der prAS unter Bedingungen erklärt werden, unter denen eine Vielfalt von RNAs existieren und sich weiter entwickeln konnte, wodurch die experimentellen Bedingungen erheblich eingeschränkt werden. Zweitens werden für die RNA-Welt auch alle zwanzig prAS benötigt (oder zumindest 19, wenn man für Val und Ile etwa gleiche Eigenschaften annimmt). Bei der Protein-Welt-Hypothese könnte man noch argumentieren, dass zu Beginn simplere Proteine mit nur 10, 12 oder 14 AS (wie sie in Meteoriten gefunden wurden) ausreichend waren. Diese Ausflucht ist im Falle der RNA-Welt-Hypothese nicht mehr akzeptierbar, und das Fehlen einer plausiblen Erklärung für die präbiotische Entstehung aller prAS ist daher auch eine von mehreren entscheidenden Hürden für die Akzeptanz einer chemischen Evolution auf Basis der RNA-Welt-Hypothese.

Literatur

Bahadur K (1954) Nature 173:1141
Bahadur K, Ranganayaki S (1958) Proc Natl Acad Sci (India) 27A:292
Bar-Nun A (1975) Orig Life 6:109–115
Bar-Nun A, Bar-Nun N, Bauer SH, Sagan C (1968) Science 168:470–472
Barak I, Bar-Nun (1975) Orig Life, 6, 483–506
Bornstein MP, Dworkin JP, Sanford SA, Cooper GM, Allamandola J (2002) Nature 416:403–406

Brack A (Hrsg) (1998) The molecular origin of live. Cambridge University Press, Cambridge
Choughuley ASU, Lemmon RM (1966) Nature 210:628
Cleaves HJ, Chalmers JH, Lazcano A, Miller SL, Bada JL (2008) Orig Life Evol Biosph 38:105–115
Day W (2002) How life began: the genesis of live on Earth, foundation for new directions
DeDuve C (2002) Life evolving. Molecules mind and meaning, Oxford University Press, Oxford
Deschreider AR (1958) Nature 182:528
Dhar NR, Mukerjee SK (1934) Nature 134:499
Dodonova N, Siderova AL (1961) Biofizika 6:199
Dose K, Ethré K (1958) Z Naturforsch, 13b, 784
Dose K, Rajewsky B (1957) Biochim Biophys Acta 25:225
Dose K, Risi S (1968) Z Naturforschung, 23b, 581
Fry I (2000) The emergence of life on Earth. Rutgers University Press, New Brunswick
Grossenbacher KH., Knight CA. (1959) In: Fox SW, (Hrsg) The origin of prebiotical systems.
    Academic Press, N. Y., 173
Groth WV, Weysenhoff H (1957) Naturwissenschaften 44:511
Harada K, Fox SW (1964) Nature 201:335
Harada K, Fox SW (1965) In: Fox SW, (Hrsg) The origin of prebiological systems. Academic
    Press, N. Y.
Hasselstrom T, Henry CM, Murr B (1957) Science 125:350
Heyns K, Walter W, Meyer E (1957) Naturwissenschaften 44:385
Hirose Y, Ohmuro K, Saigoh M, Nakayama T, Yamagata Y (1990) Orig Life Evol Biosph
    20:471–481
Kobayashi K, Tsuchiya M, Oshima T, Yanagawa TH (1990) Orig Life Evol Biosph 20:99
Lawless JG, Boyden CD (1973) Nature 243:405
Löb W (1913) Ber Dtsch Chem Ges 46:684
Lowe CFU, Rees MW, Markham R (1963a) Nature 199:219
Luisi PL (2006) The emergence of life. Cambridge University press Cambridge
Matthews CN, Moser RE (1966) Proc Natl Acad Sci USA 56:1087
Meierhenrich UJ, Munoz Caro GM, Schutte WA, Barbier B, Segovia A, Rosenbaum H,
    Thiemann WHP, Brack A (2002) ESA Special Publ. 518, 25–30 (Proc.of 2. Eur. Workshop
    Exo Astrobiology)
Meierhenrich UJ, Munoz Caro GM, Schutte WA, Thiemann WH-P, Barbier W, Brack A (2005)
    Chem Eur J. 11:4895–4900
Meinert C, Filippi JJ, deMarcellus P, LeSergeant d'Hendecourt L, Meierhenrich U (2012) J
    ChemPlusChem 77:186
Miller SL (1953) Science 117:528
Miller SL(1955), J Am Chem Soc 77, 2351
Miller SL (1957) Biochem Biophys Acta 23:480
Miller SL (1959) Science 130:245
Miller SL (1986) Chim Scripta 26B:5–11
Munoz Caro GM, Meierhenrich UJ, DSchutte WA, Barbier B, Arcones Segovia A, Rosenbauer
    H, Thiemann WHP, Brasck A, Greenberg JM (2002a) Nature 417, 403
Munoz Caro GM, Meierhenrich UJ, Schütte WA, Barbier B, Arcones-Segovia Rosenbaum H,
    Thiemann WHP, Brack A, Greenberg JM (2002b) Nature 416:403–406
Oró J, Kamat SW (1961) Nature 190:442
Oro J, Kimball AP, Fritz R, Muster P (1959) Arch Biochim Biophys 85:115
Oró J (1963) Nature 197:862
Oró J (1965) In: Fox SW (Hrsg) The origin of prebiological systems. Academic Press, N. Y
Palm C, Calvin M (1962) J Am Chem Soc 84:2115
Parker ET, Cleaves HJ, Dworkin JP, Glavin DP, Callahan M, Aubrey A, Lazcano A, Bada JL
    (2011a) Proc Natl Acad Sci USA 108, 5526
Parker ET, Cleaves HJ, Callahan NR, Dworkin JP, Glavin DP, Lazcano A, Bada JL (2011b) Orig
    Life Evol Biosph 41:201–212

Parker ET, Cleaves HJ, Callahan NR, Dworkin JP, Glavin DP, Lazcano A, Bada JL (2011c) Orig Life Evol Biosph 41:569–574

Paschke R, Chang RWH, Young D (1957) Science 125:881

Pavlowskaya TE, Pasynski AG (1959) In: Earth. Clark E, Synge RLM (Hrsg), The origin of life on the Pergamon Press, New York, S 151–157

Plankensteiner K, Reiner H, Schranz B, Rode BM (2004) Angew Chem Int Ed 43:1886–1888

Plankensteiner K, Reiner H, Bode BM (2006) Mol Divers 10:3–7

Popa R (2004) Between necessity and probability: searching for the definition and origin of life. Springer, Berlin

Rauchfuß H, Mitchell TN (2008) Chemical evolution and the origin of life. Springer, Berlin

Rehder D (2010) Chemistry in space. Wiley-VCH, Weinheim

Reid C (1959) In: Oparin AL et al (Hrsg) The origin of life on the Earth. Pergamon Press, London

Ring D, Wolman Y, Friedmann N, Miller SL (1972) Proc Natl Acad Sci 69:765

Ring D, Miller SL (1984) Orig Life 15:7–15

Sagan C, Khare BN (1971) Science 173:417

Schlesinger G, Miller SL (1983) J Mol Evol 19:376–382

Shapiro R (1987) ORIGINS, Bantham ed. Summit Books. adivision of Simon & Schuster, New York

Taube M, Zdrojewski SZ, Samochoka K, Jezierska K (1967) Angew Chem 79:239

Terenin AN (1959) In: Oparin AL et al (Hrsg) The origin of life on the Earth. Pergamon Press, London, 136

Thomas SP (2005) Ursprung des Lebens. Fischer Taschenbuch, Frankfurt

Willis C, Bada J (2000) The spark of life. Perseus Publications, Cambridge

Wolman Y, Haverland WJ, Miller SL (1972) Proc Acad Sci USA 69:809

Yoshino D, Hyatsu R, Anders E (1971) Geochim Cosmochim Acta 35:927–938

Zubay G (2000) Origin of life on the earth and in the cosmos. Academic Press, San Diego

Weiterführende Literatur

Lowe CFU, Rees MW, Markham R (1963b) Nature 199:219

Modellsynthesen von Sacchariden, Nucleobasen, Nucleosiden und Nucleotiden

5

> *Experience is the fruit of revised past errors, hence we have to err from time to time.*
>
> Johannes Nestroy

Inhaltsverzeichnis

Nucleotide, die Bausteine der RNA, bestehen aus zwei Arten organischer Komponenten, der D-Ribose und den Nucleobasen. Die vier Nucleobasen, welche der RNA zugrunde liegen, sind die Pyrimidine Uracil und Cytosin sowie die Purine Adenin und Guanin. Es besteht Einigkeit unter den Wissenschaftlern, dass die auf 2-Deoxyribose basierende DNA eine spätere Erfindung der Evolution ist als RNA, und dass sich die ersten Lebewesen auch ohne DNA erhalten und vermehren konnten. Daher sollen in diesem Kapitel diejenigen Modellsynthesen vorgestellt und diskutiert werden, die als Beitrag zum präbiotischen Zustandekommen von Nucleotiden der RNA gedacht sind.

5.1   Synthesen von Sacchariden

Alle Spekulationen und Modellsynthesen hinsichtlich der präbiotischen Entstehung von Sacchariden drehen sich bislang um die sog. „Formosereaktion". Diese Reaktionskaskade beginnt mit Formaldehyd, der mit sich selbst reagieren kann, und beinhaltet bei den Folgereaktion Aldolreaktionen, reverse Aldolreaktionen und Aldehyd-Keton-Isomerisierungen. Diese Reaktion wurde (1861) erstmals von A. Butlerow beschrieben, und daher auch oft als Butlerow-Reaktion (oder -Synthese) bezeichnet (Schema 5.1). Der Mechanismus wurde im 19. Jahrhundert vor allem von R. Breslow (1959) untersucht und in neuerer Zeit vor allem von Harsch et al. (1983a, b) weiter analysiert.

Wie in Schema 5.1 dargelegt, ist das erste Reaktionsprodukt der Glykolaldehyd, dessen weitere Reaktion mit Formaldehyd zu Glycerinaldehyd und dessen Isomerisierungsprodukt Dihydroxyaceton führt. Deren Reaktion mit Formaldehyd liefert dann die C_4-Zucker Erythrose und Threose. Es folgen dann C_5-Zucker mit Ribulose und deren Isomerisierungsprodukt Ribose, sowie im weiteren Verlauf mehrere C_6-Saccharide. Die Tatsache, dass man Formaldehyd und Glykolaldehyd in interstellaren Wolken entdecken konnte sowie Glycolaldehyd und höhere Kondensationsprodukte aus Meteoriten extrahieren konnte (s. Kap. 9) hat die Fachwelt zunächst darin bestärkt, in der Formose reaktion die einzige Quelle für die präbiotische Bildung von Ribose und C_6-Sacchariden zu sehen.

In Tab. 5.1 sind frühe Studien zur Entstehung von Formaldehyd (und anderen Aldehyden) aus CO_2 zusammengestellt. Erste Studien zur Gewinnung von Formaldehyd aus Wasser und CO_2 oder Methanol wurden schon (1922) von Baly et al. beschrieben, worauf (1938) ein Beitrag von Groth und Suess folgte. Diese Experimente zeigten, dass UV-Licht mit einer Wellenlänge um 180 nm und darunter in der Lage ist, Wasser zu spalten und damit H-Radikale und H_2 zu erzeugen. Neben UV-Licht wurde auch α-Strahlung als Energiequelle eingesetzt (Garrison et al. 1951) oder Hitze in Gegenwart von Kaolin (Gabel und Ponnamperuma 1967).

Bei der klassischen Formosereaktion wird die wässrige Lösung von Formaldehyd in Gegenwart von starken Basen erhitzt, Bedingungen, die auf der frühen Erde wenn überhaupt, dann aber sehr selten waren (s. Abschn. 2.6), zumal hohe Konzentrationen des leicht flüchtigen Formaldehyds im Spiel sein müssen. Daher wurde die Kondensation von Formaldehyd von einigen Forschern nun auch unter neutralen oder schwach basischen Bedingungen untersucht, z. B. katalysiert durch UV-Licht (Oro und Cox 1962) oder γ-Strahlung (Ponnamperuma 1965). Gabel und Ponnamperuma (1967) erhitzten Formaldehydlösung in Gegenwart von Al_2O_3, Kaolinit oder Illit und fanden ebenfalls die typischen Reaktionsprodukte der Formosereaktion, die aber nicht im Einzelnen identifiziert wurden. C. Reid und L. E. Orgel (1967) waren ebenfalls erfolgreich bei Verwendung von $CaCO_3$ oder einer Kombination von $CaCO_3$ und Hydroxyapatit. Diese Autoren fanden aber auch, dass längeres Erhitzen (bis zu 24 h) zu einem raschen Abbau der Saccharide führt, und gelangte zu folgender Schussfolgerung:

> We do not believe that the formose reaction as we and other have carried it out is a plausible model for the prebiotic accumulation of sugars. First, it requires concentrated solutions and, second, the sugars formed decompose quickly. If formaldehyde is the prebiotic precursor of ribose, some methods of stabilizing the sugars is essential. The formation of ribosides of the natural bases – for example adenine – is one possibility, but attempts to bring about this condensation have not been successful. Instead rather unstable adducts were formed.

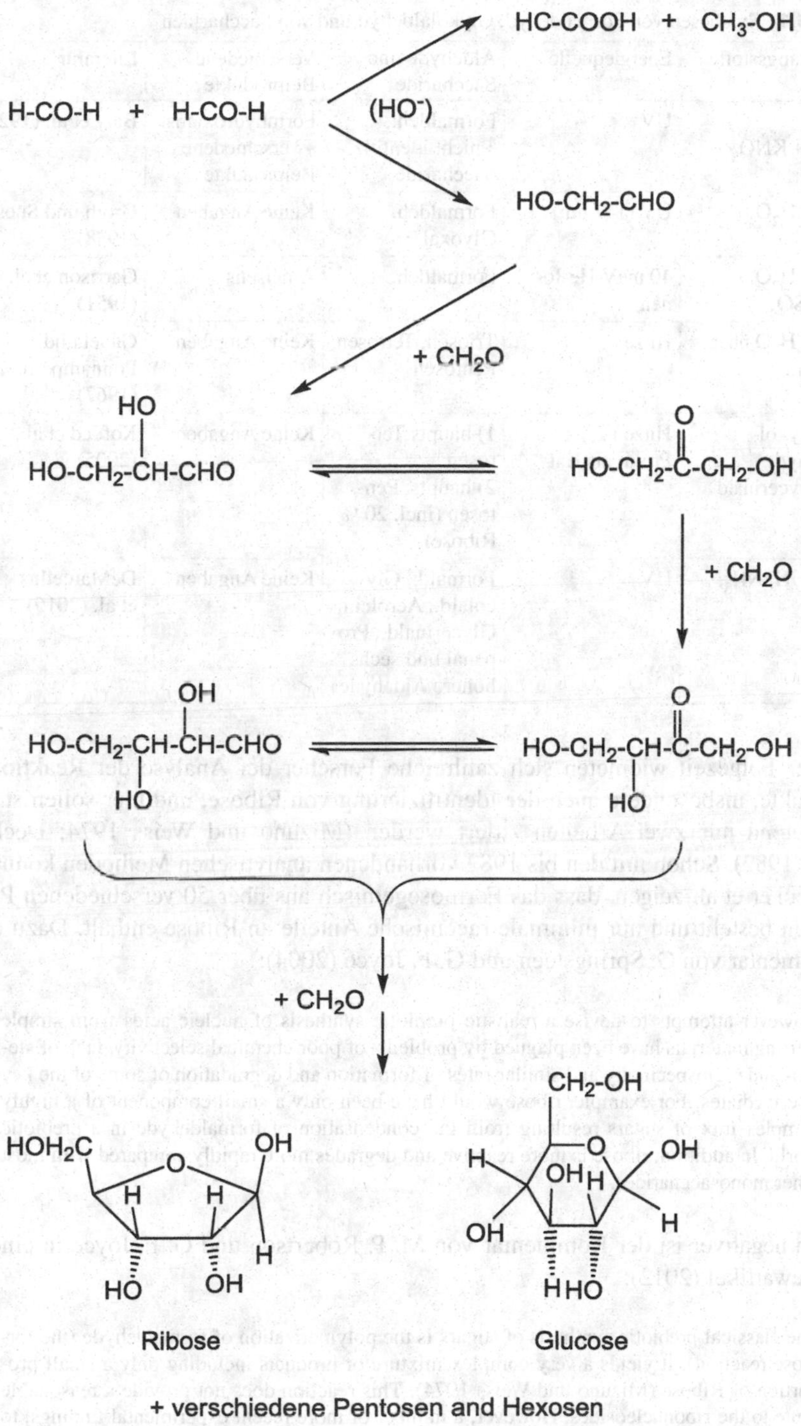

$$HC\text{-}COOH \ + \ CH_3\text{-}OH$$

$$H\text{-}CO\text{-}H \ + \ H\text{-}CO\text{-}H \qquad (HO^-)$$

$$HO\text{-}CH_2\text{-}CHO$$

$$+ \ CH_2O$$

$$\underset{|}{\overset{HO}{}}$$
$$HO\text{-}CH_2\text{-}CH\text{-}CHO \quad \rightleftharpoons \quad HO\text{-}CH_2\text{-}\overset{O}{\overset{\|}{C}}\text{-}CH_2\text{-}OH$$

$$+ \ CH_2O$$

$$\overset{OH}{\underset{}{}}$$
$$HO\text{-}CH_2\text{-}CH\text{-}CH\text{-}CHO \quad \rightleftharpoons \quad HO\text{-}CH_2\text{-}CH\text{-}\overset{O}{\overset{\|}{C}}\text{-}CH_2\text{-}OH$$
$$\underset{HO}{} \qquad\qquad\qquad\qquad\qquad \underset{HO}{}$$

$$+ \ CH_2O$$

Ribose

Glucose

+ verschiedene Pentosen and Hexosen

Schema 5.1 Vereinfachte Darstellung der Formosereaktion (Butlerow-Reaktion)

Tab. 5.1 Synthesen von Formaldehyd, Glykolaldehyd und von Sacchariden

Ausgangsstoffe	Energiequelle	Aldehyde und Saccharide	Verschiedene Beiprodukte	Literatur
CO_2, H_2O + KNO_2	UV	Formaldeh., + nicht identifiz. Saccharide	Formhydroxams. + verschiedene Beiprodukte	Baly et al. (1922)
CO_2, H_2O,	UV (147 nm)	Formaldeh. Glyoxal	Keine Angaben	Groth und Suess (1938)
CO_2, H_2O + $FeSO_4$	40 meV He-Ionen	Formaldeh.	Ameisens	Garrison et al. (1951)
CO_2, H_2O über Kaolin	Hitze	Triosen, Tetrosen, Pentosen	Keine Angaben	Gabel und Ponnamperuma (1967)
1) Glykolaldehyd, 2) Glycerinald	Hitze + Zn-Prolin als Kat	1) haupts.Tetrosen 2) haupts. Pentosen (incl. 20 % Ribose)	Keine Angaben	Kofoed et al. (2005)
CH_3OH, NH_3, H_2O	UV	Formald., Glycolald., Acrolein, Glycerinald., Propanal und sechs höhere Aldehyde	Keine Angaben	DeMarcellus et al. (2015)

In der Folgezeit widmeten sich zahlreiche Forscher der Analyse der Reaktionsprodukte, insbesondere auch der Identifizierung von Ribose, und hier sollen stellvertretend nur zwei Arbeiten zitiert werden (Mizuno und Weiss 1974; Decker et al. 1982). Schon mit den bis 1982 vorhandenen analytischen Methoden konnten P. Decker et al. zeigen, dass das Formosegemisch aus über 50 verschiedenen Produkten besteht und nur minimale racemische Anteile an Ribose enthält. Dazu der Kommentar von G. Springsteen und G. F. Joyce (2004):

> However attempts to devise a realistic prebiotic synthesis of nucleic acids from simple starting materials have been plagued by problems of poor chemical selectivity, lack of stereo- and regiospecificity and similar rates of formation and degradation of some of the key intermediates. For example, ribose would have been only a small component of a highly complex mix of sugars resulting from the condensation of formaldehyde in a prebiotic world. In addition, ribose is more reactive and degrades more rapidly compared with most other monosaccharides.

Noch negativer ist der Kommentar von M. P. Robertson und G. F. Joyce in einem Reviewartikel (2012):

> The classical prebiotic synthesis of sugars is the polymerization of formaldehyde (the formose reaction). It yields a very complex mixture of products including only a small proportion of Ribose (Mizuno und Weiss 1974). This reaction does not provide a reasonable route to the ribonucleosides. However, a number of more recent experimental findings, to some extent, address this deficiency.

So berichteten Müller et al. (1990), dass die Aldomerisierung von Glykolaldehyd-phosphat mit einem halben Equivalent an Formaldehyd unter stark alkalischen Bedingungen ein relativ einfaches Gemisch von Tetrose-, Pentose- und Hexose-phosphaten ergibt, in dem Ribose-2′,4′-Phosphat die Hauptkomponente ist. Reaktionen dieser Art verlaufen schon bei 20–25 °C effizient, wenn sie in Gegenwart von Metalhydroxiden mit Schichtstruktur, wie Hydrocalcit, durchgeführt werden (Pitsch et al. 1995).

Im Jahre (2005) berichteten Kofoed et al. zwar auch über einen Fortschritt zumindest hinsichtlich der Ausbeute an Ribose, wenn Glycerinaldehyd als Ausgangsmaterial verwendet wurde, aber ein solcher Versuch ist kein realistisches präbiotisches Scenario. Ferner sind die neuen Experimente von DeMarcellus et al. (2015) zu erwähnen, die gefrorene Lösungen von CH_4, NH_3 und H_2O (als Analoga für interstellares Eis) mit UV-Licht bestrahlten. Wie auch von anderen Untersuchungen der Weltraumchemie bekannt Abschn. 9.3), entstand ein wildes Gemisch von Produkten, aber keine nennenswerten Mengen an Ribose.

Schließlich bleibt zu erwähnen, dass auch zwei Methoden gefunden wurden, um Ribose zu stabilisiern. So bildet Ribose mit Cyanamid realtive stabile, bizyklische 2-Aminooxazoline (Sanchez und Orgel 1970). Diese Reaktion (Schema 5.2) erfolgt auch mit anderen Sacchariden, aber das Aminooxazolin der racemischen Ribose kristallisiert bevorzugt aus einem Gemisch verschiedener Saccharidoxazoline aus (Springsteen und Joyce 2004). Nun ist das zwar eine schöne Labormethode, aber ob das in einer Ursuppe mit vielen Verbindungen und einem Überschuss an Formaldehyd funktioniert hat, ist doch sehr fraglich, auch wenn man ein Eindampfen einer solchen Ursuppe an den Hängen von Vulkanen in Rechnung stellt. Vor allem verhindert ein solches stabiles Ribosederivat die Bildung von Nucleosiden und damit ist für den weiteren Ablauf der chemischen Evolution nichts gewonnen.

Auch über Veresterung und Stabilisierung von Ribose durch Borsäure wurde spekuliert (Ricardo et al. 2004). Abgesehen davon, dass freie Borsäure auf der

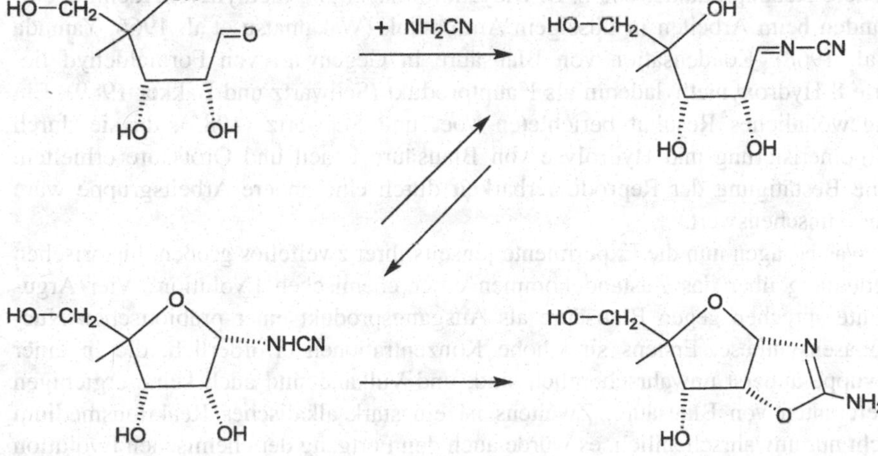

Schema 5.2 Reaktion (und Stabilisierung) von Ribose mit Cyanamid

Erde Seltenheitswert besitzt, ist auch die Bildung zyklische Borsäureester nicht auf Ribose beschränkt, sondern mit jedem 1,2-Diol möglich, das eine *cis*-Stellung der OH-Gruppen einnehmen kann. Ein selektives Auskristallisieren gibt es auch nicht. Ferner gilt auch hier, dass unter Bedingungen, unter denen diese zyklischen Ester stabil sind, die Bildung von Oligo- und Polynucleotiden verhindert wird. Dennoch gibt es nicht wenige Forscher, die der Borsäure und ihren zyklischen Saccharid-estern eine wesentliche Rolle in der chemischen Evolution zumessen. So schließt die Zusammenfassung eines interessanten Übersichtsartikels von R. Scorei (2012) mit dem Titel „Is Boron a Prebiotic Element?" mit dem Satz:

> Because borates can stabilize ribose and form borate ester nucleotides, boron may have provided an essential contribution to the „pre-RNA World".

5.2   Modellsynthesen von Nucleobasen

In den Jahren (1960) und (1961) veröffentlichte der amerikanische Chemiker J. Oró die erste Synthese einer Nucleobase unter möglicherweise präbiotischen Bedingungen (zu Struktur und Namensgebung von Nucleobasen und verwandter Heterozyklen s. Schema 5.3). Er erhielt Adenin unter milden Bedingungen durch Kondensation von konzentrierten Blausäurelösungen (0,1–11 M) in Gegenwart von etwas Ammoniak. Eine vereinfachte Darstellung des Reaktionsablaufs findet sich in Schema 5.4. Spätere Untersuchungen (Tab. 5.2) ergaben, dass Aminomalonitril und Diaminomalonitril als Zwischenstufen gebildet werden (Ferris 1968; Sanchez et al. 1967). Ferner wurden von Orgel und Mitarbeitern 4-Amino-imidazol-5-carbonitril und 4-Amino-5-carboxamid als Zwischenstufen identifiziert – Zwischenstufen, die auch bei der Biosynthese von Purinen in lebenden Organismen auftreten (Ferris und Orgel 1966; Ferris 1968; Ferris et al. 1969). Bemerkenswerterweise wurden von Sanchez et al. (1967, 1968) auch Guanin in geringen Mengen gefunden, wenn stark basische Bedingungen gewählt wurden. Andere Nebenprodukte, wie z. B. Dicyandimidazol und methylierte Adenine, entstanden beim Arbeiten in flüssigem Ammoniak (Wakamatsu et al. 1966; Yamada et al. 1968). Kondensation von Blausäure in Gegenwart von Formaldehyd lieferte 8-Hydroxymethyladenin als Hauptprodukt (Schwartz und Bakker 1989). Ein ungewöhnliches Resultat berichteten Voet und Schwartz (1983), da sie durch Oligomerisierung und Hydrolyse von Blausäure Uracil und Orotsäure erhielten. Eine Bestätigung der Reproduzierbarkeit durch eine andere Arbeitsgruppe wäre hier wünschenswert.

Was besagen nun die Experimente jenseits ihrer zweifellos großen, historischen Bedeutung über das Zustandekommen einer chemischen Evolution? Vier Argumente sprechen gegen Blausäure als Ausgangsprodukt einer präbiotischen Nucleobasensynthese. Erstens sind hohe Konzentrationen erforderlich, die in einer Ursuppe äußerst unwahrscheinlich sind, und Vulkane sind auch keine ergiebigen Lieferanten von Blausäure. Zweitens ist ein stark alkalisches Reaktionsmedium nicht nur unwahrscheinlich, es würde auch den Fortgang der chemischen Evolution

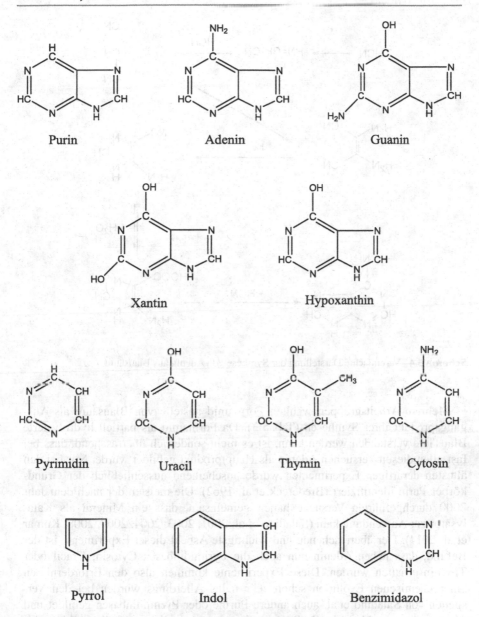

Schema 5.3 Strukturen von Nucleobasen und verwandten Heterozyklen

verhindern, da nicht nur RNA sondern auch Polypeptide rasch hydrolysiert und
darüber hinaus auch sehr schnell racemisiert würden (Kap. 10). Drittens, Blausäure
allein ist für die Synthese von Pyrimidinbasen ungeeignet. Viertens, in Anwesenheit von Formaldehyd, der für die Entstehung von Sacchariden wohl unentbehrlich
ist, werden vor allem hydroxymethylierte Nucleobasen gebildet.

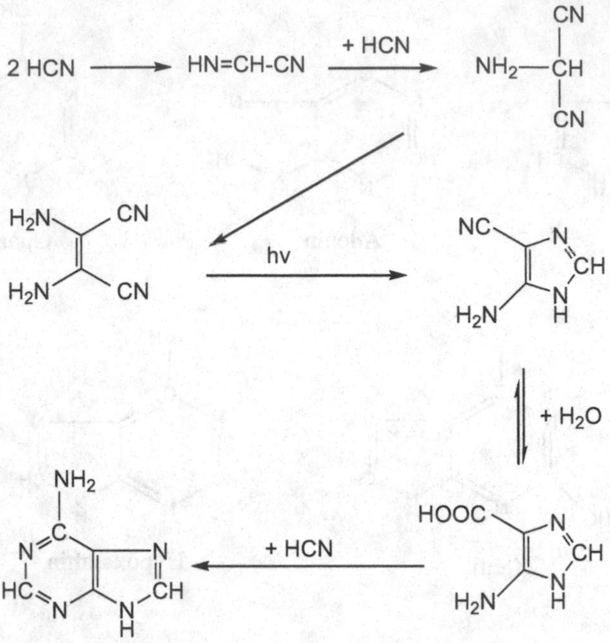

Schema 5.4 Vereinfachte Darstellung der Synthese von Adenin aus Blausäure

Mehrere Arbeitsgruppen wählten Formamid anstelle von Blausäure als Ausgangsprodukt ihrer Synthesen (Tab. 5.3). Da Formamid als partiell hydrolysierte Blausäure verstanden werden kann, ist es nicht sonderlich überraschend, dass bei fast allen diesen Versuchen Adenin als Hauptprodukt gebildet wurde. Nur bei den ältesten derartigen Experimenten wurde anscheinend ausschließlich der Grundkörper Purin identifiziert (Bredereck et al. 1962). Die meisten der nach dem Jahr 2000 durchgeführten Versuche haben gemeinsam, dass ein Mineral als Katalysator zur Anwendung kam (Saladino et al. 2001, 2003, 2004, 2007, 2008; Kumar et al. 2014). Der überraschende und wichtigste Aspekt dieser Experimente ist der Befund, dass neben Adenin nun auch die Pyrimidinbasen Cytosin, Uracil oder Thymin erhalten wurden. Diese Experimente kommen also den Erfordernissen einer chemischen Evolution schon sehr nahe. Allerdings wurden bei den Versuchen von Saladino et al. auch andere Purine oder Pyrimidinbasen gebildet und es ist nicht ganz klar, ob alle Stickstoffheterozyklen, die eventuell gebildet wurden, auch entdeckt wurden. Da diese „Nebenprodukte" ebenfalls Nucleoside bilden können (sofern sie über NH-Gruppen verfügen), können sie als Konkurrenten der biologischen Nucleobasen bei der Entstehung von Nucleosiden und Nucleotiden in Erscheinung treten. Sie spielen sozusagen die Rolle der nichtproteinogenen AS im Falle der Peptid/Proteinchemie.

In diesem Zusammenhang verdient eine Veröffentlichung von S. D. Senanayake und H. Idriss (2006) besondere Erwähnung. Diese Autoren bestrahlten Formamid,

Tab. 5.2   Synthesen von Nucleobasen aus HCN

Ausgangsstoffe	Methode	Nucleobasen	Beiprodukte	Literatur
HCN, NH$_3$	Hitze (70 °C)	Adenin	Formamidin, polym. HCN	Oró (1960, 1961); Oró und Kimball (1961)
HCN	Hitze (90 °C)	Adenin	Aminosäuren (75 versch. Substanzen)	Lowe et al. (1963)
HCN	UV	Adenin, Guanin	Harnstoff	Ponnamperuma (1965)
HCN; H$_2$O (pH: 7–10)	Hitze (bis zu 60 °C), pH: 7–10	Adenin, Guanin	Hypoxanthin, Malonitril	Sanchez et al. (1967, 1968)
HCN, liq. NH$_3$	Hitze+Druck	Adenin	Dicyanoimidazol, Diaminomaleodinitril	Wakamatsu et al. (1966), Yamada et al. (1968)
HCN, liq. NH$_3$ + Acetamidin	Hitze (120 °C)+Druck	Adenin	Dicyanaimida-zol-2-Methyl-, 8-Methyl-, 2,8-Dimethyladenin	Yamada et al. (1968)
HCN	Oligo-merisierung+saure Hydrolyse	Uracil	Orotsäure	Voet und Schwartz (1983)
HCN+CH$_2$O	Alkal. Oligomer.	Adenin (Spuren)	8-Hydroxymethyl-adenin (Hauptprod.), Glycolsäuenitril	Schwartz und Bakker (1989)

das auf TiO$_2$-Oberflächen gesprüht war, mit UV-Licht und fanden angeblich alle fünf für die chemische Evolution erforderlichen Nucleobasen und keine anderen N-Heterozyklen. Allerdings wurden keine Produkte isoliert und der Struktur-beweis basiert nur auf der massenspektrometrischen Bestimmung der Molekül-lionen. Die Autoren geben aber immerhin zu, dass sie Thymin nicht von andern isomeren Methyluracilen unterscheiden konnten. Es ist allerdings schon fraglich, ob die Analytik in der Lage war, zwischen Hypoxanthin und Adenin und zwischen Xanthin, Guanin und 2,6-Diaminopurin zu unterscheiden. Wie auch immer, es ist geradezu märchenhaft, dass bei einem solchen einfachen Experiment ausschließ-lich die fünf kanonischen Nucleobasen entstanden sein sollen und kein anderes Produkt.

Im Unterschied zu den durch Mineralien katalysierten Synthesen entstand bei der Umsetzung von Formamid durch Erhitzen und UV-Licht Adenin, Guanin und Hypoxanthin, aber keine Pyrimidinbasen (Barks et al. 2010). Insgesamt erwies sich also die Chemie des Formamids als sehr vielseitig und auch vielversprechend. Ob auf der frühen Erde eine ausreichende Konzentration an Formamid zur Ver-fügung stand, lässt sich natürlich kaum klären. Immerhin kommen für eine prä-biotische Bildung von Formamid drei Reaktionswege infrage. Das ist erstens die

Tab. 5.3 Synthesen von Nucleobasen aus Formamid

Ausgangsstoffe	Methode	Nucleobasen	Beiprodukte	Literatur
Formamid. + versch. Stoffe	Hitze (meistens 100 °C)	–	Purin	Bredereck et al. (1962)
Formamid	Hitze + POCl$_3$ oder versch. Carbonsäurechloride	Adenin	Keine Angaben	Ochiai et al. (1968)
Formamid	Hitze + CaCO$_3$, Kaolin, SiO$_2$, Zeolite	Adenin, Cytosin	Purin, 4-(3H)Pyrimidine	Saladino et al. (2001)
Formamid	Hitze mit Montmorillonit	Adenin, Uracil, Cytosin	Purin, Hypoxanthin, N-Formylpurin	Saladino et al. (2004)
Formamid	Hitze mit TiO$_2$-Katalyse	Adenin, Cytosin (Spuren), Thymin (Spuren)	Purin, 5-OH-methyl-uracil, N,N-Diformyladenin	Saladino et al. (2003)
Formamid	Hitze + Eisen-Schwefel-Mineralien	Adenin	Purine, 1 H-Pyrimidinon, 2-Aminopurin, Isocytosin, Carbodiimid (Cyanamid), Harnst	Saladino et al. (2007, 2008)
Formamid	Hitze + Octacyanomolybdat-Salze	Adenin, Cytosin, Thymin	4-(Hydroxyacetyl) purin-4-(3H)pyrimidinon	Kumar et al. (2014)
Formamid	Hitze + UV	Adenin, Guanin	Hypoxanthin	Barks et al. (2010)
Formamid	Mechanistische Untersuchung	Adenin	Purin	Hudson et al. (2012)

partielle Hydrolyse von Blausäure, zweitens die Umsetzung von Ammoniak mit CO und drittens die Kondensation von Ammoniak mit Ameisensäure. Diese drei Synthesewege sind keine Alternativen und können in unterschiedlichem Ausmaß nebeneinander existiert haben.

Ausgehend von flüssigen und/oder festen Ausgangsprodukten wurden weitere Modellversuche mit der Absicht durchgeführt, vor allem Pyrimidinbasen herzustellen (Tab. 5.4). Eine erste erfolgreiche Uracilsynthese wurde schon (1961) von S. W. Fox und K. Harada beschrieben, ausgehend von Apfelsäure und Harnstoff. Harnstoff wurde ebenfalls von Takemoto und Yamamoto (1971) als Ausgangsmaterial verwendet, aber in Kombination mit Maleinsäure oder Fumarsäure. Auch die Kombination von Harnstoff und Acetylen lieferte beim Erhitzen mit Phosphorsäure etwas Uracil (Subbaraman et al. 1980). Bei allen diesen Versuchen wurden keine weiteren Pyrimidinbasen und auch keine weiteren N-Heterozyklen identifiziert, sodass der Informationswert dieser Versuche nur bescheiden ausfällt. Dagegen wurde bei Verwendung von Cyanacetylen oder Cyanacetaldehyd als Ausgangsmaterialien neben Uracil auch Cytosin erhalten (Ferris et al. 1968, 1970, 1974; Robertson und Miller 1995; Nelson et al. 2001). Schließlich wurde von

Tab. 5.4 Synthesen von Nucleobasen (vor allem Pyrimidine) aus verschiedenen Ausgangsprodukten

Ausgangsstoffe	Methode	Nucleobasen	Beiprodukte	Literatur
Apfelsäure + Harnstoff	Hitze (130 °C)	Uracil	Keine Angaben	Fox und Harada (1961)
Maleinsäure oder Fumarsäure + Harnstoff	Hitze (160 °C)	Uracil	Keine Angaben	Takemoto und Yamamoto (1971)
Acetylendicarbons. + Harnstoff	Hitze (100 °C) + Phosphors	Uracil	Keine Angaben	Subbaraman et al. (1980)
Cyanacetylen + Cyanat	30 °C in DMF oder Wasser	Uracil, Cytosin	Cyanovinyl-harnstoff	Ferris et al. (1968)
Cyanoacetalde-hyd + Guanidin	Erhitzen in H_2O bei pH 7, 9, 11	Uracil, Cytosin	Diaminopyri-midin	Ferris et al. (1974)
Cyanoacetaldehyd + Harnstoff oder Guanidin	100 °C	Uracil, Cytosin	Diaminopyri-midin	Robertson et al. (1995)
Cyanacetalde-hyd + Guanidin	100 °C oder kalte Lösung	Uracil, Cytosin	Diaminopyri-midin	Robertson und Miller (1996)
Cyanoacetaldehyd + Harnstoff	100 °C oder niedere Temp	Uracil, Cytosin	Keine Angaben	Nelson et al. (2001)
Pyrimidin in NH_3 oder $NH_3 + H_2O$	UV-Bestrahl. gefrorener Lsg	Uracil, Cytosin	Zahlreich nicht identifiz. Beiprodukte	Nuevo et al. (2012)

Nuevo et al. (2012) untersucht, ob sich der Grundkörper Pyrimidin mittels Wasser in Uracil oder in Anwesenheit von Ammoniak auch in Cytosin umwandeln lässt. Dazu wurden wässrige Lösungen bei Temperaturen weit unter 0 °C eingefroren und mit UV-Licht bestrahlt, um die Verhältnisse von Eispartikeln in interstellaren Gaswolken zu simulieren.

Den Fußstapfen von S. L. Miller folgend versuchten ab 1963 verschiedene Arbeitsgruppen, Nucleobasen aus Gasgemischen unterschiedlicher Zusammensetzung herzustellen, wobei auch verschiedene Arten an Energiequellen eingesetzt wurden (s. Tab. 5.5). Bei ersten Versuchen von Ponnamperuma et al. (1963c) wurde ein Gemisch aus CH_4, NH_3 und H_2O mit β-Strahlen aktiviert. Interessanterweise war Adenin die einzige Nucleobase, die gebildet wurde, und dazu wurden noch Formamidin und polymere Blausäure gefunden. Diese Ergebnisse lassen den Schluss zu, dass beim gesamten Reaktionsgeschehen Blausäure die tragende Rolle spielte. Bei späteren Experimenten setzte dieser Autor (Ponnamperuma 1965a) dem Gasgemisch auch etwas Wasserstoff zu und benutzte 4,5-MeV-Elektronen zur Bestrahlung. Wiederum war Adenin die einzige Nucleobase, aber gleichzeitig sollen auch Ribose, Desoxyribose und andere Saccharide entstanden sein. Dieses Ergebnis ist von großer Wichtigkeit, weil es erstmals Reaktionsbedingungen für die gleichzeitige Bildung von Nucleobasen und Ribose (oder Desoxyribose) aufzeigt. Leider wurde dieses Ergebnis von keiner anderen Arbeitsgruppe bestätigt und auch keine ähnlichen Versuche und Resultate beschrieben.

Tab. 5.5 Synthesen von Nucleobasen (vor allem Purine) aus Gasgemischen

Ausgangsstoffe	Methode	Nucleobasen	Beiprodukte	Literatur
CH_4, NH_3, H_2O	β-Strahlung	Adenin (andere Nucleobasen wurden nicht gefunden.)	Formamidin, polym. HCN	Ponnamperuma (1963c)
CH_4, H_2, NH_3, H_2O	4,5-MeV-Elektronen	Adenin (andere Nucleobasen wurden nicht gefunden)	Ribose, Deoxyribose, unident. Saccharide	Ponnamperuma (1965a)
CO, H_2, NH_3	Hitze + Druck Fe-Pulver	Adenin, Guanin, Cytosin	Harnstoff, Biuret, Cyanurs., Guanidin, Melamin, Ammelin	Hayatsu et al. (1968)
CO, D_2, ND_3	Hitze + Druck Fe-Ni/Al_2O_3	Adenin, Guanin, Uracil, Thymin	Methylharnst., Pyrrol, Hydantoin, Xanthin, Melamin, Guanidin, Methylguanidine, 1,3- oder 5,6-Dimethyl-uracil	Hayatsu et al. (1972)
CO, H_2, NH_3	Hitze + Druck Magnetit	Adenin, Guanin, Uracil, Thymin, Cytosin	Harnstoff, Biuret, Cyanurs., Xanthin, Melamin, Amme-lin, + 11 Aminosäuren	Anders et al. (1974)
CH_4, NH_3, H_2O	Elektrische Entladungen	Adenin, Guanin	Isocytosin, 4-Aminoi-midazol-5-carboxamid	Yuase et al. (1984)
CO, N_2, H_2O	Bestrahlung mit Protonen	Uracil	Imidazol	Kobayashi und Tsuji (1997)
CO, N_2, H_2O	Bestrahlung mit Protonen	Uracil, Adenin, Guanin	5-Hydrouracil, 4,5-Dihydrouracil, Orots., Nicotins.	Miyakawa et al. (2002)
CO, N_2, H_2O	Plasma quen-ching	Uracil, Cytosin	Aminos. (Haupt-produkte, aber keine Details)	Miyakawa et al. (1999)
CO, N_2, H_2O	Plasma quen-ching	Keine Angaben	Keine Angaben	Miyakawa et al. (2000)

Hayatsu et al. (1968) behandelten ein Gemisch aus CO, NH_3 und H_2 (oder D_2) mit Hitze und Druck in Gegenwart von gepulvertem Meteoriteisen und erhielten Cytosin, Adenin und Guanin zusammen mit weiteren Stickstoffverbindungen. Diese Autoren schrieben dazu: „These experiments were intended to simulate conditions in the solar nebulae". Cytosin wurde aber in Meteoriten oder interstellaren Wolken bisher nicht entdeckt und Uracil nur in einem einzigen Meteorit spurenweise (s. Kap. 9). Es ist daher fraglich, ob die „Hayatsu-Bedingungen" wirklich die Weltraumchemie simulieren. In zwei weiteren Publikationen (Hayatsu et al. 1972; Anders et al. 1974) wurden die experimentellen Bedingungen, vor allem die Katalysatoren, abgeändert, aber wieder behauptet, dass Weltraumbedingungen simuliert wurden. Diese Experimente sind besonders erwähnenswert, weil es sich um die einzigen Versuche handelt, bei denen alle für RNA oder DNA notwendigen Nucleobasen gleichzeitig erhalten wurden. Ferner sollen auch 11 nicht näher spezifizierte Aminosäuren entstanden sein. Dementsprechend würden diese Versuche den annähernd optimalen Anfangszustand der chemischen Evolution beschreiben. Nun fehlt es erstens an einer Bestätigung oder gar Weiterentwicklung dieser Versuche durch andere Arbeitsgruppen. Zweitens ist, wie schon bei den Versuchen von S. L. Miller erwähnt (Abschn. 4.1), die Anwesenheit nennenswerter Mengen an Wasserstoff in der Uratmosphäre zu Beginn der chemischen Evolution auf der Erde äußerst unwahrscheinlich. Drittens entstanden zahlreiche andere N-Heterozyklen, die bei der Bildung von Nucleosiden mit den für RNA typischen Basen konkurrieren konnten, nämlich: 1,3- und 5,6-Dimethyluracil, Xanthin, Amelin, Melamin und Cyanursäure. Es gibt keine glaubwürdigen Mechanismen, die das Verschwinden dieser störenden Basen oder die Selektion der RNA-Basen erklären können.

Yuase et al. (1984) erhielten mittels elektrischer Entladungen in einem CH_4-, NH_3-, H_2O-Gemisch Adenin und Guanin, aber nur Isocytosin als Pyrimidinbase. Zwei Arbeitsgruppen bestrahlten ein Gasgemisch aus CO_2, N_2 und H_2O mit beschleunigten Protonen (Kobayashi und Tsuji 1997; Miyakawa et al. 2002) und erhielten Uracil. Merkwürdigerweise wurden nur von einer der Gruppen auch Adenin und Guanin gefunden. Bemerkenswert ist die Arbeit von Kobayashi und Tsuji aber dadurch, dass es sich hier um den einzigen Modellversuch zur Biomonomersynthese handelt, bei dem Imidazol als Beiprodukt identifiziert wurde. Vermutlich haben aber andere Arbeitsgruppen nicht danach gesucht. Das extrem seltene Auffinden von Imidazol in Modellsynthesen hat aber auch eine Parallele in der Analyse von Meteoriten, wo Imidazol nur in minimalen Mengen gefunden wurde, wenn überhaupt. Dieser Aspekt ist von Interesse, weil bei einigen Arbeitsgruppen, die sich mit der Synthese von Polypeptiden oder RNA beschäftigten (s. Kap. 6 und 7), Imidazol eine entscheidende Rolle spielt. Die Arbeitsgruppe um Kobayashi (Miyakawa et al. 1999, 2000) studierte auch den Einfluss des Plasmaquenchens auf das Gemisch von CO_2, N_2 und H_2O und fand je nach Reaktionsbedingungen entweder nur Pyrimidinbasen oder Guanin.

Bewertet man diese Ergebnisse im Hinblick auf ihren Beitrag zur Hypothese einer chemischen Evolution, so ergibt sich folgendes Bild. Beschuss mit beschleunigten Elektronen oder Protonen sowie Plasmaquenchen sind wohl keine Methoden der Energiezufuhr, die für die präbiotische Chemie einen entscheidenden Einfluss hatten. Gasgemische mit nennenswertem Anteil an Wasserstoff sind aus schon erwähnten Gründen nicht relevant, sodass von den in Tab. 5.5 gelisteten Versuchen nur die Arbeit von Yuase et al. (1984) als positiver Beitrag eingestuft werden kann. Zu den Versuchen von Tab. 5.4 lässt sich sagen, dass Ausgangsmaterialien wie Maleinsäure, Cyanacetonitril und Cyanacetaldehyd in der Wärme auch gut mit den Aminogruppen von Peptiden reagieren und eine Evolution von Proteinen verhindert hätten.

5.3   Synthesen von Nucleosiden

Verglichen mit den zahlreichen Arbeiten auf dem Gebiet der prAs oder der Synthese von Nucleobasen wurden nur relativ wenige Untersuchungen zur präbiotischen Entstehung von Nucleosiden publiziert. Dieser Sachverhalt beruht natürlich nicht auf einem geringeren Interesse, sondern auf den größeren Schwierigkeiten der Versuchsdurchführung gepaart mit geringerem Erfolg.

Die ersten Modellversuche zur präbiotischen Entstehung von Nucleosiden wurden schon in den Jahren (1961) und (1962) von G. Schramm durchgeführt (Tab. 5.6). Er erhielt beim Erhitzen von Ribose und Adenin mit dem Reaktionsprodukt aus Diethylether und Polyphosphorsäure geringe Mengen Adenosin. Auch bei der UV-Bestrahlung eines Adenin-Ribose-Gemisches oder eines Adenin-Deoxiribose-Gemisches in Gegenwart von Phosphorsäuren sollten Spuren von Adenosin und geringe Mengen an Deoxyadenosin entstanden sein (Ponnamperuma und Mariner 1963b; Ponnamperuma und Kirk 1964). Allerdings berichteten Reid et al. einige Zeit später (1967), dass diese Ergebnisse nicht reproduzierbar waren. Erfolgreicher war das Erhitzen von Purinbasen mit Ribose in Gegenwart von Phosphaten und $MgCl_2$, aber die Ausbeuten blieben unter 10 % und es gab Nebenreaktionen mit den Aminogruppen der Purine (Fuller et al. 1972b). Geringe Ausbeuten an Purinnucleosiden wurden von diesen Autoren auch gemeldet (1972b),

Tab. 5.6 Synthesen von Nucleosiden

Ausgangsstoffe	Methode	Nucleoside	Beiprodukte	Literatur
Adenin + Ribose oder Deoxyribose	Hitze + Ethylmetaphosphat	Adenosin	Keine Angaben	Schramm et al. (1962); Schramm (1965)
Adenin + Ribose	UV (254 nm) + Phosphors.	Adenosin (Ausb. 0,01 %)	Keine Angaben	Ponnamperuma und Mariner (1963b)
Adenin + Deoxyribose	UV (254 nm) + HCN oder H_3PO_4	Deoxyadenosin (Ausb. bis zu 7 %)	Keine Angaben	Ponnamperuma und Kirk (1964)
Ribose, Arabinose Cyanamid, Cyanacetylen	Hitze (100 °C) + UV-Isomerisierung	β-Cytidin (5 % nach Photoisomer.)	α-Cytidin	Sanchez und Orgel (1970)
Adenin, Guanin, Hypoxanthin, Xanthin + Ribose	Erhitzen mit Phosphaten + $MgCl_2$	Adenosin, Guanosin, Inosin (Ausb. < 10 %)	Ribosylierung von NH_2-Gruppen	Fuller et al. (1972a)
Adenin, Guanin, Hypoxanthin, Xanthin + Ribose	Verdampfung von Seewasserlösung	Adenosin, Guanosin, Inosin, Xanthosin	Pyrimidine reagierten nicht	Fuller et al. (1972b)
N-Formyl-Aminopyrimidin + Ribose	Hitze (65–100 °C) alk. pH	Adenosin	α-Anomer des Ribose-Furanosids und -Pyranosids	Becker et al. (2016)

wenn die Purinbasen mit Ribose in Meerwasser eingedampft wurden. Pyrimidin-
basen reagierten allerdings nicht und L. E. Orgel fällte in einem Übersichtsartikel
2004 ein negatives Urteil über die präbiotische Entstehung von Nucleosiden.
Allerdings fanden in neuerer Zeit die Arbeitsgruppen von M. W. Powner und J. D.
Sutherland Wege zur Synthese von Nucleosid-2′,3′-zyklophosphaten, welche die
Verwendung freier Ribose umgehen (s. Abschn. 5.4, Tab. 5.7).

5.4 Synthesen von Nucleotiden

Die ersten Synthesen von Nucleotiden (Beispiele für Struktur und Namensgebung von Nucleotiden finden sich in Schema 5.5) wurden in den Jahren 1963
bis 1965 von verschiedenen Arbeitsgruppen beschrieben (Ponnamperuma et al.
1963a, 1965a; Steinman G et al. 1964; Neumann und Neuman 1964). Bei der
UV-Bestrahlung einer Lösung von Adenosin in flüssiger Phosphorsäure wurde
ein Gemisch aus Adenosinmono-, -di- und -triphosphaten erhalten. Inwieweit
dabei auch 2′- und 3′-Phosphate gebildet wurden, wurde nicht analysiert. Ponnamperuma und Mack (1965b) und danach Schwartz und Ponnamperuma (1968)
und Schwartz (1969, 1974) benutzten auch das Eindampfen wässriger Lösungen
bei Temperaturen bis 160 °C anstelle von UV-Licht, um so das Eintrocknen von
Ursuppe an den heißen Hängen von Vulkanen zu simulieren. Dies ist jedoch eine
äußerst unrealistische Methode, z. B. hinsichtlich der hydrolytischen Stabilität von
RNA und der Racemisierungsempfindlichkeit von prAS. Gemische von Mono-,
Di- und Triphosphaten verschiedener Nucleoside wurden ferner von Waehnelt
und Fox (1967) ebenfalls ohne UV-Bestrahlung und bei niedrigeren Temperaturen erhalten. Bei allen diesen Arbeiten wurden die Reaktionsprodukte chromatographisch analysiert und Phosphorylierung aller drei OH-Gruppen nachgewiesen.
Eine spezifische Phosphorylierung an C-5 wurde nicht gefunden.

Die Arbeitsgruppe von L. E. Orgel (Lohrmann und Orgel 1968, 1971; Handschuh et al. 1973; Etaix und Orgel 1978) arbeitete nur bei Temperaturen bis
100 °C und verwendete verschiedene Arten von Phosphorylierungsmittel. Interessant ist hier die intermediäre Bildung von Pyrophosphatgruppen aus Metall-
hydrogenphosphaten beim Erhitzen mit Harnstoff oder Cyanaten. Durch Zusatz
von Harnstoff lässt sich interessanterweise auch Hydroxyapatit aktivieren und
als Quelle von Pyrophosphat nutzen (Lohrmann und Orgel 1971; Handschuh
et al. 1973; Reimann und Zubay 1999). Ergänzend soll hier erwähnt werden, dass
Pyrophosphat intermediär aus Orthophosphaten auch gebildet wird, wenn diese
mit Cyanacetylen erwärmt werden (Ferris et al. 1970). Bei einigen Versuchs-
serien wurde von diesen Autoren (Lohrmann und Orgel 1968; Etaix und Orgel
1978, aber auch von Schwartz 1969) alkalische Lösungen verwendet, weshalb die
Reaktionsbedingungen für eine chemische Evolution nicht relevant sind, da sie
eine rasche Hydrolyse von RNA und bei höheren Temperaturen auch Hydrolyse
von Proteinen zur Folge haben und außerdem die Racemisierung von prAS extrem
beschleunigen. Diaminobernsteinsäurenitril wurde 1984 von Ferris et al. als Kon-
desationsmittel für Phosphorylierungsreaktionen untersucht.

Tab. 5.7 Synthesen von Nucleotiden ausgehend von Nucleobasen oder Nucleosiden

Ausgangsstoffe	Energiequelle, Reaktionsmedium	Produkte	Literatur
Adenosin + flüssige Phosphors.	UV, Wasser	Adenosinmono-, -di- und -triphosphate	Ponnamperuma et al. (1963a, b, c), (1965a)
Adenosin, Guanosin, Cytidin, Uridin + verschiedene Phosphatquellen	Hitze(160 °C) Wasser	2'-, 3'- und 5'-Monophosphate von allen vier Nucleosiden	Ponnamperuma und Mack (1965b)
Adenin und Graham-Salz	Hitze (100 °C), Wasser	2'-, 3' und 5-Phosphate von Adenosin	Schwartz und Ponnamperuma (1968)
Adenosin, Deoxyadenosin, Natrium-Trimetaphosphat	Hitze (100 °C), Wasser, basisch	Vorzugsweise Phosphat von 3'-OH	Schwartz (1969)
Uridin, Apatit, Ammiumoxalat	Hitze (90 °C), Wasser, sauer	Vorzugsw. Phosphat-von 5'-OH	Schwartz (1974)
Adenosin, Guanosin, Cytidin, Thymidin, Uridin + Polyphosphors.	Wärme (22 °C), kein Lösungsmittel	Mono-, Di- und Triphosphate von allen Nucleosiden	Waehneldt und Fox (1967)
Uridin, Phosphate, Cyanamid, KOCN, NC-CONH$_2$	Hitze (65 °C), Wasser, pH = 6, 7, 8	Vorzugsw. 2',3'-Zyklophosphat	Lohrmann und Orgel (1968)
Uridin, Hydroxyapatit, Harnst. NH$_4$Cl	Hitze (65–100 °C)	Phosphat von 2'-, 3'- und 5'-OH sowie 2',3'-Zyklophospat	Lohrmann und Orgel (1971), Handschuh et al. (1973)
Versch. Nucleoside, Na-Trimetaphosphat	Wasser, basisch	3'- und 5'-Triphosphate	Etaix und Orgel (1978)
Versch. 2'-Deoxynucleoside, Dihydogenphosphate	Wärme (37 °C), Formamid	Vorzugsw. 5'-Mono-phosphate	Philipp und Seliger (1977)
Versch. Nucleoside, anorg. Phosphate	Wärme, Formamdid, N-Methylformamid	Vorzugsw. 2',3'-Zyklophosphate	Schoffstall und Koko (1978), Schoffstall et al. (1979)
Adenosin, Na-Trimetaphosphate	Wärme (41 °C), Wasser	ATP und 2',3'-Zyklophosphat	Yamagata et al. (1995)
Adenosin-5'-Monophosphat (AMP), Ca-Phosphate, KOCN	Wasser	Adenosin-5'-Di- und Triphosphat	Yamagata (1999)
Versch. Nuclaoside, Hydoxyapatit, Harnstoff	Hitze (90 °C), Wasser	Vorzugsw. Phosphat-von 5'-OH	Reimann und Zubay (1999)
Adenosin, Na-Trimetaphosphat, Metallionen	Hitze (60 °C), Wasser	5'-ATP, 2',3'-Zyklophospahat	Cheng et al. (2002)
Glykolald., Glycerinald., Cyanamaid, Cyanacetylen, Phsophors.	Wärme (22 °C)	2',3'-Zyklophosphat des Cytidins	Powner et al. (2009)

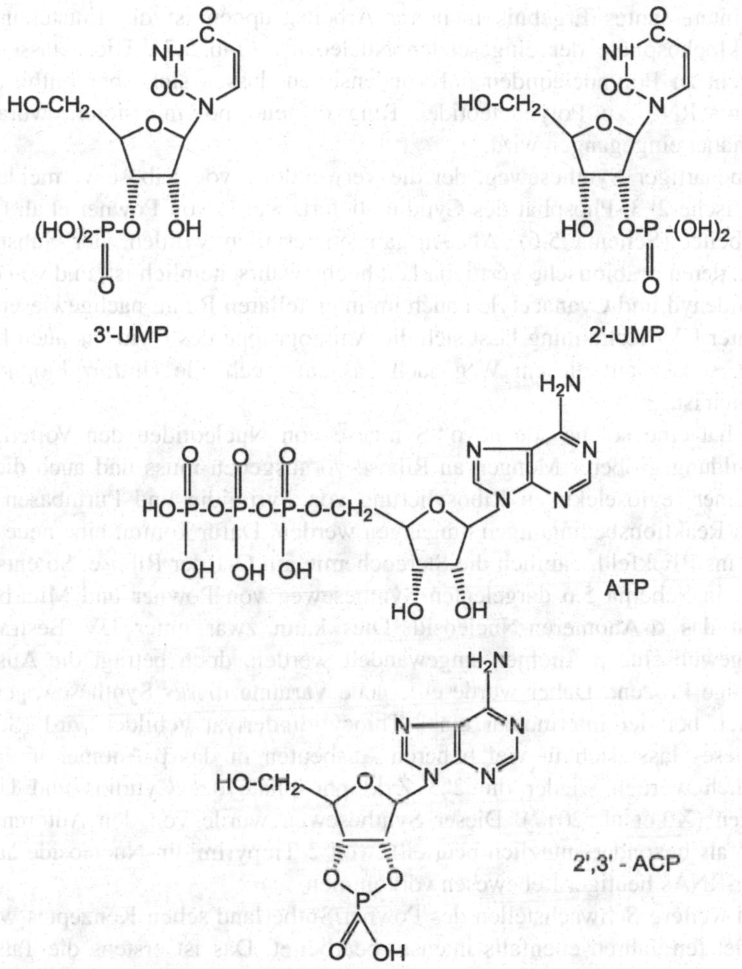

Schema 5.5 Verschiedene Typen von Nucleotiden und deren Kurzbezeichnungen

Bei Verwendung von Trimetaphosphaten als Phosphorylierungsmittel wurden von verschiedenen Arbeitsgruppen Nucleosid–Di- und -Triphosphate erhalten (Yamagata et al. 1995; Cheng et al. 2002). Gemeinsam ist allen Arbeiten über die Phosphorylierung von Nucleosiden, dass Produktgemische entstehen und dass die Ausbeuten für das Gesamtgemisch unter 50 %, meist sogar unter 5 % fallen. Bei Modellsynthesen mancher Autoren (Phillipp und e Seliger 1977; Schoffstall und Koko 1978; Schoffstall et al. 1979) wurde die Phosphorylierung daher auch in organischen Lösungsmitteln durchgeführt, weil dadurch höhere Ausbeuten erreicht wurden. Derartige Versuche sind natürlich nicht dazu geeignet, eine chemische Evolution glaubhaft zu machen.

Ein interessantes Ergebnis mehrerer Arbeitsgruppen ist die Entstehung der 2′,3′-Zyklophosphate der eingesetzten Nucleoside (Tab. 5.7). Diese lassen sich zwar nicht zu Polynucleotiden polykondensieren, lassen sich aber mithilfe vorgefertigter RNA zu Polynucleotiden Ring öffnend polymerisieren, worauf in Kap. 6 näher eingegangen wird.

Ein neuartiger Syntheseweg, der die Verwendung von Ribose vermeidet und das zyklische 2′,3′-Phosphat des Cytidins liefert, wurde von Powner et al. (2009) ausgearbeitet (Schema 5.6). Als Ausgangsmaterialien wurden vier Substanzen gewählt, deren präbiotische Verfügbarkeit höchstwahrscheinlich ist, und von denen Glykolaldehyd und Cyanacetylen auch im interstellaren Raum nachgewiesen wurden. Unter UV-Bestrahlung lässt sich die Aminogruppe des Cytosins auch hydrolysieren, sodass auf diesem Weg auch das entsprechende Utidinzyklophosphat zugänglich ist.

Nun hat eine solche „de novo"-Synthese von Nucleotiden den Vorteil, dass keine Bildung größerer Mengen an Ribose vorausgehen muss und auch die Probleme einer regioselektiven Ribosylierung von Pyrimidin und Purinbasen unter gleichen Reaktionsbedingungen umgangen werden. Dafür kommt eine neue Problematik ins Blickfeld, nämlich die Stereochemie am C-1 der Ribose. So entstehen bei dem in Schema 5.6 dargelegten Syntheseweg von Powner und Mitarbeitern zunächst das α-Anomeren-Nucleosid. Dies kann zwar unter UV Bestrahlung in das gewünschte β-Anomer umgewandelt werden, doch beträgt die Ausbeute nur wenige Prozent. Daher wurde eine neue Variante dieses Syntheseweges ausgearbeitet, bei der intermediär ein 2-Thiocytidinderivat gebildet wird (Schema 5.7). Dieses lässt sich in viel höheren Ausbeuten in das β-Anomer umlagern. Schließlich werden wieder die 2′,3′-Zyklophosphate des Cytidins und Uridins gewonnen (Xu et al. 2017). Dieser Syntheseweg wurde von den Autoren auch insofern als besonders nützlich beurteilt, weil 2-Tiopyrimidin-Nucleoside auch in Transfer-RNAs heutiger Lebewesen vorkommen.

Zwei weitere Schwachstellen des Powner/Sutherland'schen Konzeptes wurden in den letzten Jahren ebenfalls intensiv bearbeitet. Das ist erstens die Tatsache, dass Synthesemethoden, die schrittweise aufgebaut sind und eine Isolierung und Reinigung von Zwischenstufen erfordern, nicht den Voraussetzungen einer chemischen Evolution entsprechen.

Die zweite offene Flanke ist der Bedarf eines ähnlichen Syntheseweges für Purinnucleotide. Zunächst wurden Multikomponenten-Eintopfsynthesen entwickelt, die in wässriger Lösung durchführbar waren (Powner et al. 2010). Dabei wurden 2-Aminooxazole und 2-Aminoimidazole (die aus einfachen präbiotisch vorhandenen Chemikalien wie Blausäure und Cyanamid zugänglich sind) als Ausgangsmaterialien eingesetzt. Es wurden etliche Ribosederivate erhalten, die sowohl eine Pyrimidin- als auch Purinnucleotid-Synthese ermöglichen könnten, aber das gewünschte Endziel wurde zunächst noch nicht erreicht. Erfolgreicher waren dagegen umfangreiche Untersuchungen zur Ausarbeitung einer direkten Synthese von Purin-Ribonucleotiden (Stairs et al. 2017). Wie im vereinfachten Schema 5.8 aufgezeigt, waren diese Versuche immerhin hinsichtlich der Synthese von 8-Oxopurinnucleotiden erfolgreich. Schließlich bleibt zu erwähnen, dass auch direkte Synthesen von

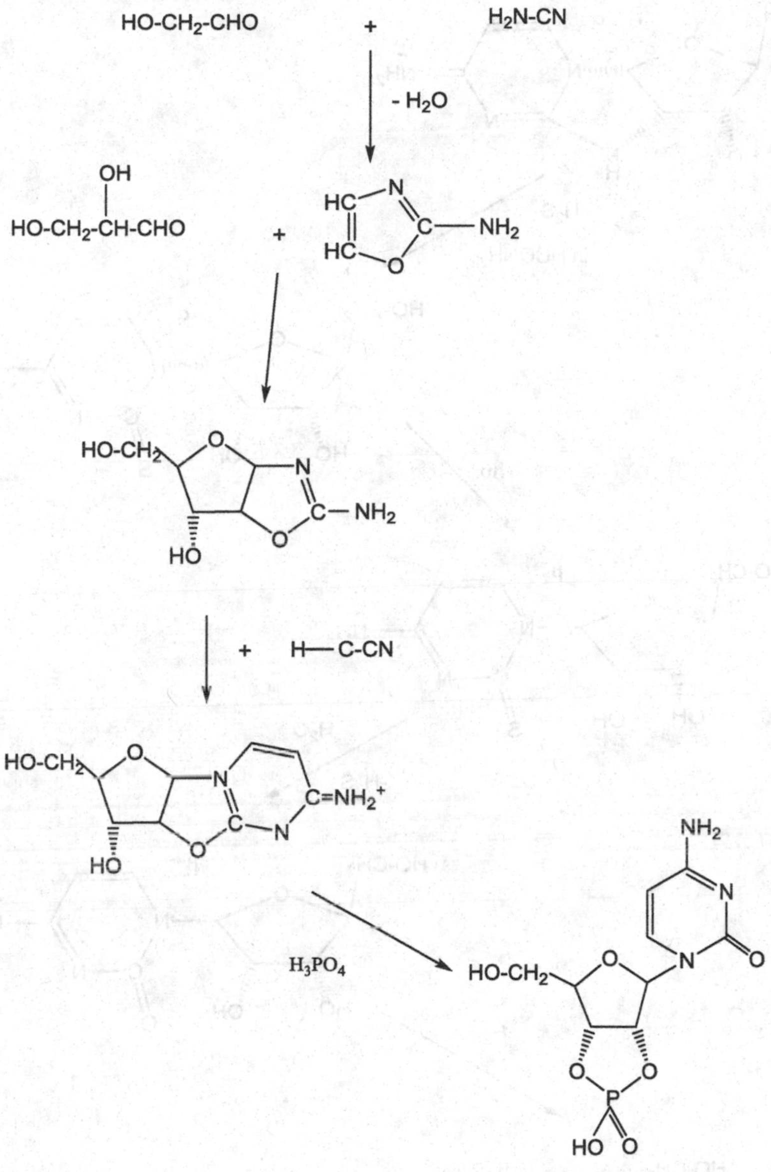

Schema 5.6 Direkte Cytidinsynthese aus Glykolaldehyd und Cyanamid

2-Deoxribonucleotiden bearbeitet wurden, wobei wiederum Cyanamid und dazu 2-Mercaptoacetaldehyd als Ausgangsmaterialien dienten. Trotz erheblicher Fortschritte war aber bis zum Jahre 2017 noch kein Durchbruch zur Isolierung von β-2-Deoxyribonucleoriden erzielt worden (Powner et al. 2012). Nun ist es wünschenswert und auch zu erwarten, dass die genannten Autoren, die 2017 noch bestehenden

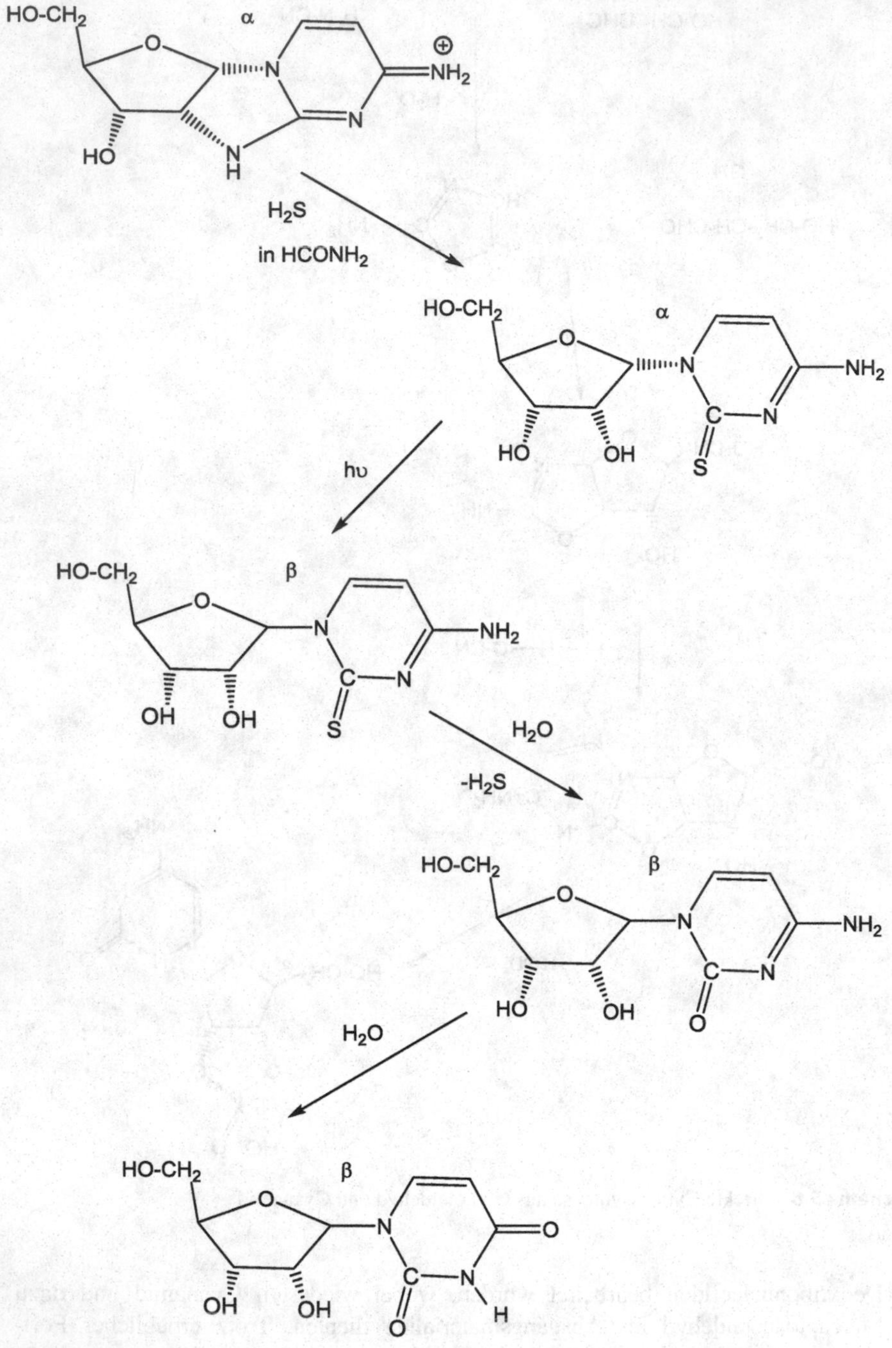

Schema 5.7 Effiziente Synthese von Cytidin und Uridin über eine Thiouracil-Zwischenstufe

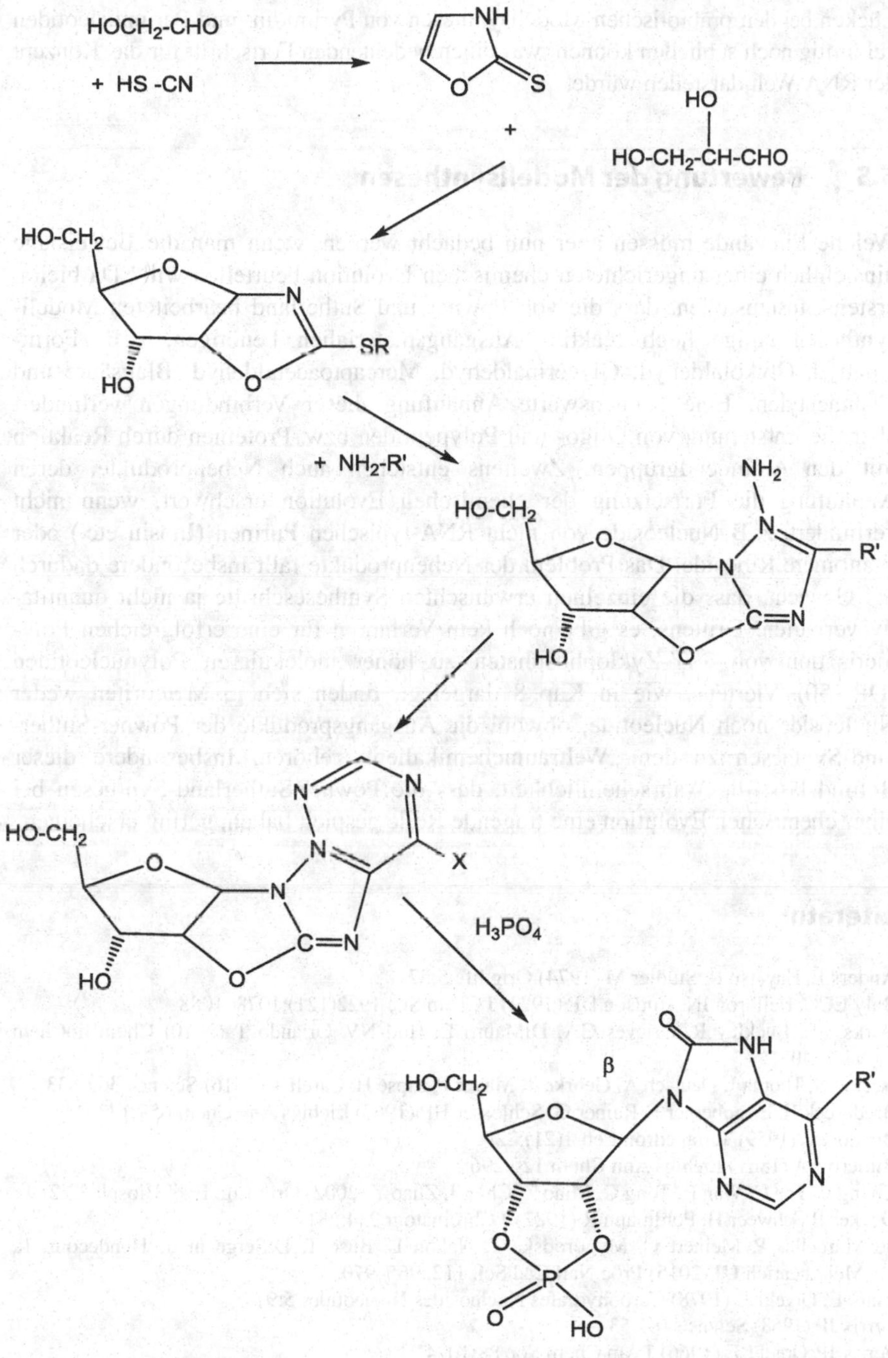
HOCH2-CHO
+ HS-CN
NH
O
S
+
HO
HO-CH2-CH-CHO
HO-CH2
O
N
SR
HO
O
+ NH2-R'
NH2
HO-CH2
O
N
R'
N
C=N
HO
O
N
N
N
HO-CH2
O
N
X
N
C=N
HO
O
H3PO4
O
NH
β
HO-CH2
R'
N
O
N
N
O
O
P
O
HO

Schema 5.8 Direkte Synthese von β-(8-Oxopurin)-Ribonucleotiden aus Glykolaldehyd und Thiocyansäure ohne freie Ribose als Zwischenstufe

Lücken bei den präbiotischen Modellsynthesen von Pyrimidin- und Purinnucleotiden zukünftig noch schließen können, was einen bedeutenden Fortschritt für das Konzept der RNA-Welt darstellen würde.

5.5   Bewertung der Modellsynthesen

Welche Einwände müssen aber nun bedacht werden, wenn man die Beweislage hinsichtlich einer ungerichteten chemischen Evolution beurteilen will? Da bleibt, erstens, festzustellen, dass die von Powner und Sutherland bearbeiteten Modellsynthesen einige hoch reaktive Ausgangsmaterialien benötigen, z. B. Formaldehyd, Glykolaldehyd, Glycerinaldehyd, Mercaptoacetaldehyd, Blausäure und Cyanacetylen. Eine nennenswerte Anhäufung dieser Verbindungen verhindert aber die Entstehung von Oligo- und Polypeptiden bzw. Proteinen durch Reaktion mit den Aminoendgruppen. Zweitens entstehen auch Nebenprodukte, deren Anhäufung die Fortsetzung der chemischen Evolution erschwert, wenn nicht verhindert, z. B Nucleoside von nicht RNA-typischen Purinen (Inosin etc.) oder α-anomere Riboside. Das Problem der Nebenprodukte fällt insbesondere dadurch ins Gewicht, dass die einzelnen erwünschten Syntheseschritte ja nicht quantitativ verlaufen. Drittens, es gibt noch kein Verfahren für eine erfolgreichen Polymerisation von 2′,3′-Zyklophosphaten zu höher molekularen Polynucleotiden (DP > 50). Viertens, wie in Kap. 8 dargelegt, finden sich in Meteoriten weder Nucleoside noch Nucleotide, obwohl die Ausgangsprodukte der Powner-Sutherland-Synthesen zu den „Weltraumchemikalien" gehören. Insbesondere dieser Befund lässt die Wahrscheinlichkeit, dass die Powner-Sutherland-Synthesen bei einer chemischen Evolution eine tragende Rolle gespielt haben, gering erscheinen.

Literatur

Anders E, Hayatsu R, Studier M (1974) Orig life 5:57
Baly ECC, Heilbron IN, Hudson DP (1922) J Chem Soc 1922(121):1078–1088
Barks HL, Buckley R, Grieves GA, DiMauro E, Hud NV, Oriando T (2010) ChemBioChem 11:1240
Becker S, Thoma I, Deutsch A, Gehrke T, Mayer P, Zipse H, Carell T (2016) Science 362:833
Bredereck H, Effenberger F, Rainer G, Schlosser HP (1962) Liebigs Ann Chem 659:133–138
Breslow R (1959) Tetrahedron Lett 1(21):22
Butlerow A (1861) Liebigs Ann Chem 120:296
Cheng C, Fan C, Wan R, Tong C, Miao Z, Chen J, Zhao Y (2002) Orig Life Evol Biosph 32:219
Decker P, Schweer H, Pohlmann R (1982) J Chromatogr 244:281
de Marcellus P, Meinert C, Mygorodska T, Nahon L, Buse T, LeSergeant d, Hendecourt L, Meierhenrich UJ (2015) Proc Natl Cad Sci, 112, 965–970
Etaix E, Orgel LE (1978) Carbohydrates Nucleosides Nucleotides 5:91
Ferris JP (1968) Science 161:53
Ferris JP, Orgel LE (1966) J Am Chem Soc 88:1074
Ferris JP, Sanchez RA, Orgel LE (1968) J Mol Biol 33:693–704
Ferris JP, Kuder JE, Catalano AW (1969) Science 166:756
Ferris JP, Goldstein G, Beaulieu DJ (1970) J Am Chem Soc 92:6598

Ferris JP, Zamek OS, Altbuch AM, Freiman H (1974) J Mol Evol 3:101–103
Ferris JP, Yanagawa H, Dudgeon PA, Hagan WJ, Mallare TE (1984) Orig Life Evol Biosph 15(1):29–43
Fox SW, Harada K (1961) Science 133:1923–1924
Fuller WD, Sanchez RA, Orgel LE (1972a) J Mol Biol 67:25–33
Fuller WD, Sanchez RA, Orgel LE (1972b) J Mol Evol 1:249–257
Gabel NW, Ponnamperuma C (1967) Nature 1967(216):453
Garrison WM, Morrison DC, Hamilton JG, Benson AH, Calvin M (1951) Science 114:416
Groth W, Suess H (1938) Naturwissenschaften 26:77
Handschuh GJ, Lohrmann R, Orgel LE (1973) J Mol Evol 2:251
Harsch G, Harsch M, Voelter W (1983a) Z Naturforsch 38B:1257
Harsch G, Harsch M, Bauer H, Voelter W (1983b) Z Naturforsch 38B:1269
Hayatsu R, Studier MH, Oda A, Fuse K, Anders E (1968) Geochim Geophys Acta 32:176
Hayatsu R, Studier MH, Matsuoka S, Anders E (1972) Geochim Geophys Acta 36:555
Hudson JS, Eberle JF, Vachhani RH, Rogers LC, Wade JH, Krishnamurth R, Springsteen G (2012) Angew Chem Int Ed 51:34–37
Kobayashi K, Tsuji Z (1997) Chem Lett, 903–904
Kofoed J, Reynolds J-L, Darber T (2005) Org Biomol Chem 3:1850
Kumar A, Sharma R., Kamaluddin, (2014) Astrobiology, 9, 769
Lohrmann R, Orgel LE (1968) Science 161:64
Lohrmann R, Orgel LE (1971) Science 171:490
Lowe CU, Rees HW, Markham R (1963) Nature 199:219
Miyakawa S, Murayawa KI, Kobayashi K, Sawaoka AB (1999) J Am Chem Soc 121:8144–45
Miyakawa S, Murasawa K-I, Kobayashi H, Sawaoka AB (2000) Orig Life Evol Biosph 30:557–566
Miyakawa S, Yamanashi H, Kobayashi K, Cleaves HJ, Miller SL (2002) Proc Natl Acad Sci USA 99:14628–14631
Mizuno T, Weiss AH (1974) Adv Carbohyd Chem Biochem. 29:175
Müller D, Pitsch S, Kittaka K, Wagner F, Winter CE, Eschenmoser A (1990) Helv Chim Acta 73:1410
Nelson KE, Robertson MP Levy M., Miller SL (2001) Orig Life Evol Biosph 31; 221–229
Neumann WF, Neumann MWE (1964) University of Rochester AEC Reports, UR 656, Rochester N. Y.
Nuevo M, Milam SN, Sandford SA (2012) Astrobiology 2012(12):295
Ochiai M, Marumoto S, Shimazu H, Morita K (1968), Tetrahedron 24, 5731
Orgel LE (2004) Crit Review Biochem Mol Biol 39:99
Oró J (1960) Biochem Biophys Res Comun 2:407
Oró J (1961) Nature 191:1193
Oró J, Cox AC (1962) Federation Proc 1962(21):80
Oró J, Kimball P (1961) Arch Biochim Biophys 96:293
Phillip M, Seliger H (1977) Naturwissenschaften 64:273
Pitsch S, Eschenmoser A, Gedulin B, Hui S, Arrhenius G (1995) Orig Life Evol Biosph 25:297
Ponnamperuma C. (1965) In: Fox SW (Hrsg) The origin of Prebiological Systems. Academic Press, New York 221
Ponnamperuma C, Kirk P (1964) Nature 203:400
Ponnamperuma C, Mack R (1965) Science 148:1221
Ponnamperuma C, Mariner R (1963) Nature 198:1199
Ponnamperuma C, Lemmon RM, Mariner R, Calvin M (1963a) Proc Natl Acad Sci USA 49:737
Ponnamperuma C, Sagan C, Mariner R (1963b) Nature 199:222
Powner MW, Gerland B, Sutherland JD (2009) Nature 459:239
Powner MW, Sutherland JD, Szostak JW (2010) J Am Chem Soc 132:16677
Powner MW, Zheng SL, Szostak JW (2012) J Am Chem Soc 134:13889
Reid C, Orgel LE (1967) Nature 216:455
Reid C, Orgel LE, Ponnamperuma C (1967) Nature 216:136

Reimann R, Zubay G (1999) Orig Life Evol Biosph 29:229

Ricardo A, Carrigan MA, Olcott AN, Benner SA (2004) Science 303:196

Robertson MP, Joyce G (2012) Cold Spring Harb Symp Quant Biol 4(5):a003608

Robertson MP, Miller SL (1995) Nature 375:772

Saladino R, Crestini C, Costanzo G, Negri R, DiMauro E (2001) Bioorg Med Chem 9:1249–1253

Saladino R, Ciambecchini U, Crestini C, Costanzo R, Negri R, DiMauro E (2003) ChemBioChem 4:514

Saladino R, Crestini C, Ciambecchini U, Ciciriello F, Costanzo G, DiMauro E (2004) ChemBioChem 5:1558

Saladino R, Nen V, Crestini C, Costanzo G, Graciotto M, DiMauro E (2008) J Am Chem Soc 130:15512–15518

Saladino R, Crestini C, Ciciriello F, Costanzo G, DiMauro E (2007) Chem Biodivers 4:694–718

Sanchez RA, Orgel LE (1970) J Mol Biol 47:531

Sanchez RA, Ferris JP, Orgel LE (1967) J Mol Biol 30:223

Sanchez RA., Ferris JP, Orgel LE (1968) J Mol Biol 38:121

Schoffstall AH, Koko B (1978) Orig Life, Proc 2nd ISSOL Meeting (Noda H, ed), 193

Schoffstall AH, Barto RJ, Ramos DJ (1979) Orig Life 12:143

Schramm G (1965) In: Fox SW (Hrsg) The origin of prebiological systems. Academic Press, New York

Schramm G, Grötsch H, Pollmann W (1962) Angew Chem Int Ed 1:1

Schwartz A, Ponnamperuma C (1968) Nature 218:443

Schwartz AM, (1969) Chem Commun, 1393

Schwartz AM (1974) Biochim Biophys Acta 281:477

Schwartz AW (1989) Bakker CG 245:4922

Scorei R (2012) Orig Life Evol Biosph 42:5

Senanayake SD, Idriss H (2006) Proc Natl Acad Sci 103:1194

Stairs S, Nikma A, Bucar DK Zheng SL, Szostak JW, Powner MW (2017) Nature Commun https://doi.org/10.1038/ncomms. 15270

Steinman G, Lemmon RM, Calvin M (1964) Proc Natl Acad Sci USA 57:27

Springsteen G, Joyce GF (2004) J Am Chem Soc 126:9578

Subbaraman AS, Kazi ZA, Choughuley ASU, Chada MS (1980) Orig Life 10:343–347

Takemoto K, Yamamoto I (1971) Synthesis 3:154

Voet AB, Schwartz AW (1983) Orig Life 12:45

Waehneldt TV, Fox SW (1967) Biochim Biophys Acta 134:1

Wakamatsu H, Yamada Y, Saito T, Kumashiro I, Takenishi T (1966) J Org Chem 31:2035

Xu J, Tsanakopoulou M, Magnani CJ, Szabla R, Sponer JE, Sponer J, Gora RW, Sutherland JD (2017) Nat Chem 9:303

Yamada Y, Kumashiro I, Takenishi T (1968) J Org Chem 33:642

Yamagata Y (1999) Orig Life Evol Biosph 29:511

Yamagata Y, Inoue H, Inomata K (1995) Orig Life Evol Biosph 25:47

Yuase S, Flory D, Basil B, Oro J (1984) J Mol Biol 21:76–80

Modellsynthesen von Oligopeptiden und Polypeptiden

6

Der Blick des Forschers fand nicht selten mehr als er zu finden wünschte.

G. E. Lessing

Inhaltsverzeichnis

6.1   Thermische Polykondensationen

Erste Versuche zur Herstellung von Oligo- und Polypeptiden durch Polykondensation von prAS oder deren Alkylester wurden schon vor dem 1. Weltkrieg beschrieben und hatten keinen Bezug zur Hypothese einer chemischen Evolution. Hier sollen zum Vergleich mit späteren Arbeiten (s. Tab. 6.1) nur die Versuche von Balbiano (1900, 1901) und Curtius und Benrath (1904) erwähnt werden, durch Erhitzen auf über 100 °C Wasser abzuspalten und möglichst quantitativ zu entfernen. Diese sog. thermische Polykondensation war also die erste Methode, die als Modell für eine präbiotische Entstehung von Polypeptiden untersucht wurde. Nun bemerkten verschiedenen Arbeitsgruppen sehr schnell, dass beim Erhitzen trockener Aminosäuren über 150 °C vorwiegend Zersetzung und nicht Polykondensation erfolgte (E. Katchalsky 1951). Daher wurde schon von Balbiano (1900, 1901), Curtius und Benrath (1904) und Meggy (1954) beim Erhitzen

© Springer-Verlag GmbH Deutschland, ein Teil von Springer Nature 2019
H. R. Kricheldorf, *Leben durch chemische Evolution?*,
https://doi.org/10.1007/978-3-662-57978-7_6

Tab. 6.1 Synthesen von Oligopeptiden und Proteinoiden durch thermische Polykondensation

Monomere	Methode	Reaktionsprodukte	Literatur
Gly	Erhitzen in Glycerin (150–170 °C)	OligoGly + 2,5-Diketopiperazin	Balbiano (1900, 1901)
Gly + Ethylhippurat	Hitze (190 °C)	N-Benzoyl- penta-glycin	Curtius und Benrath (1904)
Gly	Hitze + wenig H_2O	OligoGly	Meggy (1954)
Gly, Asp, Leu, Val, Phe	Hitze (200 °C)	Oligo Gly und Oligo-Asp. + Diketopip. von allen untersuchten prAS	Fox und Middlebrook (1954), Fox et al. (1957)
Pyroglutamins. + Ala, Asp, Gly, Leu, Val, Phe, Ser	Hitze (160 oder 190 °C)	Wenig charakterisierte Polypeptide	Harada und Fox et al. (1958)
Gly + Glu (im Über-schuss)	Hitze (175–190 °C)	Copolypeptide, M_n = 12–20 kDa nach Dialyse	Harada und Fox (1958)
Alle 20 prot. α-AS, aber Überschuss von Asp, Glu oder Lys	Hitze (175–180 °C)	Proteinoide, M_n = 3,6–8,0 kDa	Fox und Harada (1960), Fox et al. (1962)
18 prot. α-AS außer Cys und Hypro	Hitze (170 °C) mit Überschuss an Asp + Glu	Proteinoide	Krampitz (1962)
Verschiedene prAS	Aktiviertes Al_2O_3 + Hitze (85–200 °C)	Hauptsächlich Dipeptide, und bis zu Gly_5 + Diketopip	Bujdak und Rode (2001, 2002, 2003)

von Glycin eine flüssige oder schmelzbare Komponente als Reaktionsmedium zugegeben. Als Reaktionsprodukt wurde von allen drei Autoren Oligoglycin identifiziert. Erste Versuche von S. W. Fox et al. (Fox und Midlebrook 1954; Fox et al. 1957) durch trockenes Erhitzen von fünf verschiedenen prAS lieferten eben-falls nur Oligomer in Kombination mit den zyklische Dipeptiden, den 2,5-Diketo-piperazinen.

Nach diesen wenig erfolgreichen Versuchen entwickelte die Arbeitsgruppe von S. W. Fox ein neues Konzept, bei dem die Zersetzung der Aminosäuren dadurch reduziert wurde, dass entweder ein großer Überschuss an Glu (eventuell auch im Gemisch mit Asp) oder an Lys verwendet wurde (Fox und Harada 1960; Fox et al. 1962; Harada und Fox 1958). Großer Überschuss meint hier einen Molan-teil um etwa 60 %. Auch ohne ein flüssiges Reaktionsmedium konnte so eine Art von Copolypeptiden hergestellt werden. Zunächst wurden Gemische aus viel Glu und ein oder zwei anderen prAS eingesetzt und schließlich Gemische aller 20 prAS. Die durch Verwendung aller 20 prAS erhaltenen Polykondensate wur-den Proteinoide genannt. Es wurden verschiedene Temperatur-Zeit-Kombinatio-nen ausprobiert, vorzugsweise wurde eine Woche auf 120 °C erhitzt oder 6–10 h auf 170–180 °C. Mit den analytischen Methoden der damaligen Zeit war natürlich nur eine unvollständige Charakterisierung dieser Polymere möglich. Durch systematische Variation der Zusammensetzung des Reaktionsgemisches und Analyse der resultierenden Proteinoide konnte aber gezeigt werden, dass weder die Zusammensetzung noch die Sequenz der AS in den Proteinoiden völlig statistisch ist. Nach Dialyse wurden Molekulargewichte (Zahlenmittel M_n) im Bereich von ca. 4000–10.000 Da gefunden, sodass die Bezeichnung Polymere bzw. Proteinoide auch tatsächlich gerechtfertigt war.

Als Nachweis für einen weitgehenden Aufbau der Proteinoide über Peptidbindungen wurde ihre Hydrolysierbarkeit mittels proteolytischer Enzyme (z. B. Pepsin, Chymotrypsin) durchgeführt (Fox und Harada 1960). Allerdings schloss diese Art der Analytik nicht aus, dass Verzweigungen über Amidbindungen der γ-Carboxylgruppe der Glutaminsäure vorhanden waren. Im Falle von Lys-reichen Proteinoiden wurden auch deutliche Hinweise auf Verzweigung oder Vernetzung über die ε-Aminogruppe gefunden (Harada 1959; Harada und Fox 1965a; Heinrich et al. 1969). Genauere Information über die teilweise Zersetzung einzelner prAS, wie z. B. Threonin oder Hydroxyprolin, war auf diese Weise nicht zu erhalten.

Eine besonders wichtige Problematik dieser Versuche ergibt sich aus der Frage, ob und in welchem Umfang Racemisierung der eingesetzten prAS eingetreten ist. Wegen der Komplexität der Zusammensetzung der Proteinoide und weil Fox und Harada Gemische mit L-Aminosäuren und D,L-Aminosäuren verwendeten, konnte für die gesamten Proteinoide kein Racemisierungsgrad ermittelt werden. Bei Versuchen mit hohem Anteil an L-Asp oder L-Glu konnte aber die optische Reinheit der nach Hydrolyse isolierten Aminosäuren näherungsweise ermittelt werden. Für Asp wurde dabei vollständige Racemisierung gefunden, für Glu unvollständige, aber doch weitgehende Racemisierung (Fox und Dose 1977, Kap. 5). Dieses Ergebnis befindet sich in guter Übereinstimmung mit späteren Untersuchungen anderer Forscher über die Racemisierungsempfindlichkeit von prAS (s. Kap. 10). Nun können zu Beginn der chemischen Evolution aus zwei Gründen nur racemische prAS vorgelegen haben. Erstens, wegen der hohen Temperaturen bei der Entstehung der ersten Urozeane und, zweitens, weil bei der Bildung von prAs aus Gasgemischen unabhängig von der Energiequelle immer rac. prAS gebildet werden. Jede Theorie über das Zustandekommen einer erfolgreichen chemischen Evolution hat daher zu erklären, wie aus einer Ursuppe mit rac. prAS homochirale Proteine entstanden sind. Fox und Harada haben mit ihren Proteinoidsynthesen genau das Gegenteil realisiert, sie haben nämlich aus optisch reinen prAS weitgehend racemisierte Proteinoide produziert. Diese Problematik wurde in späteren Übersichtsartikel und Bücher verschiedener Autoren nie erwähnt.

Fox und Harada erhielten zunächst mit ihren Proteinoidsynthesen großes Aufsehen, zumal bei einigen Proteinoiden auch (geringe) katalytische Aktivitäten beobachtet wurden (s. Tab. 5.12 in Fox und Dose 1977). Derartige katalytische Eigenschaften wurden später aber auch schon bei Oligopeptiden gefunden. Ferner fanden Fox und Mitarbeiter, dass Proteinoide Mikrosphären bilden können, die unter bestimmten Bedingungen angeblich auch eine Art von „Zellteilung" durchführen können. Daher sah Fox in der Synthese seiner Proteinoide einen entscheidenden Beweis für die frühere Existenz einer chemischen Evolution. Die anfängliche Euphorie über Bildung und Eigenschaften der Proteinoide führte u. a. dazu, dass Fox 1964 zum Direktor eines neu geschaffenen Instituts für molekulare und zelluläre Evolution an der Universität von Miami berufen wurde. Allerdings begann die Kritik an der Fox'schen Überinterpretation der Proteinoide schon in den 80er- Jahren stark zu zunehmen, wobei die Racemisierungsproblematik noch nicht einmal berücksichtigt wurde, und aus heutiger Sicht haben die Fox'schen Arbeiten keinen wichtigen Beitrag zu Beglaubigung einer chemischen Evolution geleistet. Ein Kommentar von C. Wills und J. Bada (2000) soll hier zitiert werden (S. 53):

> Fox's experiment was an intriguing one, but unfortunately he stepped beyond the boundaries of his experimental data. He claimed that as his amino acids were heated and joined together, they tended to order themselves into reproducible sequences rather than simply linking up at random. He characterized this process as the very beginning of life, constituting a "biomacromolecular big bang".

Ein weiterer wesentlicher Kritikpunkt, der alle in diesem Kapitel genannten Modellsynthesen von Oligo- und Polypeptiden betrifft, wird am Ende dieses Kapitels vorgestellt.

Der Vollständigkeit halber soll noch erwähnt werden, dass in neuerer Zeit von Bujdak und Rode (2001, 2002, 2003) nochmals Versuche unternommen wurden, durch Erhitzen von prAS auf 85–200 °C Polypeptide herzustellen, wobei die Aminosäuren auf der Oberfläche von aktiviertem Al_2O_3 zum Einsatz kamen. Aber ohne einen Überschuss von Asp, Glu oder Lys wurden wiederum nur niedere Oligopeptide und 2,5-Diketopiperazine erhalten.

6.2   Polykondensation von Aminosäure-Phosphorsäureanhydriden

Etwa gleichzeitig mit S. W. Fox begann E. Katchalski, ausführliche Untersuchungen über die Aktivierung und Polykondensation von prAS mithilfe von Phosphorsäureanhydriden durchzuführen. Diese Untersuchungen wurden nach der Ermordung von E. Katchalski von seiner Mitarbeiterin M. Paecht-Horowitz weitergeführt (s. Tab. 6.2). Zunächst wurden Gly und H-Gly-Gly-OH mittels Trimetaphosphat polykondensiert, wobei aber nur nieder Oligoglycine entstanden (Katchalski und Paecht 1954). Auch Chung et al. (1971) erhielten mit dieser Methode trotz Variation der Reaktionsbedingungen keine besseren Ergebnisse.

G. Schramm und H. Wissmann untersuchten (1958), inwieweit sich das Tripeptid D,L-Ala-Gly-Gly-OH mittels Phosphorpentoxid polykondensieren lässt. Ein Tripeptid wurde anstelle von Aminosäuren oder Dipeptiden verwendet, um die intensive Bildung von zyklischen Dipeptiden (2,5-Dioxopiperazinen) zu umgehen. Es wurden Oligopeptide bis zum Polymerisationsgrad (DP) von 24 identifiziert.

Tab. 6.2 Synthesen von Polypeptiden mithilfe von Phosphorsäurederivaten

Monomere	Methode/ Kondensationsmittel	Reaktionsprodukte	Literatur
Gly	Trimetaphos-phat+Azole als Katalysatoren	Di- und Triglycine	Katchalski und Paecht (1954)
D,L-Ala-Gly-Gly-OH	P_4O_{10} in Diethyl-phosphit	Oligopeptide bis zu DP 24	Schramm und Wissmann (1958)
Asp+10–18 % Gly, Ala, Val, Glu, Lys	Polyphosphors. bei 100 °C	Polypeptide mit M_n bis zu 15.000 Da	Harada und Fox (1965b)
Gly, Gly_2	Trimetaphosphat	Gly_2 oder Gly_3 N-phosphat	Chung et al. (1971)
Ala, Pro	Aktiviert als gemischtes Anhydrid von AMP	Oligoproline bis zu DP 5	Paecht-Horowitz und Katchalski (1967)
Ala, Asp	Aktiv. als gemischte Anhydride von AMP und katalysiert durch Montmorillonit	Polyalanine bis zu DP 54	Lewinson et al. (1967), Paecht-Horowitz et al. (1970), Paecht-Horowitz und Katchalski (1973), Paecht-Horowitz (1974, 1976, 1978)
Ala, Gly, Asp, Ser	Aktiv. durch ATP und katal. durch Montmorillonit		Paecht-Horowitz (1984), Paecht-Horowitz und Eirich (1988)

Auch Harada und Fox verwendeten Polyphosphorsäure, steigerten die Temperatur über auf 100 °C und verwendeten Aminosäuregemische, die einen Überschuss an Asp enthielten. Nach Dialyse dieser wasserlöslichen Polypeptide wurden Zahlenmittel (M_n) bis zu 15.000 Da gefunden. Allerdings wurde nicht untersucht, ob unter diesen harschen Bedingungen Asp teilweise racemisiert wurde, eine wichtige Frage, weil gerade Asp besonders racemisierungsempfindlich ist.

Von M. Paecht-Horowitz wurde ein anderer Syntheseweg erforscht. Zunächst wurden gemischte Anhydride von prAS hergestellt und nach ihrer Freisetzung aus der stabilen Salzform polykondensiert (Schema 6.1). Es wurden vier verschiedene prAS getestet, bei Polykondensationen in Lösung aber nur Oligomere erhalten (Tab. 6.2). Ein entscheidender Fortschritt wurde durch Zusatz von Montmorillonit erzielt. Nun wurden deutlich höhere Polymerisationsgrade, z. B. Poly(alanin) mit DPs bis zu 54, erhalten (Lewinson et al. 1967; Paecht-Horowitz 1974, 1976, 1978, 1984; Paecht-Horowitz und Katchalski 1973; Paecht-Horowitz und Eirich 1988; Paecht-Horowitz et al. 1970). Diese Untersuchungen und Ergebnisse repräsentieren rein wissenschaftlich gesehen eine interessante und hervorragende Leistung, hinsichtlich ihrer Relevanz für eine chemische Evolution sind aber folgende Argumente zu bedenken. Erstens, die Bildung nennenswerter Mengen solcher Monomere unter präbiotischen Bedingungen ist beliebig unwahrscheinlich. Diesbezüglich muss man dann schon an die Wunderwelt der Cairns-Schmith'schen

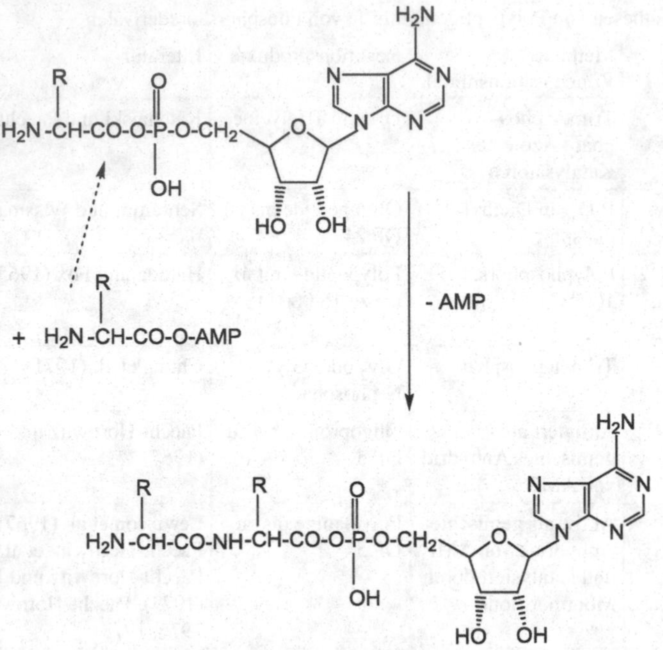

Schema 6.1 Synthese von Oligopeptiden durch Polykondensation gemischter Anhydride von Aminoosäuren und Adenylsäure

Silikat-Fabriken glauben (Abschn. 2.4). Zweitens, Copolypeptide mit Poly-merisationsgraden über 100, wie sie für Enzyme erforderlich sind, wurden nicht erhalten. Zwei weitere Gegenargumente, die für alle Polypeptidsynthesen dieses Kapitels gelten, werden am Schluss des Kapitels diskutiert.

6.3   Die Carbonyldiimidazol- Methode

Eine dritte Metode der Polypeptidsynthese basiert auf der Verwendung von Carbonyldiimidazol (CDI) als Aktivierungs- und Kondensationsmittel. Diese Methodik wurde vor allem von L. E. Orgel und Mitarbeitern untersucht (Nr. 1–8, Tab. 6.3). In ihrem ersten Beitrag (Ehler und Orgel 1976) wurden vor allem Unter-suchungen zum Polymerisationsmechanismus durchgeführt und die in Schema 6.2 skizzierte Reaktionssequenz ermittelt. CDI bewirkte also keine Polykondensation der Aminosäuren, sonder eine Polymerisation (CCP), (s. Abschn. 3.2) der inter-mediär gebildeten prAS- NCAs. Eine weitere mechanistische Untersuchung wurde noch im selben Jahr von Ehler allein beigesteuert (Ehler 1976). Ebenfalls (1976) berichteten Brack, Ehler und Orgel, dass bei der Reaktion von CDI mit Gly auch geringe Mengen 2,5-Diketopiperazin entstehen, dessen Anteil erheblich zunimmt, wenn dem wässrigen Gemisch Adenosin-Monophosphat zugesetzt wird. In der

Tab. 6.3 Modellsynthesen von Polypeptiden mithilfe von Carbonyldiimidazol (CDI)

Monomere	Methode	Reaktionsprodukte	Literatur
Gly, Ala	Imidazol-Puffer bei 0 °C	Oligopeptide bis zu DP 5	Ehler et al. (1976), Ehler (1976)
Gly	CDI+Adenosinmono-phosphat	Diglycin, 2,5-Diketo-piperazin	Brack et al. (1976)
Ser, Thr, His	Imidazol-Puffer bei 30 °C	Nicht ident. Oligomere von His, keine Oligomere von Ser und Thr	Ehler et al. (1977)
Asp, Glu, O-Phos-Ser	Katalyse durch Mg^{2+} oder durch kationische Mizellen	OligoAsp bis zu DP 13 OligoGlu bis zu DP 20 OligoPhos-Ser bis zu DP 9	Hill und Orgel (1996), Böhler et al. (1996)
Asp, Glu	Polymer. auf Illit oder Hydroxyapatit mit wieder-holter CDI- Zugabe	PolyGlu bis DP 50, +intens. Nebenreaktionen von Asp	Ferris et al. (1996)
Asp, Glu, O-Phos-Ser	Polykond. auf Illite oder Hydroxyapatit mit wieder-holter AS-Zugabe	PolyGlu bis zu DP 45, Poly-Asp. bis zu DP 27 + Oligo-Phos-Ser bis zu DP 13	Hill et al. (1998)
Asp, Glu, α-Aminoadipins.	CDI oder 1-Ethyl-3-(3-di-methylaminopropyl)carbo-diimide (EDAC)	Oligomerisierung bis zu DP 10 mit nur CDI only	Liu und Orgel (1998a)
Arg	CDI+ verschiedene Mine-ralien	OligoArg bis zu DP 10 mit Illit oder FeS_2	Liu und Orgel (1998b)
Glu	Polykond. in konz. NaCl-Lösung	OligoGly bis DP 14	Wang et al. (2005)
Glu	Vergleich von NaCl- und KCl- Lösungen	OligoGly bis zu DP 9 nur mit KCl	Dubina et al. (2013)

folgenden Publikation, Ehler et al. (1977), wurde die intermediäre Entstehung von NCAs dadurch bestätigt, dass mit Ser und Thr keine Oligopeptide erhalten wurden, sondern die in Schema 3.1 formulierten Umlagerungsprodukte der inter-mediär gebildeten NCAs.

Zwanzig Jahre später wurden die Modellpolymerisationen mit CDI wieder auf-genommen, wobei nun die gut wasserlöslichen prAS Asp, Glu und O-phosphor-yliertes Ser zum Einsatz kamen (Hill und Orgel 1996; Hill et al. 1998; Böhler et al. 1996). Während bei den ersten Versuchen von Ehler mit Gly nur Poly-merisationsgrade (DPs) bis zu 5 erreicht wurden, konnten nun Oligopeptide mit DPs im Bereich 10–20 chromatographisch nachgewiesen werden, wobei sich Katalyse mit Magnesiumionen als hilfreich erwies. Ferris et al. (1996) gelang es sogar unter Zuhilfenahme von Mineralien wie Illit und Hydroxyapatit Poly(Glu) bis zu einem DP von 50 chromatographisch zu identifizieren. Allerdings blieb dieser Erfolg auf die Polymerisation von Glu beschränkt und konnte mit keiner anderen prAS auch nur annähernd wiederholt werden. Liu und Orgel (1998a, b) konzentrierten ihre Untersuchungen ebenfalls auf Aminodicarbonsäuren sowie auf

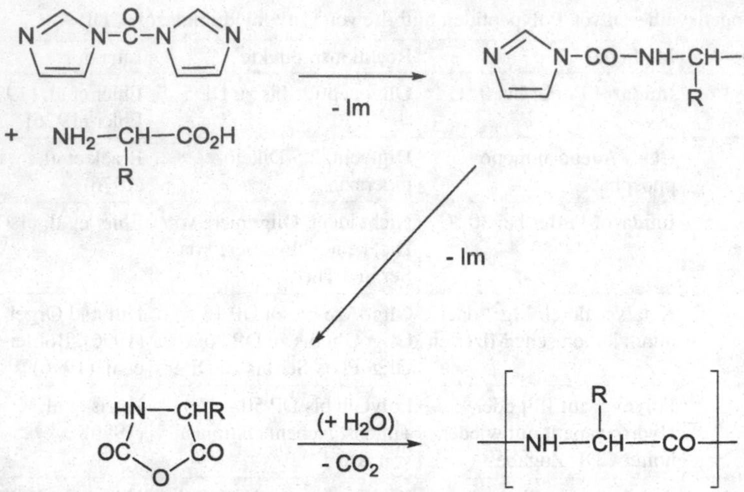

Schema 6.2 Polymerisation von Aminosäuren mithilfe von Carbonyldiimidazol

die Mithilfe verschiedener Mineralien, welche die prAS- NCAs durch Adsorption an ihrer Oberfläche anreichern sollten. Aber DPs oberhalb von 20 wurden nicht erzielt. Bei Verwendung eines wasserlöslichen Carbodiimides anstelle von CDI wurden außerdem nennenswerte Mengen an 2,5-Diketopiperazinen erhalten. Positiv hervorzuheben ist aber, dass es in Gegenwart von FeS_2 gelang, Oligoarginine bis zu einem DP von 10 zu produzieren.

Bei den von Wang et al. (2005) oder Dubina et al. (2013) durchgeführten Experimenten ging es um die Frage, ob und inwieweit konzentrierte Salzlösungen bei der Polymerisation von Glu mittels CDI hilfreich sein können. Dubina et al. fanden, dass KCl- Lösungen vorteilhafter seinen als NaCl-Lösungen, aber DPs > 10 konnten nicht erreicht werden.

So schön diese mit CDI aktivierten Polymerisationen einiger wasserlöslicher prAS als wissenschaftliche Modellsysteme auch sein mögen, für die Hypothese einer chemischen Evolution sind sie völlig irrelevant, und zwar aus mehreren Gründen. Erstens, CDI ist sehr hydrolyseempfindlich und reagiert blitzschnell mit Ammoniak und anderen Aminen. Zweitens, für die Entstehung großer Mengen CDI fehlt auch schon ein Mechanismus für eine effiziente Bildung von Imidazol unter präbiotischen Bedingungen und erst recht eine Erklärung für die Entstehung von CDI selbst. Drittens, lassen sich einige prAS (z. B. Ser, Thr, Cys, His, Lys) mittels CDI nicht polymerisieren, weil sich die intermediär gebildeten NCAs schell umlagern. Viertens, wurden alle Polymerisationen in Abwesenheit potenzieller Kettenabbrecher wie Aldehyde und Carbonsäuren durchgeführt.

6.4 Verschiedene Methoden

In diesem Abschnitt und in Tab. 6.4 sind alle Modellsynthesen von Oligopeptiden summiert, die nicht unter die zuvor diskutierten Polymerisationsmethoden fallen. Die verschiedenen Methoden lassen sich in zwei Gruppen gliedern, erstens, in Polykondensationen, bei denen ein reaktives Kondensationsmittel zur Anwendung kam, und zweitens, Polykondensationen in konzentrierten Salzlösungen ohne chemische Aktivierung von Amino- oder Carboxylgruppe. Diese zweite Methodik wird als „*salt-induced polycondensation*" (SIP) bezeichnet.

Tab. 6.4 Synthesen von Oligopeptiden mittels verschiedener Methoden

Monomere	Methode/ Kondensationsmittel	Reaktionsprodukte	Literatur
Gly, Leu	Cyanamid + UV	Tripeptide und Tetra- peptide	Ponnamperuma und Peter- son (1965)
Ala, Leu, Phe, His	Cyanamid + ATP (80 °C)	Oligopeptides bis DP 4	Hawker und Oro (1981)
Ala, Glu, Leu	Dicyanadiamid	Di- und Tripeptide	Steinman et al. (1965), Steinmann (1967)
Phe	COS in H_2O	Di- und Tripeptide	Lehman et al. (2004)
Asp, β-Amino- glutamins., β-Aminoadipins.	1-Ethyl-3(3-dimethyl aminopropyl)carbodi- imid (EDAC)	Oligoamide bis zu DP 6	Liu und Orgel (1998a)
Asp, β-Amino glutars.	EDAC + Illit oder Hydroxyapatit	Oligoamide bis zu DP 10 + versch. Polymere	Liu und Orgel (1998a)
Gly	Als Methylester + Cu^{2+} in org. Lösungsm.	OligoGly bis DP 9	Brack et al. (1975)
Gly,	Aktiviert als Thioester von N-Acetyl Cys	Oligoglycine bis zu DP 4	Weber und Orgel (1979a)
Gly	Aktiviert als 2′(3′) Ester von AMP oder GMP	Diglycine + Diketo- piperazine	Weber und Orgel (1978, 1981)
Gly + 12 protein. α-AS	Gly aktiviert als 2′(3′) ester von GMP	12 Gly-Dipeptide	Weber und Orgel (1979b)
Gly, Ala, Val Asp, Glu	Cu^{2+}-Katalyse in konc. NaCl-Lösung (SIP- Methode)	Dipeptide + Spuren von Tri- und Tetra- peptiden	Schwendinger und Rode (1989, 1991, 1992), Schwendiger et al. (1995), Rode und Schwendiger (1990), Rode (1999), Sae- tia et al. (1993), Eder und Rode (1994), Suwannachot et al. (1998)
Gly, Phe, Leu, Val	Aktiviertes Al_2O_3 + Hitze (85–200 °C)	Hauptsächlich Dipeptide, und bis zu Gly_5 + Diketopip	Bujdak und Rode (2001, 2002, 2003)

Die frühesten Experimente (Ponnamperuma und Peterson et al. 1965; Steinman et al. 1965; Steinman 1967; Hawker und Oro 1981) haben gemeinsam, dass Cyanamid oder Dicyandiamid als Kondensationsreagenzien eingesetzt wurden, und dass DPs oberhalb von 4 nicht erreicht wurden. Mit COS als Kondensationsmittel waren die Resultate auch nicht besser (Lehmann et al. 2004). Bei Verwendung eines wasserlöslichen Carbodiimides wurden immerhin schon ein DP von 6 erzielt und bei Zugabe von Hydroxyapatit ein DP von 10 (Liu und Orgel 1998a). Es zeigt sich also auch hier, wie bei den Versuchen von Paecht-Horowitz (Tab. 6.2) sowie bei den Versuchen von Ferris et al. (1996), Hill et al. (1998) und Liu und Orgel (1998a) mit CDI, dass die Anwesenheit geeigneter Mineralien den DP erheblich steigern kann.

Weber und Orgel (1978, 1979a, 1979b, 1980, 1981) führten umfangreiche Untersuchungen mit reaktiven Glycinestern durch. Sie berücksichtigten dabei die Tatsache, dass ja bei der Proteinsynthese in lebenden Organismen die prAS auch als Riboseester zum Einsatz kommen. In den Modellversuchen konnte jedoch ein DP von 4 nicht überschritten werden. Auch bei den zahlreichen Versuchen der Arbeitsgruppe von B. M. Rode (Rode und Schwendinger 1990; Rode 1999) mithilfe der SIP-Methode und Kupferkomplexen verschiedener prAS Oligopeptide zu synthetisieren, konnte ein DP von 4 nicht übertroffen werden. Von all den in Tab. 6.4 zusammengefassten Synthesemethoden lässt sich also sagen, dass sie allein schon dadurch, dass sie nur zu sehr niederen Polymerisationsgraden führten, als Modelle für eine chemische Evolution von Proteinen nicht infrage kommen.

Schließlich soll eine Arbeit von D. H. Lee et al. (1996) diskutiert werden, die unter dem faszinierenden Titel „A self-replicating peptide" publiziert wurde. Die Publikation beginnt mit der Aussage „The production of amino acids and their condensation to polypeptides under plausible prebiotic conditions have long been known". Das ist bestenfalls eine Viertelwahrheit. Dann lernt man aus dem Text, dass keinesfalls eine Peptidsynthese aus prAS-Derivaten gemeint ist, sondern die Kopplung zweier Fragmente, von denen das eine aus 17 AS-Einheiten besteht und das zweite aus 15 AS. Das 17er-Fragment hat eine $Amino_2$-Schutzgruppe und ist als Thiobenzylester (CO-SBn) aktiviert. Das 15er-Fragment besitzt eine freie NH_2-Endgruppe sowie ein $CO-NH_2$-Ende. Die beiden Fragmente können also gar nicht anders als zu einem 32er-Polypeptid kondensieren, allerdings mit Nebenreaktionen. Lee et al. fanden nun, dass Zugabe eines 32er-Peptids mit gleicher Sequenz (eine Domaine aus dem Hefe-Transkriptionsfaktor GCN4) die Kopplung der zwei reaktiven Bruchstücke begünstigt, sodass das 32er-Peptid schneller und mit weniger Nebenreaktionen entsteht. Da das neu gebildete 32er-Peptid ebenfalls als Template agieren kann, ergibt sich ein Autokatalysemechanismus.

Dies ist sicherlich ein hervorragendes wissenschaftliches Ergebnis, aber aus mehreren Gründen für die Begründung einer chemischen Evolution wenig hilfreich. Erstens gibt es diesen Templateeffekt nicht für den Aufbau von Proteinen aus Aminosäuren. Zweitens, fehlt es an der präbiotischen Synthese aller 20 prAs. Drittens, fehlt es an einer präbiotischen Synthese von Thioestern. Viertens, setzt es Homochiralität aller beteiligten Komponenten voraus. Fünftens, auch wenn alle zuvor genannten Probleme gelöst wären, würde eine selbstreplizierende

Proteinsynthese nur im Rahmen der Protein-Welt-Hypothese (Abschn. 2.1) von Bedeutung sein, nicht aber zum Konzept der RNA-Welt-Hypothese passen. Der Schlusssatz macht das Dilemma deutlich: „Given that amino acids and polypeptide species could have been produced under prebiotic conditions, the possibility of self-replicating peptide sequences should be considered in the early evolution of living systems." Das Problem mit derartigen Publikationen besteht vor allem darin, dass sie von anderen Autoren, die sie nicht gelesen oder verstanden haben, als Beispiel für gelungene Beiträge zur Erklärung der chemischen Evolution zitierte werden (Kaiser 2009).

6.5 Bewertung der Modellsynthesen

Zunächst soll hier nachgetragen werden, dass einige Forscher Versuche unternommen haben, die Oligomerisation von Blausäure zu einem Vorläufer einer präbiotischen Proteinsynthese hochzustilisieren, weil bei der Hydrolyse der HCN-Oligomere auch einige prAS chromatographisch nachgewiesen wurden, insbesondere Glycin (Matthews et al. 1966; Moser et al. 1968). Die Reaktionsbedingungen waren jedoch so fern aller Plausibilität für ein präbiotisches Szenario, dass sich eine ausführlichere Diskussion erübrigt.

Fasst man die Ergebnisse aller zuvor dargestellten Modellversuche zur Polypeptidsynthese zusammen, so ergibt sich erfreulicherweise ein einheitliches und eindeutiges Bild. Auch nach ca. 60 Jahren Forschung über Modellsynthesen von Polypeptiden ist es nicht gelungen, ein auch nur annähernd realistisches Modell zu finden, das eine Entstehung von Proteinen unter präbiotischen Bedingungen erklären könnte. Diese Beurteilung basiert vor allem auf drei Kriterien.

- Die meisten Synthesemethoden haben keinen DP > 5 zustande gebracht.
- Da, wo DPs > 10 realisiert werden konnten, waren Aktivierungsmethoden im Spiel, die für die Bedingungen einer chemischen Evolution unrealistisch sind.
- Bei der thermischen Polykondensation verhindert unrealistische Zusammensetzung der Aminosäuregemische, teilweise Zersetzung von prAS (z. B. Cys, Thr) und vor allem weitgehende Racemisierung die Akzeptanz.

Damit bestätigt sich endgültig das schon bei der Bewertung der Aminosäuresynthesen (Kap. 4) gefällte Urteil: Die experimentellen Ergebnisse aller Modellexperimente zum Thema Proteinsynthese sind der Hypothese einer reduktionistisch-deterministischen Evolution diametral entgegengesetzt.

Aus dieser Situation können die Anhänger der RNA-Welt insofern ein positive Votum für ihre Vision ableiten, als man schlussfolgern kann, dass die präbiotische Bildung von Proteinen eben einen aus RNAs bestehenden Syntheseapparat erfordert hat. Eine derartige Schlussfolgerung verschärft aber die Anforderungen an die Entstehung der RNA-Welt. Es ist nun nicht mehr ausreichend, zu erklären, wie höhermolekulare RNA-Ketten gebildet wurden, sondern man muss nun auch erklären, wie eine „Fabrikationsanlage" für die Erzeugung homochiraler Proteine entstanden ist. Man muss erklären, wie der genetische Code für 20 prAS zustande kam, warum gerade diese zwanzig prAS ausgewählt wurden, warum die Aktivierung der prAS als Ester von Transfer-RNAs entwickelt wurde, und man muss vor allem auch erklären, warum sich die RNAs nicht mit der eigenen Vermehrung zufrieden gegeben, sondern sich um die Produktion von Proteinen bemüht haben.

Schließlich soll erwähnt werden, dass das Fehlen einer spontanen (RNA-unabhängigen) Proteinsynthese auch ein Todesstoß für die Vision vom glücklichen Zufall ist (Hypothese II in, Kap. 2): Wenn keine Proteine in der Ursuppe vorhanden waren, kann die erste Zelle auch nicht durch ein glückliches Zusammentreffen aller in der Ursuppe (zumindest minimal) vorhandenen Komponenten entstanden sein.

Literatur

Balbiano L (1900) Ber Dtsch Chem Ges 33:2323
Balbiano L (1901) Ber Dtsch Chem Ges 34:1501
Böhler C, Hill Jr AR, Orgel LE (1996) Orig Life Evol Biosph 26:539–545
Brack A, Louembe D, Spach G (1975) Orig Life 6:407
Brack A, Ehler KW, Orgel LE (1976) J Mol Evol 8:307
Bujdak J, Rode BM (2001) Amino Acids 21:281–291
Bujdak J, Rode BM (2002) Inorg Biochem 90:1–7
Bujdak J, Rode BM (2003) J Therm Anal Cal 73:397
Chung NM, Lohrmann R, Orgel LE (1971) Tetrahedron 21:1205
Curtius T, Benrath A (1904) Ber Dtsch Chem Ges 37:1270
Dubina MV, Vyazmin SY, Boitsov VM, Nikolaev EN, Popov IA, Kononikin AS, Elisev IE, Natochin IV (2013) Orig Life Evol Biosph 43:109–117
Eder AH, Rode BM (1994) J Chem Soc Dalton Trans, 1125
Ehler KW (1976) J Org Chem 41:3041
Ehler KW, Orgel LE (1976) J Mol Evol 8:307
Ehler KW, Girard E, Orgel LE (1977) Biochem Biophys Acta 491:253
Ferris JP, Hill Jr AR, Orgel LE (1996) Natur 381:59
Fox SW, Dose K (1977) Marcel Dekker, New York
Fox SW, Harada K (1960) J Am Chem Soc 82:3745
Fox SW, Middlebrook M (1954) Fed Proc 13:211
Fox SW, Vegotsky A, Harada K, Hogland PD (1957) Ann N Y Acad Sci 69:328
Fox SW, Harada K, Rohlfing DL (1962) In: Stahmmann AM (Hrsg) Polyamino acids, polypeptides and Proteins. University of Wisconsin Press, Madison, Paper 5
Harada K (1959) Bull Chem Soc Jap 32:626
Harada K, Fox SW (1958) J Am Chem Soc 80:2694
Harada K, Fox SW (1965a) Arch Biochem Biophys 109:49
Harada K, Fox SW (1965b) In: Fox SW (Hrsg) The origin of prebiological systems. Academic Press, New York
Hawker JR, Oro J (1981) J Mol Evol 17:285–294
Heinrich MR, Rohlfing DL, Bugna E (1969) Arch Biochem Biophys 130:441
Hill AR, Orgel LE (1996) Orig life evol Biosph 1996(26):539–545
Hill Jr AR, Böhler C, Orgel LE (1998), 28, 235–243
Kaiser PM (2009) In: Neukamm M (Hrsg) Die Chemische Evolution in Evolution im Fadenkreuz des Kreationismus. Vandenhoek & Ruprecht, Göttingen
Katchalski A, Paecht M (1954) J Am Chem Soc 1954(76):600
Katchalsky E (1951) Adv Protein Chem 6:123

Krampitz G (1962), In: Stahmann AM (Hrsg) Polyamino acids, polpeptides and proteins. University of Wisconsin Press, Madison, Paper 5
Lee DH, Granja JR, Martinez JA, Severin K, Ghadiri MR (1996) Nature 382(6591):525–528
Lehman L, Orgel LE, Ghadiri MR (2004) Science 306:283
Lewinson R, Paecht-Horowitz M, Katchalski A (1967) Biochem Biophys Acta 140:24
Liu R, Orgel LE (1998a) Orig Life Evol Biosph 28:47
Liu R, Orgel LE (1998b) Orig Life Evol Biosph 28:245
Matthews CN, Moser RE (1966) Proc Natl Acad Sci USA 56:1087
Meggy AB (1954) J Chem Soc, 1444
Moser RE Chaggett AR, MatthewsCN (1968) Tetrhedron Lett 13, 1005
Paecht-Horowitz M (1974) Orig Life Evol Biosph 5:173
Paecht-Horowitz M (1976) Orig Life Evol Biosph 7:369
Paecht-Horowitz M (1978) J Mol Evol 11:101–107
Paecht-Horowitz M (1984) Orig Life Evol Biosph 14:307
Paecht-Horowitz M, Eirich FR (1988) Orig Life Evol Biosph 18:359
Paecht-Horowitz M, Katchalski A (1967) Biochem Biophys Acta 140:14
Paecht-Horowitz M, Katchalski A (1973) J Mol Evol 2:91–95
Paecht-Horowitz M, Berger J, Katchalski A (1970) Nature 20:636
Ponnamperuma C, Peterson E (1965) Science 147:1572
Rode BM (1999) Peptides 20:773
Rode BM, Schwendinger MG (1990) Orig Life Evol Biosph 20:401
Saetia S, Riedl KR, Eder AH, Rode BM (1993) Orig Life Evol Biosph 23:167
Schramm G, Wissmann H (1958) Chem Ber 91:1073
Schwendinger MG, Rode BM (1989) Anal Sci 5:411
Schwendinger MG, Rode BM (1991) Inorg Chim Acta 186:247–251
Schwendinger MG, Rode DM (1992) Orig Life Evol Biosph 22:349–359
Schwendinger MG, Tauler R, Saetia S, Kromer R, Rode BM (1995) Inorg Cim Acta 228:207–214
Steinman G (1967) Arch Biochem Biophys 1967(121):533–539
Steinman G, Lemmon RM Calvin M (1965) Science 1965, 147, 1574
Suwannachot Y, Rode BM (1998) Orig Life Evol Biosph 28:79–90
Wang KJ, Yao N, Li C (2005) Orig Life Evol Biosph 35:313–322
Weber AL, Orgel (1978) J Mol Evol 11:189–198
Weber AL, Orgel LE (1979a) J Mol Evol 13:193–202
Weber AL, Orgel LE (1979b) J Mol Evol 13:185–192
Weber AL, Orgel LE (1980) J Mol Evol 16:1
Weber AL, Orgel LE (1981) J Mol Evol 17:190–191
Willis C, Bada J (2000) The spark of life, Perseus Publications, Cambridge

Modellsynthesen von Oligo- und Polynucleotiden

7

Es erfordert mehr Mut seine Ansicht zu ändern, als an ihr festzuhalten.

(Norrisat Perseshkian)

Inhaltsverzeichnis

7.1 Verschiedenen Synthesemethoden

Die ersten Untersuchungen zur präbiotischen Bildung von Poly(ribonucleotiden) (Tab. 7.1) wurden schon kurz vor 1960 veröffentlicht (Khorana et al. 1956, 1957; Tener et al. 1958; Michelson 1959). A. M. Michelson polymerisierte die 2′,3′-Zyklophosphate aller vier Nucleoside mithilfe von Phenylphosphorochloridat (Schema 7.1) und erhielt Gemische von 2′,5′- und 3′,5′-verknüpften Nucleosidpolyphosphaten (Schema 7.2a). Dieser Autor beschrieb auch eine schrittweise Synthese bis hin zu einem DP 6. Khorana und Mitarbeiter (Khorana et al. 1956, 1957; Tener et al. 1958; Coutsogeorgopoulos und Khorana 1964) verwendeten Dicyclohexylcarbodiimid als Kondensationsmittel und umgingen die Problematik der unerwünschten Verknüpfung der 2′-OH-Gruppe zunächst dadurch, dass mit Thymidylsäure ein Deoxyribonucleosid eingesetzt wurde (Schema 7.3a). Bei einer späteren Arbeit (Coutsogeorgopoulos und Khorana 1964) wurde die 2′-OH-Gruppe des Uridins mit einem Acetylrest blockiert und das 3′-Phosphat zur Polykondensation eingesetzt (Schema 7.3b). Es wurden Oligonucleotide bis zu DP 6 isoliert und DPs bis zu 11 chromatographisch identifiziert.

© Springer-Verlag GmbH Deutschland, ein Teil von Springer Nature 2019
H. R. Kricheldorf, *Leben durch chemische Evolution?*,
https://doi.org/10.1007/978-3-662-57978-7_7

Tab. 7.1 Synthesen von Oligo- und Polynucleotiden durch Polykondensation von Mononucleotiden mittels verschiedener Kondensationsmittel oder durch ringöffnende Polymerisation

Ausgangsmaterialien	Methode (Kondensationsmittel)	Produkte	Literatur
AMP, GMP, CMP, UMP, TMP	Diphenylphosphorochloridat oder Tetraphenylpyrophosphat	Oligonucleotide (bis zu DP 12)	Michelson (1959)
Adenosin Diethylpyrophosphat	Hitze	Oligo(adenylsäure)	Cramer (1961)
AMP, CMP, GMP, TMP, UMP	Ethylmetaphosphat	Polynucleotide	Schramm et al. (1961, 1962); Schramm (1965)
TMP	Ethylmetaphosphat	Komplexe polyphosphate	Hayes und Hansbury 1964
CMP	Polyphosphorsäure	Oligo- und Poly(cytidylsäure)	Schwartz et al. (1965)
TMP	Dicyclohexylcarbodiimid oder Tosylchlorid + Pyridin	Lineare + zyklische Oligomere bis zu DP 5	Khorana et al. (1956, 1957); Gilham und Khorana (1958); Tener et al. (1958)
2'-Acetyl-uridin-5'-phosphat	Dicyclohexylcarbodiimid + Pyridin	Oligo(uridylsäure) bis zu DP 10	Coutsogeorgopoulos und Khorana (1964)
AMP od. dAMP	Wasserlösl. Carbodiimide + Template	Oligonucleotide	Sulston et al. (1968a, b); Schneider-Bernloher et al. (1968)
TMP	Cyanamid + Montmorillonit	Lineare + zyklische Oligonucleotide	Ibanez et al. (1971)
O^2,'5'-Cyclothymidin-3'-Phosphat	Ringöffnende Polymerisation (ROP)	Oligo(T) bis zu DP 12	Nagyvary und Nagpal (1972)
Adenosin-2',3'-zyklophosphat	ROP mit und ohne Poly(U)-Templat	AapAp oder Oligonucleotide bis DP 6	Renz et al. (1971); Verlander et al. (1973, 1974)

Von G. Schramm und Mitarbeitern (Schramm et al. 1961, 1962; Schramm 1965) wurde zahlreiche Polykondensationsversuche mit Nucleosid-5'-monophosphaten unternommen, bei denen Phosphorsäureanhydride als Kondensationsmittel zur Anwendung kamen, da diese im Unterschied zu den zuvor genannten Kondensationsmittel eine, wenn auch geringe, Existenzwahrscheinlichkeit unter präbiotischen Bedingungen besitzen. Allerdings wurde von anderen Autoren (Hayes und Hansbury 1964) später nachgewiesen, dass bei den Schramm'schen Versuchen keine längeren Polynucleotidsequenzen entstehen und das Problem der 2'-Verknüpfung blieb ebenfalls ungelöst. Dieser negative Aspekt ist auch für die Polykondensationsversuche von Fox und Mitarbeitern (Schwartz et al. 1965) zutreffend, der Polyphosphorsäure als Polykondensationsmittel einsetzte. Nur bei Cytidylsäure gelangen Oligomersynthesen und die Ausbeuten aller Versuche blieben unter 1,7 %!

Die Arbeitsgruppe von L. E. Orgel widmete sich ab 1968 der Polynucleotidsynthese (Sulston et al. 1968a, b; Schneider-Bernloehr et al. 1968). Vor allem wurde Adenylsäure (AMP) als Monomer verwendet und ein wasserlösliches Carbodiimid (Schema 7.1) als Kondensationsmittel. Ein erstes interessantes Ergebnis war die Beobachtung, dass ein Zusatz von Poly(uridylsäure)

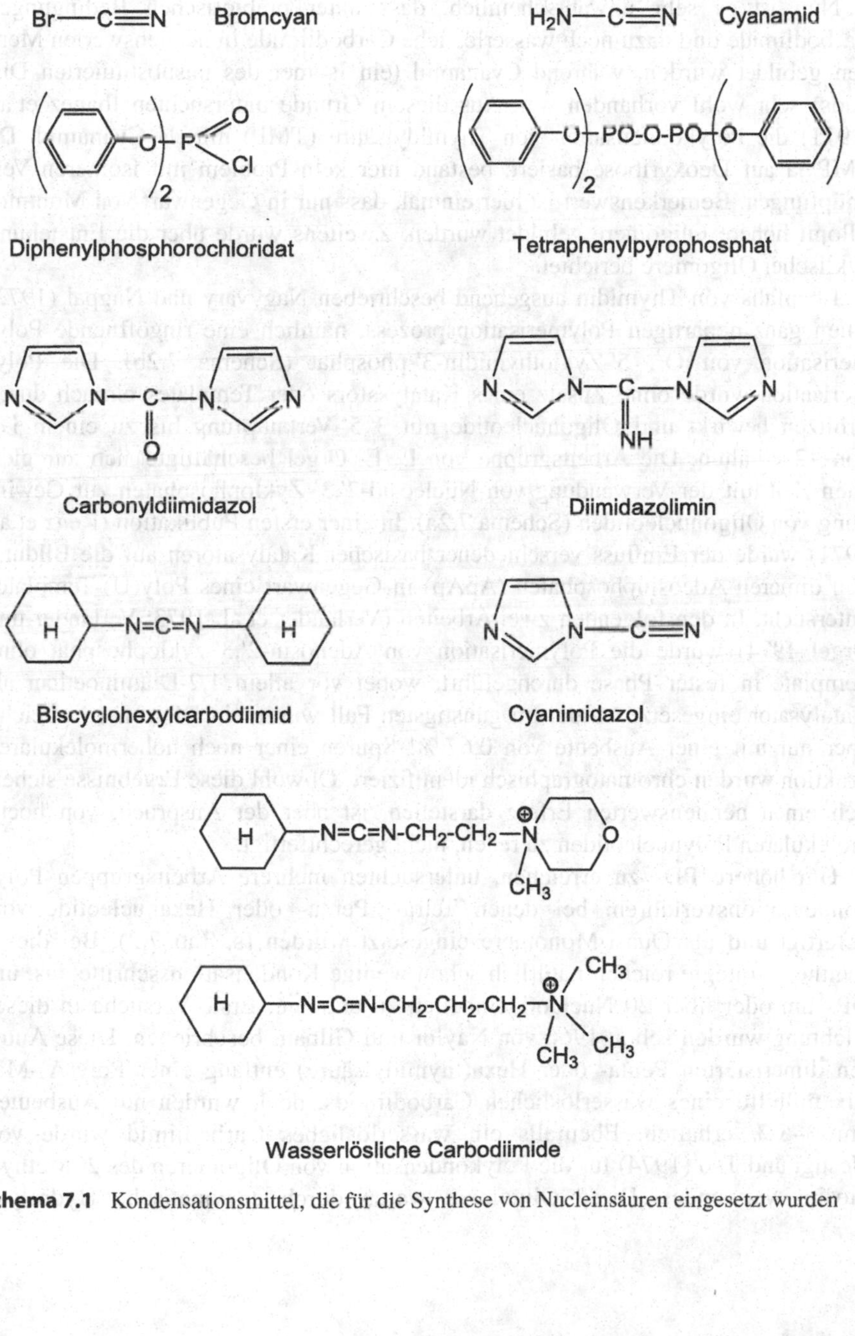
Br—C≡N
Bromcyan
H2N—C≡N
Cyanamid
O
P
Cl
O
2
Diphenylphosphorochloridat
O
PO-O-PO
O
2
Tetraphenylpyrophosphat
N
N—C—N
N
O
Carbonyldiimidazol
N
N—C—N
N
NH
Diimidazolimin
H
—N=C=N—
H
Biscyclohexylcarbodiimid
N
N—C≡N
Cyanimidazol
H
—N=C=N-CH2-CH2—N
O
CH3
H
—N=C=N-CH2-CH2-CH2—N
CH3
CH3
CH3
Wasserlösliche Carbodiimide

Schema 7.1 Kondensationsmittel, die für die Synthese von Nucleinsäuren eingesetzt wurden

(Poly(U)) als spezifisches Template die Kondensation beschleunigt und die Ausbeute erhöht. Dann wurden Gemische von zwei oder mehr Nucleinsäuren eingesetzt und gefunden, dass die Präsenz von Poly(U) zu einer hohen Selektivität zu Gunsten einer Kondensation von AMP führt. Es wurden aber stets nur Dimere mit meist niederen Ausbeuten hergestellt. Bei der Kondensation von DeoxyAMP wurde in Gegenwart von Poly(U) fast nur das Pyrophosphat erhalten und bei der Umsetzung von AMP mit Adenosin der 5',5'-Phosphorsäurediester.

Nun ist es sehr unwahrscheinlich, dass unter präbiotischen Bedingungen Carbodiimide und dazu noch wasserlösliche Carbodiimide in nennenswerten Mengen gebildet wurden, während Cyanamid (ein Isomer des unsubstituierten Diimids) sehr wohl vorhanden war. Aus diesem Grunde untersuchten Ibanez et al. (1971) die Polykondensation von Thymidylsäure (TMP) mittels Cyanamid. Da TMP ja auf Deoxyribose basiert, bestand hier kein Problem mit isomeren Verknüpfungen. Bemerkenswert ist hier einmal, dass nur in Gegenwart von Montmorillonit höhere Oligomere gebildet wurden. Zweitens wurde über die Entstehung zyklischer Oligomere berichtet.

Ebenfalls von Thymidin ausgehend beschrieben Nagyvary und Nagpal (1972) einen ganz neuartigen Polymerisationsprozess, nämlich eine ringöffnende Polymerisation von O^2, 5'-Zyklothymidin-3'-phosphat (Schema 7.2b). Die Polymerisation wurde ohne Zusatz eines Katalysators oder Templates einfach durch Erhitzen bewirkt und Oligonucleotide mit 3',5'-Verknüpfung bis zu einem DP von 12 erhalten. Die Arbeitsgruppe von L. E. Orgel beschäftigte sich zur gleichen Zeit mit der Verwendung von Nucleosid-2',3'-Zyklophosphaten zur Gewinnung von Oligonucleotiden (Schema 7.2a). In einer ersten Publikation (Renz et al. 1971) wurde der Einfluss verschiedener basischer Katalysatoren auf die Bildung von dimeren Adeosinphosphaten (ApAp) in Gegenwart eines Poly(U)-Templates untersucht. In den folgenden zwei Arbeiten (Verlander et al. 1973; Verlander und Orgel 1974) wurde die Polymerisation von Adenosin-2',3'-zyklophosphat ohne Template in fester Phase durchgeführt, wobei vor allem 1,2-Diaminoethan als Katalysator eingesetzt wurde. Im günstigsten Fall wurde ein DP von 13 erreicht, aber nur mit einer Ausbeute von 0,67 %! Spuren einer noch höhermolekularen Fraktion wurden chromatographisch identifiziert. Obwohl diese Ergebnisse sicherlich einen nennenswerten Erfolg darstellen, ist aber der Anspruch, von hochmolekularen Polynucleotiden zu reden, nicht gerechtfertigt.

Um höhere PDs zu erreichen, untersuchten mehrere Arbeitsgruppen Polykondensationsverfahren, bei denen Tetra-, Penta- oder Hexanucleotide vorgefertigt und als Quasi-Monomere eingesetzt wurden (s. Tab. 7.2). Bei dieser Synthesestrategie reichen natürlich schon wenige Kondensationsschritte aus, um DPs um oder über 20 Nucleotideinheiten zu erzielen. Erste Versuche in dieser Richtung wurden schon 1966 von Naylor und Gilham beschrieben. Diese Autoren dimerisierten Penta- oder Hexa(thymidylsäure) entlang einer Poly(A)-Matrix mithilfe eines wasserlöslichen Carbodiimids, doch wurden nur Ausbeuten um 3–5 % erhalten. Ebenfalls ein wasserlösliches Carbodiimid wurde von Uesugi und Tso (1974) für die Polykondensation von Oligomeren des 2'-Methylinosins verwendet. Diese Oligomere waren durch enzymatische Hydrolyse

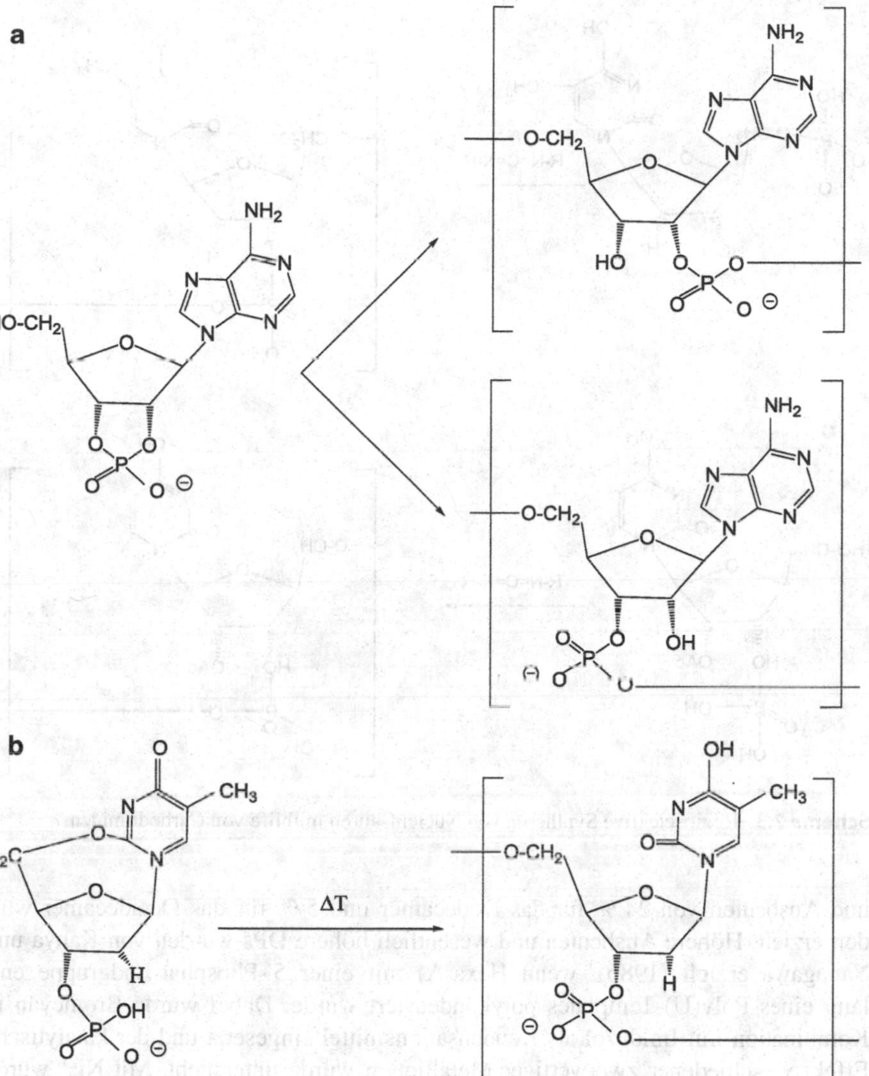

a

b

ΔT

Schema 7.2 Beispiele für Nucleinsäuresynthesen durch ringöffnende Polymerisation

von 2′-methylierte Poly(inosinsäure) erhalten worden und enthielten an einem Kettenende eine 3′-Phosphatgruppe. In Gegenwart von Poly(C) als Template konnten bis zu 5 Kopplungsschritte erreicht und damit Polynucleotide mit DPs bis zu etwa 30 erhalten werden.

Nur zwei oder drei Kopplungsschritte erreichten Usher und Mc Hale 1976 bei der Verknüpfung von Hexa(adenylsäure) mit einer 2′,3′-Zyklophosphat-Endgruppe entlang einer Poly(U)-Matrix. 1,2-Diaminoethan wurde als Katalysator verwendet

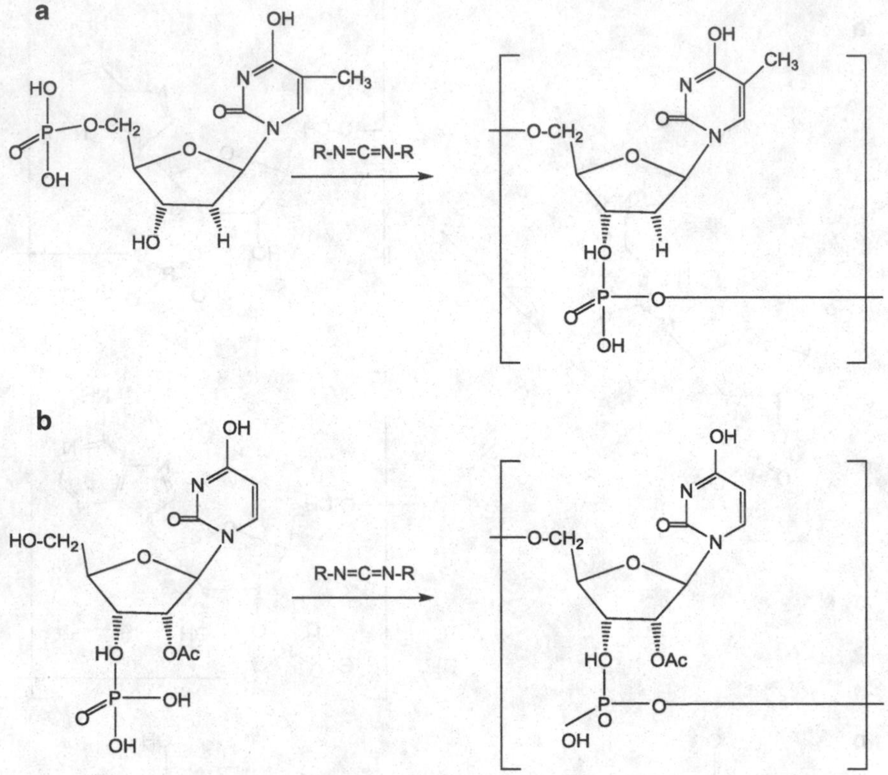

Schema 7.3 Regioselektive Synthesen von Nucleinsäuren mithilfe von Carbodiimiden

und Ausbeuten von 24 % für das Dodecamer und 5 % für das Octadecamer wurden erzielt. Höhere Ausbeuten und wesentlich höhere DPs wurden von Kanya und Yanagawa erzielt (1986), wenn Hexa(A) mit einer 5′-Phosphat-Endgruppe entlang eines Poly(U)-Templates polykondensiert wurde. Dabei wurde Bromcyan in Kombination mit Imidazol als Kondensationsmittel eingesetzt und der katalytische Effekt verschiedener zweiwertiger Metallionen wurde untersucht. Mit Ni^{2+} wurde die höchste Selektivität an 3′-5′-Verknüpfungen erreicht. Die Gesamtausbeute an Oligomeren belief sich auf ca. 60 %. Der höchste DP an AMP-Einheiten, der identifiziert wurde, betrug 48 (entsprechend 8 Kopplungsschritten). Cyanoimidazol und Diimidazolimin (Schema 7.1) wurden als reaktive Zwischenstufen identifiziert. Eine ausführliche Diskussion dieser Imidazolderivate hinsichtlich ihrer Eignung als Kondensationsmittel in der Polynucleotidsynthese wurde von Ferris et al. 1989 publiziert. Cyanoimidazol war auch das Kondensationsmittel, mit dem Horowitz et al. (2010) Tetranucleotide entlang einer komplementären Matrix polykondensierten und dabei einen DP-Rekordwert von 100 Nucleotideinheiten erreichten. Der entscheidende Schlüssel zu diesem Erfolg war der Zusatz von multizyklischen Heterozyklen (z. B. Proflavin, Coralyn), die in die Oligonucleotide und in die entstehende

Tab. 7.2 Verknüpfung vorgefertigter Oligonucleotide (Geordnet nach zeitlicher Reihenfolge)

Ausgangsmaterialien	Methode	Reaktionsprodukte	Literatur
Penta(T) oder Hexa(T)	Poly(A), wasserlösl. Carbodiimid	Deca(T) oder Dodeca(T) 3–5 % Ausb	Naylor und Gilham (1966)
Oligo-(2'-O-methylinosin-3'-phosphat)	Wasserlösliches Carbodiimid + Templat	Oligonucleotide	Uesugi und Tso (1974)
Hexa(A) mit zyklischem Kettenende	Ethylendi-amin + Poly(U)-Templat	Dodeca(U) und Octadeca(U)	Usher und Mc Hale (1976)
Hexa(A) = (p(A)$_6$)	Bromcyan + Imidazol + Metall-ionen + Poly(U)-Templat	Poly(A) bis zu DP 48	Kanya und Yanagawa (1986)
3'-Aminodinucleotide	Wasserlösliches Carbodiimid plus Template	Tetranucleotide mit 3'-5'Phosphoramidatbindung	Zielinski und Orgel et al. (1987)
Oligonucleotide aus DNA oder RNA	Wasserlösl. Carbodiimid, DNA, Template	Doppelhelixsegmente	Dolinnaya et al. (1988)
Oligonucleotide aus DNA oder RNA	Vergleich von BrCN und wasserlösl. Carbodiimid	Doppelhelixsegmente	Dolinnaya et al. (1991)
Oligonucleotide	Wasserl. Carbodiimide plus Template	Längere Oligonucleotide	Harada und Orgel (1994)
Nucleosidtriphosphate	Template und Metallionen	Oligonucleotide	Rohatgi et al. (1996a)
Verschiedene Oligonucleotide	Na-Trimetaphosphat, versch. Template, Mg^{2+}	Dimerisierung oder Trimerisierung der Oligonucleotide	Gao und Orgel (2000)
d(CGTA)	N Cyanoimidazol + Ethidiumbromid	Zyklische Oligomere und Polynucleotide bis zu DP 100	Horowitz et al. (2010)
Temporär 2'-acetylierte Nucleotide	N-Cyanimidazol, Plus Template	Oligonucleotide mit hohem Anteil an3'-5-phosphodiestergruppen	Bowler et al. (2013)

Doppelhelix so interkalieren, dass eine Versteifung eintritt, welche Zyklisierungs-reaktionen der Oligonucleotide verhindert. Ohne Zusatz der Interkalierungsmittel waren zyklische Tetra- und Oktanucleotide die Hauptreaktionsprodukte. Von anderen Autoren, die Polykondensationen von monomeren oder oligomeren Nucleotiden untersucht haben, wurde die Bildung von zyklischen Oligomeren nicht erwähnt, aber die meist nur sehr geringen Ausbeuten der gesuchten linearen Oligomere und Polymere sprechen dafür, dass auch bei jenen Autoren Zyklisierung in erheblichem Ausmaß abgelaufen sein muss. Dieser Sachverhalt beweist, dass die in Abschn. 3.1 vorgestellte moderne Polykondensationstheorie, der zufolge Zyklisierung stets mit Kettenwachstum konkurriert, vor Biopolymeren nicht haltmacht.

Mehrere Arbeitsgruppen untersuchten die Verknüpfung zweier Oligonucleotide an einer DNA-Matrix, aber nicht mit dem Ziel, deutlich höhere Polymerisationsgrade zu erzielen. Die Oligonucleotide waren durch enzymatischen Abbau von DNA oder RNA gewonnen worden und es sollte die Stärke der Assoziation untersucht werden oder Doppelhelixsegmente mit definierten Störstellen hergestellt werden (Harada und Orgel 1994; Rohatgi et al. 1996b; Dolinnaya et al. 1988, 1991; Bowler et al. 2013). Bowler et al. verwendeten eine selektive 2'-Acetylierung, um eine selektive 3',5'-Verknüpfung zu erreichen. Schließlich ist die Arbeit von Zielinski und Orgel (1987) zu erwähnen. Diese Arbeitsgruppe verfolgte die Zielsetzung, eine sich selbst replizierende Oligonucleotidsynthese zu finden. Der Erfolg wurde zwar nicht mit echten Oligonucleotiden erreicht, aber mit 3'-Amino-3'-deoxyribonucleotiden, bei deren Kondensation Phosphoramidgruppen entstehen (Schema 7.4). Mithilfe des Tetrameren $G_{NHp}C_{NHp}G_{NHp}C_{N3}$ gelang es, die Kupplung von $pG_{NHp}C_{N3}$ mit $G_{NHp}pC_{NH2}$ zu katalysieren, und da das neu entstandene Tetramer selbst wiederum als Matrix und Katalysator wirkte, ergab sich ein sich selbst beschleunigender, autokatalytischer Kondensationsprozess. Da ein derartiger autokatalytischer Kondensationsprozess für normale Nucleotide nicht gefunden wurde, ist der Aussagewert für die Entstehung der RNA-Welt leider nur sehr gering.

Abschließend zu Abschn. 7.1 soll hier noch ein Reviewartikel von Hulshof und Ponnamperuma (1976) erwähnt werden, in dem diese Autoren über die Nützlichkeit verschiedener Kondensationsreagenzien zur Synthese von Biopolymeren in Gegenwart von Wasser referieren. Carbodiimide, Cyanamide, Dicyandiamide,

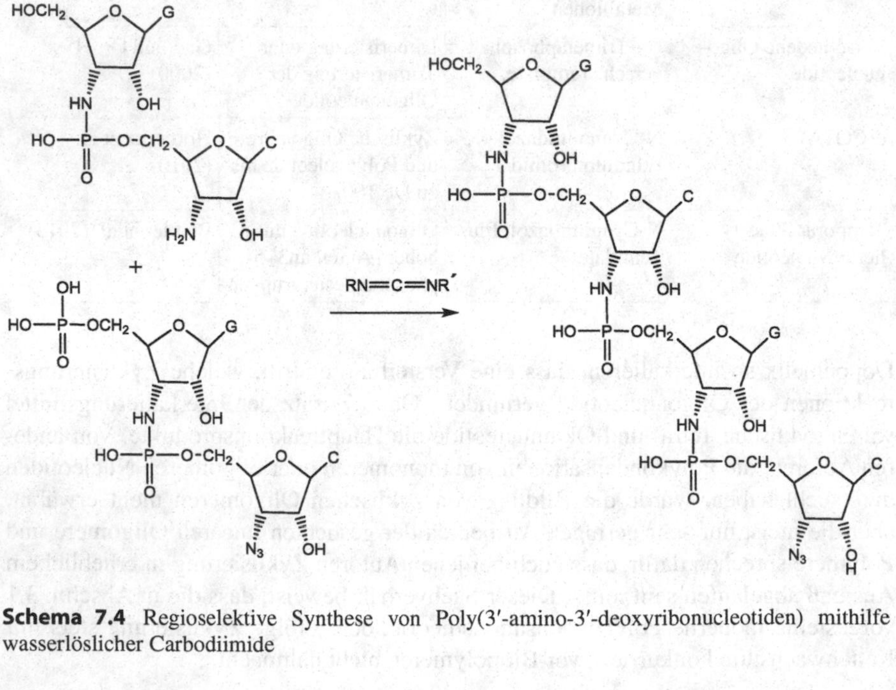

Schema 7.4 Regioselektive Synthese von Poly(3'-amino-3'-deoxyribonucleotiden) mithilfe wasserlöslicher Carbodiimide

HCN-Tetramer sowie zyklische und lineare Polyphosphate wurden verglichen. Die beiden Autoren kamen schließlich zu dem Ergebnis, dass: „From both a chemical as well as biological point of view the polyphosphates appear to be the most plaisible general prebiotic condensing agents."

7.2   Synthesen von Oligonucleotiden mithilfe von Nucleotidimidazoliden

Die mit Abstand am intensivsten untersuchte Methodik auf dem Gebiet der RNA-Synthese besteht in der Aktivierung von Nucleotiden in der Form von Phosphoryl-Imidazoliden oder -Methylimidazoliden (Schema 7.1) gefolgt von einem (Poly)kondenstionsverfahren. Die publizierten Verfahren lassen sich wie folgt untergliedern:

- Polykondensationen ohne Template (Matrix)
- Polykondensation mit einem anorganischen Templat
- Polykondensationen mithilfe eines OligoRNA-Templates

Die in Tab. 7.2 gelisteten Methoden und Publikationen sind gemäß obiger Reihenfolge angeordnet und sollen auch in dieser Reihenfolge besprochen werden.

Eine erste Serie von Untersuchungen (Sawai 1976; Sawai und Orgel 1975; Sawai et al. 1981, 1989; Sleeper und Orgel 1979) befasste sich mit der Polykondensation von AMP oder (seltener) UMP-Imidazoliden in wässriger Lösung in Gegenwart von Schwermetallionen (Tab. 7.3). Während ohne Zusatz von Metallionen nur sehr dürftige Ergebnisse erzielt wurden, brachte ein Zusatz von Zn^{2+} eine Steigerung der Ausbeute annähernd um den Faktor 10 (Sawai und Orgel 1975). Eine weitere Steigerung von Ausbeute und Polymerisationsgraden (DP bis zu 10) konnte durch Zusatz von Bleiionen erreicht werden, wobei die Löslichkeit der Bleisalze eine entscheidende Rolle spielt (Sawai 1976; Sawai et al. 1981; Sleeper und Orgel 1979. Die höchsten Ausbeuten (bis zu 95 %) und die höchsten DP-Werte (bis zu 12) wurden jedoch mit UO_2^{2+}-Ionen erzielt (Sawai et al. 1989). Alle diese Untersuchungen wurden ohne Zusatz eines Templates durchgeführt und hatten geneinsam, dass überwiegend, manchmal sogar ausschließlich die unnatürliche $2',5'$-Verknüpfung zustande kam.

Die von J. P. Ferris und G. Ertem durchgeführten Experimente haben gemeinsam, dass die Kondensation der Monomere in Gegenwart von Montmorillonit durchgeführt wurde (Ferris und Ertem 1992, 1993, Ferris et al. 1996; Ertem und Ferris 1996). In der ersten Studie wurde ImpA (Schema 7.5) polykondensiert und DPs bis zu 10 chromatographisch identifiziert. Im Unterschied zu den zuvor genannten Experimenten entstanden in Gegenwart von Montmorillonit weit bevorzugt $3',5'$-Phosphodiester-Bindungen. In der weiten Studie (Ferris und Ertem 1993) wurde der Einfluss verschiedener Kationen untersucht und gefunden, dass Mg^{2+} sowie Al^{3+} völlig wirkungslos waren. UO_2^{2+}-dotierter Montmorillonit begünstigte die Entstehung von $2',5$-Verknüpfungen analog zu den Experimenten

Tab. 7.3 Modellsynthesen von RNA mittels der Imidazolidmethode

Ausgangsmaterialien	Methode, Template	Produkte	Literatur
ImpA, Im(pA)2, ImpU	Polykond. in Wasser kat. mit Zn^{2+}, Pb^{2+}, UO^{22+}	OligoRNA mit 2'-5'Bindungen, DP bis 5 ohne, DP bis 10 mit Metallionen	Sawai und Orgel (1975); Sawai (1976); Sawai et al. (1981, 1989); Sleeper und Orgel (1979)
ImpA, MeimpC, MeimpG	Polykond. in Gegenwart von Montmorillonit	OligoRNA, DP bis 4	Ferris und Ertem (1992, 1993); Ferris etz al. (1996); Ertem und Ferris (1996)
ImpA, ImpG, ImpU, ImpT, ImpC	Poly(U) und Poly(C) als Template	Homooligonucleotide DP bis 4	Weimann et al. (1968)
ImpUpG, ImpCpA	Poly(A-C), Poly(G-U)	Altern. Oligonucleot. DP<10, 10–70 % 3'-5'	Ninio und Orgel (1978)
ImpG	Poly(C), Einfluss von Zn^{2+} wurde untersucht	Ausb. bis 75 %, DP<10, Zn^{2+} begünstigt 3'-5'Bindungen	Bridson und Orgel (1980); VanRoode und Orgel (1980); Fakrai et al. (1981)
ImpG	Poly(C) plus Pb^{2+}	Ausb. bis 85 %, DP bis 17, vor allem 2'-5'Bindungen	Lohrmann und Orgel (1980)
ImpA plus versch. Isomere und Analoge	Kein Template	D-Ribonucleotide polykond. am Besten	Lohrmann und Orgel (1977)
ImpApA, ImpCpC	Poly(U), Poly(C)	Alternierende Oligonucleot.,2'-5' und 3'-5 Bind	Lohrmann und Orgel (1979a, b); Lohrmann et al. (1981)
ImpA	Poly(U) plus Hydroxyapatit	Oligo(A), keine Info. über Verknüpfung	Gibbs et al. (1980)
ImpA, ImpU	Ausgefällte Pb^{2+} Salze von Nucleotiden als Template	Oligonucleotide bis DP 5	Orgel und Lohrmann (1974); Lohrmann (1982)
MeimpA, MeimpG, MeimpC	CpCpGpCpC, oder Poly (C), Poly(G) als Template	G/C Cooligomere	Inoue und Orgel (1982); Rembold et al. (1994)
MeimpA, MeimpG, MeimpC	Statist. Poly(C/A), Poly(C/G), Poly(G/C) Copolymere als Template	Verschiedene Oligo(G/A) oder Oligo(G/C) Copolymere	Joyce et al. (1984b); Joyce und Orgel (1986)
MeimpG+MeimpU	Statist. Poly(C/A) Copol. als Template	Stat. Oligonucleotide DP bis 13	Joyce und Orgel (1988)

(Fortsetzung)

Tab. 7.3 (Fortsetzung)

Ausgangsmaterialien	Methode, Template	Produkte	Literatur
MeimpG+MeimpC	Hepta(G-C) als Template	Altern. Oligonucl. mir 2'-5'- und 3'-5'Bind	Nig und Orgel (1989)
ImpG+MeimpG +MeimpA	Deca(C) als Primer plus Template	Kettenverlängerung um 6–9 Nucleotide	Rodriguez und Orgel (1991)
L- und D-MeimpG	Poly(C) nur aus D-Ribose	L-Riboside hindern Polykond. von D-Ribosiden	Joyce et al. (1984a)
D-MeimpG	Poly(C) das 1 oder2 L-Riboside enthält	L-Ribose im Template stört kaum	Kozlov et al. (1998)

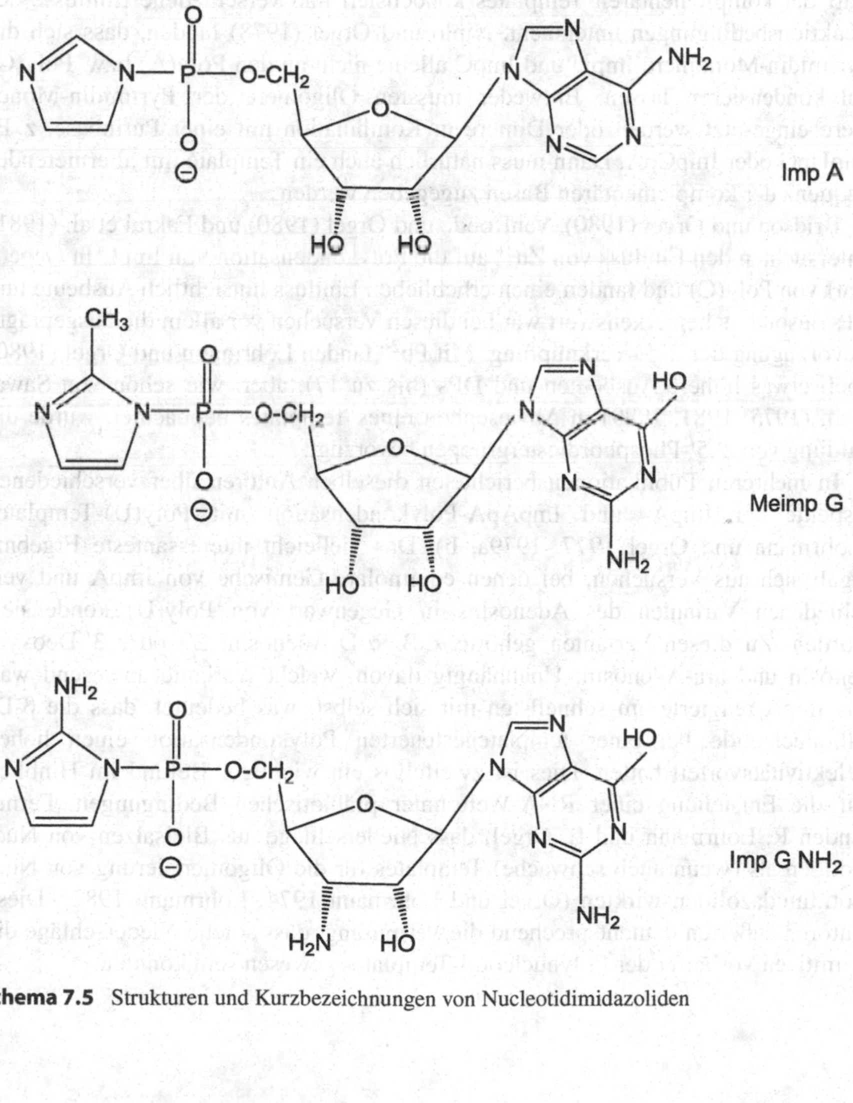

Schema 7.5 Strukturen und Kurzbezeichnungen von Nucleotidimidazoliden

von Sawai et al. (1989). Mit dem durch 2-Methylimidazolid aktivierten CMP wurden Oligo(C)s mit DPs bis zu 15 erreicht (Ferris et al. 1996). Schließlich konnten Spuren von Poly(A) mit einem Rekord-DP von ca. 55 erreicht werden, wenn dem Reaktionsgemisch in regelmäßigen Abständen immer wieder neues Monomer zugegeben wurde. Was aus dem großen Überschuss an ImpA geworden ist, wurde nicht diskutiert, aber Hydrolyse und Bildung zyklischer Oligomere dürften die wesentlichen Ursachen für den enormen Verbrauch an Monomeren gewesen sein.

Erste Versuche zur Polykondensation von Nucleotidimidazoliden entlang eines Polynucleotid-Templates wurden von der Arbeitsgruppe L. E. Orgel schon ab 1968 durchgeführt (Weimann et al. 1968). ImpA wurde in Gegenwart von Poly(U) bei 0 °C und langen Reaktionszeiten polykondensiert und das Dimere sowie das Trimere erhalten. Über 2'-5'- bzw. 3'-5'-Verknüpfung gab es keine Information. In den Jahren 1978–1981 wurden alle fünf Imp-Nucleotide in Gegenwart der komplementären Templates kondensiert und verschiedene Einflüsse der Reaktionsbedingungen untersucht. Ninio und Orgel (1978) fanden, dass sich die Pyrimidin-Monomere ImpU und ImpC alleine nicht an den Poly(A) bzw. Poly(G) polykondensieren lassen. Entweder mussten Oligomere der Pyrimidin-Monomere eingesetzt werden oder Dimere in Kombination mit einer Purinbase, z. B. ImpUpG oder ImpCpA. Dann muss natürlich auch ein Template mit alternierender Sequenz der komplementären Basen zugegeben werden.

Bridson und Orgel (1980), VanRoode und Orgel (1980) und Fakrai et al. (1981) untersuchten den Einfluss von Zn^{2+} auf die Polykondensation von ImpC in Gegenwart von Poly(C) und fanden einen erheblichen Einfluss hinsichtlich Ausbeute und DP. Besonders bemerkenswert war bei diesen Versuchen vor allem die ausgeprägte Bevorzugung der 3',5'-Verknüpfung. Mit Pb^{2+} fanden Lohrmann und Orgel (1980) noch etwas höhere Ausbeuten und DPs (bis zu 17), aber, wie schon von Sawai et al. (1975, 1981, 1989) in Abwesenheit eines Templates beobachtet, wurde die Bildung von 2',5'-Phosphordiestergruppen bevorzugt.

In mehreren Publikationen berichteten dieselben Autoren über verschiedenen Aspekte der ImpA- und ImpApA-Polykondensation mit Poly(U)-Templates (Lohrmann und Orgel 1977, 1979a, b). Das vielleicht interessanteste Ergebnis ergab sich aus Versuchen, bei denen equimolare Gemische von ImpA und verschiedenen Varianten des Adenosins in Gegenwart von Poly(U) kondensiert wurden. Zu diesen Varianten gehörte z. B. α-D-Adenosin, 2'- oder 3'-Deoxyadenosin und ara-Adenosin. Unabhängig davon, welche Variante anwesend war, das ImpA reagierte am schnellsten mit sich selbst, was bedeutet, dass die β-D-Ribonucleotide bei einer templategesteuerten Polykondensation einen hohen Selektivitätsvorteil hatten. Dies ist zweifellos ein wichtiger Befund im Hinblick auf die Entstehung einer RNA-Welt unter präbiotischen Bedingungen. Ferner fanden R. Lohrmann und L. Orgel, dass Niederschläge aus Bleisalzen von Nucleotiden als (wenn auch schwache) Templates für die Oligomerisierung von Nucleotidimidazoliden wirkten (Orgel und Lohrmann 1974; Lohrmann 1982). Diese Autoren äußerten dementsprechend die Vermutung, dass solche Niederschläge die primitiven Vorläufer der Polynucleotid-Templates gewesen sein könnten.

In der Arbeit von Inoue und Orgel (1982) wurde erstmals demonstriert, dass sich mit 2-Methylimidazol eine bessere Aktivierung von Nucleotiden erreichen lässt als mit Imidazol selbst. So konnten mit MeimpG (Schema 7.5) an einer Poly(C)-Matrix DPs bis 50 bei Ausbeuten bis zu 80 % realisiert werden. Daher wurden in der Folgezeit von der Orgel-Gruppe auch fast nur noch Methylimidazolide für Polykondensationsversuche eingesetzt. Allerdings musste bei einem leicht alkalischen pH (z. B. pH = 8) gearbeitet werden. Unter den in den Jahren 1984–1998 durchgeführten Experimenten mit Methylimidazol aktivierten Nucleotiden sind vor allem die Untersuchungen von Joyce et al. (1984a) und Kozlov et al. (1998) hervorzuheben. Diese Autoren fanden, dass ein Zusatz von L-MeimpG zum D-Monomeren dessen Polykondensation entlang eines nur aus D-Ribosiden bestehenden Poly(C)-Templates weitgehend verhindert. Dagegen bewirken ein oder zwei L-Riboside im D-Poly(C) keine totale Blockade, sie verringern nur die Effizienz der Polykondensation. Diese Ergebnisse ziehen die schwerwiegende Konsequenz nach sich, dass eine Reproduktion von RNA unter präbiotischen Bedingungen nur erfolgt sein kann, wenn die Ursuppe oder der Inhalt von Compartments keine nennenswerten Mengen an L-Ribosenucleotiden enthielt. D. h., es müsste eine weitgehende Anreicherung von D-Sacchariden stattgefunden haben, bevor es zu einer nennenswerten Evolution der RNA-Welt kam. Die in Kap. 9 und 10 erwähnten Versuche zur enantioselektiven Bildung von D-Zuckern unter dem katalytischen Einfluss von α-Methyl L aminosäuren aus dem Weltraum wäre hier eine spekulative Erklärung, wenn man gleichzeitig rasche Racemisierung ausschließen kann. Zur Frage der Racemisierung und Stabilität der D-Saccharide unter den Bedingungen ihrer enentioselektiven Synthese gibt es aber keine Erkenntnisse.

Mehrere Arbeitsgruppen haben Versuche unternommen, durch Templates gesteuerte Oligonucleotidsynthesen unter Verwendung chemisch modifizierter Templates oder chemisch modifizierter Nucleotidimidazolide durchzuführen. So haben Visshter et al. (1989) eine Poly(C)-Matrix synthetisiert und als Template verwendet, die Pyrophosphat-Verknüpfungen aufwies. Hill et al. (1991) haben Meimp-3-isoG oder Meimp-3-isoxanthin als Monomere mit einer normalen Poly(C) oder Poly(A) konfrontiert. Toiichi et al. (1987) haben Oligo(phosphorsäure-esteramide) herstellt, in dem sie 2'-Amino- oder 3'-Aminoanaloge von 2'-deoxy- bzw. 3'-deoxynucleotidimidazoliden als Monomere verwendet haben.

Nach 2005 begann die Arbeitsgruppe von J. W. Szostak, sich wieder intensiv mit der Imodazolid-Methode zu befassen. Die zahlreichen in Tab. 7.4 zusammengestellten Versuche lassen sich in drei Gruppen einteilen, die in etwa auch der zeitlichen Reihenfolge entsprechen. In Gruppe 1 sind Versuche aufgeführt, bei denen die Monomere auf 2'- oder 3'-Amino-2'- oder -3'-deoxysacchariden basierten. Da die Aminogruppe nucleophiler ist als die OH-Gruppe, konnte so eine perfekte Regioselektivität der Verknüpfung erreicht werden. Außerdem war ein Vergleich normaler RNA mit den „Amino-RNAs" hinsichtlich Basenpaarung und Stabilität der Doppelhelix von Interesse.

Die meisten Versuche wurden dann mit „normalen" Ribonucleotidimidazoliden durchgeführt, wobei meist Primer sowie Nucleinsäure-Templates zur Unterstützung und Steuerung des Polymerisationsablaufs eingesetzt wurden (Gruppe 2

Tab. 7.4 Synthese von RNA mittels der Imidazolidmethode durch J. W. Szostak und Mitarbeiter

Monomere	Methode	Produkte	Literatur
3'-Amino-3'-deoxy-ribonucleotide 2'-Amino-2',3'-deoxyribonucleotide 2'-Amino-2',3'-deoxy-ribonucleotide 2'-Amino-2'-deoxythreonucleotide	Durch Template unterstützte Polym. von MeImp-aktivierten Aminonucleotiden Imp aktiviert und mit Templ. polykondensiert Mcimp Aktivierung mit und ohne Templat	Oligomere Phosphoramidatester Höhere Oligomere mit 2'-5'-Bindung Kinetische Untersuchungen	Zhang et al. (2012, 2013a, b); Izgu et al. (2016) Schrum et al. (2009) Blain et al. (2014)
Verschiedene Ribonucleotide	Templat unterstützte, mit Primerinitiierte Polym. von MeImp-aktivierten Nucleotiden	Oligomere RNAs	Zhang et al. (2012); Engelhart et al. (2013); Adamale et al. (2015); Pal et al. (2016) Zhang et al. (2017); Giurgiu et al. (2017); Tam et al. (2017) Jia et al. (2016, 2017)
Verschiedene Ribonucleotide	Templateunterstützte Polym. von 2-Amino-imidazol-aktivierten Ribonucleotiden	Oligomere RNAs	Walton und Sczostak (2017); Li et al. (2017); Fahrenbach et al. (2017)

in Tab. 7.4). Zielsetzung dieser Arbeiten war, weitere Erkenntnisse über den Polymerisationsmechanismus zu erhalten und den Polymerisationsprozess effizienter zu gestalten. Ausgangspunkt dieser Arbeiten wie auch der Versuche von Gruppe 1 ist die Erkenntnis, dass auch die mit Templates unterstützte nicht enzymatische RNA-Synthese ein langsamer und stark mit Fehlern behafteter Prozess ist.

In jüngster Zeit wurde dann eine wesentliche Verbesserung der Polymerisationsmethode erzielt (Gruppe 3). Schon L. E. Orgel und Mitarbeiter hatten ja gefunden, dass Methylimidazolid reaktivere Monomere ergibt als das Imidazol selbst. Sczostak und Mitarbeiter fanden nun, dass sich die Reaktivität durch Verwendung von 2-Aminoimidazol noch weiter steigern lässt. Besonders bemerkenswert ist dabei der Befund, dass für 2-Aminoimidazol aktivierte Nucleotide ein präbiotisch plausibler Entstehungsmechanismus gefunden werden konnte (Fahrenbach et al. 2017). Für Imidazol oder 2-Methylimidazol aktivierte Nucleotide konnte ein präbiotischer Syntheseweg dagegen nicht gefunden werden, sodass alle Polymerisationen, die auf Imp oder MeImp-Monomeren basieren, nur als akademische Modelle angesehen werden können.

In diesem Zusammenhang soll erwähnt werden, dass es wegen der geringen Wahrscheinlichkeit präbiotische Nucleotidimidazolide schon früher die Spekulation gab, dass Purinderivate, insbesondere 1-Methyladenin, die Rolle der aktivierenden Komponente gespielt haben könnten (Prabahar und Ferris 1997; Huang und Ferris 2003):

Since adenine and other purines are required for the synthesis of RNA like monomers, it is likely that adenine or its derivatives would be present in sufficient amounts on the early earth to also serve as phosphate-activating groups. 1-Methyladenine is one oft the reaction products of methylamine with adenine [...].

R. Shapiro hat diese Spekulation 2006 mit einer negativen Antwort beschieden. Nichtsdestotrotz stellt sich die Frage, warum verschiedene N-Heterozyklen, z. B. Benzimidazol (s. Schema 5.3) nicht auch mit Ribose zu Nucleosidanaloga reagiert haben, und warum andererseits Purin und Pyrimidinbasen nicht phosphoryliert wurden. Auch dies ist ein Problem der RNA-Welt-Hypothese, das kaum diskutiert und nicht gelöst wurde.

Abschließend soll ein Übersichtsartikel zu nichtenzymatischen RNA-Synthesen mit Polynucleotid-Templaten erwähnt werden: Kozlov und Orgel (2000).

7.3 Bewertung der Modellsynthesen

Die vorstehend aufgeführten Oligo- und Polynucleotidsynthesen kann man in drei Gruppen einteilen, nämlich in:

- Polykondensationen auf Basis von Phosphorsäureanhydriden als Kondensationsmittel,
- Polykondensationen mithilfe von organischen Aktivierungsgruppen,
- Polymerisationen zyklischer 2',3'-Nucleotidphosphate.

Nun sind Phosphorsäureanhydride hydrolyseempfindlich und ihr Vorkommen in einer Welt voller Wasser sehr unwahrscheinlich. Andererseits kann nicht ausgeschlossen werden, dass es an wenigen Orten im Zusammenhang mit Vulkanismus auch geringe Vorkommen an Polyphosphorsäure gegeben hat. Die damit erzielten Ergebnisse sind jedoch dürftig, teils wegen niedriger Polymerisationsgrade, teils weil keine spezifische 3',5-Verknüpfung gefunden werden konnte, und teils, weil Pyrophosphatgruppen in die Oligomer-/Polymerkette eingebaut werden. Außerdem wird die Entstehung erheblicher Mengen an β-D-Nucleotiden vorausgesetzt. Zu allen Versuchen mit Bromcyan, Carbodiimiden und Nucleotidimidazoliden muss man sagen, dass sie fernab der Realität präbiotischer Bedingungen angesiedelt sind, gleichgültig, ob eine homogene Ursuppe oder eine Compartment-Hypothese in Betracht gezogen wird.

Ein Modellcharakter für die präbiotische Evolution und die Richtigkeit der RNA-Welt-Hypothese kann am ehesten der Direktsynthese von zyklischen Nucleosid-2',3'-phosphaten und deren Polymerisation zugestanden werden, wie sie von Powner et al. (2009) am Beispiel Cytidin und Uridin beschrieben wurde. Nun fehlt es bis zum Jahre 2017 noch an einer analogen, Ribose vermeidenden Synthese von zyklischen Purin-Nucleosidphosphaten. Dieser Mangel lässt sich von der Powner/Sutherland-Gruppe aber in den kommenden Jahren möglicherweise überwinden. Das Hauptproblem ist aber eine erfolgreiche Polymerisation.

Die bislang vorliegenden Ergebnisse von Verlander et al. (1973) und Verlander und Vogel 1974) sind nicht gerade ermutigend. So lag die Ausbeute von höheren Oligomeren mit DP>13 nur bei 0,15 %. Ferner war Polymerisation nur in fester Phase erfolgreich und nur in Anwesenheit von Diaminoalkanen bei einem pH-Wert>9. Unter diesen Bedingungen erfolgt nicht nur schnelle Hydrolyse und Aminolyse der Polynucleotide, wenn Wasser anwesend ist, es erfolgt auch eine blitzschnelle Racemisierung von Aminosäuren und Peptiden. Außerdem sind solche Bedingungen für die präbiotische Evolution völlig unrealistisch. Wenn man zudem die Inhibierung der durch Template gesteuerten Polykondensation von Nucleotidi-midazoliden in Anwesenheit von L-Ribosiden in Rechnung stellt, so muss man insgesamt feststellen, dass es kein akzeptables Modell für die Entstehung von Polynucleotiden unter präbiotischen Bedingungen gibt.

Literatur

Adamale K, Engelhart AE, Sczostak JW (2015) J Am Chem Soc 137:483
Blain JC, Ricardo A, Sczosttak JW (2014) J Am Chem Soc 136:2033
Bowler FR, Chan CKW, Duffy CD, Gerland B, Islam S, Powner FR, Sutherland JD (2013) Nat Chem 5:383
Bridson PK, Orgel LE (1980) J Mol Biol 144:567–577
Coutsogeorgopoulos C, Khorana AG (1964) J Am Chem Soc 86:2920
Cramer F (1961) Angew Chem 1961(73):49
Dolinnaya NG, Sokolova NI, Gryaznova OI, Shabarova ZA (1988) Nucleic Acids Res 16:3721
Dolinnaya NG, Sokolova NI, Ashirbekova DT, Shabarova ZA (1991) Nucleic Acids Res 11:3067
Engelhart AE, Powner MW, Sczostak JW (2013) Nature 5:390
Ertem G, Ferris JP (1996) Nature 379:238
Fahrenbach AC, Giurgiu C, Tam CP, Li L, Hongo Y, Aono YM, Sczostak JW (2017) J Am Chem Soc 139:8780
Fakrai H, VanRoode JHG, Orgel LE (1981) J Mol Evol 17:295–302
Ferris JP, Huand CH, Hagan WJ (1989a) Nucleosides Nucleotides 8(3):407
Ferris JP, Ertem G (1992) 257:1387
Ferris JP, Ertem G (1993) J Am Chem Soc 115:12270
Ferris JP, Hill AR Jr, Liu R, Orgel LE (1996) Nature 381:59
Gao K, Orgel LE (2000) Orig Life Evol Biosph 30:45
Gibbs D, Lohrmann R, Orgel LE (1980) J Mol Evol 1980(15):347–357
Gilham PT, Khorana HG (1958) J Am Chem Soc 80:6212
Giurgiu C, Li L, O'Flaherty DK, Tam CP, Sczostak JW (2017) J Am Chem Soc 139:16741
Harada K, Orgel LE (1994) J Mol Biol 38:558
Hayes FN, Hansbury E (1964) J Am Chem Soc 86:4172
Hill AR Jr, Kumar S, Patil VD, Leonard NJ, Orgel LE (1991) J Mol Evol 32:447
Horowitz ED, Engelhart AE, Chen MC, Quales KA, Smith MW, Lynn DG, Hud NV (2010) Proc Acad Natl Sci USA 107:5288
Huang W, Ferris JP (2003) Chem Commun, 1458
Hulshof J, Ponnamperuma C (1976) Origins Life 7:197
Ibanez JD, Kimball AP, Oro J (1971) Science 173:444–446
Inoue T, Orgel LE (1982) J Mol Evol 162:201–217
Izgu EC, Oh SS, Sczostak JW (2016) Chem Commun 52:3684
Jia TZ, Fahrenbach AC, Kanat KP, Adamale KP, Sczostak JW (2016) Nat Chem 8:915
Jia TZ, Fahrenbach AC, Kanat NP, Adamale KP, Sczostak JW (2017) Nat Chem 9:1286

Joyce GF, Orgel LE (1986) J Mol Biol 188:433–441
Joyce GF, Orgel LE (1988) J Mol Biol 202:677–681
Joyce GF, Visser GM, Van Bockelt CAA, van Boom JH, Orgel LE, van Vestrem J (1984a) J Nat
    310:602–604
Joyce GF, Inoue T, Orgel LE (1984b) J Mol Biol 176:279–300
Kanya E, Yanagawa H (1986) Biochemistry 25:7423–7430
Khorana HG, Tener GM, Moffat JG, Pol RM (1956) Chem Ind 1523
Khorana HG, Razzeli WE, Gilham P, Tenner GM, Pol RM (1957) J Am Chem Soc 79:1002
Kozlov IA, Orgel LE (2000) Mol Biol 34:781–789
Kozlov IA, Pitsch S, Orgel LE (1998) Proc Natl Acad Sci 95:13448
Li L, Prywes N, Tam CP, O'Flaherty DK, Lilyveld VS, Izgu EC, Pal A, Sczostak JW (2017) J
    Am Chem Soc 139:1810
Lohrmann R, Orgel LE (1977) J Mol Biol 119:193
Lohrmann R, Orgel LE (1979a) J Mol Evol 12:237–257
Lohrmann R, Orgel LE (1979b) J Mol Evol 14:243
Lohrmann R, Orgel LE (1980) J Mol Biol 142:555–567
Lohrmann R, Bridson PK, Orgel LE (1981) J Mol Evol 17:303–306
Lohrmann R (1982) J Mol Evol 1982(18):185–195
Michelson AM (1959) J Chem Soc (London) 1371:3655
Nagyvary J, Nagpal KL (1972) Science 177:272
Naylor R, Gilham PT (1966) Biochemistry 5:3722
Nig KME, Orgel LE (1989) J Mol Evol 29:101
Ninio J, Orgel LE (1978) J Mol Evol 12:91
Orgel LE, Lohrmann R (1974) Acc Chem Res 7:365
Pal A, Das RS, Zhang W, Lang M, Mclaughlin MW, Larry W, Sczostak JW (2016) Chem Com-
    mun 52:11905
Powner MW, Gerland B, Sutherland JD (2009) Nature 459:239
Prabahr KJ, Ferris JP (1997) J Am Chem Soc 119:4330
Rembold IIJ, Orgel LE (1994) J Mol Evol 38:205
Renz M, Lohrmann R, Orgel LE (1971) Biochim Biophys Acta 240:463–471
Rodriguez L, Orgel LE (1991) J Mol Evol 191(33):477
Rohatgi R, Bartel DP, Sczostak JW (1996a) J Am Chem Soc 118:3332
Rohatgi R, Bartel DP, Sczostak JW (1996b) J Am Chem Soc 118:3340
Sawai H (1976) J Am Chem Soc 98:7037
Sawai H, Orgel LE (1975) J Am Chem Soc 97:3532
Sawai H, Shibata T, Ono M (1981) Tetrahedron 37:481
Sawai H, Kuroda K, Hojo T (1989) Bull Chem Soc Japan 62:2018
Schneider-Bernloehr H, Lohrman R, Sulston J, Weimann BJ, Orgel LE (1968) J Mol Biol 37:131
Schramm G (1965) In: Fox SW (Hrsg) The origin of prebiological systems. Academic Press,
    New York, S 299
Schramm G, Grötsch H, Pollmann W (1961) Angew Chem 73:619
Schramm G, Grötsch H, Pollmann W (1962) Angew Chem Int Ed 1:1
Schrum JP, Ricardo A, Krishnamurthy M, Blain JC, Sczostak JW (2009) J Am Chem Soc
    131:14560
Schwartz AW, Bradley E, Fox SW (1965) In: Fox SW (Hrsg) The origin of prebiological sys-
    tems. Academic Press, New York, S 317
Shapiro R (2006) Quart Rev Biol 81:105
Sleeper HL, Orgel LE (1979) J Mol Evol 12:357
Sulston J, Lohrmann R, Orgel LE, Miles HT (1968a) Proc Natl Acad Sci USA 59:409, 726
Sulston J, Lohrmann R, Orgel LE, Miles HT (1968b) Science 60:409
Tam CP, Zhu L, Fahrenbach AC, Zhang W, Walton T, Sczostak JW (2017) J Am Chem Soc
    140:783
Tener GM, Khorana HG, Markham R, Pol EH (1958) J Am Chem Soc 80:6223

Toiichi M, Zielinski WS, Chen CHB, Orgel LE (1987) J Mol Evol 25:97
Uesugi S, Tso POP (1974) Biochemistry 13:3142
Usher DA, Mc Hale AH (1976) Science 192:53
VanRoode JHG, Orgel LE (1980) J Mol Biol 144:579
Verlander MS, Lohrmann R, Orgel LE (1973) J Mol Evol 2:303–316
Verlander MS, Orgel LE (1974) J Mol Evol 3:115–120
Visscher J, Bakker CG, van der Woerd R, Schwartz AW (1989) Science 244:4902
Walton WT, Sczostak JW (2017) Biochemistry 56(57):39
Weimann BJ, Orgel LE, Schneider-Bernloehr H, Sulston JE (1968) Science 161:387
Zielinski WS, Orgel LE (1987a) Nature 327:346
Zhang N, Zhang S, Sczostak JW (2012) J Am Chem Soc 134:3691
Zhang S, Blain JC, Zielinska D, Gyraznov SM, Jostak JW (2013a) Proc Natl Acad Sci USA 110:17732
Zhang N, Zhang S, Blain JC, Sczostal JW (2013b) J Am Chem Soc 135:924
Zhang W, Tam CP, Walton WT, Fahrenbach AC, Birrane G, Sczostak JW (2017) Proc Natl Acad Sci USA 114:7659
Zielinski WS, Orgel LE (1987b) Nature 327:127

Weiterführende Literatur

Ferris JP, Huang CH, Hagan WJ (1989b) Nuceosides and Nucleotides 8:407–414
Hill AR, Orgel LE, Robins RK (1988) J Mol Evol 28:170–171
Hill AR, Kumar S, Patil VD, Leonard NJ, Rembold H, Orgel LE (1994) J Mol Evol 38:205–210
Inoue T, Joyce GF, Greskoviak K, Orgel LE (1984) 178:669–676
Kolb V, Orgel LE (1995) J Mol Evol 1995(40):115–119
Lohrmann R, Orgel LE (1978) Tetrahedron 34:853–255
Mansy SS, Schrum JP, Krishnamurthy M, Tobe S, Treco DA, Szostak JW (2008) Nature 454:122
Xu J (2013) Nat Chem 5:383

Copolymersequenzen, Selbstreproduktion und genetischer Code

It is through experiment that we prove, but by intuition that we discover.

(Jules H. Poincaré)

Inhaltsverzeichnis

8.1 Copolymersequenzen und die Entstehung von Enzymproteinen

Proteine und natürliche Polynucleotide sind vom Standpunkt der Polymerchemie Copolymere. Von Homopolymeren unterscheiden sich Copolymere durch drei strukturelle Parameter:

1. Sie enthalten zwei oder mehr verschiedene Typen an Monomereinheiten.
2. Das molare Verhältnis dieser Comonomere kann variieren.
3. Die Sequenz der Comonomere kann variieren.

Wenn man davon absieht, dass einige wenige Enzyme eine Selen enthaltende Aminosäure aufweisen (das Selen-Analogon des Cysteins), dann bestehen alle Proteine aus zwanzig verschiedenen α-Aminosäuren, den proteinogenen AS. Alle RNAs bestehen fast ausschließlich aus vier Nucleobasen (C, U, A, G). Die unterschiedlichen biologischen Funktionen verschiedener Proteine bestehen also nicht im Gehalt verschiedener Aminosäuren sondern in deren Mengenverhältnis

(Parameter (2)) und in deren Sequenz (Parameter (3)). Eine analoge Aussage lässt sich zu den RNAs machen. Betrachtet man eine Proteinkette mit einer Länge von 200 AS-Einheiten und freie Kombination aller zwanzig prAS, dann können im Rahmen einer ungerichteten Evolution wie schon in Kap. 2 diskutiert so viele verschiedene Proteine entstanden sein, dass die Entstehung der für heutige Lebewesen diskutierten Urzelle beliebig unwahrscheinlich ist. Die Anwesenheit nichtproteinogener AS, die ebenfalls in die Copolypeptidketten hätten eingebaut werden können, ist dabei noch nicht einmal berücksichtigt. In abgeschwächter Form, wegen geringerer Zahl an Nucleobasen und verwandter Stickstoffheterozyklen, existiert diese Problematik aber auch für RNAs.

Was lässt sich nun vom Standpunkt der Polymerchemie und auf Basis von Modellversuchen zur Entstehung von verschiedenen Sequenzen zweier oder mehr prAs sagen? In der Polymerchemie wurde schon vor über 50 Jahren eine Theorie der Copolymerisation von zwei oder drei Comonomeren entwickelt (ausgehend von der radikalischen Polymerisation von Olefinen und Vinylmonomeren), die mit unterschiedlicher Reaktivität ausgestattet sind (Billmeyer 1984; Elias 1997). Betrachten wir ein binäres System bestehend aus den Monomeren A und B. Aus den Einbauverhältnissen nach verschiedenen Reaktionszeiten und Umsätzen wurden Geschwindigkeitskonstanten für die Verknüpfung des Monomeren A mit einem weiteren A, für die Verknüpfung von A mit B, von B mit A und von B mit B ermittelt. Auf Basis dieser vier kinetischen Parameter, k_{AA}, k_{AB}, k_{BA} und k_{BB}, wurden die sogenannten Copolymerisationsparameter $r_A = k_{AA}/k_{AB}$ und $r_B = k_{BB}/k_{BA}$ berechnet. Diese besagen z. B., dass, wenn r_A und r_B größer als 1 sind, blockartige Sequenzen entstehen, während Werte unter 1 eine alternierende Tendenz signalisieren.

Die Anwendbarkeit dieser Theorie ist an zwei Voraussetzungen geknüpft:

A) Es muss sich um eine Kettenwachstum-Polymerisation handeln, wozu die in Abschn. 3.2 definierten *condensative chain polmerizations* (CCP) gehören. Auf Polykondensationen trifft dies aber nicht exakt zu, denn es gehört zur Definition einer Stufenpolymerisation, dass zu jeder Zeit alle reaktionsfähigen Komponenten miteinander reagieren können, also auch Oligomere mit Oligomeren und Polymeren, nicht nur Monomere mir einem aktiven Kettenende.

B) Der Polymerisationsprozess muss irreversibel sein. Das kann bei präbiotischen Polymerisationen bzw. Polykondensationen aber höchstens bei relativ tiefen Temperaturen, z. B. <25 °C, und annähernd neutralem pH angenommen werden. Bei Temperaturen >80 °C und insbesondere bei pH-Werten >7, wie sie von vielen Forschern in neuerer Zeit favorisiert werden (s. Abschn. 2.5 und 2.6), bleiben weder RNA noch Polypeptidketten über Jahre stabil, sondern werden hydrolytisch gespalten. Diese ständigen Kettenspaltungen und Neusynthesen haben aber Einbauverhältnisse und Sequenzen zur Folge, die von den ursprünglich kinetisch gegebenen Verhältnissen abweichen, und zwar in Richtung einer thermodynamischen Kontrolle.

Nun fallen Polymerisationen von prAs-NCAs in die Rubrik irreversibler Polymerisationen und sie gehören auch zu den Kettenwachstum-Polymerisationen
(CCPs, s. Abschn. 3.3). Copolymerisationen von prAS-NCAs sind daher
geeignete Modelle, um die erwähnte Copolymerisationstheorie auf ihre Brauch-
barkeit bei der Bildung von Copolypeptiden zu untersuchen. Außerdem besteht
bei einigen Aminosäurekombinationen die Möglichkeit, mittels ^{13}C-NMR- und
^{15}N-NMR-Spektroskopie zwischen A-A-, A-B-, B-A- und B-B-Verknüpfungen
zu unterscheiden. Einige diesbezügliche Untersuchungen von Kricheldorf et al.
(Kricheldorf und Schilling 1978; Kricheldorf und Hull 1980; Kricheldorf et al.
1985, 1986; Hull und Kricheldorf 1980) haben z. B. ergeben, dass Ala-NCA
reaktionsfähiger ist als Val-NCA und schneller in die Polypeptidkette eingebaut
wird, sodass blockartige Sequenzen entstehen. Da die verzweigte Seitenkette von
Val (und Ile) die Reaktionsfähigkeit des zugehörigen NCAs sterisch behindert,
war ein solches Ergebnis zu erwarten. Überraschender war aber der Befund, dass
auch die Zusammensetzung der Sekundärstruktur in begrenztem Ausmaß einer
kinetischen Kontrolle unterliegt. Blocksequenzen von Ala-Einheiten begünstigen
α-Helixbildung, während Val-Blöcke die Ausbildung von β-Faltblättern favo-
risieren. Nach dem Umfällen der Copolypeptide war die nun resultierende
thermodynamisch kontrollierte Verteilung von α-Helices und β-Faltblättern verschieden von der des ursprünglichen Polymerisationsproduktes. Diese Modellversuche demonstrierten daher, was auch lebende Organismen machen, nämlich die
Erzeugung kinetisch kontrollierte Sekundärstrukturen als direkte Konsequenz des
Polymerisationsprozesses.

Darüber hinaus geben diese Versuche mit NCAs aber keinen Hinweis darauf,
wie es bei einer ungerichteten Evolution zur Auswahl der 20 prAs kam und zur
Entstehung bestimmter, nur für die biologische Funktion als Enzyme bedeutsamer
Sequenzen. In älteren Abhandlungen über den Ursprung von Proteinen und Enzymen (Haldane 1929; Oparin 1924, 1957; Cedrangolo 1959; Hoffmann-Ostenhof
1959) konnte zu dieser Problematik mangels ausreichender Kenntnisse über die
Anzahl der präbiotisch vorkommenden Aminosäuren und die Schwierigkeiten
einer präbiotischen Proteinsynthese noch keine spezifische Diskussion stattfinden.

In jüngerer Zeit wurde diese sicherlich schwierige Frage aber auch nur selten in der einschlägigen Literatur diskutiert (Ausnahmen: Wills und Bada 2000;
DeDuve 2002; Luisi 2006). Von C. Wills und J. Bada stammt die folgende Aussage (S. 120):

It is also fairly easy to explain why life today is based only on the twenty amino acids
commonly found in proteins. These amino acids have structures that lend themselves to
formation of peptides in regular chains, with side groups that exhibit a diversity of different functions. Most of the many other amino acids that were made in the Miller-Urey
experiment, as well as those found in meteorites such as Murchison, tend to have chemically similar and rather uninteresting side groups. Worse, they do not join together to form
regular peptide chains. Chains formed from these amino acids would have had branched,
jagged and clumpy structures. There must have been a great deal of selection among these
early proteinlike molecules for those that had sufficient regularity to enable them to per-
form useful chemical tasks.

Dieser Kommentar ist an Oberflächlichkeit und Fehlinformationen kaum zu übertreffen. Was heißt hier „regular chains"? Regelmäßige Sequenzen? Das würde auf kein Enzymprotein zutreffen. Relativ regelmäßige Sequenzen gibt es eher in den sogenannten Skleroproteinen wie Kollagen, Keratin und Elastin, aber diese bestehen weit überwiegend aus Aminsäuren wie Gly, Ala und Pro, die keine funktionellen Seitenketten besitzen. Dass solche Aminosäuren, aber auch die in Modellsynthesen und Meteoriten häufige α-Aminobuttersäure, verzweigte und klumpige Polypeptide bzw. Proteine ergeben würden, ist schierer Unsinn.

Diese Autoren verweisen andererseits auch darauf, dass durch selektives Ausfällen bzw. Auskristallisieren von Polypeptiden beim wiederholten Eindampfen und Fluten von Meeresbuchten oder in Poren von Silikatgesteinen eine Fraktionierung hinsichtlich unterschiedlicher Zusammensetzung der Copolypeptide stattgefunden haben kann. Diese Überlegung ist sicherlich richtig, erklärt aber keine Selektion in Richtung enzymatisch aktiver, für die ersten Zellen nützlicher Funktionen. Außerdem fehlt es an jeglicher Erklärung, wie Proteine präbiotisch zustande gekommen sein sollten, es sei denn nach Entstehung eines ribosomalen Synthese-Komplexes, dann aber sind die Überlegungen von Wills und Bada zur präbiotischen Fraktionierung überflüssig.

DeDuve (2002) ging davon aus, dass zunächst geeignete RNAs als Vorläufer der Transfer-RNAs entstanden sind (S. 68): "There is every reason to believe that proteins, as defined in the preceding chapter – polypeptides made from 20 specified kinds of amino acids – are an 'invention' of RNA. Needless to say that the word invention is not intended here in its usual sense. What is meant is that the first true proteins arose from chemical interactions between RNA molecules and amino acids." Er hält allerdings eine zufällige Entstehung solcher RNAs für äußerst unwahrscheinlich (S. 61): "Whithout going into details of chemical structure, let it simply be said that the spontaneous genesis in some 'primeval soup' of a molecular arrangement like RNA defies chemical common sense. Indeed, it has so far defied the ingenuity of chemists".

Nun ist DeDuve nicht nur ein ausgeprägter Repräsentant der RNA-Welt-Hypothese, sondern auch strikter Anhänger einer deterministischen Evolution (s. Abschn. 1.1). Daher müssen die Vorläufer der Transfer-RNAs irgendwie entstanden sein, doch das „wie" kann er nicht erklären (S. 61): "There is every reason to believe that the emergence of RNA was a crucial step in the development of life which preceded and most probably determined the appearance of DNA and of proteins, but before RNA, there must have been something else that prepared and caused the advent of this key substance".

Waren vielfältige RNAs erstmals vorhanden, dann machten sie sich also prompt an die Synthese biologisch brauchbarer Proteine (S. 69):

Any model for the development of protein synthesis must necessarily start with direct interaction between RNAs and amino acids. One does not see how else RNA could ever have become involved in assembling amino acids. Most likely certain RNA molecules became linked with certain amino acids. This remember is exactly what happens today between transfer RNA and amino acids [ein wunderschönes "a posteriori Argument" anstelle der fehlenden Experimente!]. […] Did the supposed association take place ran-

domly between any kinds of RNAs amino acids? Such a selectivity would, notably, provide an answer to a question many consider one of the great mysteries posed by the origin
of life: why are proteins made of from the 20 amino acid species that serve universally for
their synthesis? It is not a question of relative abundance. Some amino acids present in
large quantities, both in meteorites and in the products of abiotic syntheses, are not used
for protein assembly. Others, though rare, are. [...] This explanation provides a simple
answer to the riddle of the proteinogenic amino acids, even though it may not entirely
account for chirality problem.

Wie man sieht, überwindet ein starker Glaube an die RNA-Welt in Kombination
mit einer deterministischen Sichtweise der chemischen Evolution jede Wissens-
lücke und jede Schwierigkeit beim Erklären unwahrscheinlicher Entwicklungen.

Erfreulicherweise ist die Stellungnahme von Luisi wesentlich realitätsbe-
zogener und kritischer (2006, S. 65):

Looking at the few illustrative data presented here on the polycondensation of amino acids
into polypeptides [entspricht etwa Kap. 6 dieses Buches, gekürzt] one can conclude that a
variety of interesting reactions has been proposed and studied, some of potential interest
in the prebiotic scenario. However, the question of how to make long and specific sequences in a way relevant on the origin of life is still open. For example, there is very little in
the literature for the synthesis and characterization of copolypeptide chains containing,
say, 30 residues, obtained under alleged prebiotic conditions (up to the spring of 2006).
Generally, then, the question "why this and not that?" – namely why a particular polypeptide sequence was formed, and not a different one, is still unanswered.

Abschließend soll noch erwähnt werden, dass schon Hoffman-Ostenhof 1959 für
das Zustandekommen enzymatischer Fähigkeiten von Proteinen zwei Wege nennt.
Erstens, Oligopeptide und Proteine haben schon in der Ursuppe vorhandene katalytisch aktive Metallionen oder deren Komplexe oder katalytisch aktive organische Moleküle als „prostetische Gruppe" übernommen. Durch die Kombination
mit Peptiden und Proteinen erhöhten sich die Effizienz der Katalyse und vor
allem deren Substratspezifität. Zweitens weist Hoffmann-Ostenhof darauf hin,
dass schon Proteine alleine zufällig über katalytische Fähigkeiten verfügen können, die keinem Selektionsprozess und keinem niedermolekularen Vorbild folgen, da sie in der gesamten Evolution bis vor wenigen Jahren oder Jahrzehnten
gar nicht benötigt wurden. Dazu gehört z. B. die Fähigkeit mancher Insekten, das
Insektizid DDT durch HCl-Abspaltung zu entgiften. Ein weiteres Beispiel ist die
Existenz von Enzymen in tierischen Geweben, die das Lokalanästhetikum Pro-
cain hydrolysieren oder die Analgetica Dolantin (bzw. Meperidin) durch Hydrolyse unwirksam machen. Dabei handelt es sich um synthetische, in der Natur
nicht vorkommende Medikamente. Zur Bedeutung dieser Resultate für die Hypothese der chemischen Evolution scheint es noch keine Diskussion zu geben. Zu
dem Aspekt „ungewöhnliche Fähigkeiten von Polypeptiden" soll hier ergänzend
noche eine ide Arbeit von Lee et al. (1996) erwähnt werden, in der über sich selbst
reproduzierend Oligopeptide berichtet wird.

Ein Kommentar bezüglich der Evolution der Proteinsynthese-Maschinerie in
Ribosomen findet sich in Abschn. 8.3.

8.2   Polynucleotide, Ribozyme und die Evolution im Reagenzglas

Wenn man die Entstehung der aus heutigen Organismen bekannten RNAs unter präbiotischen Bedingungen erklären möchte, dann ergeben sich die gleichen Probleme wie bei dem Versuch, das Zustandekommen von Enzymproteinen zu erklären. Die Probleme beginnen schon ganz am Anfang der Syntheseleiter, nämlich mit der Frage, unter welchen Bedingungen alle vier RNA-typischen Nucleobasen in ähnlichen Mengen gleichzeitig gebildet wurden. Unter den in Abschn. 5.2 aufgezählten Modellversuchen gibt es nur ein einziges Beispiel für einen Erfolg in dieser Richtung (Anders et al. 1974). An der Bedeutung dieser Modellversuche für die chemische Evolution muss aber massive Kritik angebracht werden. E. Anders et al. verwendeten nämlich eine Art Fischer-Tropsch-Verfahren mit CO, H_2 und NH_3, das hohe Temperaturen und Drücke erfordert. Wie schon in Abschn. 2.1 und Kap. 4 dargelegt, waren solche Reaktionsbedingungen auf der Erde wohl nie vorhanden. Die notwendigen hohen Temperaturen wären zwar in Vulkangasen vorhanden, aber diese enthalten typischerweise kein Ammoniak oder Blausäure. Ferner strömen Vulkangase nicht über fein verteiltes Eisen oder Fe/Ni-Legierungen (höchstens über FeS), die beim Fischer-Tropsch-Verfahren als Katalysatoren benötigt werden, und Vulkangase werden auch nicht blitzschnell auf unter 100 °C abgekühlt, wie das zum Überleben der Nucleobasen erforderlich ist.

Die Bildung von Nucleobasen in einer über etwa 1000 °C heißen Gasphase müsste wohl von einem längeren Aufenthalt in heißem Wasser gefolgt sein, bis der Einsatz zur RNA-Synthese in einem kühleren Compartment folgen konnte. Das aber ist zumindest für das hydrolyseempfindliche Cytosin äußerst unwahrscheinlich. Viel Ammoniak in der Atmosphäre bedeutet außerdem auch viel Ammoniak in der Ursuppe. Dieser Ammoniak hätte dann jedoch schon die Bildung von Nucleosiden behindert und die Synthese von Nucleotiden, Nucleotidtriphophaten und RNA sowie von Proteinen total unterbunden. Es zeigt sich hier wieder das Standardproblem fast aller Modellsynthesen von Aminosäuren und Nucleobasen. Es nützt nichts, Bedingungen für deren Synthese zu finden, wenn diese Bedingungen das Fortschreiten der chemischen Evolution verhindert hätten.

Ferner ist zu bedenken, dass in der Weltraumchemie kein Cytosin gefunden werden konnte, und Uracil konnte nur in einem einzigen Meteoriten spurenweise entdeckt werden (Abschn. 9.5). Wir haben hier also eine Analogie zur Aminosäurechemie, denn es konnten aus keinem Modellversuch und aus keinem Meteoriten alle zwanzig prAS extrahiert werden.

Dazu kommt als weiteres Problem die Frage, inwieweit konkurrierende Nucleobasen und Stickstoffheterozyklen entstanden sind, und wie es dann zur Selektion der RNA-typischen vier Basen kam. Dieses Problem wird in fast allen Artikeln und Buchkapiteln, die sich mit der Entstehung von RNAs und des genetischen Codes befassen, übergangen. Bei den Modellsynthesen zur Bildung von Nucleobasen wurde nur selten gezielt nach anderen Nucleobasen und N-Heterozyklen gesucht. Hayatsu et al. (1968, 1972) sowie Anders et al. (1974)

berichteten aber, dass bei ihren Untersuchungen von Reaktionsprodukten aus dem Fischer-Tropsch-Verfahren noch zahlreiche N-Heterozyklen entstanden waren (s. Abschn. 5.2). Es gibt diesbezüglich nur eine Untersuchung von Meteoriten (Abschn. 9.5), bei der immerhin noch Xanthin, Hypoxanthin und 2,6-Diaminopurin entdeckt wurden. Wie und warum kam es also zu einer Auswahl der vier Basen, die den Aufbau der heutigen RNAs ausmachen? Was war das Selektionskriterium in einer ungerichteten Evolution? Thermodynamische Stabilität der RNAs und ihrer Doppelhelices kann es aus folgenden Gründen nicht gewesen sein:

- Hypoxanthin, Xanthin und 2,6-Diaminopurin sind thermodynamisch etwa ebenso stabil wie Adenin und Guanin. Methylcytosin und Dimethyluracil sowie Amelin, Melamin und Cyanursäure (Anders et al. 1974) sind thermodynamisch so stabil wie Cytosin, Uracil und Thymin.
- Die zuvor genannten nicht RNA-typischen Nucleobasen können ebenfalls stabile Basenpaarungen eingehen.
- Wie die Arbeitsgruppe von Eschenmoser gezeigt hat (1999, 2003), können andere Zucker als die furanoside Ribose chemisch und thermodynamisch stabilere RNA-Analoga und deren Doppelhelices bilden als die biogenen RNAs.

Wenn also die thermodynamische Stabilität auf keiner Stufe der RNA-Entstehung entscheidend war, was war dann das Selektionskriterium für die Entstehung der biogenen RNAs in einer nicht deterministischen Evolution? Natürlich kann man hier wieder mit dem „a posteriori"-Argument kommen und sagen: Weil die bekannten RNAs in allen Lebewesen eine entscheidende Rolle spielen, muss es diese Selektion gegeben haben. Wenn man sich mit dieser Argumentationslinie zufrieden gibt, und wenn man einer deterministischen Sicht der chemischen Evolution anhängt, dann erübrigt sich allerdings die Forschung nach Gründen für die Evolution von RNAs (und Proteinen).

Wenn man von der Existenz der Triphosphate der vier biogenen Nucleoside ausgeht (deren präbiotische Entstehung aber noch nicht geklärt ist) und wenn man von Compartments ausgeht, die störende Chemikalien aller Art ferngehalten haben (was äußerst unwahrscheinlich ist), dann kann man, wie neuere Ergebnisse verschiedener Arbeitsgruppen zeigen, eine Evolution von RNAs einigermaßen plausibel erklären. Der Beginn derartiger Untersuchungen, die in den letzten dreißig Jahren unter dem Titel „Evolution im Reagenzglas" durchgeführt werden, lässt sich auf Versuche von S. Spiegelman und Mitarbeitern zurückführen (Mills et al. 1967). Bei diesen Versuchen wurden zunächst Fragmente des sog. Qβ-Virus hergestellt und in einem „Reagenzglas" mit einem Proteinenzym gemischt, das aus demselben Virus stammte und das die Replikation der RNA-Fragmente katalysierte. Dann wurden diejenigen Kopien, die am schnellsten gebildet worden waren, abgetrennt und in ein anderes Reagenzglas übergeführt, wo sie mit einer neuen Ladung an Monomeren und Enzym konfrontiert wurden. Dieses Prozedere wurde mehrfach wiederholt und so eine Selektion der am schnellsten wachsenden RNA-Sequenz erreicht, die den Spitznamen „Spiegelmanns Monster" erhielt. Diese hatten die Eigenschaft, einen Virus zu bilden, allerdings verloren.

Wie schon in Abschn. 2.3 erwähnt, fanden S. Altman und Mitarbeiter sowie die Arbeitsgruppe von T. Czech anfangs der 1980er Jahre erstmals, dass RNAs katalytische Fähigkeiten besitzen, die allerdings zunächst nur darin bestanden, RNAs zu spalten (Guerrier-Takada et al. 1983; Czech 1990). T. Czech, der zusammen mit S. Altman 1989 den Nobelpreis erhielt, nannte RNAs mit katalytischen Fähigkeiten „Ribozyme" und diese Sorte RNAs spielte in den folgenden Jahren eine wichtige Rolle für die Forschung über „Evolution im Reagenzglas". Aus Gründen der historischen Abfolge sollen hier aber zunächst noch wichtige Versuche des Biophysikers und Nobelpreisträgers M. Eigen erwähnt werden (Biebricher et al. 1981a, b, 1985, 1993). Dieser hatte, wie unten näher kommentiert werden wird, eine Theorie über die Entstehung des genetischen Apparates entworfen. Er hatte geschlussfolgert, dass die ersten Gene sehr kurz gewesen sein mussten, weil andernfalls das Risiko, durch Mutationen verändert oder (z. B. hydrolytisch) zerstört zu werden oder durch Fehlkopien verändert zu werden, zu groß gewesen sein musste. M. Eigen kombinierte die RNA-Synthese aus dem Qβ-Virus mit Nucleosidtriphosphaten in Abwesenheit von RNA, sodass keine Matritzen anwesend waren. Dennoch wurden kurze RNA-Fragmente (aus wenigen Nucleotideinheiten bestehend) aufgebaut und anschießend sofort wieder kopiert. Schließlich bildeten sich RNA-Ketten mit bis zu 100 Nucleotideinheiten, die erwartungsgemäß mit der Virus-RNA keine Ähnlichkeit hatten. Es war also eine Ab-initio-RNA-Synthese gefunden worden allerdings auf Basis eines biogenen Proteinenzyms.

Aufgrund dieser Versuche und aufgrund der Entdeckung katalytisch aktiver RNAs, der sogenannten Ribozyme, entwickelte sich in der Folgezeit eine neue Forschungsrichtung, die unter dem Titel „Evolution im Reagenzglas" (EiRG) firmiert und das Fernziel hat, auf synthetischem Wege eine „Protozelle" herzustellen. Diese sollte auf möglichst primitive Weise alle wesentlichen Merkmale einer einfachen natürlichen Zelle aufweisen. Diese Protozelle sollte aus einer Lipiddoppelmembran bestehen, sie sollte über sich selbst replizierende Ribozyme verfügen, die aus den einströmenden Grundstoffen einen Stoffwechsel generieren konnten, der ihre eigene Replikation ermöglicht, auch sollten sie die Lipide der Membran herstellen und optimieren können, sodass schließlich auch eine Vesikel(Zell)teilung möglich werden würde. Dieses Konzept kann hinsichtlich seiner Komplexität und seiner Zielsetzung als die oberste Stufe der *bottom-up*-Strategie verstanden werden. Es grenzt unmittelbar an die *top-down*-Strategie, die versucht, durch Vereinfachung der einfachsten natürlichen Zellen zur „Minimalzelle" vorzustoßen (s. Luisi 2006). Die hier folgende Aufzählung von Versuchen und Ergebnissen zum Thema „Evolution im Reagenzglas" erhebt keinen Anspruch auf Vollständigkeit, zumal es nicht möglich ist, eine klare Abgrenzung zu Versuchen eng verwandter Arbeitsgebiete durchzuführen.

Die weitaus meisten Ergebnisse stammen aus den Arbeitsgruppen von F. Joyce und J. W. Szostak sowie von D. P. Bartel, der aus der Arbeitsgruppe von J. Szostak hervorgegangen ist. Ein gemeinsames Ziel vieler Untersuchungen war es, ausgehend von einem Pool von RNAs mit statistischer Sequenz, Ribozyme mit besonderen katalytischen Fähigkeiten heraus zu selektionieren und zu optimieren.

Die Fähigkeit zur Selbstreplikation stand dabei im Vordergrund des Interesses, weil diese Eigenschaft ja ein wesentliches Merkmal lebender Organismen ist. Dieses Forschungsziel wurde von Joyce und Orgel auch als „Traum der Molekularbiologen" bezeichnet.

Die ersten Untersuchungen zur Selektion und Vermehrung *(amplification)* von Ribozymen aus einem Pool von mehreren, oftmals Tausenden, verschiedenen RNAs begannen um 1990. Der wohl erste Beitrag dieser Art zum Thema „EiRG" stammt von Robertson und Joyce (1990). Diese Autoren erzeugten ein modifiziertes Ribozym, indem das, aus einem Intron von *Tridynema* herausgeschnittene Ribozym mit Nucleotiden covalent verlängert wurde und als Primer für eine Template-unterstützte Synthese von komplementärer DNA eingesetzt wurde. Aus sechs verschiedenen Arten des modifizierten Ribozyms wurde die aktivste Polymerase heraus selektioniert und die resultierende DNA durch eine Polymerase-Kettenreaktion (PCR) in RNA umgeschrieben, wobei eine 100–1000fache Vermehrung erzielt wurde. Einen ähnlichen Selektionsprozess, aber mit anderen Methoden und teilweise auch mit anderer Zielsetzung, wurde von Szostak und Mitarbeitern verfolgt (s. u.).

In der Folgezeit wurden mit verschiedenen Methoden (enzymatisch oder durch kombinatorische Synthesen) Pools von vielen Tausenden statistischer RNAs erzeugt, und Ribozyme nach einzelnen Merkmalen selektioniert. Dem ersten Selektionsschritt folgte eine Vermehrung mittels einer RNA-Polymerase (PCR), worauf sich ein weiterer Selektionierungs- und Vermehrungszyklus anschloss. Die drei- und vierfache Wiederholung dieser Prozedur ergab Ribozyme mit hoher katalytischer Effizienz und vielfältigen Fähigkeiten. Die Durchführung derartiger Selektions- und Vermehrungszyklen kann mehrere Wochen in Anspruch nehmen. Daher war es ein wesentlicher methodischer Fortschritt, als im Jahre 2001 von Cox und Mitarbeitern ein automatisiertes Verfahren veröffentlicht wurde, das die Arbeitszeit auf 3–4 Tage verkürzt (Cox und Ellington 2001; Cox et al. 2002).

Von den Ergebnissen der Joyce'schen Arbeitsgruppe sollen hier folgende Beispiele genannt werde. In den Jahren 1999–2001 gelang es, Ribozyme zu selektionieren, die kein Cytidin enthielten (Rogers und Joyce 1999), und schließlich sogar ein Ribozym, das nur aus Sequenzen von zwei verschiedenen Nucleotiden aufgebaut war (Reader und Joyce 2002). Das bedeutet, dass in den Anfängen der Evolution von Ribozymen einfachere Vorstufen entstanden sein konnten, die nicht über alle vier kanonischen Nucleotide verfügten. Dann konnten Ribozyme erfunden werden, die bei extremen pH-Werten aktiv waren, z. B. bei pH 5,8 oder pH 9,8. Dieses Ergebnis ist von Interesse im Hinblick auf die Tatsache, dass unter den heute lebenden Archaeen Stämme gefunden wurden, die bei ähnlichen oder sogar noch extremeren pH-Werten existieren können (Kuehne und Joyce 2003). Ferner ist die Umwandlung eines Ribozyms in ein Deoxyribozym durch In-vitro-Selektion zu erwähnen (Paul et al. 2006), sowie die Bindung von D-RNA an ein L-RNA-Aptamer (Sczepanski und Joyce 2013; s. u. zu Definition und Bedeutung von Aptameren nach J. W. Sczostak et al.).

Als herausragendes Ergebnis der Arbeitsgruppe von G. F. Joyce ist hier zu nennen, dass es ab dem Jahre 2007 erstmals gelang, die Herstellung von sich selbst reproduzierenden Systemen zu erreichen, die ausschließlich aus synthetischen Ribozymen bestanden (Voytek und Joyce 2007; Lincoln und Joyce 2009). In Anwesenheit ausreichender Mengen der vier kanonischen Nucleosidtriphosphate konnte eine exponentielle Vermehrung beobachtet werden. Weitere Arbeiten zu diesem Thema finden sich bei Robertson und Joyce (2014a, b, sowie Horning und Joyce 2016). Dieser Erfolg repräsentiert einen wesentlichen Schritt hin zur Glaubwürdigkeit der RNA-Welt-Hypothese.

Die zahlreichen weiteren Beiträge der Joyce'schen Arbeitsgruppe können hier nicht im Einzelnen diskutiert werden und sollen wie folgt summiert werden: Joyce (1989, 1992, 2012); Robertson und Joyce (1990); Beaudry und Joyce (1992); Lehman und Joyce (1993a, b); Tsang und Joyce (1994, 1996); Breaker et al. (1994, a, b, 1995); Dai et al. (1995); Dai und Joyce (2000); Santoro und Joyce (1997, 1998); Santoro et al. (2000); Rogers und Joyce (1999, 2001); Jaeger et al. (1999); Sheppard et al. (2000); McGinnes und Joyce (2002a); McGinnes et al. (2002b); Ordoukhanian und Joyce (2002); Paul und Joyce (2002); Paul et al. (2006); Kuhns und Joyce (2003a, b); Kumar und Joyce (2003); Kuehne und Joyce (2003); Kim und Joyce (2004); Lam und Joyce (2009), (2011); Sczepanski und Joyce (2012, 2014); Pagel und Joyce (2010); Olea et al. (2012, 2015); Petrie und Joyce (2014).

J. W. Szostak und Mitarbeiter lieferten mit die frühesten und vor allem umfangreichsten Beiträge zum Thema „Evolution im Reagenzglas". Zunächst soll jedoch erwähnt werden, dass Szostak für seine Arbeiten über Telomere im Jahre 2009 den Nobelpreis erhielt. Ab Ende der 1980er-Jahre widmete er sich aber vor allem der Frage, ob eine Art selbsterhaltender und sich selbst reproduzierende Protozelle ausschließlich synthetisch *(in vitro)* erzeugt werden kann. Dieses Thema wurde gleichzeitig aus fünf verschiedenen Richtungen bearbeitet:

- Selektion, Vermehrung und Charakterisierung von Ribozymen (parallel und unabhängig zur Joyce-Gruppe).
- Charakterisierung und Synthese von „Aptameren" auf RNA-Basis.
- Nichtenzymatische Synthese von kurzen RNA-Ketten durch Template-unterstützte Polymerisation von Nucleotidimidazoliden. Diese Arbeiten wurden in Kap. 7 vorgestellt.
- Synthese von speziellen, oft unnatürlichen Polypeptiden und Proteinen und deren Wechselwirkung mit RNAs (wird hier nicht diskutiert).
- Untersuchungen zu Bildung und Eigenschaften von Lipidmembranen und Vesikeln. Da diese Untersuchungen schon in Abschn. 2.6 diskutiert wurden, soll im folgenden Text nicht nochmals darauf eingegangen werden.

Zunächst sollen hier die Beiträge zur In-vitro-Selektion von Ribozymen mit speziellen katalytischen Fähigkeiten genannt werden. Für die Herstellung von „Pools" statistischer RNAs, aus denen Ribozyme mit interessanten Eigenschaften selektioniert werden konnten, wurde vor allem die von l. E. Orgel entwickelte Polykondensation von Nucleotidimidazoliden (Kap. 7) verwendet und in kombinatorischen Verfahren eingesetzt. Es wurden z. B. mit dieser In-vitro-Strategie Ribozyme synthetisiert und selektioniert, die über regioselektive

Ligase-Aktivitäten verfügen, d. h. 3′-5′- oder 5′-5′-Verknüpfungen von Ribose-nucleotiden katalysieren (Ekland et al. 1995; Chapman und Szostak 1995). Es wurden Ribozyme gefunden, die Alkylgruppen transferieren (Wilson und Szostak 1995) und Ribozyme, die Aminoacylgruppen transferieren (Lohse und Szostak 1996; Lee et al. 2000). Als weitere wichtige Beiträge zu dieser Thematik sind folgende Publikationen zu nennen: Green et al. (1991); Green und Szostak (1992); Wilson und Szostal (1992); Famulok und Szostak (1992a, b); Doudna et al. (1993); Bartel und Szostak (1993); Lorsch und Szostak (1994); Chapman und Szostak (1994); Woriskay et al. (1995); Hager und Szostak (1997); Suga und Szostak (1998); Saleh-Ashitani und Szostak (1999).

Ein herausragendes Ergebnis gleich zu Beginn der Szostak'schen Arbeiten zur EiRG war die Entdeckung von Aptameren. Dieser Begriff setzt sich aus dem altgriechischen *Meros* (Teil, Baustein) und dem lateinischen *aptus* (geeignet, passend) zusammen. Er bezeichnet kürzere RNA- oder Peptid-Ketten, die ein anderes kleineres oder größeres Molekül spezifisch binden können. Diese Assoziation erfolgt über Nebenvalenzen, sodass die Assoziate relativ leicht an geeignete Reaktionspartner wieder abgegeben können. RNA-Aptamere sind einsträngige RNA-Segmente, die sich unter Basenpaarung an sich selbst zurückfalten und dabei eine Schlaufe bilden. Aus der Größe dieser Schlaufe und ihrer Bestückung mit verschiedenen Nucleobasen ergibt sich die Spezifität für ein bestimmtes Zielmolekül. Analoges gilt auch für die Struktur von Aptameren auf Basis von Peptiden bzw. Proteinen. Außer für die Grundlagenforschung haben Aptamere auch in der Medizin und Pharmazie Bedeutung erlangt, da sie als spezifische *drug carrier* eingesetzt werden können.

Szostak und Mitarbeiter haben spezifische Aptamer-geeignete RNAs durch das oben genannte In-vitro-Selektionsmethode aus einer großen Menge verschiedener RNAs heraus selektioniert. Im gleichen Jahr (1990) veröffentlichte die Firma Gold Laboratories ein ähnliches, SELEX *(systematic evolution of ligands by exponential enrichment)* genanntes Verfahren, um ein Aptamer für T_4DNA-Polymerase zu finden. Die Existenz von RNA-Aptameren, die spezifisch einzelne Aminosäuren oder einzelne Nucleotide und Nucleosidtriphosphate binden, ist entscheidend für das Verständnis der Proteinsynthese in Ribosomen (s. Abschn. 8.3). Szostak und Mitarbeiter haben sich insbesondere mit der Entwicklung und Charakterisierung von Aptameren für Nucleosidmono- und -triphosphate beschäftigt: Famulok und Szostak (1992b); Sassanfar und Szostak (1993); Lorsch und Szostak (1994); Hutzinga und Szostak (1995); Lauhon und Szostak (1995); Diekmann et al. (1997); Holeman et al. (1998); Vaish et al. (2000), (2003); Davis und Szostak (2002); Huang und Szostak (2003); Sazani et al. (2004); Plummer et al. (2005); Carothers et al. (2006); Trevino et al. (2011).

Entdeckung und Erforschung von RNA-Aptameren hat damit auch einen wesentlichen Beitrag zur Begründung der RNA-Welt-Hypothese beigetragen, doch sind auch damit die in den Abschn. 4.3, 11.1 und 11.2 aufgeworfenen Fragen zur chemischen Evolution noch nicht beantwortet.

D. P. Bartel, der in den 1990er-Jahren aus der Arbeitsgruppe von J. W. Sczostak hervorging, hat in der Folgezeit ein eigenes Team gebildet, das interessante

Beiträge zum Thema EiRG lieferte: Ekland et al. (1995); Sabeti et al. (1997); Tuschl et al. (1998); Unrau und Bartel (1998), (2003); Johnston et al. (2001); Glasner et al. (2000, 2002); Merryman et al. (2002); Baskerville und Bartel (2002); Müller und Bartel (2003, 2008); Bergman et al. (2004); Lawrence und Bartel (2003, 2005); Curtis und Bartel (2005, 2013); Schultes et al. (2005); Stechner et al. (2009); Stechner und Bartel (2011); Bagby et al. (2009). In erster Linie wurden In-vitro-Selektion von Ribozymen und deren Charakterisierung bearbeitet, sowie Primer-initiierte und Template-unterstützte Oligomerisierung von Nucleodidtriphosphaten katalysiert durch Ribozyme. Erwähnenswert ist dabei auch die Synthese von Pyrimidinnucleotiden mittels eines selektierten Ribozyms (Unrau und Bartel 1998). Von der aus dem Arbeitskreis Bartel hervorgegangenen Arbeitsgruppe von P. J. Unrau wurden zum Thema EiRG folgende Beiträge veröffentlicht: Zaher und Unrau (2006; Zaher et al. 2006); Lau et al. (2004); Lau und Unrau (2009); Cheng und Unrau (2010).

Die Arbeiten des britischen Biologen P. Hollinger gehören nicht direkt zum engsten Kreis der EiRG-Versuche, gehören aber zur RNA-Welt/Compartment-Thematik. Diesbezüglich sind hier vor allem folgende Publikationen zu nennen: Ghadessy und Hollinger (2007); Wochner et al. (2011); Pinheiro und Hollinger (2012); Mutschler und Hollinger (2014); Taylor et al. (2015); Houlihan et al. (2017). In der ersten Publikation wird eine neue „compartmentalized self-replication" (CSR) genannte Methode beschrieben, bei der stabile Öl-in-Wasser-Emulsionen als Compartments genutzt werden. In jedem Öltropfen bewirkt eine Polymerase die Reproduktion desjenigen Gens, das für ihre Biosynthese codiert. Die zweite Thematik, die hier erwähnt werden soll, ist die systematische Variation der RNA- bzw. DNA-Struktur mit dem Ziel, herauszufinden, inwieweit diese Varianten zur Basenpaarung mit RNA oder DNA befähigt sind und ob sie mittels existierender oder neu selektierter Polymerasen replizierbar sind, sodass sie einer Darwin'schen Evolution unterliegen können. Mit dieser Forschungsrichtung kann eventuell geklärt werden, warum gerade die bekannten RNA- und DNA-Strukturen aus einer chemischen Evolution hervorgegangen sind. Es wurden zunächst die Saccharideinheiten variiert und dementsprechend die resultierenden Nucleonsäureanaloga als XNA bezeichnet. Untersuchungen über andere Variationen der RNA/DNA-Struktur waren zuvor auch schon von anderen Arbeitsgruppen durchgeführt worden (Nielsen 1995; Eschenmoser 1999; Loakes und Hollinger 2009; Herdewijn 2010; Campbell und Wengel 2011). Pinheiro und Hollinger (2012) kamen zu der Schlussfolgerung:

> We also select XNA aptamers, which bind their targets with high affinity and specificity, demonstrating that beyond heredity, specific XNAs have the capacity for Darwinian evolution and folding into defined structures. Thus heredity and evolution, two hallmarks of life, are not limited to DNA and RNA but are likely to be emergent properties of polymers capable of information storage.

Diese Schlussfolgerung verschärft nochmals eine Problematik, die dem gesamten Konzept der chemischen Evolution auf der frühen Erde zugrunde liegt. Woher kam der Selektionsdruck in Richtung auf die Entstehung von autopoietischen, sich selbst reproduzierenden Zellen? Die vielen, zuvor zitierten, erfolgreichen Versuche auf dem Gebiet der EiRG und angrenzender Arbeitsgebiete erklären das „Wie" einzelner Reaktionsschritte, aber nicht das „Warum". In der EiRG-Forschung hat der Experimentator die Selektionsrichtung bestimmt. Aber woher kam der Selektionsdruck in einer grundsätzlich ungerichteten Evolution? Warum wurden z. B. Ribozyme selektioniert, die Proteinsynthesen aus 20 verschiedenen Aminosäuren mit ungeschützten ω-Funktionen ermöglichten? Warum entstanden keine Ribozyme, die Asp, Glu, Orn, Lys und Arg über ihre ω-Funktonen zu Polyamiden verknüpften, zumal die ω-Aminogruppen reaktiver (nucleophiler) sind als die α-Aminogruppen? Das a posteriori Argument heißt natürlich, dass diese Polyamide die in einer Zelle benötigten biologischen Funktionen nicht ausüben konnten. Woher aber wussten die Ribozyme der präbiotischen Welt, welche biochemischen Funktionen Proteine in einer lebenden Zelle auszuüben haben? Eine Weiterführung dieses Gedankenganges findet sich in Kap. 11.

Abschließend sollen hier noch einige, nach 1997 erschienene Übersichtsartikel zu den oben genannten Themen zitiert werden (nach Arbeitsgruppen alphabetisch geordnet).

- Arbeitsgruppe D. P. Bartel: Bartel (1999); Bartel und Unrau (1999).
- Arbeitsgruppe P. Hollinger: Pinheiro und Hollinger (2012, 2013a, b); Pinheiro und Hollinger (2014); Attwater und Hollinger (2014); Taylor et al. (2015); Houlihan et al. (2017).
- Arbeitsgruppe G. F. Joyce: McGinnes und Joyce (2003); Paul und Joyce (2004); Joyce (2000, 2002, 2004a, b, 2007a, b, 2012); Joyce und Orgel (2006); Robertson und Joyce (2012); Breaker und Joyce (2014); Olea und Joyce (2016)
- Arbeitsgruppe J. W. Szostak: Szostak (1997, 2011, 2017); Famulok und Szostak (1992a) Angew, Chem. Int. Ed, 31 (4) 979, Wilson und Szostak (1999); Saleh-Ashtiani und Szostak (2001); Chen et al. (2006); Carothers et al. (2006); Luptak und Szostak (2008); DeRicardo und Szostak (2009); Budin und Szostak (2010); Powner et al. (2010); Blain und Szostalk (2014).
- Arbeitsgruppe P. J. Unrau: Wang et al. (2010).

8.3 Der genetische Code

Die oben vorgestellten Versuche sind in den Rahmen der RNA-Welt eingebettet und geben noch keine Auskunft darüber, warum und wie ein genetischer Code entwickelt wurde, der die Konsequenz hatte, dass zahlreiche verschiedene Proteine mit einem breiten Eigenschaftsspektrum erzeugt werden konnten. Der genetische Code basiert auf einer Abfolge von Codons, die jeweils für eine prAS stehen. Ein Codon besteht seinerseits aus einer Abfolge von drei Nucleotiden (s. Tab. 8.1). Da RNA aus vier verschiedenen Nucleotiden aufgebaut ist, gibt es 64 verschiedene Codons. Da andererseits nur 20 verschiedene prAS codiert werden müssen (das in wenigen Enzymen vorkommende Selenocystein soll hier übergangen werden),

Tab. 8.1 Aminosäure-Codon-Korrelation nach zunehmender Anzahl verfügbarer Codons geordnet[a]

prAS	Codon	prAS	Codon
Startsignal	AUG	His	CAU, CAC
Met	AUG	Lys	AAA, AAG
Trp	UGC	Ile	AUU, AUC, AUA
(Sec)[b]	(UGA)	Gly	GGU, GGC, GGA, GGG
Tyr	UAU, UAC	Ala	GCU, GCC, GCA, GCG
Phe	UUU, UUC	Val	GUU, GUC, GUA, GUG
Cys	UGU, UGC	Thr	ACU, ACC, ACA, ACG
Asn	AAU, AAC	Pro	CCU, CCC, CCA, CCG
Asp	GAU, GAC	Leu	CUU, CUC, CUA, CUG, UUA, UUG
Gln	CAA, CAG	Ser	UCU, UCC, UCA, UCG, AGU, AGC
Glu	GAA, GAG	Arg	CGU, CGC, CGA, CGG, AGA, AGG

[a]Das im Kollagen relative häufig vorkommende 4-Hydroxyprolin wird nicht codiert, sondern durch Oxidation von L-Pro im Kollagen erzeugt
[b]Selenocystein

werden manche Aminosäuren durch zwei oder mehr verschiedene Codons codiert (s. Tab. 8.1), wodurch z. B. unterschiedliche Positionen der prAS in der Protein-kette, z. B. am Beginn oder am Ende der Proteinkette, markiert werden können.

Nach Entdeckung der Doppelhelixstruktur der DNA (Abb. 8.1 und 8.2) im Jahre 1953 durch die späteren Nobelpreisträger F. Crick und J. Watson wurde intensiv an der Entschlüsselung des genetischen Codes gearbeitet. Am 27. Mai 1961 gelang es dem Biochemiker H. Matthei, den ersten Codon für eine Amino-säure zu identifizieren, nämlich UUU für Phenylalanin. Darauf folgten schnell weitere Identifizierungen, und als im Jahre 1966 in Cold Spring Harbor eine Kon-ferenz mit dem Titel „The Genetic Code" veranstaltet wurde, waren alle wesent-lichen Grundzüge des Codes bekannt. Im Jahr danach erschien schon ein erstes Buch mit demselben Titel aus der Feder des Biologen Woese (1967), welches das vorhandene Wissen zusammenfasste, und im Folgejahr publizierten Crick (1968) und Orgel (1968) erste Hypothesen über die Entstehung des genetischen Codes.

Die wesentlichen Punkte der Crick'schen Hypothese lassen sich wie folgt zusammenfassen. Erstens, ribosomale (r) RNA und Transfer- (t) RNA bildeten zusammen von Anfang an die Basiskomponenten einer „Proteinsynthese-Fabrik". Zweitens, der heutige Code entwickelte sich schrittweise aus primitiven Anfängen. Zunächst bildeten nur die vier Mononucleotide (A, G, C, U) den Code für vier Aminosäuren und es wurden nur Copolypeptide aus vier α-Aminosäuren gebildet. Da diese simplen Copolypeptide für die Ausübung zahlreicher biologischer, ins-besondere katalytischer Funktionen unzureichend waren, sorgte die Selektion für eine Zunahme der Komplexität dadurch, dass nun das Duo zweier Nucleotide 14 Codons bildete, wodurch Synthesen von Copolypeptiden aus 16 verschiedenen

Abb. 8.1 Ausschnitt aus einer RNA-Sequenz

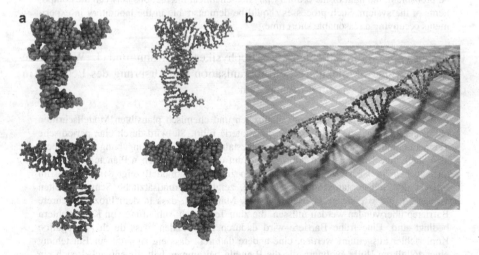

Abb. 8.2 **a** 3D-Struktur einer transferRNA (IletRNA) mit Doppelhelixsegmenten (© molekuul. be/stock.adobe.com), **b** schematische Darstellung einer langen Doppelhelix, wie sie vor allem für DNA typisch ist (© sunnyboy92/Fotolia)

Aminosäuren möglich wurden. Schließlich entstand das heutige System (s. Tab. 8.1), das, da es allen Wünschen der Evolution gerecht wurde, keiner Erweiterung mehr bedurfte.

L. E. Orgel präsentiert in seinem Artikel (1968), der mit der Publikation von F. Crick weitgehend abgestimmt war und diesen ergänzte, einen Vergleich von Protein-Welt und RNA-Welt. Zum Zustandekommen des genetischen Codes sagt er relativ wenig. Die zu einer Selektion von Biomolekülen führende Wechselwirkung muss auf den normalen physikochemischen Gesetzen beruht haben:

> While great deal remains to be done, experiments on prebiotic syntheses suggest that all of the steps required for polynucleotide and polypeptide formation could have occurred, albeit inefficiently, in the absence of biological catalysts.

Diese überoptimistische Einschätzung ist im Jahre 1967 noch verständlich, da viele negative Ergebnisse von Modellversuchen und Untersuchungen von Meteoriten damals noch nicht bekannt waren. Dann fährt Orgel fort:

> It is important in arguments about biochemical evolution to distinguish between two stages in the development of the process of natural selection. In the first stage, suppose the components for building the polymers were freely available in the environment and that the natural selection favored the accumulation of those sequences best able to replicate. I call this „natural selection without function". It seems reasonable to require that that the process proposed in „natural selection without function" must be understandable rather directly in terms of the physical chemistry of the elementary components. All events must be probable in the light of the ordinary physico-chemical interactions between the components of the system. Such processes should be demonstrable in the laboratory in experiments occupying a reasonable short time.

Im Jahre 1981 veröffentlichten die Biophysiker H. Kuhn und J. Waser eine Abhandlung über „Molekulare Selbstorganisation und Ursprung des Lebens", in dem sie ihr Konzept wie folgt beschreiben:

> Es wird eine Folge aus vielen physikalischen und chemisch plausiblen Modellschritten betrachtet, die zur Selbstorganisation der Materie führt. Sie wird durch eine periodische Temperaturänderung und durch eine vielgestaltige räumliche Umgebung angetrieben, also durch eine Umgebungsstruktur, wie sie auf einem präbiotischen Planeten zumindest an manchen Stellen vorliegt. Ein solches spezielles Denkmodell zeigt den Rahmen im Prozess der Selbstorganisation der Materie, zeigt, wo grundsätzliche Schwierigkeiten vorhanden und wie sie zu überwinden sind. Man findet, dass in dem Prozess mehrere Barrieren überwunden werden müssen, die zum Teil durch Anhäufung von Kopierfehlern bedingt sind. Eine frühe Barriere wird dadurch überwunden, dass durch Aggregation Kopierfehler ausgefiltert werden, eine andere dadurch, dass ein Apparat zur Entstehung einer zellulären Hülle evolviert, die die Bauteile beisammen hält. Es entwickelt sich ein System, das eine primitive Replikase produziert, durch die ein rudimentärer Code stabilisiert wird. Eine spätere Barriere wird durch Umverteilung des Funktionssystems in getrennte Apparate für Replikation und Übersetzung der genetischen Information überwunden. [...] Der Ansatz führt zu Aussagen über Vorbedingung, logisches Gerüst und Organisationsstruktur evolutionärer Prozesse.

Diese Ausführungen sind insofern trivial, als die Entstehung eines genetischen Apparates aus einer chemischen Evolution zwangsläufig in Schritten erfolgt sein muss, sonst wäre keine Evolution vonstattengegangen. Das ganze Konzept repräsentiert eine Art „*a posteriori* Argumentation", und zu den einzelnen von Kuhn und Waser angenommen Schritten fehlt es völlig an experimentellen Beweisen. Dazu passt die Annahme dieser Autoren, dass alle für die Evolution des genetischen Apparates von der Ursuppe zur Verfügung gestellt wurden. Diesbezüglich werden Literaturzitate in so oberflächlicher Weise präsentiert, dass sie eine Faktenlage vortäuschen, die gar nicht existiert. So wurde behauptet: „Ribose konnte aus Formaldehyd in Gegenwart von Aluminiumoxid und Kaolinit erhalten werden" (s. Abschn. 5.1). Die dazu zitierte Literaturstelle (Gabel 1967) enthält aber keinerlei Aussagen über Ribose. Für das Vorhandensein der kanonischen Nucleobasen wird die Synthese von Adenin aus Blausäure genannt (s. Abschn. 5.2), aber nicht erwähnt, dass unter diesen Bedingungen keine Pyrimidinbasen gebildet werden. Dazu ergänzend wird die Synthese von Cytosin aus Cyanacetylen und Harnstoff angeführt, aber ignoriert, dass unter diesen Bedingungen keine Purinbasen entstehen usw.

Schon etwa ab 1971 entwickelte der Biophysiker und Nobelpreisträger M. Eigen ein detailliertes Konzept zur Erklärung des genetischen Codes und des genetischen Apparates auf der Basis molekularer Selektion und Selbstorganisation von RNAs und Proteinen (Eigen 1971; Eigen und Schuster 1977, 1978; Eigen und Winkler-Oswatitsch 1981; Eigen et al. 1981). Auch er ging davon aus, dass ein rein zufälliges, auf statistischen Reaktionen basierendes Zustandekommen eines Proteins oder einer höhermolekularen RNA aus den Bestandteilen einer Ursuppe so unwahrscheinlich war, dass diese Annahme keine wissenschaftliche Bearbeitung rechtfertigt. Seine Berechnungen (1971, S. 469) lieferten ähnliche Werte, wie sie von F. Hoyle, Morowitz und R. Shapiro (Abschn. 2.1) vorgestellt wurden. Er ging daher davon aus, dass bei Oligopeptiden und Copolypeptiden sowie bei kurzen RNA-Ketten ausgehend von statistischen Sequenzen ein natürlicher Selektionsprozess einsetzte, der den Darwin'schen Vorstellungen einer natürliche Selektion bei lebenden Organismen entsprach. Dabei hegte er ähnlich wie L. E. Orgel, H. Kuhn und J. Waser (s. o.) die überoptimistische Ansicht, dass in der Ursuppe alle für den Evolutionsprozess benötigten niedermolekularen und polymeren Verbindungen zur Verfügung standen (Eigen 1971):

All we need at the moment is to assume that substances like energy rich phosphates, activated amino acids etc. were present and could be condensed into macromolecular substances exhibiting simple catalytic functions.

Diese überoptimistische (aus heutiger Sicht sogar falsche) Annahme wurde schon von R. Shapiro kritisiert, der M. Eigen wie folgt zitiert (Shapiro 1987, S. 171):

Here we simply start from the assumption that when self-organization began, all kinds of energy-rich materials were ubiquitous, including in particular amino acids in various degrees of abundance, nucleotides involving the four bases A, U, G, C, polymers of both preceding classes […] having more or less random sequences.

Über den Selektionsmechanismus sagt Eigen (1971):

> If we want to close the gap between physics and biology, we have to find out what selection means in precise molecular terms which can ultimately be described by quantum-mechanical theory. We have to derive Darwin's principle from the known properties of matter.

Dabei sind Wechselwirkungen über funktionelle Gruppe in der Seitenkette von Aminosäuren wesentlich, sowie die Basenpaarung der Nucleotide in RNAs. Diese Wechselwirkungen und einfache katalytische Funktionen, die er (wie im vorigen Abschnitt zitiert) schon den annähernd statistischen Copolypeptiden und RNAs zutraut, sind entscheidende Ingredienzien des Sektionsprozesses (Eigen 1971, S. 471):

> Catalytic function in combination with various feedback mechanisms causing certain self-enhancing growth properties of the system, will be shown to be one of the decisive prerequisites for self-organization.

Ein entscheidender Aspekt bei den Überlegungen verschiedener Forscher zur Entstehung des genetischen Codes und der Fähigkeit zur Replikation war die Frage: Wie hat es die Evolution geschafft, das System so zu optimieren, dass Fehler beim Ablesen von Nucleotidsequenzen oder der störende Einfluss von Punktmutationen (z. B. Zerstörung eines Nucleotids durch UV oder radioaktive Strahlung) einen möglichst geringen Einfluss haben? So sollte es für ein selbstreplizierendes Ribozym eine optimale Größe geben, denn wenn die RNA-Kette zu kurz ist, enthält sie nicht genügend Information, andererseits wächst aber mit steigender Kettenlänge (die einen höheren Informationsinhalt ermöglicht) die Fehlerhäufigkeit. Aus dieser Überlegung ergaben sich nun zwei Fragen. Erstens, wie lang muss die RNA-Kette eines optimalen Replikators sein? Und zweitens, konnten solche optimalen Replikatoren spontan in der Ursuppe entstehen?

M. Eigen, der diese Problematik erstmals aufwarf und theoretisch zu beantworten versuchte, kam zu der Einsicht, dass der optimale RNA-Replikator über ca. 100 Nucleotide verfügen müsste, eine spontane Bildung in der Ursuppe aber äußerst unwahrscheinlich war. Als Lösungsvorschlag dieser Problematik entwarf M. Eigen zusammen mit dem Biologen P. Schuster die Theorie des „Hyperzyklus" (Eigen und Schuster 1977, 1978).

Darunter versteht Eigen einen Superzyklus bestehend aus mehreren „kleineren" Reaktionszyklen mit katalytischen Eigenschaften (1977):

> Consider a sequence of reactions in which, at each step, the products with or without the help of additional reactants, undergo further transformation. If in such a sequence any product formed is identical with a reactant of a preceding step, the system resembles a reaction cycle, and the cycle as a whole a catalyst.

Für die Entstehung optimaler Replikatoren heißt das, dass zunächst nur eine kurze RNA-Sequenz entstand (RS1), welche aber die Bildung einer weiteren

RNA-Sequenz (RS2) förderte, die ihrerseits die Bildung von RS3 katalysierte, bis schließlich ein RSX wieder die Entstehung von RS1 katalysierte. Zusammen mit Selektionsmechanismen sollte sich so die Bildung größerer RNA-Replikatoren hochschaukeln. Was zunächst sehr theoretisch klingt und von Eigen und Schuster nur mathematisch formuliert wurde, findet sich, im Prinzip, in vielen Stoffwechselzyklen wieder.

Umfangreiche Rechnungen auf Basis zahlreicher mehr oder minder plausibler Annahmen führten zu folgender abschließenden Bewertung (Eigen und Schuster 1977):

> The results of our studies suggest that the Darwinian evolution of species was preceded by an analogous stepwise process of molecular evolution leading to an unique cell machinery which uses an universal code. This code came finally established, not because it was the only alternative, but rather due to a peculiar "once-forever" selection mechanism which could start from any random assignment. Once-forever is a consequence of hypercyclic organization. A detailed analysis of macromolecular reproduction mechanisms suggests that catalytic hypercycles are a minimum requirement for a macromolecular organization that is capable to accumulate, preserve and process genetic information.

Die Hypothesen und Berechnungen von Eigen und Schuster haben andere Wissenschaftler stimuliert und befruchtet, punktuell aber auch Kritik hervorgerufen. So hat G. Witzany die deterministische, physikochemische Sichtweise Eigens als zu einseitig kritisiert (2016):

> The genetic code with its typical language-like features (characters adopt syntactic, semantic, pragmatic rules) take the stage of a real natural language with the interactional group-building of various RNA stem-loops. The interactional and group building cooperativity of the RNA stem-loops constitute the genetic code as a real natural code, not its physico-chemical key characters alone.

Im heutigen Verständnis der ribosomalen Proteinsynthese spielen aber Eigens Interpretation der Transfer- (t) RNA als eines sehr frühen (wenn nicht des frühesten) Aptamers eine wichtige Rolle (Eigen und Winkler-Oswatitsch 1981). Zunächst müssen kurze, Schlaufen bildende RNA-Ketten entstanden sein, welche selektiv einzelne Aminosäuren binden können. Diese Aptamere befinden sich im Zentrum der ribisomalen Syntheseaktivität. Die assoziierten prAs werden durch Ribozyme katalysiert mittels ATP an der CO_2H-Gruppe als gemischtes Phosphorsäureanhydrid aktiviert und dann auf die 3′-OH-Gruppe der passenden tRNA übertragen. Da es passend zu den 20 prAs auch 20 verschiedene tRNAs gibt, die nur spezifisch die passende Aminosäure binden, kann man den tRNAs auch einen Aptamer-Charakter zubilligen, obwohl die kovalente Anbindung nicht mit der Assoziation in den normalen Aptameren identisch ist. Die tRNA bringt die veresterte prAS zur der Stelle im Ribosom, an der die Messenger- (m) RNA von 5′- in Richtung 3′-OH-Gruppe abgelesen wird. Die Erkennung der für die gewünschte Proteinsequenz richtigen prAS/tRNA erfolgt durch Basenpaarung einiger Codons zwischen tRNA und mRNA.

Zur schrittweisen Entstehung des Aminosäure-tRNA-Verbundes und der nachfolgenden Proteinsynthese haben Szathmary und Maynard Smith folgende Gedanken geäußert (Szathmary 1993, 1999, Maynard Smith und Szathmary 1993, Szathmary und Maynard Smith 1997):

- Ein entscheidender Antrieb für das Zustandekommen einer Anbindung von Aminosäuren and Oligonucleotiden war zunächst nicht der Aufbau einer Proteinsynthese, sondern die Benutzung von Aminosäuren als Cofaktoren, damit die Ribozyme ihren katalytischen Wirkungsbereich erweitern konnten.
- Das prAS-Oligonucleotid-Konjugat, Vorläufer der beladenen tRNA, band sich dann durch Basenpaarung an ein längeres, Schlaufen bildendes Ribozym, dessen katalytische Fähigkeiten dadurch modifiziert wurden.
- Ribozyme katalysierten das Zustandekommen des prAS-Oligonucleotid-Konjugats so, dass (durch Selektion gefördert) im Lauf der Zeit spezifische AS-Nucleotidsequenzen bevorzugt wurden. Dadurch kommt nicht nur eine Selektion der Aminosäuren, sondern auch eine Zuordnung der AS zu einzelnen Nucleotidsequenzen zustande.
- prAS wurden als Cofaktoren bevorzugt, weil die Miller'schen Versuche ja gezeigt haben, dass prAS häufig in der Ursuppe vorhanden waren (hier kommt leider nicht nur Wunschdenken, sondern auch Halbwissen ins Spiel).
- Die katalytisch modifizierten Ribozyme entwickelten sich über mehrere Hybridzwischenstufen hinweg zu Proteinenzymen.

Über die Zuordnung von prAS zu einzelnen Codons sagen diese Autoren:

Obwohl einige Eigenheiten des genetischen Cods Zufälligkeiten seiner Entstehungsgeschichte widerspiegeln mögen, gibt es andere , die durch Anpassung entstanden sind und nahelegen, dass die Zuordnung von Codons durch Selektion beeinflusst wurde.

1. Ähnliche Codons sind spezifisch für dieselbe Aminosäure, z. B. GUU, GUC, GUA und GUC für Val.
2. Ähnliche Codons sind typisch für Aminosäuren mit ähnlichen Eigenschaften, z. B. GAU und GAC für Asp, sowie GAA und GAG für Glu.
3. Aminosäuren, die sehr häufig in Proteinen vorkommen, werden durch eine größere Zahl etwas verschiedener Codons repräsentiert, z. B. wird das häufig vorkommende Leu von sechs Codons codiert, das seltene Trp aber nur von einem einzigen Codon.

Die beiden ersten Charakteristika haben die Wirkung, störenden Einfluss von Mutationen zu minimieren, weil die Mutaionen das Protein entweder nicht verändern, oder eine Aminosäure durch eine andere mit ähnlichen Eigenschaften ersetzten

Ergänzend hierzu sollen folgende Ausführungen von Freeland und Hurst (1998) zitiert werden:

Statistical and biochemical studies of the genetic code have found evidence of nonrandom patterns in the distribution of codon assignments. It has for example been shown that the code minimizes the effects of point mutations or mistranslations: erroneous codons are either synonymous or code for an amino acid with chemical properties very similar to those of the one that would have been presented had the error not occurred. This work has suggested that the second base of the codons is less efficient in this respect, by about three orders of magnitude, than the first and third bases.

Und zum Schluss ihrer Zusammenfassung:

We thus conclude not only that the natural genetic code is extremely efficient in minimizing the effect of errors, but also that its structure reflects biases in these errors, as might be expected where the code is the product of selection.

Diese Sichtweise hat in jüngerer Zeit offensichtlich breite Zustimmung gefunden. Der heutige genetische Code ist eine durch lange Selektion erreichte Optimierung der Stabilität hinsichtlich einer Störung durch Ablesefehler, Mutationen und andere „chemischer Unfälle" (Freeland 2004; Witzany 2016).

Aus der Tatsache, dass man den genetischen Code entschlüsselt und den Verlauf der Proteinsynthese weitgehend verstanden hat, ergeben sich aber noch keine Antworten auf folgende Fragen.

- Wie kommt es, dass gerade die 20 pAS passende Aptamere gefunden haben, die vielen in der Ursuppe auch vorhandenen Aminosäuren aber nicht? Es ist äußerst unwahrscheinlich und völlig unbewiesen, dass schon früh Compartments vorhanden waren, welche die 20 prAS herausgefiltert haben, zumal sich einige prAs und nicht-prAS in ihren chemischen und physikalischen Eigenschaften sehr ähneln (z. B. Ala und αAbu). Ferner ist es äußerst unwahrscheinlich und unbewiesen, dass unter den unzähligen statistischen RNA-Sequenzen, die ursprünglich vorhanden waren, kein Aptamer für nicht-prAS vorhanden war.

- Auch wenn Aptamer-prAS-Komplexe vorhanden waren, warum und wie hat sich der finale genetische Code entwickelt? Eine potenzielle Antwort wurde oben schon von F. Crick zitiert und diese Sichtweise ist auch 2017 noch nicht völlig aus dem Rennen. Ferner wurde in jüngerer Zeit postuliert, dass zuerst noch Proteine mit annährend statistischen Sequenzen produziert wurden, die dann durch Selektion zu immer besser wirkenden (Enzym)Proteinen weiterentwickelt wurden. Warum aber sollten wenig wirksame Proteine überhaupt synthetisiert werden? Die Evolution von Ribozymen lieferte ja schon Enzyme mit mäßiger bis guter katalytischer Aktivität.

Zum Schluss soll hier nochmals die schon am Ende von Abschn. 8.2 angeschnittene Frage gestellt werden: Woher kam der Selektionsdruck für eine gut funktionierende RNA-Welt voller Ribozyme, die mit zahlreichen katalytischen Fähigkeiten begabt waren, eine äußerst komplexe und eine viel chemische Energie erfordernde Proteinsynthese aufzubauen und einen Code für gleich zwanzig verschiedenen Aminosäuren zu entwickeln? Diese Frage repräsentiert einen wichtigen Teilaspekt der fundamentaleren Frage, warum sich eine chemische Evolution in Richtung auf die Erschaffung einer überlebensfähigen Zelle hin entwickelt haben soll. Auch im Weltraum gibt es eine Art chemische Evolution, aber diese führt zu einer extremen Diversität nicht biogener Moleküle unter Maximierung von Entropie. Der Verlauf der chemischen Evolution auf der Erde in Richtung Protozelle, so er denn stattgefunden hat, ist also keineswegs selbstverständlich, insbesondere nicht als ungerichtete Evolution.

Betrachten wir zunächst die von G. F. Joyce und Mitarbeitern erstmals realisierte Synthese und Selektion eines sich selbst reproduzierenden Ribozyms. Was besagt dieser große wissenschaftliche Erfolg für die Begründung einer chemischen Evolution? Zunächst kann man als Positivum feststellen, dass damit der simpelst mögliche Modellfall einer sich reproduzierenden Zelle gefunden wurde. Nun unterliegen RNAs aber in wässriger Lösung einem ständigen hydrolytischen Abbau, zumal bei höheren Temperaturen und wenn der pH von 7.0 deutlich abweicht. Das sich reproduzierende Ribozym (Rz1) bekommt also ständig Nachschub an Bausteinen von abgebauten Ribozymen und wird daher alle anderen Ribozyme verdrängen. Nun wird es bei der Reproduktion zu Ablesefehlern und Mutationen kommen. Die meisten Varianten werden inaktiv oder weniger aktiv sein, aber es wird sich auch ein neues Ribozym ergeben (Rz2), das die Selbstreproduktion schneller und effektiver beherrscht als Rz1 und daher wird es Rz1 allmählich ersetzen. Es wird also zwangsläufig zu einer Selektion kommen, die zu einer Optimierung der Reproduktionsfähigkeit führt. Das optimale Ribozym RzX wird daher schließlich alle anderen Ribozyme weitgehend verdrängen.

RzX entspricht auf molekularer Ebene dem, was der Biologe Dawkins (2004) auf biologischer Ebene als egoistisches Gen bezeichnet hat. Nun haben Biologen aber sicherlich mit Recht Dawkin's Konzept als Unsinn entlarvt, weil es in einer lebenden Zelle auf Kooperation vieler Gene ankommt, sodass der Egoismus einzelner Gene für die Zelle tödlich endet (Bauer 2008). Diese Überlegung gilt auch für Ribozyme. Die Entstehung einer ribosomalen Proteinsynthese erfordert eine konzertierte Kooperation vieler Ribozyme, und die Entstehung von RzX verursacht eine totale Blockade dieser Entwicklung. In einer ungerichteten Evolution ist aber nur die Selektion von Rz1 zu RzX denkbar. Woher also haben die Ribozyme gewusst, dass diese Art von Selektion vermieden werden und eine Kooperation vieler Ribozyme zum Zweck der Proteinsynthese erfolgen muss?

Geht man mal von der optimistischen Vorstellung aus, dass es (Bio)Chemikern gelingt, das Maximalziel der EiRG-Forschung zu verwirklichen, nämlich die Schaffung einer selbstreproduzierenden Protozelle ausschließlich aus synthetischen Komponenten, dann wäre dies natürlich ein herausragender wissenschaftlicher Erfolg. Er würde nicht nur die RNA-Welt-Hypothese weitgehend beweisen, sondern auch die Hypothese vom glücklichen Zufall teilweise unterstützen. Aber auch ein derartiger Erfolg wäre noch keine Beantwortung der Frage, warum eine chemische Evolution zur Entstehung einer lebenden Zelle geführt haben muss. Denn im Falle der EiRG-Forschung ist immer ein Forscher im Spiel, der die Blaupause einer Protozelle, also das Evolutionsziel, im Kopfe hat und die Synthesen und Selektionsmethoden entsprechend steuert. Aber woher soll die präbiotische Materie diese Blaupause gekannt haben?

Die „*a posteriori* Argumentation" ist keine redliche, streng wissenschaftliche Antwort. Denn wenn man auf die reduktionistisch-deterministische Begründung verzichten muss, besagt die „*a posteriori* Argumentation" unausgesprochen, dass die Materie ihr Evolutionsziel gekannt haben muss. Hier trifft sich die „*a posteriori* Argumentation" mit der Sichtweise der Antireduktionisten, die Leben einen *added value* zubilligen, der über das Zusammenspiel chemischer und physikalischer Gesetze hinausgeht. Dem Universum muss also ein Prinzip, präziser, ein Naturgesetz innewohnen, das dafür sorgt, dass unter geeigneten Bedingungen Leben entstehen kann. Eine Fortsetzung dieses Gedankenganges findet sich in Abschn. 11.4.

Abschließend sollen hier noch einige, zuvor nicht erwähnte Übersichtsartikel und Bücher zum Thema Entstehung und Eigenschaften des genetischen Codes genannt werden: Vaas (1994); Kay (2000); Zubay (2000); Ribas de Pouplana (2004); Wang und Schultz (2005).

Literatur

Anders E, Hayatsu R, Studier M (1974) Orig Life 5:57
Attwater J, Hollinger P (2014) Nat Methods 11:495
Bagby SC, Bergman NH, Stechner DM, Yen C, Bartel DP (2009) RNA 15:2129
Bartel DP (1999) Cold spring harbor monograph series 37:143 (RNA World 2nd ed)
Bartel DP, Szostak JW (1993) Science 261:1411
Bartel DP, Unrau PJ (1999) Trends Cell Biol 9:M9–M13 and Trends Biochem Sci 24:M9–M13
Baskerville S, Bartel DP (2002) Proc Natl Acad Sci USA 99:9154
Bauer J (2008) Das kooperative Gen. Hoffmann und Campe, Hamburg
Beaudry AA, Joyce GF (1992) Science 257:635
Bergman NH, Lau NC, Lehnert H, Westhof E, Bartel DP (2004) RNA 10:176
Bernal JD (1967) The origin of life. Weidenfeld & Nicolson, New York
Biebricher CK, Eigen M, Luce R (1981a) J Mo Biol 148 (4):369
Biebricher CK, Eigen M, Luce R (1981b) J Mol Biol 148(4):391
Biebricher CK, Eigen M, Gasrdiner WC Jr (1985) Biochemistry 24(23):n6550
Biebricher CK, Eigen M, McCatskill JS (1993) J Mol Biol 231:175
Billmeyer FW (1984) Textbook of polymer science, 3. Aufl. Wiley, New York
Blain JC, Szostak JW (2014) Ann Rev Biochem 83:6215
Breaker RR, Joyce GF (1994a) Proc Natl Acad Sci USA 91:6093
Breaker RR, Joyce GF (1994b) Chem Biol 1:223
Breaker RR, Joyce GF (1995) J Mol Evol 40:551
Breaker RR, Joyce GF (2014) Chem Biol 21:1059
Breaker RR, Barnerji A, Joyce GF (1994) Biochemistry 33:11980
Budin I, Szostak JW (2010) Ann Rev Biophys 39:245
Campbell MA, Wengel J (2011) Chem Soc Rev 40:5680
Carothers JM, Szostak JW (2006a) Aptamer handbook, 3–28
Carothers JM, Östereich SC, Sostak JW (2006) J Am Chem Soc 129:7929
Cedrangolo F (1959) The problem of the origin of the proteins. In: Clark F, Synge RLM (Hrsg) The origin of life on the earth. Pergamon Press, London
Chapman KB, Szostak JW (1994) Curr Opin Struct Biol 4:618
Chapman KB, Szostak JW (1995) Chem Biol 2:325
Cheng LK, Unrau PJ (2010) Cold spring harbor perspectives in biology 2(10):a002204

Chen IA, Hanczy MM, Sazani P, Szostak JW (2006) Cold-spring harbor monograph series. (RNA World 3rd ed) 43:57
Cox JC, Ellington AD (2001) Bioorg Med Chem 9:2525
Cox JC, Hayhurst A, Hesselberth J, Bayer TS, Georgiu G, Ellington AD (2002) Nucl Acids Res 30:e108
Crick FR (1968) J Mol Biol 38:367
Curtis EA, Bartel DP (2005) RNA 11:1173
Curtis EA, Bartel DP (2013) RNA 19:1116
Czech TR (1990) Biosci Rep 10:239
Dai X, Joyce GF (2000) Helv Chim Acta 83:1701
Dai X, DeMesmaeker A, Joyce GF (1995) Science 267:237
Davis JH, Szostak JW (2002) Proc Natl Acad Sci USA 99:11616
Dawkins R (2004) Das Egoistische Gen, Rowohlt, Reinbeck. Oxford University Press, Oxford (Englische Erstveröffentlichung 1976)
DeDuve C (2002) Life evolving: molecules mind and meaning. Oxford University Press, Oxford
DeRicardo A, Szostak JW (2009) Sci Am 301:54
Diekmann T, Buttcher SE, Sassanfar M, Szostak JW (1997) J Mol Biol 273:467
Doudna JA, Usman N, Szostak JW (1993) Biochemistry 32:2111
Eigen M (1971) Naturwissenschaften 58:465
Eigen M, Schuster P (1977) Naturwissenschaften 64:541
Eigen M, Schuster P (1978) Naturwissenschaften 65(7):341
Eigen M, Winkler-Oswatitsch R (1981) Naturwissenschaften 68:217
Eigen M, Gardiner W, Schuster P, Winkler-Oswatisch R (1981) Sci Am 244(4):88
Ekland EH, Sostak JW, Bartel DP (1995) Science 269:364
Elias HG (1997) An introduction to polymer science. Wiley VCH, Weinheim
Eschenmoser A (1999) Science 284:2118
Eschenmoser A (2003) Creating a perspective for competing. In: Proceedings of the templeton foundation "Biochemistry and Fine-tuning" Harvard University, 10–12, 2003
Famulok M, Szostak JW (1992a) J Am Chem Soc 114:3990
Famulok M, Szostak JW (1992b) Angew Chem Int Ed 31:979
Freeland SJ (2004) Spektrum der Wissenschaft, S. 86
Freeland SJ, Hurst LD (1998) J Mol Evol 47:238
Gabel NW, Ponnamperuma C (1967) Nature 216:453
Ghadessy FJ, Hollinger P (2007) Methods Mol Biol 352:237
Glasner ME, Yen CC, Ekland EH, Bartel DP (2000) Biochemistry 39:15556
Glasner ME, Bergman N, Bartel DP (2002) Biochemistry 41:8103
Green R, Szostak JW (1992) Science 258:1910
Green R, Ellington A, Bartel DP, Szostak JW (1991) Methods (San Diego) 2(1):75
Guerrier-Takada C et al (1983) Cell 35:849
Hager A, Szostak JW (1997) Chem Biol 4:607
Haldane JBS (1929) The origin of life. The rationalist annual 3 (Reprint in Bernal 1967, S 242–249)
Hayatsu R, Anders E, Oda A, Fuse K, Anders E (1968) Geochim Geophys Acta 32:175
Hayatsu R, Studier MH, Matsuoka S, Anders E (1972) Geochim Geophys Acta 36:555
Herdewijn P (2010) Chem Biodivers 7:1
Hoffmann-Ostenhof O (1959) Der Ursprung der Enzyme. In: Clark F, Synge RLM (Hrsg) The origin of life on the earth. Pergamon Press, London
Holeman LA, Robinson SI, Szostak JW, Wilson C (1998) Folding Design 3:423
Horning DP, Joyce GF (2016) Proc Natl Acad Sci USA 113:9786
Houlihan G, Arangundy-Franklin S, Hollinger P (2017) Acc Chem Res 50:1079
Huang Z, Szostak JW (2003) RNA 9:1456
Hull WE, Kricheldorf HR (1980) Makromol Chem 181:1949
Hutzinga DE, Szostak JW (1995) Biochemistry 34:656
Jaeger L, Wright M, Joyce GF (1999) Proc Natl Acad Sci USA 96:14712

Johnston WC, Unrau PJ, Lawrence MS, Glaser ME, Bartel DP (2001) Science 292:1319
Joyce GF (1989) Gene 82:83
Joyce GF (1992) Modern Cell Biol 11:353
Joyce GF (2000) Science 289:401
Joyce GF (2002a) Nature 418:214
Joyce GF (2004a) Life Sciences for 21st century, S 61–80
Joyce GF (2004b) Ann Rev Biochem 73:791
Joyce GF, Orgel LE (2006) Cold Spring Harbor Monograph Series 43, 23 (RNA World 3rd ed)
Joyce GF (2007a) Science 315:1507
Joyce GF (2007b) Angew Chem Int Ed 43:6420
Joyce GF (2012) Science 336:307
Kay LE (2000) Who wrote the book of life? A history of the genetic code. Stanford Univ. Press,
    Stanford Calif (Deutsche Übersetzung von Roßler G (2005) Wer schrieb den genetischen
    Code? Suhrkamp, Frankfurt a. M.)
Kim DE, Joyce GF (2004) Chem Biol 11:1505
Kricheldorf HR, Hull WE (1980) Macromolecules 13:87
Kricheldorf HR, Schilling G (1978) Makromol Chem 179:1175
Kricheldorf HR, Müller D, Hull WE (1985) Biopolymers 24:2113
Kricheldorf HR, Müller D, Hull WE (1986) Int J Biol Macromol 8:20
Kuehne H, Joyce GF (2003) J Mol Evol 57:292
Kuhn H, Waser J (1981) Angew Chem 93:495
Kuhns ST, Joyce GF (2003a) Nature 420:841
Kuhns ST, Joyce GF (2003b) J Mol Evol 56:711
Kumar RM, Joyce GF (2003) Proc Natl Acad Sci USA 100:9738
Lam BJ, Joyce GF (2009) Nat Biotechnol 27:288
Lam BJ, Joyce GF (2011) J Am Chem Soc 133:23191
Lau MWL, Unrau PJ (2009) Chem Biol 16 (8):815
Lau MWL, Cadieux GEC, Unrau PJ (2004) J Am Chem Soc 126 (48):15686
Lauhon CT, Szostak JW (1995) J Am Chem Soc 117:1246
Lawrence MS, Bartel DP (2003) Biochemistry 42:8748
Lawrence MS, Bartel DP (2005) RNA 11:1173
Lee DH, Granja JR, Martinez JA, Severin Kay, Ghadiri R (1996) Nature 382:525
Lee N, Beisho Y, Weil K, Szostak JW (2000) Nature Struct Biol 7:28
Lehman N, Joyce GF (1993a) Nature 361:182
Lehman N, Joyce GF (1993b) Curr Biol 3:723
Lincoln TA, Joyce GF (2009) Science 323:1229
Loakes D, Hollinger P (2009) Mol Biosyst 5:686
Lohse PA, Szostak JW (1996) Nature 381:442
Lorsch JR, Szostak JW (1994) Biochemistry 33:973
Luisi PL (2006) Life. Cambridge University Press, Cambridge
Luptak A, Szostak JW (2008) Ribozymes and RNA Catalysis, S 123–133
Maynard Smith J, Szathmary E (1993) J Theor Biol 164:437
McGinnes KE, Joyce GF (2002a) Chem Biol 9:297
McGinnes KE, Wright M, Joyce GF (2002b) Chem Biol 9:585
McGinnes KE, Joyce GF (2003) Chem Biol 10:5
Merryman C, Weinstein E, Wnuk S, Bartel DP (2002) Chem Biol 99:9154
Mills DR, Peterson RL, Spiegelman S (1967) Proc Natl Acad Sci USA 58:217
Müller UF, Bartel DP (2003) Chem Biol 10:799
Müller UF, Bartel DP (2008) RNA 14:552
Mutschler H, Hollinger P (2014) J Am Chem Soc 136:5193
Nielsen PE (1995) Annu Rev Biophys Biomol Struct 24:167
Olea C, Joyce GF (2016) Methods Enzymol 550:23
Olea C, Horning DP, Joyce GF (2012) J Am Chem Soc 134:8050

Olea C, Weidmannn J, Dawson PE, Joyce GF (2015) Chem Biol 22:1437
Oparin AI (1924) Proiskhozhdenie Zhizny, Moscow; Izd. Moscowskii, Rabochii (Repr. in transl.
    Bernal 1967, S 1–214)
Oparin AI (1957) The origin of life on earth. Academic Press, New York
Ordoukhanian P, Joyce GF (2002) J Am Chem Soc 124:12499
Orgel LE (1968) J Mol Biol 38:381
Pagel BM, Joyce GF (2010) Chem Biol 17:717
Paul N, Joyce GF (2002) Proc Natl Acad Sci USA 99:12733
Paul N, Joyce GF (2004) Curr Opin Chem Biol 8:634
Paul N, Springsteen G, Joyce GF (2006) Chem Biol 13:329
Petrie KL, Joyce Gf (2014) J Mol Evol 79:75
Pinheiro VB, Hollinger P (2012) Curr Opin Chem Biol 16:245
Pinheiro VB, Hollinger P (2014) Trends Biotechnol 32:321
Pinheiro VB, Taylor AI, Corens C, Abranov M, Renders M, Zhang J, Chaput JC, Wengel J, Peak-
    Chew SY, McLaughlin SH, Herdewijn P, Hollinger P (2012) Science 336:341
Pinheiro VB, Ong JL, Hollinger P (2013a) Polymerase engineering: from PCR and sequencing
    to synthetic biology. In: Lutz S, Bornscheuer UT (Hrsg) Protein engineering handbook, 3:279
Pinheiro VB, Loakes D, Hollinger P (2013b) BioEssays 35:113
Plummer KA, Carothers JW, Yoshimura M, Szostak JW, Verdine GL (2005) Nucl Acids Res
    33:5602
Powner MW, Sutherland JD, Szostak JW (2010) Synlett (14):1956
Reader JS, Joyce GF (2002) Nature 420:292
Ribas de Pouplana L (2004) The genetic code and the origin of life. Kluver Academic & Plenum,
    New York
Robertson DL, Joyce GF (1990) Nature 344:467
Rogers J, Joyce GF (1999) Nature 401:841
Rogers J, Joyce GF (2001) RNA 7:395
Robertson MP, Joyce GF (2012) Cold Spring Harb Perspect Biol 4(5):a003608
Robertson MP, Joyce GF (2014a) Chem Biol 21:238
Robertson MP, Joyce GF (2014b) Cell 21:238
Sabeti PC, Unrau PJ, Bartel DP (1997) Chem Biol 4:767
Saleh-Ashitani K, Szostak JW (1999) Nucl. acids symposium series, 41, S 135 (Symposium on
    RNA Biology III; RNA, Tool & Target)
Saleh-Ashtiani K, Szostak JW (2001) Nature 414:82
Santoro SW, Joyce GF (1997) Proc Natl Acad Sci USA 94:4262
Santoro SW, Joyce GF (1998) Biochemistry 37:13330
Santoro SW, Joyce GF, Saktrhivel K, Gramatikova S, Barbas CF (2000) J Am Chem Soc
    122:2433
Sassanfar M, Szostak JW (1993) Nature 364:550
Sazani PL, Larralde R, Szostak JW (2004) J Am Chem Soc 126:8370
Schultes EA, Spasic A, Moharty U, Bartel DP (2005) Nature Struct Mol Biol 12:1130
Sczepanski JT, Joyce GF (2012) Chem Biol 19:1324
Sczepanski JT, Joyce GF (2013) J Am Chem Soc 133:13290
Sczepanski JT, Joyce GF (2014) Nature 515:440
Shapiro R (1987) ORIGINS. In: Bantham (Hrsg). Summit books, a division of Simon & Schus-
    ter, New York
Sheppard TL, Ordoulchanian P, Joyce GF (2000) Proc Natl Acad Sci USA 97(14):2802
Stechner DM, Bartel DP (2011) Nature Struct Mol Biol 18:1036
Stechner DM, Grant RA, Bagby SC, Koldobskaya Y, Picirill JA, Bartel DP (2009) Science
    326:1271
Suga H, Szostak JW (1998) J Am Chem Soc 120:1151
Szathmary E (1993) Proc Natl Acad Sci USA 90:9916
Szathmary E (1999) Perspective 15(6):223

Szathmary E, Maynard Smith J (1997) J Theor. Biol 187:555

Szostak JW (1997) Chem Rev 97:347

Szostak JW (2011) Philos Trans R Soc 366:2894

Szostak JW (2017) Angew Chem Int Ed 56:11037

Taylor AI, Pinheiro VB, Smola MJ, Morgunov AS, Peak-Chew SY, Corens C, Weeks KH, Herdewijn P, Hollinger P (2015) Nature 518:427

Trevino SG, Zhang N, Elenko MP, Luptak A, Szostak JW (2011) Proc Natl Acad Sci USA 108:13492

Tsang J, Joyce GF (1994) Biochemistry 33:5966

Tsang J, Joyce GF (1996) J Mol Biol 262:31

Tuschl T, Sharp PH, Bartel DP (1998) EMBO J 17:2637

Unrau PJ, Bartel DP (1998) Nature 395:260

Unrau PJ, Bartel DP (2003) Proc Natl Acad Sci USA 100(26):15393

Vaas R (1994) Der genetische Code: Evolution und selbstorganisierte Optimierung, Abweichungen und gezielte Veränderungen. Wissenschaftliche Verlagsgesellschaft, Stuttgart

Vaish NK, Fraley AW, Szostak JW, McLaughlin LW (2000) Nucl Acid Res 28(17):3316

Vaish NK, Larralde R, Fraley AW, Szostak JW, McLaughlin LW (2003) Biochemistry 42(29):8842

Voytek SB, Joyce GF (2007) Proc Natl Acad Sci 104:15288

Wang L, Schultz PG (2005) Die Erweiterung des genetischen Codes. Angew Chem 117:34

Wang et al. (2010) Chem Biol Nucl Acids 355

Wilson C, Szostal JW (1992) Curr Opin Struct Biol 2:749

Wilson C, Szostak JW (1995) Nature 374:777

Wills C, Bada J (2000) The spark of life. Oxford University Press, Oxford, Chapter 5

Wilson DS, Szostak JW (1999) Annu Rev Biochem 68:611

Witzany G (2016) Biosystems 140:49

Wochner A, Attwater J, Coulson A, Hollinger P (2011) Science 332:209

Woese C (1967) The genetic code: the molecular basis for genetic expression. Harper & Row, New York

Woriskay SK, Usman N, Szostak JW (2011) Proc Natl Acad Sci USA 332:209

Zaher HS, Unrau PJ (2006) J Am Chem Soc 128(42):13894

Zaher HS, Watkins RA, Unrau PJ (2006) RNA 12(11):1949

Zubay G (2000) Origin of life on the earth and in the cosmos. Academic Press, San Diego

Weiterführende Literatur

Attwater J, Tagami S, Kimoto M, Butler K, Kool ET, Wengel J, Herdewijn P, Hitao T, Hollinger P (2013) Chem Sci 4:2804

Hollinger P (2009) Syst Biol Synth Biol 439

Joyce GF (2002b) Science 289:401

Oparin IA (1938) Origin of life. McMillan, New York

Orgel LE (1989) J Mol Evol 29:465

Die Botschaft aus dem Weltraum

9

Der Weltraum war und ist nicht schwanger mit Leben, sondern mit einer extremen Vielzahl von Molekülen, die einer (bio) chemischen Evolution im Wege stehen.

(Hans R. Kricheldorf)

Inhaltsverzeichnis

9.1   Die Chemie von interstellaren Wolken und Mikrometeoriten

Die Frage nach dem Ursprung des Lebens auf der Erde wurde von T. Chamberlin und R. Chamberlin schon im Jahre 1908 mit der Spekulation beantwortet, dass reaktive organische Moleküle, die durch Meteorite und andere „Botschafter" aus dem Weltall zur Erde gelangt waren, eine chemische Evolution ausgelöst haben könnten. Im Jahre 1961 publizierte der amerikanische Chemiker J. Oró eine ausführlichere Darstellung eines extraterrestrischen Einflusses auf das chemische Geschehen der frühen Erde. Nach seiner Einschätzung waren es vor allem Kometen, die biochemisch relevante Moleküle auf die Erde brachten und dort einen evolutionären Prozess in Gang setzten, der schließlich zur Geburt der ersten Zellen führte. Es war derselbe Chemiker, der als Erster eine Nucleobase, das Adenin, unter potenziell präbiotischen Bedingungen im Labor erzeugte (s. Abschn. 5.2). In der Folgezeit fand die Hypothese vom kosmischen Ursprung der chemischen Evolution mehr und mehr Anhänger, und neben Kometen wurden alle Arten kosmischer Geschosse als Importeure organischer Verbindungen verdächtigt, von Meteoriten über Mikrometeoriten bis hin zu interplanetarischen Staubpartikeln (*interplanetary dust particles,* IDPs) (Chyba und Sagan 1992; Ehrenfreund 1997; Jessenberger 1999; Pierazzo und Chyba 1999; Glavin et al. 2011; Burton et al. 2012).

Im Jahre 1989 publizierte E. Anders eine Berechnung über das Ausmaß, in dem Kometen, Meteoriten, Mikrometeoriten und IDPs zum Import organischer Moleküle auf der Erde beigetragen haben könnten und noch immer beitragen. Nach seinen Berechnungen waren und sind es Partikel im Größenbereich von 10^{-12} bis 10^{-6} g, die den weitaus größten Teil organischer Materie auf die Erden brachten und bringen. Seine Berechnungen ergaben eine Menge von 40×10^3 bis 50×10^3 t organischen Materials pro Jahr. Es wurde umgehend eingewendet, dass durch Erhitzung über 1000 °C beim Eintritt der Mikrometeorite in die Erdatmosphäre die ursprünglichen Verbindungen weitgehend zerstört wurden und daher zu einer biochemischen Ausrichtung einer chemischen Evolution keinen direkten Beitrag geleistet haben können. Da aber bei der thermischen Spaltung größerer Moleküle die Fragmente nicht einfach verschwinden, lässt sich nicht bestreiten, dass die Mikrometeorite und IPDs zur Gesamtmenge organischen Materials auf der Erdoberfläche einen erheblichen Beitrag geleistet haben können. Dabei muss aber auch bedacht werden, dass nur ein kleiner Teil aller Meteoriten und Mikrometeoriten Kohlenstoffverbindungen enthält. Es gibt daher keine vertrauenswürdige Aussage darüber, welchen Anteil organische Materie aus dem All an der Gesamtmasse organischer Moleküle auf der frühen oder heutigen Erde haben (Love und Brownlee 1993; Taylor et al. 1998; Zolensky et al. 2006).

Man nimmt ferner an, dass in der frühesten Phase der Erde, als das Sonnensystem noch in der Entwicklung war, das Eintreffen kosmischer Körper, vom Asteroiden über Kometen bis zu Meteoriten und Mikrometeoriten, viel häufiger war als heute, und hat diese Zeit die *heavy bombardment period* genannt. Andererseits nimmt man an, dass die Erdoberfläche wegen des Fehlens von Sauerstoff nicht gegen die Einstrahlung von UV-Licht geschützt war, sodass es einen steten Kreislauf von Entstehung und Zerstörung organischer Moleküle gab, der sich zwischen Zonen starker und schwächerer UV-Einstrahlung abgespielt haben muss. Nun haben aber die damals häufigeren Vulkanausbrüche die UV-Einstrahlung temporär und regional sicherlich stark beeinträchtigt. Aus all diesen Gründen kann es keine verlässlichen Berechnungen geben, in welchem Ausmaß organische Moleküle aus dem Weltall eine chemische Evolution in der Frühzeit der Erde beeinflusst haben können.

In diesem und dem nächsten Abschn. (9.1 und 9.2) soll die Frage diskutiert werden, ob die organischen Verbindungen, die aus Meteoriten und Mikrometeoriten extrahiert hat, die Hypothese einer chemischen Evolution unterstützen können oder nicht. Eine eindeutige Beantwortung dieser Frage hat aber nicht nur Bedeutung für die Hypothese einer chemischen Evolution auf der Erde selbst, sondern auch für die Frage nach der möglichen Entstehung von Leben auf anderen Planeten oder Monden des Sonnensystems sowie auf Planeten anderer Sterne. Im Unterschied zu anderen Artikeln und Büchern soll hierbei vor allem die Frage beantwortet werden, inwieweit die Entstehung von Proteinen und/oder Polynucleotiden durch die Chemie des Weltalls begünstigt wird.

Im Lauf der letzten 80 Jahre haben Astronomen, Astrobiologen und andere Wissenschaftler herausgefunden, dass der Weltraum zwischen den Sternen nicht leer ist, sondern Gase und Staubpartikel enthält (s. Abb. 9.1). Die Konzentration dieser Moleküle und Partikel ist zwar viel geringer als in einem guten Laborvakuum, aber wegen der riesigen Distanzen beträgt die Gesamtmasse an interstellaren Molekülen allein in unserer Galaxie schon viele Milliarden Tonnen. Da immer wieder neue Sterne geboren werden und alte Sterne langsam sterben, ist die Konzentration organischer Moleküle im Weltraum keine uniforme stabile Größe, sondern ein variables, dynamisches Gleichgewicht. Diese Eigenschaft kommt auch dadurch zustande, dass organische Moleküle durch UV-Licht ständig zerstört werden, in UV-geschützten kalten Bereichen (z. B. interstellare Eispartikel) aber auch wieder neu gebildet werden. Moleküle mit Einfachbindungen (H_2O, NH_3, CH_4) werden schneller durch UV-Licht zerstört als Moleküle, die aus Doppel- und Dreifachbindungen bestehen (CO, N_2 CN), sodass die interstellare Materie einen relativ hohen Anteil an Molekülen mit Mehrfachbindung aufweist. In Abhängigkeit von der Distanz zu einer starken UV-Quelle kann die mittlere Lebensdauer organischer Moleküle nur Monate, aber auch Millionen von Jahren betragen.

Vor näheren Aussagen über die Zusammensetzung von Mikrometeoriten und IPDs soll hier zuerst eine präzisere Definition erfolgen. Mikrometeorite sind feste Partikel mit extraterrestrischem Ursprung, die einen Durchmesser von 50 nm bis 2 mm besitzen. Die Mikrometeoriten, die auf der Erdoberfläche auftreffen,

Abb. 9.1 Beispiel einer Staub- und Molekülwolke: der sogenannte Schlüssellochnebel

machen schätzungsweise weniger als 10 % der Gesamtmenge aus, welche die obere Atmosphäre tangiert. Aufgrund ihrer hohen Geschwindigkeit (zumindest 10 km/s) werden sie durch Kollision (Reibung) mit Gasmolekülen der Atmosphäre erhitzt. Abhängig von der Maximaltemperatur, die sie erreicht haben, werden drei Klassen unterschieden: nicht geschmolzene Partikel, teilweise und runde, gänzlich geschmolzene Partikel. Ihre Zusammensetzung ist ganz analog derjenigen von Meteoriten. Eine große Gruppe besteht im Wesentlichen aus Metall (vor allem Eisen), eine zweite Gruppe enthält vor allem Mineralien wir Eisenoxide und Silikate und nur ein kleiner Anteil (<10 %) enthält organische Materie. Diese CMMs *(carbonaceous micrometeorites)* sind natürlich im Hinblick auf eine chemische Evolution im Weltraum oder auf der Erde von besonderem Interesse. Unglücklicherweise ist jedoch über die Zusammensetzung ihrer organischen Materie wenig bekannt. Das entscheidende Hindernis besteht darin, hinreichende Mengen zu finden, die nicht mit irdischen Molekülen verunreinigt sind (Taylor et al. 1998).

Im Jahre 2004 berichteten G. Matrajt et al. über Aminosäureanalysen vom Mikrometeoriten, die in der Nähe des Südpols gesammelt worden waren. Sie konzentrierten sich aus drei Gründen auf die Identifizierung von α-Aminoisobuttersäure (α-Aibu). α-Aibu ist keine proteinogene Aminosäure und daher ist ihre Häufigkeit auf der Erde äußerst gering, sodass ihr Vorkommen in den Mikrometeoriten nicht durch irdische Mikroorganismen entstanden sein sollte. Zweitens ist α-Aibu chemisch und thermisch stabiler als prAS, sodass sie die Reise durch die Atmosphäre am ehesten überstanden haben sollte. Drittens, der Syntheseweg von α-Aibu sollte derselbe sein wie derjenige der meisten prAS, sodass ihr Auffinden nahelegt, dass im Urkörper, aus dem die Mikrometeoriten abstammen, auch noch einige prAS vorhanden gewesen sein könnten. In der Tat wurde α-Aibu nachgewiesen, aber nur in 15 % der untersuchten Mikrometeorite, sodass eine eindeutige Interpretation schwierig ist.

Schließlich soll noch erwähnt werden, dass eine kleine Fraktion der Mikrometeoriten sogenannte *presolar grains* enthalten. Dieser Begriff bedeutet, dass die Partikel schon vor Entstehung des Sonnensystems gebildet wurden. Das heißt, diese *presolar grains* enthalten Information über die Materie, die von alten Sternen stammt, die schon vor Entstehung der Sonne gestorbenen und explodiert sind. Die weitaus meisten Mikrometeorite entstanden (und entstehen) jedoch aus Komponenten des Sonnensystems, wie Asteroiden, Kometen und Meteoriten.

IDPs sind typischerweise kleiner als die kleinsten Mikrometeorite und haben Durchmesser <50 nm. Ihre Zusammensetzung variiert über einen weiten Bereich. Die meisten bestehen aus Mineralien, aber ein kleiner Teil können Aggregate organischer Oligomere und Polymere sein (z. B. polyzyklische Kohlenwasserstoffe) und sie waren wohl ursprünglich interstellare Eispartikel. Derartige Eispartikel verdanken ihre Existenz den sehr niedrigen Temperaturen (−150 °C bis −260 °C), wie sie in einigen interstellaren Regionen gegeben sind. Bei Temperaturen unterhalb −200 °C beginnen alle Gase, die aus zwei oder mehr Atomen bestehen, fest zu werden. Dabei entsteht aus Gasgemischen eine amorphe Masse mit komplexer chemischer und physikalischer Struktur. Es wird vermutet, dass feste Partikel den Kern bilden, an den sich Gasmoleküle anlagern. Den äußeren Mantel bildet dann ein Gemisch aus gefrorenem Wasser und Methanol unter Einschluss geringer Mengen an Ammoniak, Formaldehyd und Kohlenmonoxid.

Alle Information über gasförmige oder gefrorene Moleküle in interstellaren Wolken wurde durch spektroskopische Methoden erhalten, die vor allem mit Radiowellen, Mikrowellen oder Infrarotlicht arbeiten. Im Falle der interstellaren Eispartikel können Anteile der IR-Strahlung den amorphen Mantel durchdringen, und die Absorption bestimmter Frequenzen enthält Information über die Strukturen der absorbierenden Moleküle. Elektronenübergänge zwischen Orbitalen unterschiedlicher Energie sowie Rotations- und Schwingungsvorgänge, die Strahlung aussenden oder absorbieren, erzählen dem Chemiker, mit welchen Strukturen er es zu tun hat.

Das erste organische Molekül, das durch Radioastronomie im interstellaren Raum entdeckt wurde, war Methyliden (CH), worüber 1937 erstmals berichtet wurde (s. Übersichtsartikel von Woon 2005). Von jenem Jahr an wuchs die bekannte Zahl von Kohlenstoff enthaltenden Verbindungen stetig. Tab. 9.1 präsentiert eine Auflistung bisher beobachteter, neutraler Moleküle sortiert nach zunehmender Anzahl der darin enthaltenen C-Atome. Ein äußerst wichtiges Ergebnis dieser Forschung ist der Befund, dass die Diversität der Moleküle mit steigender Zahl an Atomen dramatisch abnimmt, obwohl theoretisch eine zunehmende Zahl von Atomen eine exponentielle Zunahme an strukturellen Varianten ermöglicht. Schon Moleküle mit mehr als 10 C-Atomen sind sehr selten. Das ist ein Trend, der für eine chemische Evolution äußerst ungünstig, um nicht zu sagen tödlich, ist. Schon eine einfache prAs wie Phenylalanin besteht aus 24 Atomen und das Nucleosid Adenosin umfasst 30 Atome.

Ferner muss berücksichtigt werden, dass eine erhebliche Anzahl der in Tab. 9.1 gelisteten neutralen Moleküle Radikale sind. Radikale wie OH oder CH_3 sind aber hoch reaktiv und können jede C-H-Bindung angreifen. Die Konsequenz dieser Situation ist die Bildung vieler methylsubstituierter Isomere, worauf in den folgenden Abschnitten näher eingegangen wird. Schließlich muss hervorgehoben werden, dass eine größere Zahl der interstellaren Moleküle Ionen sind, vorzugsweise Kationen (s. Tab. 9.2). In Abwesenheit von Solvathüllen sind diese Ionen sehr reaktiv und können im Kontakt mit anderen Molekülen zahlreiche unterschiedliche Reaktionsfolgen auslösen. Zusammengefasst lässt sich sagen, dass die interstellare Materie mehrere einfache Moleküle enthält, die als Ausgangsstoffe einer chemischen Evolution gedient haben könnten, aber die geringe Konzentration, die starke UV-Strahlung und die statistischen Substitutionsreaktionen durch Radikale und Ionen stehen in totalem Gegensatz zu einem Milieu, das eine chemische Evolution von Biopolymeren fördern kann.

Tab. 9.1 Liste neutraler interstellarer und circumstellarer Moleküle nach Gesamtzahl der Atome geordnet

2 Atome	3 Atome	4 Atome	5 Atome	6 Atome	7 Atome
H_2	CH_2	H_2C_2	CH_4	H_2CCH_2	c-C_2H_4O (Oxi-
LiH	C_2H	H_2CO H_2CN	CH_2NH_2 NH_2–	CH_3–OH	ran) CH_2=CH–
CH	CH_2	c-C_3H	CN CH_2=CO	CH_3–CN	OH
NH	HCN	l-C_3H	HCO–OH	CH_3–NC	CH_3–C(O)H
OH	HNC	CH_3	HCC–CN	HCO–NH_2	HCC–CH_3
SH	HCO	HCCN HCNO	HCC–NC	HCC–C(O)H	CH_3–NH_2
HF	NH_2	HSCN H_2O_2	c-C_3H_2	HCCCCN	CH_3CHCN
HCl	HNO	CC–CN	l-C_3H_2 CCCNH	C_5H	HCCCC–CN
C_2	C_3	C_3O	C_4H	C_5N	C_6H
CN	C_2O		C_4Si	$CCCCH_3$	
CO	CO_2		C_5	H_2CCNH	
CSi	C_2S		HCO–CN	c-H_2C_3O (Cylo-	
CP	N_2O			propanon)	
CS	SO_2				
N_2	NaCN				
NO	MgCN				
NS	MgNC				
SiN	AlNC				
PN	SiNC				
SO	SiCN				
O_2					
SiO					
SiS					
PO					
NaCl					
KCl					
AlF					
AlCl					

8 Atome	9 Atome	10 Atome	11 Atome	12 Atome	13 Atome
CH_3CO_2H	CH_3CO–CH_3	CH_3CO–CH_3	HCC–CC–	C_6H_6	HCC–CC–
$HOCH_2C(O)H$	CH_3Ch_2CN	HOCH-	CC–CC–CN	$CH_3CH_2CH_2CN$	CC–CC–
HCO–OCH_3	CH_3CH_2OH	$_2CH_2OH$	CH_3CC–CC–		CC–CN
CH_3CC–CN	CH_3CC–CCH	$CH_3CH_2C(O)$	CCH		
H_2C=CHC(O)	CH_3CH=CH_2	H CH_3CC–			
H H_2CCCH–	CH_3CO–NH_2	CC–CN			
CN (Cyano-	C_8H				
allen)					
NH_2–CH_2–CN					
HCC–CC–					
CCH C_7H					

Tab. 9.2 Ionen, die in interstellaren oder circumstellaren Gaswolken gefunden wurden (Nach ihrer Gesamtzahl an Atmen geordnet)

2	3	4	5	6	7	8	9	>9
CF^+	H_3^+	HC_3^+	NH_4^+	HC_3NH^+	C_6H^-	–	C_8H^-	C_{60}^+
CH	H_2Cl^+	C_3N^+	H_2COH^+					
CN^+	H_2O^+	H_3O^+	HC_4^-					
CN^-	HCO^+	H_2CN^+	$NCCNH^+$					
CO^+	HCS^+	$HCNH^+$						
HCl^+	HN_2^+	$HOCO^+$						
HO^+	HOC^+							

Quellen: https://en.wikipedia.org/wiki/list_of_interstellar_and_circumstellar_molecules 21.06.2016); http://www.astro.uni-koeln.de/cdms/molecules (02.06.2016); Meteoritical Bulletin Data Base: http://www.lpi.usra.edu/meteor/metbull.php, 2011 (07.06.2016)

9.2 Klassifizierung von Meteoriten

Die Analyse von Extrakten aus Meteoriten ist neben der Radioastronomie die zweite wichtige Forschungsstrategie, um Informationen über die Chemie des Weltalls zu erhalten. Meteorite sind ein festes Stück Materie, das von Asteroiden oder Kometen abstammt und beim Sturz auf die Erde zumindest teilweise die Reibung mit der Erdatmosphäre sowie den Aufschlag auf der Erdoberfläche überlebt hat. Wenn ein Meteorit in die Erdatmosphäre eintaucht, erzeugen Reibung und Reaktionen mit den Bestandteilen der Atmosphäre Hitze und Abstrahlung von Energie. Der daraus resultierende „Feuerball" wird Meteor *(oder shooting star)* genannt (s. Abb. 9.2). Der Begriff Meteorit ist für feste kosmische Objekte mit einem Durchmesser >2 mm definiert. Der größte bislang entdeckte Meteorit, der sog. Hoba, wurde in Namibia gefunden. Er hat eine Länge von 2,7 m und ein Gewicht von 60 t. Der Begriff Meteorit ist aber nicht auf kosmische Objekte begrenzt, die auf der Erde gefunden wurden, sondern er gilt auch für kosmische

Abb. 9.2 Beispiel eines ungewöhnlich hellen Meteors

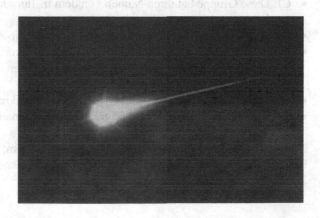

Fremdkörper, die auf dem Mond oder Mars gefunden werden. Im Englischen wird zwischen den Begriffen *meteorite falls* und *meteorite finds* unterschieden. Ein *meteorite fall* ergibt sich, wenn der Einschlag des Meteoriten beobachtet und der Meteorit direkt anschießend geborgen wird. *Meteorite finds* sind Funde, die Jahre, Jahrzehnte oder Jahrhunderte nach dem Einschlag gemacht werden. Bis zum Jahre 2010 wurden ca. 1100 *„falls"* dokumentiert und etwa 38.000 *„finds"*.

Alle Meteorite werden entsprechen ihrer Zusammensetzung in drei große Gruppen eingeteilt (Krot et al. 2007):

- Eisenmeteorite, die weit überwiegend aus Eisen-Nickel-Legierungen bestehen.
- Gesteinsmeteorite, die überwiegend aus Silikaten bestehen.
- Stein-Eisen-Meteorite, die aus erheblichen Mengen an Mineralien und Eisen zusammengesetzt sind.

Näherungsweise 94 % aller Meteorite sind Gesteinsmeteorite, und nur 6 % bestehen aus Eisen oder Eisen-Silikat-Gemischen. Die weitaus meisten der auf der Erde gefundenen Meteorite (ca. 85 %) werden als Chondrite bezeichnet, ein Name, der von den kleinen runden Partikel herrührt, den Chondrulen, die sie enthalten. Diese Chondrite sind alle ca. 4,55 Mrd. Jahre alt und ihr Ursprung wird im Asteroidengürtel gesehen. Wie Kometen und Asteroiden gehören sie zu den ältesten Materialien des Sonnensystems. Ein kleiner Anteil (5 %) aller *meteorite falls* sind Kohlenstoff enthaltende Meteorite, sogenannte kohlige Chondrite (*carbonaceous chondrites,* CCs). Diese Bezeichnung bedeutet gleichzeitig, dass diese Gruppe der Meteorite organische Verbindungen beinhaltet. Diese CCs werden in acht Klassen eingeteilt, die mit zwei Großbuchstaben (C*X*) gekennzeichnet werden, wobei das C für *„carbonaceous"* steht. Der zweite Buchstabe resultiert entweder aus dem Namen des Ortes, an dem sie niedergegangen sind, oder aus dem Namen des prominentesten Vertreters eine Klasse:

- CB: Diese Gruppe ist nach dem wichtigsten Vertreter „Bencubbin" benannt, der in Australien gefunden wurde.
- CH: Diese Kennzeichnung ist eine Ausnahme, da das H für *„high metal"* steht.
- CI: Diese Gruppe hat ihren Namen von dem in Tansania gefundenen Ivuna-Meteoriten.
- CK: Diese Gruppe wurde nach dem Ort Koroonda in Australien benannt.
- CM: Der Buchstabe M wurde ursprünglich von dem Ort Mighei (Ukraine) hergeleitet, steht aber heute for Murchison in Australien, wo der am weitaus intensivsten untersuchte Meteorit niederging.
- CO: Diese Gruppe ist nach dem Ort Ornans in Frankreich benannt.
- CV: In diesem Fall war der Ort Vigerano in Italien namensgebend.

Einige wenige Meteorite passen nicht in dieses System; das bekannteste (und am besten untersuchte) Beispiel ist der sog. Taggish-Lake-Meteorit (Zolensky et al. 2002).

Schließlich soll erwähnt werden, dass zur genaueren Kennzeichnung der Meteorite noch eine arabische Zahl verwendet wird (1–6), die eine petrographische Aussage enthält. Eine höhere Zahl bedeutet ein größeres Ausmaß an nachträglichen Veränderungen des Meteoriten durch Wasser. Es wird vermutet, dass CCs von Kohlenstoff enthaltenden Asteroiden abstammen, die Wasser enthielten und aus der äußersten Sphäre des Asteroidengürtels stammen (Morbidelli et al. 2012). Drei Gruppen, CM, CR, CI, sind relativ zu den anderen Gruppen reich an Wasser (3–22 %) und enthalten organische Verbindungen. Die Anwesenheit verdampfbarer Komponenten beweist, dass sie seit ihrer Entstehung nicht für längere Zeit hoch erhitzt wurden. Man nimmt an, dass ihre Zusammensetzung in etwa derjenigen der Urmaterie entspricht, aus der heraus sich das Sonnensystem entwickelt hat. Im Unterschied zu diesen drei Klassen enthalten die CK-, CO- und CV-Meteorite fast kein Wasser und keine organischen Verbindungen. Dieser Sachverhalt und ihre petrologischen Eigenschaften rechtfertigen die Vermutung, dass sie mit ihren Ursprungskörpern einer starken Erhitzung ausgesetzt waren. Diejenigen Meteorite, die einen überdurchschnittlichen Anteil organischer Materie enthalten, wurden am intensivsten untersucht. Ihre Namen und Klassifizierung sind in Tab. 9.3 aufgelistet.

Tab. 9.3 Kohlenstoff enthaltende Chondrite, deren Gehalt an organischen Verbindungen analysiert wurde

Name	Klasse	Name	Klasse
Alan Hill	CM1/2	Lonewolf Nunataks	CM2
Allende	CV3	Meteorite Hills	CM1
Almahata Sitta	Ureilit	Mighei	CM2
Bills	CM2	Miller range	CO3
Cold Bokkeveld	CM2	Murchison	CM2
Colony	CO3	Murray	CM2
Dominion Range	CO3	Nogoya	CM2
Elephant Moraine	CV3	Orgeuil	CI1
Essebi	CM2	Ornans	CO3
Graves Nunataks	CR1	Queens Alexander Range	CR1/2
Grosvenor Mountain	CR1	Renazzo	CR2
Ivuna	CI1	Shisher	CR2
Larkman Nunataks	CV3	Scott Glacier	CM1
Lance	–	Taggish Lake	–
Lewis Cliffs	CM2	Yamato	CM2

9.3 Diversität organischer Moleküle in Meteoriten

Bruchstücke der zuvor genannten Meteorite wurden im Lauf der letzten fünf Jahrzehnte von zahlreichen Arbeitsgruppen extrahiert und analysiert. Erste Untersuchungen von Meteoriten haben allerdings eine längere Tradition, denn J. J. Berzelius (1979–1984) berichtete schon 1834 über Untersuchungen eines Meteoriten. Die neueren Analysen von CCs konzentrierten sich vor allem auf die Entdeckung und Identifizierung von Substanzen, die in einer chemischen Evolution eine Rolle gespielt haben könnten. Vor einer ausführlicheren Diskussion von Aminosäuren, Sacchariden und Nucleobasen soll zunächst die gesamte Diversität der gefunden organischen Verbindungen vorgestellt und kommentiert werden. Um nicht die zahlreichen Originalpublikationen aufzählen zu müssen, soll hierzu auf einige Übersichtsartikel verwiesen werden (Cronin et al. 1988; Cronin und Chang 1993; Cronin 1998; Botta und Bada 2002; Sephton 2002; Remusat et al. 2005; Busemann 2006; Pizzarello 2006; Pizzarello et al. 2006; Schmitt-Kopplin et al. 2009).

Im Jahre 2006 publizierten S. Pizzarello et al. eine Übersicht über alle organischen Verbindungen, die aus dem Taggish-Lake- sowie aus dem Murchison-Meteoriten extrahiert wurden. Die von dem ergiebigeren Murchison-Meteoriten erhaltenen Ergebnisse sind in Tab. 9.4 zusammengestellt. Der Vergleich beider Meteorite ergab folgende Schlussfolgerungen:

- Beide Meteoriten unterscheiden sich erheblich im Gehalt an organischen Substanzen und repräsentieren zwei Extreme der CCs. Auch das Mengenverhältnis der einzelnen Substanzklassen zueinander ist sehr verschieden.
- Aminosäuren wurden im Taggish-Lake-Meteoriten nicht gefunden.
- Nucleobasen und Nucleoside wurden nicht erwähnt, sie sind aber Bestandteile der Heterozyklenfraktion, wie in Abschn. 9.5 diskutiert werden wird.
- Die häufigste Substanzklasse stellen in beiden Meteoriten die Carbonsäuren (Huang et al. 2005). Ihre Menge übertrifft diejenige der prAS zumindest um

Tab. 9.4 Lösliche organische Verbindungen des Murchison-Meteoriten (Pizzarello et al. 2006)

Gruppe	Konz. (ppm)	Gruppe	Konz. (ppm)
Aliphatische Kohlenwasserstoffe	35	Dicarboxamide	>50
Aromatische Kohlenwasserstoffe	15–28	N-Heterocyclen	7
Carbonsäuren	>300	Amine	13
Aminosäuren	60	Amide	–
Iminosäuren	–	Polyole	30
Hydroxycarbonsäuren	15	Phosphonsäuren	2
Dicarbonsäuren	>30	Sulfonsäuren	67
Pyridincarbonsäuren	>7		

einen Faktor 6, wenn Dicarbonsäuren, Hydroxycarbonsäuren und die Carbonsäuren der Polyolfraktion zusammenaddiert werden. Dieses Verhältnis ist von
größter Bedeutung für die Wahrscheinlichkeit der Bildung von Polypeptiden
und Proteinen. Carbonsäuren aller Art können bei jeglicher Art von Polykondensation, die zu Proteinen führt, als Kettenabbrecher wirken, und wie in
Abschn. 3.1 dargelegt, können bei einem so großen Überschuss an Carbonsäuren nicht einmal höhere Oligomere entstehen.

- Zumindest im Falle des Murchison-Meteoriten wurden auch Amine entdeckt
  (Jungclaus et al. 1976a). Ihr Gewichtsanteil beträgt etwa 20 % desjenigen der
  Aminosäuren und übertrifft den Anteil an Heterozyklen um ca. 100 %. Die
  Autoren des Artikels betonen, dass sich der Anteil an Aminen annähernd ver-
  doppelte, wenn das Extrakt sauer hydrolysiert wurde. Das lasst vermuten, dass
  ein erheblicher Teil der Amine ursprünglich als Carbonsäureamide gebunden
  war. Die folgenden primären Amine wurden identifiziert: Methylamin, Ethy-
  lamin, 1- und 2-Propylamin, 1-Butylamin, iso-Butylamin und tert-Butylamin
  sowie Dimethylamin und Diethylamin.

An dieser Stelle soll der zuvor verwendete Begriff „Polyole" definiert werden. Im
Jahre 2001 publizierten Cooper et al. einen Artikel mit dem Titel „Carbonaceous
meteorites as a source of sugar related organic compounds for the early Earth".
Sie untersuchten wässrige Extrakte des Murray- und des Murchison-Meteoriten
und fanden neben Glykolaldehyd die in Tab. 9.5 zusammen gestellten Polyole.
Zusammen mit der Identifizierung von Glykolaldehyd beweisen diese Polyole,
dass irgendwo im Weltraum die Formosereaktion stattgefunden haben muss. Der
Nachweis von Glykolaldehyd in interstellaren Wolken unterstützt diese Schlussfolgerung. Dieses auf den ersten Blick positive Szenario hat allerdings einen entscheidenden Nachteil für das Postulat einer chemischen Evolution: Es konnte auf
keinem Meteoriten Ribose nachgewiesen werden. Nun ist Ribose als besonders
instabiles Saccharid bekannt, sodass dieses Negativergebnis nicht völlig überraschen kann. Nichtsdestotrotz ist das Fehlen der D-Ribose ein Desaster für die
Hypothese einer chemischen Evolution im Allgemeinen und für das Konzept einer
gerichteten, reduktionistisch-deterministischen Evolution im Besonderen.

Tab. 9.5 Polyole, die vor 2001 im Murray- und im Murchison-Meteoriten identifiziert wurden
(Cooper et al. 2001)

Anzahl der C-Atome	Zucker, Zuckeralkohole, Zuckersäuren	Deoxyzuckersäuren	Dicarbonsäuren
3	Dihydroxyaceton, Glycerol, Glycerins	–	–
4	Erythrol, Threitol, Erythrons., Threons	2-Methylgycerins. 2,4-Dihydroxybutters 2,3-Dihydroxybutters 3,4-Dihydroxybutters	Weinsäure

Des Weiteren bedarf die Abwesenheit von Alkoholen in der Auflistung von Tab. 9.4 eines Kommentars. Der Autor hat nur eine einzige, ältere Publikation finden können (Jungclaus et al. 1976b), die sich mit der Identifizierung einfacher Alkohole wie Methanol, Ethanol und isomerer Propanole und Butanole beschäftigt hat. Der Nachweis dieser Alkanole in wässrigen Extrakten des Murchison-Meteoriten war zu erwarten, denn Methanol und Ethanol wurden auch in interstellaren Wolken identifiziert. Die Bedeutung für die Hypothese der molekularen Evolution wird am Ende dieses Kapitels und in Kap. 11 diskutiert. Eine neuere Untersuchung zu Diversität und Mengenanteil von Alkoholen wäre wünschenswert.

Schließlich bedürfen die neueren Ergebnisse von Schmitt-Kopplin et al. (2009) einer eingehenden Besprechung. Unter Benutzung der neuesten Apparate und Methoden auf dem Gebiet der Chromatographie und der Massenspektrometrie analysierte diese Arbeitsgruppe zahlreiche Extrakte des Murchison-Meteoriten. Außer Wasser wurden auch organische Lösungsmitte wie Methanol, Ethanol, Dimethylsulfoxid, Acetonitril, Chloroform und Toluol zur Extraktion verwendet. Vor einer Kommentierung einzelner Ergebnisse soll hier die Rolle und Sonderstellung des Murchison-Meteoriten kurz beleuchtet werden.

Der Einschlag dieses CM2-Chondriten wurde am 28. September 1969 nahe dem Ort Murchison, einer Kleinstadt in Victoria (Australien) dokumentiert. Zahlreiche Bruchstücke wurden aus einem Areal von ca. 13 km^2 geborgen. Diese Bergung erfolgte unmittelbar nach dem Einschlag, sodass Verunreinigung mit irdischen Chemikalien oder Mikroorganismen aus Luft oder Regen weitgehend vermieden werden konnte. Insgesamt konnte eine Masse von ca. 100 kg geborgen werden, wodurch in der Folgezeit zahlreiche Arbeitsgruppen mit Material für Analysen versehen werden konnten. Außerdem erwies sich dieser Meteorit als ein an organischen Komponenten besonders reichhaltiger Vertreter der CM2-Klasse.

Die meisten Forscher und Autoren auf dem Gebiet der Meteoritenanalyse konzentrierten ihr Interesse vor allem auf den Nachweis von Substanzen, die für eine Entstehung des Lebens durch chemische Evolution von Interesse waren. Im Unterschied dazu war es von vornherein die Absicht der Schmitt-Kopplin-Gruppe, die Diversität der vorhandenen organischen Substanzen in alle Richtungen zu untersuchen, ohne Rücksicht auf irgendeine Hypothese oder Ideologie. Neben der hervorragenden technischen Ausstattung ist dies der zweite Grund, warum die Resultate dieser Arbeitsgruppe von besonderer Bedeutung sind. Diese Autoren fassten ihre Ergebnisse mit folgenden Worten zusammen:

> Here we demonstrate that a non-targeted ultra-high resolution molecular analysis of the solvent accessible organic fraction of Murchison extracted under mild conditions allows one to extend its indigeneous chemical diversity to tens of thousands of different molecular compositions and likely millions of diverse structures. This molecular complexity, which provides hints on heteroatom chronological assembly, is high compared to terrestrial biochemical and biological-driven space.

Jene Autoren betonen auch, dass die hohe Diversität isomerer Verbindungen für Entropie-getriebene Substitutionsprozesse typisch ist. Mit anderen Worten, statistische Substitutionen durch die Anwesenheit hoch reaktiver Radikale und Ionen liefern schon eine große Diversität von Anbeginn an, die durch Folgereaktionen verschiedener Art (z. B. durch UV-Licht und Wasser verursacht) noch weiter drastisch ansteigt. Diese experimentellen Fakten und Schlussfolgerungen stehen in diametralem Gegensatz zu Fiktionen und Visionen, dass die Chemie des Weltalls auf der Erde oder an anderen Plätzen unsere Galaxie eine chemische Evolution mit dem Ziel lebender Zellen gestartet oder entscheidend begünstigt haben könnte. Sicherlich hat die aus dem Weltraum auf die Erde gelangte organische Materie die Gesamtmasse an organischen Materialien auf der Erde erheblich vermehrt, aber Substanzen, welche eine chemische Evolution spezifisch gefördert hätten, wie Ribose, Nucleoside und Nucleotide, waren gar nicht vorhanden, und die häufigsten organischen Verbindungen, wie Carbonsäuren und Sulfonsäuren, waren für ein Fortschreiten der molekularen Evolution äußerst hinderlich.

9.4 Identifizierung von Aminosäuren

Systematische Untersuchungen von Meteoriten hinsichtlich ihres Gehaltes an Aminosäuren begannen nach 1960 (Kaplan et al. 1963; Hayes 1967), aber das Verteilungsmuster der α-AS war demjenigen von Fingerabdrücken so ähnlich, dass sofort der Verdacht aufkam, die identifizierten α-AS würden von terrestrischen Verunreinigungen stammen, z. B. von Mikroorganismen oder Viren. Erste Beweise für das Vorkommen extraterrestrischer Aminosäuren im Murchison-Meteoriten wurden 1970 von K. Kvenvolden et al. publiziert. Diese Arbeitsgruppe identifizierte Sarkosin und α-Aibu, die beide nicht in Proteinen vorkommen. In den folgenden vier Jahren wurde die Existenz extraterrestrischer Aminosäuren von mehreren Arbeitsgruppen bestätigt (Kvenvolden et al. 1971; Oró et al. 1971; Cronin und Moore 1971; Pollock 1972; Lawless 1973; Pereira et al. 1975), siehe Tab. 9.6, 9.7, 9.8, 9.9, 9.10.

Mittlerweile wurden zahlreiche Untersuchungen über Extraktion und Identifizierung von Aminosäuren aus verschiedenen Meteoriten veröffentlicht. Fast alle der in den Tabellen Tab. 9.5 bis Tab. 9.10 zusammengestellten Amino- und Iminosäuren wurden schon von U. Meierhenrich in seinem 2008 publizierten Buch *Aminoacids and the Asymmetry of Life* aufgelistet. Das überraschendste und wichtigste Ergebnis aller dieser Studien ist der Befund, dass im Murchison-Meteoriten fünfmal mehr nichtproteinogene Amino- und Iminosäuren als prAS gefunden wurden. Das heißt, dass die für die Zusammensetzung des Murchison verantwortliche extraterrestrische Chemie die Bildung von prAS nicht im Geringsten begünstigt

Tab. 9.6 prAS, die bis 2006 im Murchison-Meteoriten entdeckt wurden		
	Alanin	Prolin
	Asparagins.	Phenylalanin
	Glutamins	Serin
	Glycin	Threonin
	Isoleucin	Tyrosin
	Leucin	Valin
	Methionin	

Tab. 9.7 Nichtproteinogene α-AS, die aus dem Murchison-Meteoriten extrahiert wurden

2-Aminobutters	Allo-2-amino-3-methylvalerians
2-Amino-*iso*-butters	(allo-Isoleucin)
2-Aminovalerians. (Norvalin)	2-Amino-2,3-dimetylvalerians
2-Amino-*iso*-valerians	Allo-2-amino-2,3-dimethyl valerians
2-Aminocaprons (Norleucin)	2-Amino-2,4-Dimethylvalerians
2-Aminoheptans	2-Amino-3,3-dimethylvalerians
2-Amino-2-methylvalerians	2-Amino-3,4-dimethylvalerians
2-Amino-3-methylcaprons	Allo-2-amino-3,4-dimethylvalerians
2-Amino-3,3-dimthylbutters (Pseudoleucin)	2-Amino-4,4-dimethylvalerians
2-Amino-2-ethylbutters	2-Amino-2-ethylvalerians
2-Amino-3-methylcaprons	2-Aminocyclopentancarbons
2-Amino-4-methylcaprons	2-Methylasparagins
2-Amino-5-methylcaprons	3-Methylasparagins
2-Amino-2-ethylcaprons	Allo-3-methylasparagins
2-Amino-3-ethylcaprons	2-Methylglutamins
	3-Methylglutamins
	4-Methylglutamins
	2-Aminoadipins
	2-Aminopimelins

Tab. 9.8 ω-Aminosäuren, die aus dem Murchison-Meteoriten extrahiert wurden

3-Aminopropions (ß-Alanin)	3-Amino-3,3-dimethylpropions
3-Aminobutters	4-Amino-2-methylbutters
3-Amino-*iso*-butters	4-Amino-3-methylbutters
4-Aminobutters	3-Amino-2-ethylpropions.
3-Aminovalerians	3-Amino-2,3,3-trimethylpropions
4-Aminovalerians	4-Amino-3-ethylbutters
5-Aminovalerians	4-Amino-2,4-dimethylbutters
3-Aminocaprons	4-Amino-3,4-dimethylbutters
4-Aminocaprons	4-Aminio-4,4-dimethylbutters
5-Aminocaprons	4-Amino-2,3,3-dimethylbutters
3-Amino-2,3-dimethylpropions	3-Aminoadipins
3-Amino-2,2-dimethylpropions	
3-Amino-allo-2,3-dimetlylpropions	

Tab. 9.9 Diaminosäuren, die aus dem Murchison-Meteoriten extrahiert wurden

2,3-Diaminopropions.	2,3-Diamino-*iso*-butters
2,3-Diaminobutters	3,3-Diamino-*iso*-butters.yric a
2,4-Diaminobutters	2,5-Diaminovalerians (Ornithin)
	4,4-Diamino-*iso*-valerians

Tab. 9.10 Iminosäuren, die aus dem Murchison-Meteoriten extrahiert wurden

N-Methylglycin (Sarcosin)	N-Methylasparagins
N-Ethylglycin	N-Methyl-3-aminopropions
N,N-Dimethylglycin	Pipecolins
N-Methylalanin	

hat. Dies ist ein vernichtendes Ergenis für die reduktionisctische-deterministische Hypothese (Ia, Kap. 2) und eine weitere eindeutige Aussage gegen eine gerichtete chemische Evolution basierend auf der Chemie des Weltalls.

Vergleiche mit anderen Meteoriten unterstreichen diese überaus wichtige Schlussfolgerung. Für den Murray-Meteoriten wurde eine ähnliche Zusammensetzung gefunden wie für den Murchison. Aber der Yamato-Meteorit enthält mehr β-Ala und γ-Abu als alle dort gefundenen prAS zusammen mit Ausnahme von Gly, und sogar α-Aibu ist noch häufiger als alle prAS mit Ausnahme von Ala und Gly (Shimoyama et al. 1979). Noch größere Abweichungen vom Verteilungsmuster des Murchison- und des Murray-Meteoriten wurden bei den CI-Chondriten Orgeuil und Ivuna gefunden (Ehrenfreund et al. 2001). Als häufigste Komponente wurde β-Ala identifiziert (dreimal häufiger als Gly), die Konzentration von γ-Abu war so hoch wie diejenige von Gly und höher als die Konzentration aller anderen prAS zusammengenommen. Glavin et al. (2004) studierten die Aminosäure-Zusammensetzung der antarktischen Meteoriten Alan Hills und Lewis Cliffs und verglichen diese mit der Zusammensetzung des Murchison. Sie fanden signifikante Unterschiede, obwohl alle drei Meteorite derselben Klasse (CM2) angehören. So war im Falle von Lewis Cliff die α-Aibu die häufigste Komponente (zweimal so häufig wie Gly) und die Menge an D,L-Isovalin war etwa so groß wie die von Gly. Im Falle des Alan-Hills-Meteoriten erwiesen sich die Konzentrationen von β-Ala, γ-Abu und α-Aibu als etwa ebenso hoch wie die von Gly. Im Jahr 2014 publizierten A. K Cobb und R. E. Pudritz einen Vergleich der Aminosäure-Zusammensetzung von 30 verschiedenen Meteoriten. Dieser Vergleich führt nochmals vor Augen, dass die Weltraumchemie nicht im Entferntesten daran gedacht hat, die Wunschträume von Anhängern einer chemischen Evolution im Weltraum oder auf der Erde zu erfüllen.

Neben der allgemeinen Dispersität und relativen Häufigkeit von Aminosäuren waren es noch zwei Aspekte, die besonderes Interesse fanden. Das waren zunächst die in Tab. 9.9 aufgeführten α,ω-Diaminicarbonsäuren. U. Meierhenrich et al. berichteten in 2004 über den Nachweis dieser Aminosäuren, die allerdings nur in Mengen von wenigen ppb gefunden wurden. Diese Autoren kommentierten ihren Befund folgendermaßen:

The delivery of organic compounds by meteorites, IDPs or comets to the early Earth is one mechanism thought to have triggered the appearance of life on Earth. [...] In the case of the evolution of genetic material it is widely accepted that todays "RNA-Protein World" was preceded by a prebiotic system in which RNA oligomers functioned both as genetic material and as enzyme-like catalysts. In recent years, oligonucleotide systems with properties resembling NA have been studied intensively and interesting candidates for a potential predecessor to RNA were found. Among these candidates a peptide nucleic acid molecule (PNA) is an uncharged analog of a standard nucleic acid in which the sugar phosphate backbone is replaced by a backbone held together by amide bonds. The backbone can either be composed by N-(2-amino ethyl) glycine (aeg) or its structural analog leading to aegPNA molecules or by diamino acids (da) leading to daPNA structures [Schema 2.3]. The nucleobases adenine, uracil, guanine and cytosine are attached via spacers to the obtained PNA structures.

Die Absurdität des Westheimer-Nielsen-Konzepts einer Poly(nucleopeptid)-Welt wurde schon in Abschn. 2.3 aufgezeigt und bedarf hier keiner weiteren Kommentierung.

Interessanter und wichtiger für die Wahrscheinlichkeit einer chemischen Evolution ist die Frage, ob und in welchem Ausmaß die in Meteoriten gefundenen Aminosäuren einen Überschuss an L-Enantiomeren *(enantiomeric excess, ee)* aufweisen. Da es schwierig ist, jegliche Verunreinigung von Meteoriten mit prAS terrestrischen Ursprungs zu vermeiden, ist es schwierig, für einen geringen *ee* einen extraterrestrischen Ursprung zu beweisen. Wenn man berücksichtigt, dass L-Ala die häufigste der aus Meteoriten extrahierten chiralen prAS ist und auch die häufigste chirale prAS bei Modellsynthesen (Kap. 4), dann wundert es nicht, dass die Diskussion über einen *ee* der vom Murchison-Meteoriten extrahierten prAS mit Ala begann.

Im Jahre 1982 berichteten M. H. Engel und S. A. Nagy, dass die aus einem Murchison-Fragment des Field Museums in Chicago extrahierten prAS Ala, Asp, Glu, Leu und Pro D/L-Verhältnisse im Bereich 0,3–0,7 aufweisen würden. Der D-Gehalt war sogar niedriger, wenn Salzsäure für die Extraktion verwendet wurde. Dieser Bericht befand sich im Widerspruch zu früheren Analysen von Kvenvolden et al. (1970, 1973) und Lawless (1973), die ausschließlich D/L-Verhältnisse um 1,0 gefunden hatten. Besonders überraschend war dabei das Ergebnis, dass zwei extraterrestrische Aminosäuren, nämlich α-Aibu und α-Amino-α-methylbuttersäure, vollständig racemisiert waren. Bada et al. (1983) kritisierten die Daten von Engels und Nagy und interpretierten den Überschuss an L-Enantiomeren der prAs als Resultat einer Verunreinigung mit irdischen Mikroorganismen. In einer unmittelbaren Antwort (1983) wiesen Engel und Nagy diese Kritik zurück und Engel und Mako publizierten im Jahre 1997 eine Stickstoffisotopen-Analyse der extrahierten prAS. Aus einem erheblichen Überschuss an ^{15}N relativ zu terrestrischem Material schlossen sie, dass die Murchison-prAS und deren *ee* einen extraterrestrischen Ursprung hatten. Schon ein Jahr später bewiesen aber Pizzarello und Cronin (1998), dass Ala, das aus dem Innern eines Murchison-Fragments extrahiert worden war, voll racemisiert war, und präsentierten gute Argumente für die Aussage, dass die Ergebnisse von Engels und Nagy inkorrekt waren. Etwa zur selben Zeit berichteten Cronin und Pizzarello (1997), dass alle vier Paare von α-Methyl-α-aminosäuren, die aus dem Murchison extrahiert worden waren, einen *ee* von bis zu 9 % besäßen. Da diese α-Methyl-α-aminosäuren auf der Erde nicht vorkommen, brachte diese Untersuchung von Cronin und Pizzarello erstmals den Beweis für einen *ee* extraterrestrischen Ursprungs.

In den Folgejahren konzentrierten sich die Untersuchungen über α-Methyl-α-aminosäuren mit *ee* des L-Enantiomeren vor allem auf Isovalin (Schema 9.1), den häufigsten Vertreter dieser α-Aminosäureklasse. Ein *ee* von bis zu 9 % wurde für mehrere Fragmente des Murchison betätigt (Pizzarello et al. 2003). Im Jahre 2009 berichteten D. P. Glavin und J. P. Dworkin über Untersuchungen der Meteoriten Murchison, Orgeuil, Lewis Cliffs, Lone Wolf, Elephant Moraine und Queen Alexander Range. Unter Benutzung neuer analytischer Methoden fanden sie *ee*'s bis zu 18 % für Isovalin, das aus den Murchison- und Orgeuil-Meteoriten extrahiert

Schema 9.1 Die
Enantiomeren des Isovalins

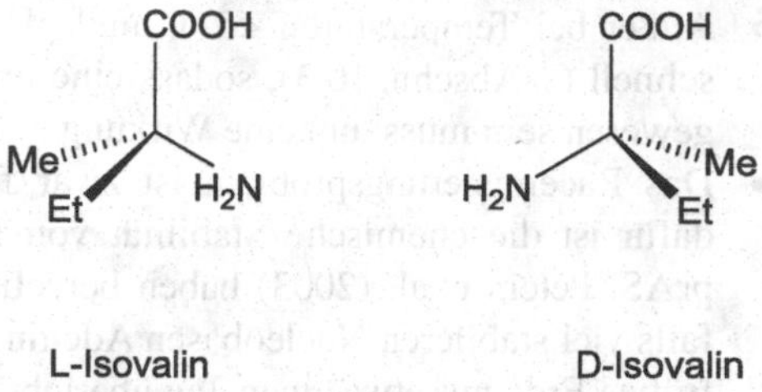

$$\text{COOH} \qquad\qquad\qquad \text{COOH}$$

$$\text{Me}^{\text{''''''}} \quad \text{H}_2\text{N} \qquad\qquad \text{H}_2\text{N} \quad {}^{\text{''''''}}\text{Me}$$
$$\text{Et} \qquad\qquad\qquad\qquad\qquad \text{Et}$$

L-Isovalin   D-Isovalin

worden war. Überraschender Weise war aber das Isovalin, das aus den neueren
Meteoriten Elephant Moraine und Queen Alexander Range stammte, vollständig
racemisiert. Sie schlossen daraus, dass der enantioselektive Abbau von chiraler
α-As durch zirkular polarisiertes Licht nicht der einzige Mechanismus ist, der
zu merklichen ee's führen kann, wie das zuvor postuliert worden war. Sie folger-
ten, dass chemische Veränderungen unter dem Einfluss von Wasser eine wichtige Rolle gespielt haben könnten. Tatsächlich konnte nachgewiesen werden,
dass durch Wasser bedingte chemische Veränderungen der organischen Materie
im Murchison und im Orgeuil wesentlich intensiver verlaufen waren als in den
Elephant-Moraine- und Queen-Alexander-Range-Meteoriten. Eine ausführliche
Untersuchung über den Einfluss chemischer Prozesse in Asteroiden und Kometen
auf die Zusammensetzung der α-Methyl-α-aminosäuren von C-Chondriten wurde
von Glavin et al. im Jahre 2011 publiziert. Alle diese Untersuchungen zusammengenommen belegen eindeutig, dass es im Falle der α-Methyl-α-aminosäuren einen
erheblichen ee von extraterrestrischem Ursprung gibt.

Alle Autoren, die über einen ee von α-Aminosäuren berichteten, vermuteten,
dass diese α-Aminosäuren durch ihr Eintreffen auf der Erde entscheidende zur Entstehung homochiraler Biopolymere beigetragen haben. Nun sind die α-Methyl-α-
aminosäuren ja nicht Bestandteil von Proteinen. Sie könnten daher nur dadurch einen
nennenswerten Einfluss auf die präbiotische Chemie der Erde erlangt haben, dass
sie als Liganden katalytisch aktiver Komplexe aktiv waren, welche selektiv L-prAS
oder D-Ribose und andere D-Saccharide produziert haben. Wie im nächsten Kapitel dargelegt, konnte S. Pizzarello tatsächlich mittels Isovalin mit hohem ee einen
Katalysator herstellen, der bei der Formosereaktion die Bildung von D-Sacchariden begünstigt. So bedeutend dieser Befund auch ist, es ist aus mehreren Gründen
zweifelhaft, dass Isovalin mit einem ee bis ca. 20 einen entscheidenden Einfluss auf
die Entstehung von L-Aminosäuren und D-Ribonucleosiden hatte:

- Meteoriten, die nennenswerte Mengen an Aminosäuren enthalten, stellen nur
  einen geringen Anteil an der Gesamtmenge aller Meteoriten, und deren Gehalt
  an Isovalin ist verschwindend.
- Die Lebensdauer des optisch aktiven Isovalins auf der Erde war nur kurz, weil
  alle die Energien, die Aminosäuren, Nucleobasen und Saccharide aufbauen
  konnten (UV, elektrische Entladungen etc.), ihre Produkte auch wieder effizient zerstörten. Die auf der frühen Erde existierenden organischen Verbindungen
  haben sich nicht stetig angehäuft, sie waren Teil dynamischer Gleichgewichte.

- Außer bei Temperaturen <5 °C und pH = 7,0 racemisieren chirale prAS sehr schnell (s. Abschn. 10.3), sodass eine enantioselektive Synthese hoch effizient gewesen sein muss, um eine Wirkung zu erzielen.
- Das Racemisierungsproblem ist zwar für Ribose von geringerer Bedeutung, dafür ist die chemische Stabilität von Ribose sehr viel geringer als die von prAS. Peters et al. (2003) haben berechnet, dass einzelne Moleküle der ebenfalls viel stabileren Nucleobasen Adenin und Uracil unter den Bedingungen der frühen Erde nur etwa einen Tag überlebt haben. Dazu passt, dass auch nur halbwegs realistische Modellsynthesen zur Gewinnung von Ribose nicht gefunden werden konnten, da Ribose, wie oben erwähnt, auch in Meteoriten nicht nachgewiesen werden konnte.
- Die Arbeitsgruppen von Powner und J. Sutherland haben gezeigt, dass Ribonucleoside unter prebiotischen Bedingungen auch auf einem direkten Syntheseweg unter Umgehung freier Ribose entstanden sein könnten (Abschn. 7.3).
- Aus all diesen Gründen ist es äußerst unwahrscheinlich, dass die winzigen Mengen von Isovalin und andere α-Methyl-α-aminosäuren, die auf die frühe Erde gelangt sein können, deren Chemie maßgeblich beeinflusst haben.

Nichtsdestotrotz muss hervorgehoben werden, dass der Beitrag von Cronin und Pizarello (1997) sowie Pizzarello et al. (2003) und Glavin et al. (2009) über den ee von α-Alkyl-α-aminosäuren der einzige positive Beitrag ist, nach dem organische Verbindungen in Meteoriten und Mikrometeoriten auf eine chemische Evolution der Erde gehabt haben könnten.

9.5   Nucleobasen, Nucleoside und Nucleotide

Dieser Abschnitt ist kurz, weil die experimentellen Befunde zu diesem Thema auch nicht sehr ergiebig sind. Analysen von Meteoriten im Hinblick auf das Vorkommen von Nucleobasen begannen in den 60er-Jahren des letzten Jahrhunderts (Calvin 1961; Oró 1963; Kaplan et al. 1963) und wurden langsam aber stetig von verschiedenen Arbeitsgruppen fortgesetzt (Folsom et al. 1973; VanderWelden und Schwarz 1977; Hayatsu 1964; Hayatsu et al. 1968, 1975; Stoks und Schwarz 1979, 1981; Martins et al. 2008; Callahan et al. 2011). Die Identifizierung von Nucleobasen war eine große analytische Herausforderung wegen ihrer geringen Konzentration, der Anwesenheit sehr vieler verschiedener anderer Verbindungen und der potenziellen Verunreinigung von Meteoritfragmenten durch irdische Organismen. Diese Situation wurde von Callahan et al. in der Einleitung ihrer Veröffentlichung „Carbonaceous Meteorites Contain a Wide Range of Extraterrestrial Nucleobases" (2011) wie folgt beschrieben:

> To date all the purines [A, G, hypoxanthine and xanthine, s. Schema 5.2] and the one pyrimidine (uracil) reported in meteorites [Schema 9.3] are biologically common and could be explained by terrestrial contamination. Martins et al. performed compounds specific carbon isotope measurements for uracil and xanthine in the Murchison meteorite and

interpreted the isotope signatures for these nucleobases as non-terrestrial. However, other co-eluting molecules (e.g. carboxylic acids known to be extraterrestrial) could have contributed to the $\delta^{13}C$ values for the nucleobases. Furthermore, there have been no observations of stochastic molecular diversity of purines and pyrimidines in meteorites, which has been a criterion for establishing extraterrestrial origin for nucleobases detected in carbonaceous chondrites never been established unequivocally, nor has the detection of nucleobases been demonstrated in more than a handful of meteorites.

Der erste Bericht über den Nachweis einer Nucleobase, des Cytosins (Calvin 1961), wurde später als Irrtum entlarvt, basierend auf einem Artefakt der analytischen Methode (Oró 1963; Kaplan et al. 1963). Ferner wurde ein späterer Bericht (Hayatsu et al. 1975) über den Nachweis von unüblichen Pyrimidinen, bar jeder biologischen Funktion, in den Meteoriten Murchison, Murray und Orgeuil später ebenfalls als Fehlinformation durch analytische Artefakte erkannt (VanderWelden und Schwartz 1977). In der Folgezeit wurde aber das Vorkommen der Purine Adenin, Guanin, Xanthin und Hypoxanthin in verschiedenen CM2-Chondriten von mehreren Arbeitsgruppen bestätigt. Uracil wurde allerdings nur im Murchison-Meteoriten entdeckt und da nur in minimalen Mengen. Keiner dieser Berichte enthält allerdings Informationen über An- oder Abwesenheit nicht biologischer Nucleobasen. Die jeweiligen Autoren haben sich immer nur für RNA- und DNA-typische Nucleobasen interessiert, was zu einem falschen Verständnis der Ausrichtung der Weltraumchemie führen kann. Erst Callahan et al. (2011) machten sich auf die Suche nach nicht biologischen Purinen und entdeckten auch Purin, 2,6-Diaminopurin und 2,8-Diaminopurin in den Extrakten von Murchison und Lonewolf Nunataks.

Wenn man die Anwesenheit von Methyl- und Ethylradikalen im Weltraum in Rechnung stellt und die darauf basierende Identifizierung zahlreicher methyl- und ethylsubstituierter Aminosäuren und Carbonsäuren, dann ist es merkwürdig, dass keine methyl- und ethylsubstituierten Purine oder Pyrimidine gefunden wurden. Ferner fehlt jede Information über Anwesenheit oder Abwesenheit verwandter Heterozyklen wie z. B. Imidazole, Pyrrole Indole und Benzimidazole (Schema 5.2) sowie deren methyl- und ethylsubstituierte Analoga. Falls die Synthese von Nucleosiden in einer chemischen Evolution über Ribose gelaufen sein sollte, dann hätten alle diese Heterozyklen mit den biologischen Nucleobasen in Konkurrenz treten können und die Bildung von RNA verhindert oder zumindest sehr erschwert. Dieses Szenario ist ganz analog zur Situation der Entstehung von Proteinen aus den prAs, die bei Anwesenheit von vielen nichtproteinogenen Amino- und Iminosäuren auch nicht stattgefunden haben kann.

Im Jahre 2015 haben B. Pearce und R. Pruditz eine Übersicht über die relative Häufigkeit von Nucleobasen in 14 verschiedenen Meteoriten zusammengestellt. Daraus ergibt sich, dass in allen Fällen A und G nachgewiesen wurden, aber nur in Mengenanteilen von 1–103 ppb. Das entspricht etwa 1 % der Mengen an dem in diesen Meteoriten vorhandenen Gly.

Uracil wurde nur im Murchison nachgewiesen; die Suche nach Thymin und Cytosin war vergeblich. Dieses Resultat ist ein weiterer Sargnagel für die Hypothese einer chemischen Evolution auf Basis der Weltraumchemie und es ist auch

ein Sargnagel für die Fiktion einer gerichteten reduktionistischen Evolution. Als
ob das nicht genug der negativen Ergebnisse wäre, kommt dazu noch als weiterer Sargnagel die Tatsache, dass sich keine Nucleoside oder Nucleotide aufspüren
ließen. Das Fehlen von Nucleosiden und Nucleotiden kann als eine logische Konsequenz des Fehlens von Ribose gesehen werden. Nun haben aber die Gruppen
von Powner und J. Sutherland gezeigt, dass ausgehend von simplen Molekülen
der interstellaren Chemie (z. B. HCN und Cyanacetylen, s. Kap. 6) Nucleoside
und Nucleotide ohne intermediäre Bindung von Ribose synthetisiert werden können. Wenn aber die Weltraumchemie keine Nucleoside und Nucleotide produziert,
dann spricht dieses Negativergebnis auch gegen eine Relevanz der Powner-Suther-
land-Chemie in einer chemischen Evolution.

Mit Bezug auf die einprägsame Aussage des Biologen DeDuve (2002): „The
universe was pregnant with life" (s. Hypothese I, Abschn. 1.1) hat der Autor
daher diesem Kapitel eine Sentenz vorangestellt, die der tatsächlichen Faktenlage
gerecht wird.

9.6   Amphiphile, membranbildende Verbindungen

Zellen zeichnen sich u. a. dadurch aus, dass sie sich von der Umgebung durch
eine äußere Membran abgrenzen und in ihrem Innern eine von der Umgebung
verschiedene Chemie entwickeln. Als Vorläufer von Zellen kommen am ehesten
Vesikel in Betracht, deren Membrane mechanisch flexibel, semipermeabel und
von Wasser benetzbar sein müssen. Chemische Verbindungen, die eine derartige
Eigenschaftskombination besitzen, sind typischerweise sogenannte Amphiphile,
d. h. Verbindungen, die sowohl über einen lipophilen als auch über einen hydro-
philen Molekülteil verfügen (s. Abb. 2.3). Die einfachsten Vertreter dieser Gruppe
sind Carbonsäuren mit längerer aliphatischer Kette, d. h. mit „gerader" Alkankette,
die mehr als 10 CH_2-Gruppen besitzen sollte. Die Stabilität der Membrane nimmt
ab, wenn ein Teil der Alkanketten substituiert ist (schon eine Methylgruppe wirkt
störend), und sie nimmt ab mit abnehmender Zahl an CH_2-Gruppen. *Trans*-konfi-
gurierte Doppelbindungen stören die Membranbildung dagegen nicht, im Unterschied zu *cis*-Doppelbindungen. Außer Carbonsäuren kommen auch aliphatische
Alkohole veräthert mit Polyolen oder verestert mit Phosphorsäure als membran-
bildende Komponenten in Betracht. Einige typische in lebenden Organismen vorkommende Membrankomponenten sind in Schema 9.2 zusammengestellt.

Hier stellt sich nun die Frage, ob und inwieweit derartige „Membranbildner"
aus Meteoriten extrahiert werden konnten. Erste Untersuchungen zu dieser Thematik wurden von Deamer und Mitarbeitern vorgestellt (Deamer 1985, 1986;
Deamer und Pasiley 1989). Vor allem Fragmente des Murchison-Meteoriten
wurden mit Chloroform extrahiert und die Extrakte fraktioniert. Die Charakterisierung erfolgte vor allem mit UV- und IR-Spektroskopie, Lichtmikroskopie,
Säure-Basen-Titration und Oberflächenspannungsmessungen. Als oberflächen-
aktive Komponenten wurden in zwei Fraktionen aliphatische Carbonsäuren und

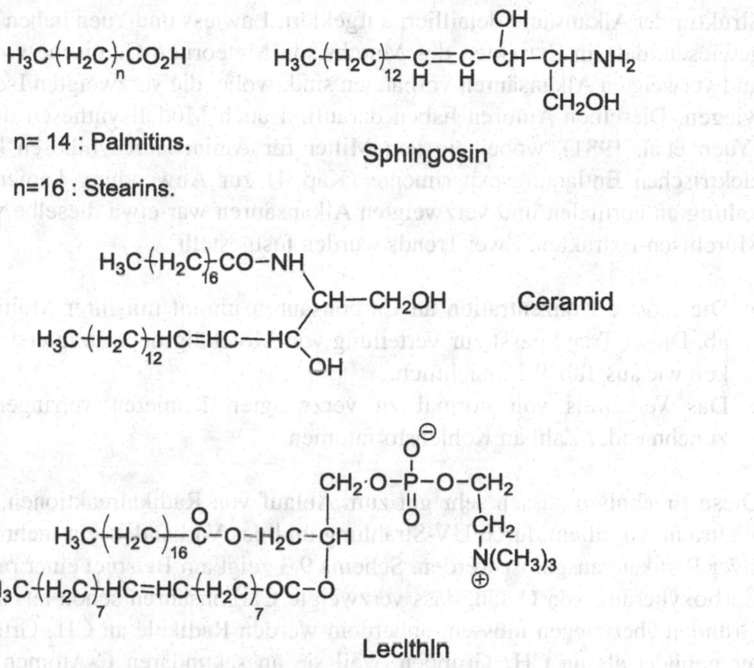

$$H_3C\!-\!(H_2C)_n\!-\!CO_2H$$

$$H_3C\!-\!(H_2C)_{12}\!-\!\underset{H}{C}\!=\!\underset{H}{C}\!-\!\underset{\underset{CH_2OH}{|}}{\overset{\overset{OH}{|}}{CH}}\!-\!CH\!-\!NH_2$$

n= 14 : Palmitins.

n=16 : Stearins.

Sphingosin

$$H_3C\!-\!(H_2C)_{16}\!-\!CO\!-\!NH$$
$$\underset{\underset{OH}{|}}{CH\!-\!CH_2OH}$$
$$H_3C\!-\!(H_2C)_{12}\!-\!HC\!=\!HC\!-\!HC$$

Ceramid

$$H_3C\!-\!(H_2C)_{16}\!-\!\overset{\overset{O}{||}}{C}\!-\!O\!-\!H_2C\!-\!CH$$
$$CH_2\!\cdot\!O\!-\!\overset{\overset{O^{\ominus}}{|}}{\underset{\underset{O}{||}}{P}}\!-\!O\!-\!CH_2$$
$$H_3C\!-\!(H_2C)_7\!-\!HC\!=\!HC\!-\!(H_2C)_7\!-\!OC\!-\!O \qquad \underset{\underset{N(CH_3)_3}{\oplus}}{CH_2}$$

Lecithin

Schema 9.2 Beispiele einiger natürlicher Lipide

Phenole wahrscheinlich gemacht. Die Ergebnisse wurden von Deamer wie folgt zusammengefasst (1985):

> Thus certain components present in the Murchison chondrite have the ability to form two kinds of boundary structures at alkaline pH range. Microstructures in the form of viscous fluid droplets are analogous to the original "coacervate" concept of Oparin, in that they are complex mixtures of hydrated organic substances which form a gel, when interacting with aqueous phases [...] The second boundary structure takes the form of actual membranes, defined here by a thin boundary capable of acting as barrier to free diffusion.

In dem Artikel von 1989 heißt es außerdem:

> In contemporary membrane lipids hydrophobicity is provided by hydrocarbon chains of fatty acids with chain lengths ranging from 12 to 20 or more carbons. A plausible source in the prebiotic environment is not readily apparent and it is significant that such chains are relatively abundant in carbonaceous chondrites. Smith and Kaplan (1970) demonstrated chain lengths of 10–23 carbons in seven different CM2 chondrites and a similar distribution was observed in the Murchison (Lawless und Yuen 1979).

Dieser Kommentar klingt so, als ob Deamer glaubte, dass es sich bei den Carbonsäuren um geradkettige n-Alkansäuren mit den genannten Kettenlängen handle, die von Kometen und Meteoriten auf die Erde gebracht wurden, wo es für sie keinen Syntheseweg gab. Nun haben weder Deamer noch Smith und Kaplan die

Struktur der Alkansäure detailliert aufgeklärt. Lawless und Yuen haben 1979 nachgewiesen, dass in Extrakten des Murchsison-Meteoriten Gemische von normalen
und verweigten Alkansäuren vorhanden sind, wobei die verzweigten Isomere überwiegen. Dieselben Autoren haben daraufhin auch Modellsynthesen durchgeführt
(Yuen et al. 1981), wobei die von Miller für Aminosäuresynthesen beschrieben
elektrischen Entladungsexperimente (Kap. 4) zur Anwendung kamen. Die Verteilung an normalen und verzweigten Alkansäuren war etwa dieselbe wie bei den
Murchison-Extrakten. Zwei Trends wurden festgestellt.

- Die molare Konzentration an Carbonsäuren nimmt mit ihrer Molmasse stetig
  ab. Dieser Trend passt zur Verteilung von Molekülgrößen in interstellaren Wolken wie aus Tab. 9.1 ersichtlich.
- Das Verhältnis von normal zu verzweigten Isomeren verringert sich mit
  zunehmender Zahl an Kohlenstoffatomen.

Diese Ergebnisse passen sehr gut zum Ablauf von Radikalreaktionen, wie sie im
Weltraum vor allem durch UV-Strahlung und das Vorhandensein mehrerer aggressiver Radikale ausgelöst werden. Schema 9.3 zeigt am Beispiel einer radikalischen
Carboxylierung von Octan, dass verzweigte Carbonsäuren schon aus statistischen
Gründen überwiegen müssen, außerdem werden Radikale an CH_2-Gruppen leichter gebildet als an CH_3 Gruppen, weil sie an sekundären C-Atomen etwas besser stabilisiert sind. Dazu passen erstens die zahlreichen isomeren aliphatischen
Aminosäuren, die in Tab. 9.6 und 9.7 gelistet sind, und zweitens die Ergebnisse
von Schmidt-Kopplin et al. (2009). Es gibt daher keinen Beweis dafür, dass die
geradkettigen unsubstituierten Amphiphile mit 12 oder mehr C-Atomen, die
aus heutigen Membranen bekannt sind, der chemischen Evolution auf der Erde
aus dem Weltraum zur Verfügung gestellt wurden, und es gibt bisher auch keine
Modellsynthesen, die eine irdische Entstehung überzeugend erklären können.
Überwiegend geradkettige Alkansäuren entstehen zwar beim Fischer-Tropsch-Verfahren, bei dem CO und H_2 in Gegenwart von Metallcarbonaten bei hohen
Temperaturen und hohen Drücken umgesetzt werden, doch sind diese Reaktions-
bedingungen kein geeignetes präbiotisches Szenario. Zubay (2000) hat auch die
Spekulation formuliert, dass geradkettige Alkansäuren aus der Saccharidchemie
hervorgegangen sein könnten. Er nimmt an, dass die Polykondensation von
Glykolaldehyd weit überwiegend längere Saccharidketten liefert, die unter dem
Einfluss von (Poly)Phosphorsäure dehydratisieren, worauf hin die ungesättigten
Cabonsäuren dann irgendwie hydriert werden. Kurz gesagt handelt es sich hier um
ein Luftschloss ohne jegliche experimentelle Basis, bei dem die Kennzeichnung
„unwahrscheinlich" noch sehr euphemistisch ist.

     Abschließend sollen hier zwei typische Beispiele für die überoptimistische
Berichterstattung auf dem Gebiet „Weltraumchemie und Ursprung des Lebens"
zitiert werden. Die Astrophysiker N. F. W. Likterink et al. berichten 2017 über die
Identifizierung von Methylisocyanat und seine Bedeutung wie folgt:

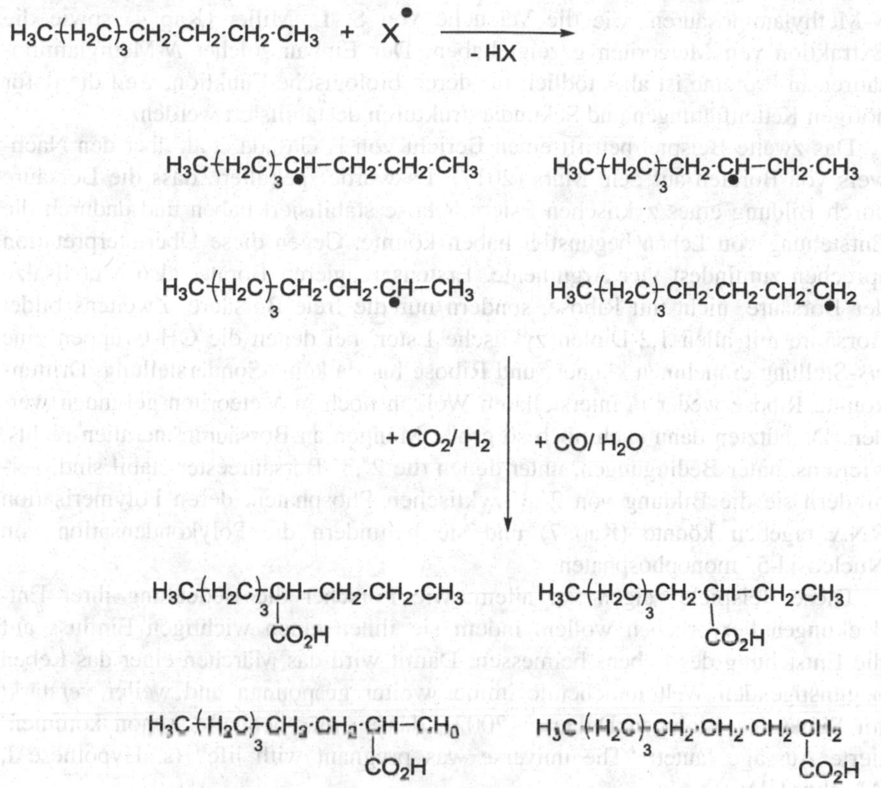

$$H_3C-(H_2C)_3-CH_2\cdot CH_2\cdot CH_2\cdot CH_3 \ + \ \overset{\bullet}{X} \xrightarrow{\ \ - HX\ \ }$$

$$H_3C-(H_2C)_3-\overset{\bullet}{C}H-CH_2\cdot CH_2\cdot CH_3 \qquad\qquad H_3C-(H_2C)_3-CH_2\cdot \overset{\bullet}{C}H-CH_2\cdot CH_3$$

$$H_3C-(H_2C)_3-CH_2\cdot CH_2\cdot \overset{\bullet}{C}H-CH_3 \qquad\qquad H_3C-(H_2C)_3-CH_2\cdot CH_2\cdot CH_2\cdot \overset{\bullet}{C}H_2$$

$$\Big\downarrow \begin{array}{l} + CO_2/\,H_2 \\[4pt] + CO/\,H_2O \end{array}$$

$$\underset{CO_2H}{H_3C-(H_2C)_3-CH-CH_2\cdot CH_2\cdot CH_3} \qquad\qquad \underset{CO_2H}{H_3C-(H_2C)_3-CH_2\cdot CH-CH_2\cdot CH_3}$$

$$\underset{CO_2H}{H_3C-(H_2C)_3-CH_2\cdot CH_2\cdot CH-CH_0} \qquad\qquad \underset{CO_2H}{H_3C-(H_2C)_3-CH_2\cdot CH_2\cdot CH_2\,CH_2}$$

Schema 9.3 Entstehung isomerer Nonansäuren durch statistische radikalische Substitution am Octan

Complex organic molecules defined in astrochemistry as molecules that consist of six or more atoms are widely found in star-forming regions. A special category of special molecules is that of the prebiotics, molecules that can be linked via their chemical structure or reactivity to the life-bearing molecules, such as amino acids or sugars. Methyl isocyanate (CH_3NCO), also known as isocyanatomethane, is a molecule that falls in that category because of its structural similarity with a peptide bond.

Dieser Kommentar stellt die Sichtweise eines Chemikers auf den Kopf. Bezüglich Struktur und Reaktivität hat die Isocyanatgruppe überhaupt keine Ähnlichkeit mit einer Peptidgruppe. War Methylisocyanat in Mengen vorhanden, die einen Einfluss auf die chemische Evolution gehabt haben könnte (oder anderswo im Weltraum noch hat), dann war dieser Einfluss negativ. So reagiert das Isocyanat rasch mit Aminogruppen zu *N*-Methylharnstoffen und blockiert die Bildung von (Poly)peptiden bzw. Proteinen. Ferner kann es mit den seitlichen Aminogruppen von Lysin und Arginin sowie Adenin und Guanin reagieren und deren biologische Funktion unterbinden. Wird es hydrolysiert, dann entsteht Methylamin. Unter den Bedingungen der Aminosäuresynthese entstehen daraus Sarkosin und andere

N-Methylaminosäuren, wie die Versuche von S. L. Miller (Kap. 4) sowie die Extraktion von Meteoriten gezeigt haben. Der Einbau solcher *N*-Methylaminosäuren in Proteine ist aber tödlich für deren biologische Funktion, weil die dafür nötigen Kettenfaltungen und Sekundärstrukturen destabilisiert werden.

Das zweite Beispiel betrifft einen Bericht von P. Gasada et al. über den Nachweis von Boraten auf dem Mars (2017). Es wurde spekuliert, dass die Borsäure durch Bildung eines zyklischen Esters Ribose stabilisiert haben und dadurch die Entstehung von Leben begünstigt haben könnte. Gegen diese Überinterpretation sprechen zumindest vier Argumente. Erstens reagieren Borate, also Metallsalze der Borsäure, nicht mit Ribose, sondern nur die freie Borsäure. Zweitens bildet Borsäure mit allen 1,2-Diolen zyklische Ester, bei denen die OH-Gruppen eine *cis*-Stellung einnehmen können, und Ribose hat da keine Sonderstellung. Drittens konnte Ribose weder in interstellaren Wolken noch in Meteoriten gefunden werden. Da nützten dann auch noch so große Mengen an Borsäuremineralien nichts. Viertens, unter Bedingungen, unter denen die 2´,3´-Borsäureester stabil sind, verhindern sie die Bildung von 2´,3´-zyklischen Phosphaten, deren Polymerisation RNA ergeben könnte (Kap. 7) und sie behindern die Polykondensation von Nucleosid-5´-monophosphaten.

Diese Beispiele zeigen vor allem, wie Forscher die Bedeutung ihrer Entdeckungen hervorheben wollen, indem sie ihnen einen wichtigen Einfluss auf die Entstehung des Lebens beimessen. Damit wird das Märchen einer das Leben begünstigenden Weltraumchemie immer weiter gesponnen und weiter verstärkt im Sinne des Biologen DeDuve (2002), dessen märchenhafte, schon kommentierte Aussage lautet: "The universe was pregnant with life" (s. Hypothese I, Abschn. 1.1).

Literatur

Anders E (1989) Nature 342:255–257
Bada JL, Cronin JR, Hu M-S, Kvenvolden KA, Lawless JG, Miller SL, Oro J, Steinberg S (1983) Nature 301:494–496
Berzelius JJ (1834) Ann Phys Chem 33:134
Botta O, Bada JL (2002) Surv Geophys 23:411–465
Burton AS, Stern J, Elsila JE, Glacvon DP, Dworkin JP (2012) Chem Soc Rev 2012:54–59
Busemann H et al (2006) Science 312:727
Callahan MR, Smith KE, Cleaves II J, Ruzika J, Stern JG, Glavin DP, House CH, Dworkin JP (2011) Proc Natl Acad Sci USA, 106, 1295-1399
Calvin M (1961) Chem Engng News 39:96
Chamberlin T, Chamberlin R (1908) Science 28:897–910
Chyba CF, Sagan C (1992) Nature 355:125–132
Cobb AK, Pudritz RE (2014) Astrophys J 783:140
Cooper G, Kimmich N, Belisle W, Satimana J, Brabham K, Garell L (2001) Nature 414:879–883
Cronin JR (1998) In: Brack A (Hrsg) The molecular origin of life: assembling pieces of the puzzle. Cambridge University Press, Cambridge
Cronin JR, Chang S (1993) In: Greenberg JM et al (Hrsg) The chemistry of life's origin. Kluver Academic Press, Dordrecht, S 209–258
Cronin JR, Moore CB (1971) Science 172:1327

Cronin JR, Pizzarello S (1997) Science 275:951–95
Cronin JR, Pizzarello S, Cruikshank DP (1988) Organic matter in carbonaceous chondrites, planetary satellites, asteroids and comets. In: Kerridge JF, Matthews MS (Hrsg) Meteorites and the early solar system. University of Arizona, Tucso, S 819–857
Deamer DW (1985) Nature 266:78
Deamer DW (1986) Orig Life Evol Biosph 17:3
Deamer DW, Pasiley RM (1989) Orig Life Evol Biosph 19:21
DeDuve (2002) Life evolving, molecules, mind and meaning, Oxford University Press, Oxford
Ehrenfreund P (1997) Science 283:1123–1124
Ehrenfreund P, Glavin DP, Cooper G, Bada JL (2001) Proc Natl Acad Sci USA 98:2138–2141
Engel MH, Mako SA (1997) Nature 389:265–268
Engel MH, Nagy B (1982) Nature 296:837
Engel MH, Nagy SA (1983) Nature 301:496
Folsom CE, Lawless JG, Ro M, Ponnamperuma C (1973) Geochim Cosmochim Acta 37:455–465
Gasada P, Haldeman EB, Wiens RC, Rapin W, Bristow TF, Bridges JC, Schwenzer SP, Clark B, Herksenhoff K, Frydenwang J, Lanza N, Maurice S, Clegg S, Delapp DM, Sanford VL, Bodine MR, McInroy R (2017) Geophys Res Lett:8739
Glavin DP, Dworkin JP (2009) Proc Natl Acad Sci USA 106:5487
Glavin DP, Dworkin JP, Aubrey A, Botta O, Doty III JH, Martins Z, Bada JL (2004) Meteorit Planet Sci 101:9181–9186
Glavin DP, Callahan P, Dworkin JP, Elsila JG (2011) Meteorit Planet Sci 45:1948
Hayatsu R (1964) Science 146:1291
Hayatsu R, Studier MH, Matsuoka S, Anders E (1968) Geochim Cosmochim Acta 38:175
Hayatsu R, Shidiev MH, Moore LP, Anders E (1975) Geochim Cosmochim Acta 39:471
Hayes JM (1967) Geochim Cosmochim Acta 31:1395
Huang Y, Wang Y, Alexandre MR, Lee T, Petruck C, Fuller M, Pizzarello S (2005) Geochim Cosmochim Acta 89:1073–1084
Jessenberger EK (1999) Space Sci Rev 90:91–97
Jungclaus GA, Cronin JR, Moore CB, yuen GU (1976a) Nature 261:121–128
Jungclaus GA, Yuen GU, Moore CB, Lawless JG (1976b) Meteoritics 11:231–237
Kaplan IR, Degens ET, Reuter JH (1963) Geochim Cosmochim Acta 1963(27):805–834
Krot AN, Keil K, Scott ERD, Goodrich CA, Weisberg MK (2007) In: Holland HD, Turekian KK (Hrsg) Treatise on geochemistry. Elsevier Ltd., Amsterdam, S 83–128
Kvenvolden K, Lawless J, Pering K, Petersen E, Flores J, Ponnamperuma C, Koplin IR, Moore C (1970) Nature 228:923–926
Kvenvolden KA, Lawless JG, Ponnamperuma C (1971) Proc Natl Acad Sci USA 68:486
Kvenvolden KA, Lawless JG, Ponnamperuma C (1973) Proc Natl Acad Sci USA 68:486–490
Lawless JG (1973) Geochim Cosmochim Acta 37:2207
Lawless J, Yuen G (1979) Nature 282:396
Likterink NFW, Coutens A, Kofman V, Müller HSP, Garrod RT, Calcun H, Wampfler SF, Jørgensen JH, Linnartz H, van Dishoek EF (2017) MNARS (Advanced Access publ.) 469:2219
Love SG, Brownlee DE (1993) Science 262:550–553
Martins Z, Botta O, Fogel ML et al (2008) Earth Planet Sci Lett 270:130–135
Matrajt G, Pizzarello S, Taylor S, Brownlee D (2004) Meteorit Planet Sci 39:1840–1858
Meierhenrich U (2008) Amino acids and the asymmetry of life. Springer, Berlin, Chapter 10.6
Meierhenrich U, Munoz-Caro GM, Bredehöft JH, Jessberger EK, Thiemann WHP (2004) Proc Natl Acad Sci USA 101:9182
Morbidelli A, Lumine JL, O'Brien DP, Raymond SN, Walsh KJ (2012) AREPS 40:251
Oró J (1961) Nature 190:389–390
Oró J (1963) Nature 197:756–758
Oró J, Lichtenstein S, Wikstrom S, Flory DA (1971) Nature 230:105
Pearce BKD, Pruditz R (2015) Astrophys J 807(85):1–10

Pereira WE, Summons R, Rindfleisch TC, Duffield AH, Zeitman B, Lawless JG (1975) Geochim Cosmochim Acta 39:163

Peters Z, Botta O, Charnley SB, Rutterkamp R, Ehrenfreund P (2003) Astrophys J 593:L129

Pizzarello S (2006) Accounts Chem Res 39:231

Pierazzo E, Chyba CF (1999) Meteorit Planet Sci 34:909

Pizzarello S, Cronin JR (1998) Nature 394:236

Pizzarello S, Zolansky M, Turk KA (2003) Geochim Cosmochim Acta 67:1589–1595

Pizzarello S, Cooper GW, Flynn GJ (2006) In: Lauretta DS, McSween HJ (Hrsg) Meteorites and the early solar system II. University of Arizona Press, Tucson

Pollock GE (1972) Anal Chem 44:2368

Remusat F, Darenne S, Roberts S, Krucher H (2005) Geochim Geophys Acta 69:3919

Schmitt-Kopplin P, Gabelica Z, Gaugeon RD, Fekete A, Kanawati B, Harir M, Gebefuegi I, Eckel G, Hertkorn N (2009) Proc Natl Acad Sci USA, S 2763–2768

Sephton MM (2002) Nat Prod Rep 19:292–311

Shimoyama Y, Ponnamperuma C, Yannik K (1979) Nature 282:394–396

Smith JW, Kaplan JR (1970) Science 167:1367

Stoks PG, Schwartz AW (1979) Nature 282:709–710

Stoks PG, Schwartz AW (1981) Geochim Cosmochim Acta 1981(45):563–569

Taylor S, Lever J, Harvey RP (1998) Nature 392:899–903

VanderWelden W, Schwartz AW (1977) Geochim Cosmochim Acta 41:961–968

Woon DE (2005) The astrochemist (Mai Ausgabe)

YuenGU, Lawless JG, Edelson EH (1981) J Mol Evol 17(1):43

Zolensky M, Nakamura K, Gounelle M, Mikouchi T, Kasamura T (2002) Meteorit Planet Sci 37:737–761

Zolensky M, Bland M, Brown P, Halliday I (2006) In: Lauretta DS, McSween H (Hrsg) Meteorites and the early solar system. University Arizona Press, Tucson

Zubay G (2000) Origins of life on the earth and in the cosmos, 2. Aufl. Academic Press, San Diego

Weiterführende Literatur

Calvin M (1908) Chem Eng News 39:96–104

Cronin JR, Moore CB (1997) Science 172:1327

Pizzarello S, Cronin JR (2000) Geochim Cosmochim Acta 64:329–338

Taylor S, Schmitz JH (2001) In: Peucker-Ehrenbrink B, Schmitz B (Hrsg) Accretion in extraterrestrial matter throughout earth's history. Kluver Acad & Plenum, New York

Die Bedeutung der Chiralität

10

> *The first principle is that you must not fool yourself and you are the easiest person to fool.*
>
> Richard Feynman

Inhaltsverzeichnis

10.1 Entstehung eines Enantiomerenüberschusses

Die Biopolymere aller Lebewesen, die im Verlauf der letzten ca. 150 Jahre analysiert wurden, bestehen aus homochiralen Monomersequenzen, d. h. alle Bausteine gehören zum gleichen Enantiomertyp. Peptide und Proteine bestehen fast ausschließlich aus L-Aminosäuren. Nur einige Pilze und Mikroorganismen synthetisieren winzige Mengen an Oligopeptiden, welche ein oder zwei D-Aminosäuren enthalten. Das giftige Zyklopeptid Phalloidin des Knollenblätterpilzes ist wohl das bekannteste Beispiel. Polysaccharide und Polynucleotide bestehen dagegen ausschließlich aus D-Sacchariden. Pol(β-hydroxybutyrat), das von zahlreichen Bakterien als Nahrungsspeicher produziert wird, besteht aus β-D-Hydroxybuttersäure. Sogar der Naturkautschuk, der kein chirales Monomer aufweist, besteht aus Homosequenzen geometrisch identischer Bausteine, der *cis*-Isopreneinheit, und nicht aus statistischen *cis/trans*-Sequenzen. Andererseits gibt es auch Pflanzen, die ein ausschließlich aus *trans*-Isopren bestehendes Polymer herstellen (Guttapercha, Balata).

© Springer-Verlag GmbH Deutschland, ein Teil von Springer Nature 2019
H. R. Kricheldorf, *Leben durch chemische Evolution?*,
https://doi.org/10.1007/978-3-662-57978-7_10

Warum sind Sequenzen aus sterisch identischen Bausteinen so wichtig? Eine erste einfache Antwort heißt: Effizienz und biologische Funktionalität. Der Aspekt der Effizienz lässt sich am besten am Beispiel von Proteinen demonstrieren. Betrachten wir ein Polypeptid, das aus 50 gleichen Aminosäuren besteht und zwei verschiedene Endgruppen aufweist. Eine statistische Copolymerisation eines equimolaren D/L-Gemisches würde 2^{50} stereoisomere Polypeptidketten ergeben. Wenn nur ein Enantiomer im Spiel ist, dann kann nur ein einziges Homopolypeptid entstehen, eine gewaltige Vereinfachung für den Pool potenziell biologisch nützlicher Biopolymere. Eine weitere Vereinfachung ergibt sich aus der Tatsache, dass dann nur eine Sorte von Enzymen benötigt wird, die auf die homochiralen Sequenzen spezialisiert sind. Ferner sind homochirale Biopolymere weit besser geeignet, um mit andern chiralen Molekülen, gleichgültig ob monomer, oligomer oder polymer, stereoselektive Wechselwirkungen einzugehen. Dabei spielt es keine Rolle, ob bei dieser Wechselwirkung nur Nebenvalenzen im Spiel sind, oder ob Komplexe gebildet werden oder neue kovalente Verbindungen entstehen.

Mitunter wird die Nomenklatur, die für Stereosequenzen von Polyolefinen etabliert ist, auch auf Biopolymere angewandt. Isotaktisch ist dann gleichbedeutend mit homochiraler Sequenz, syndiotaktisch steht für eine alternierende Folge von D- und L-Einheiten und ataktisch ist gleichbedeutend mit einer statistischen Abfolge von D und L. Eine solche Vermischung der Nomenklaturen ist allerdings nicht wünschenswert, weil es wesentliche Unterschiede gibt, die zu Missverständnissen führen können. Drei Punkte sollen hier erwähnt werden:

- Im Falle von Biopolymeren ist jedes Monomer und damit auch jede Monomereinheit chiral, während Olefine und Vinylmonomere normalerweise prochiral sind.
- Biopolymere besitzen eine Polarität entlang der Kette und besitzen immer zwei verschiedene Endgruppen.
- Polyolefine und Vinylpolymere können in fester Phase Helices bilden, die aber in Lösung instabil sind. Diese Helices sind in jeder Hinsicht spiegelbildlich und besitzen auch identische Energieinhalte, wenn Energiedifferenzen unter 10–15 kcal/mol ignoriert werden. Dagegen haben links- und rechtshändige Helices eines homochiralen Biopolymeren diastereomeren Charakter und dementsprechend unterschiedliche Energieinhalte und Reaktivitäten.

Es soll hier auch erwähnt werden, dass die in der anorganischen und organischen Chemie gebräuchliche R-, S-Nomenklatur zwar auf Biomonomere und deren Polymere anwendbar, aber ungeeignet ist, weil sie zu Missverständnissen Anlass geben kann. So sind fast alle L-prAS auch S-prAS, aber L-Cystein und Cystin sind R-Aminosäuren.

Ein wichtiges Grundgesetz der Chemie besagt, dass die Synthese einer chiralen Verbindung in einem achiralen Umfeld stets Racemate liefert und dieses Gesetz wurde viele Male bestätigt. Die α-AS Synthesen von S. L. Miller (Kap. 4) sind ein typisches Beispiel. Dieses chemische Gesetz schien lange Zeit mit analogen physikalischen Gesetzen im Einklang zu sein. Chirale Parität schien daher bei

allen chemischen und physikalischen Experimenten unter isotropen Reaktionsbedingungen gegeben zu sein. Es war daher eine große Überraschung, als Ende
der 1960er-Jahre Glashaw, Salam und Weinberg eine vereinigte Theorie des
Elektromagnetismus und der schwachen Wechselwirkung formulierten, das sog.
Standardmodell, das die Möglichkeit von Paritätsverletzungen voraussagte (Latal
1992).

Dieser Paradigmenwechsel in der Physik hatte Konsequenzen für das Verständnis der Chiralität in der Chemie und in der chemischen Evolution (Janoschek
1992). Zwei wichtige Ergebnisse sollen hier erwähnt werden. Die Quanten-
mechanik liefert achirale Eigenfunktionen, deren Überlagerung rechts- und links-
händige Enantiomere vorhersagt, die als Zeitabhängige molekulare Zustände
interpretiert werden können. Beide Zustände sind durch eine Energiebarriere
getrennt, die sehr niedrig sein kann, wie das bei dreifach substituierten Aminen
der Fall ist, sodass die thermische Energie schon bei Raumtemperatur ausreicht,
um rasche Racemisierung zu bewirken. Wenn die Energiebarriere sehr hoch ist,
wie das bei sp^3-hybridisierten Kohlenstoffatomen normalerweise der Fall ist, ist
die Racemisierung extrem langsam und die Lebenszeit der Enantiomere kann Tausende oder sogar Millionen an Jahren betragen (Tab. 10.1). In diesem Fall gibt es
im Prinzip drei Racemisierungsmechanismen:

- Tunneln
- Thermische Aktivierung durch Erhitzen
- Chemische Katalyse

Das am meisten überraschende Ergebnis des Standardmodells ist der Befund, dass
unabhängig von der molekularen Struktur beide Enantiomere nicht denselben
Energieinhalt besitzen (*parity violation energy difference*; PVED). Der Unterschied ist äußerst gering und beträgt für Aminosäuren nur Werte um 10^{-17} kcal/
mol (Janoschek 1992). Mason und Tranter (1985) kommen auf etwas höhere
Werte um 10^{-14} kcal/mol. Für α-AS ergaben die Berechnungen eine höhere
Stabilität der L-Form und für Saccharide eine größere Stabilität der D-Form. Diese
Berechnungen korrespondieren also mit dem Befund, dass in allen Lebewesen fast
nur L-α-AS und D-Saccharide vorkommen. D. h., die Welt der Elementarpartikel
und der Biomoleküle sind beide inhärent nichtsymmetrisch und chiral. Allerdings
konnte die Frage, wie diese fundamentalen Eigenschaften der Elementarpartikel in
einer chemischen Evolution zur Homochiralität von Biopolymeren und schließlich

Tab. 10.1 Energiebarrieren und Racemisierungszeiten aus spektroskopischen Daten für Racemisierung durch Tunneln (Janoschek 1992)

Molekül	Energiebarriere (kcal/mol)	Rac.-Zeit (s)
NH_3	5	$2{,}1 \times 10^{-11}$
PH_3	37	$17{,}0 \times 10^7$
CH_4	112	$\sim 10^{25}$

von Einzellern führten, bisher nicht beantwortet werden. Gemäß Mason und Tranter bedeutet die Energiedifferenz von 10^{-14} kcal/mol einen Enantiomerenüberschuss von 10^6 L-AS in den 6×10^{23} Molekülen eines Mols, also ein Verhältnis von 1 zu 10^{17}. Wie schon oben erwähnt, spielt in der Laborchemie diese winzige Energiedifferenz von Enantiomeren keine Rolle und eine Relevanz für die chemische Evolution konnte bisher nicht begründet werden.

Tranter schlug zwar vor (1985), dass bezogen auf 10^{17}equimolar vorliegende Links- und Rechtsquarzkristalle ein einziger Linksquarzkristall im Überschuss vorhanden war und als chiraler Katalysator wirkte, der zu einer erheblichen Steigerung des Enantiomerenüberschusses bei der katalysierten Synthese geführt hat. Eine analoge Argumentation wurde von Wächtershäuser 1991 für chiralen Pyrit präsentiert. Eine neuere Version dieser Denkrichtung (Jakschitz und Rode 2012) geht davon aus, dass die PVED mit der Ordnungsnummer eines Elementes dramatisch ansteigt, und bei Aminosäurekomplexen des Kupfers um ca. drei Zehnerpotenzen höher ausfällt als bei den reinen α-AS. Bei einigen Oligopeptidsynthesen mittels prAS-Cu-Komplexen wurde tatsächlich auch eine leichte Bevorzugung homochiraler Kopplung beobachtet, in einigen Fällen aber auch nicht.

Ferner gibt es einen Bericht, dass bei der Polykondensation von α-AS und bei der Fällung von Asparaginsäure das L-Enantiomere schneller reagiert, aber diese Experimente konnten von anderer Seite nicht bestätigt werden (Thiemann 1974). Schließlich gab es auch die Spekulation, dass bei einem Reaktor von der Größe des Mittelmeeres und Reaktionssequenzen mit einer Dauer von mehreren Millionen von Jahren die minimale Energiedifferenz der Enantiomere die chemische Evolution beeinflusst haben könnte (Janoschek 1992). Für die meisten dieser Hypothesen fehlen aber nicht nur experimentelle Beweise (oder zumindest Hinweise), sondern sie ignorieren allesamt auch den Einfluss der Entropie und der in Abschn. 10.3 diskutierten Racemisierung.

Um die Frage zu beantworten, wie eine perfekt homochirale Welt voller verschiedener Lebewesen aus einer racemischen, präbiotischen Welt hervorgegangen sein kann, müssen zwei verschiedene Szenarien betrachtet, untersucht und bewertet werden:

i) D-Aminosäuren und L-Saccharide waren von Anfang an nicht vorhanden oder sind nahezu vollständig von der Erde verschwunden, bevor es zu Polymerisationsprozessen kam.
ii) Ausgehend von einem geringen Enantiomerenüberschuss (z. B. 1,0 %) an L-α-AS und D-Sacchariden erfolgte die Bildung der Biopolymere durch eine Serie von enantioselektiven und Homochitalität steigernden Reaktionen.

Szenario (i) ist äußerst unwahrscheinlich wegen der hohen Temperaturen im Frühstadium der präbiotischen Evolution. Hohe Temperaturen (>50 °C) und ein geringfügig basisches Milieu (z. B. der physiologische pH: 7,4) fördern eine rasche Racemisierung vieler α-AS (s. Abschn. 10.3). Wegen der permanenten Racemisierung kann auch ein einmaliges Ereignis, wie der Einschlag eines Asteroiden oder einiger großen Meteoriten, das stereochemische Szenario auf der Erde nicht nachhaltig geändert haben. Eine sehr starke permanente Zufuhr von stark L-angereicherten α-AS durch Meteoriten könnte vielleicht bei tiefen Temperaturen (<5 °C) die Racemisierung überrundet haben, aber für einen solch starken Zustrom gibt es keine Beweise und so niedrige Temperaturen waren auf der frühen Erde höchstens an den Polen vorhanden.

Für Szenario (ii) sollen die Prozesse, die zu einem Enantiomerenüberschuss geführt haben könnten, unter vier Aspekten diskutiert werden.

A) Prozesse, die die Bildung einer Sorte von Enantiomeren gefördert haben.
B) Prozesse, welche die selektive Zerstörung einer Sorte von Enantiomeren begünstigt haben.
C) Enatioselektive Anreicherung mithilfe chiraler „Hilfsmittel", z. B. chiraler optisch aktiver Katalysatoren.
D) Kondensations- oder Polymerisationsprozesse, die homochirale Monomersequenzen begünstigen. Dieser Aspekt wird im Abschn. 10.2 ausführlich behandelt

Zu (A): Nach dem 2. Weltkrieg entwickelten sich Studien zur Synthese optisch aktiver Substanzen rasch zu einem bedeutenden Arbeitsgebiet (Faber und Griegel 1992; Winterfeld 1992; Jacobsen et al. 1999; Berkessel und Grober 2005; Glorius und Gnas 2006; Faber 2011; Bauer 2012). Stereoselektive Synthesen chiraler Medikamente waren eine Haupttriebfeder für diese Entwicklung, weil die biologische Funktion und medizinische Nützlichkeit fast immer entscheidend an eines der beiden Enantiomere gebunden sind. Die Vergabe des Nobelpreises 2001 an W. S. Knowles, R. Noyorri und K. B. Sharpless unterstreicht die Bedeutung dieses Arbeitsgebietes. Für die Umwandlung achiraler Ausgangsprodukte in chirale und möglichst enantiomerenreine Endprodukte wurden optisch aktive Hilfsverbindungen und Katalysatoren genutzt, die meistens aus der Natur gewonnen waren.

Unter den zahlreichen stereoselektiven Reaktionen, die währen der letzten 60 Jahre ausgearbeitet wurden, waren auch einige Synthesen optisch aktiver α-AS. Doch keine dieser Synthesen warf neues Licht auf die Frage, ob unter präbiotischen Bedingungen eine Synthese optisch aktiver α-AS aus achiralen/prochiralen Vorstufen erfolgt sein konnte. Die einzige Art chiraler Substanz, die unabhängig von der Temperatur in großen Mengen an der Erdoberfläche zur Verfügung stand, war Quarz. Seine SiO_4-Tetraeder können spiralförmig gewundene Polysilikatketten formen, die sowohl links- als auch rechtsgängig sein können, sodass auch die Oberfläche von Quarzkristallen einen chiralen Charakter hat. Metallionen, die auf der Quarzoberfläche adsorbiert waren, konnten die Rolle enantioselektiver Katalysatoren gespielt haben.

Erste Versuche in dieser Richtung wurden von Klabunowski und Mitarbeitern durchgeführt (Terent'ev und Klabunowski 1953; Klabunowski 1957, 1959). Diese Gruppe untersuchte die Cyanoethylierung von 2-Methylhexanon bei 20–30 °C in Anwesenheit von mit Alkali dotiertem Quarz. Abgesehen von einer niedrigen Effizienz solcher Reaktionen ist eine tragende Rolle von Quarz in der chemischen

Evolution so lange reine Spekulation, wie ein Überschuss einer enantiomeren Helixsorte nicht bewiesen werden kann.

Günstiger stellt sich die Situation dar, wenn optisch aktive α-Methyl- oder α-Ethyl-AS als Komponenten chiraler Katalysatoren bei der Formosereaktion eingesetzt werden (Pizzarello und Weber 2004, 2010; Breslow und Levine 2006). Partiell enantiomerangereicherte α-Alkyl-AS wurden aus Meteoriten isoliert (s. Kap. 9) und waren daher, wenn auch in minimalen Mengen, auf der frühen Erde vorhanden. Allerdings konnte mittels 100 % optisch reinen L-α-Alkyl-AS die L-Erythrose nur mit 4,8 % und die D-Threose mit 10,6 % synthetisiert werden (Pizzarello und Weber 2004). Über analoge Experimente zur enantioselektiven Synthese von Pentosen wurde berichtet (Pizzarello und Weber 2010).

Zu (B): Ein Wechsel von einer präbiotischen Welt der Racemate zu einer Welt, in der L-AS und D-Zucker dominieren, kann im Prinzip auch dadurch erklärt werden, dass eine Sorte von Enantiomeren selektiv zerstört wurde. Für ein derartiges Szenario könnten wiederum chirale Katalysatoren entscheidend gewesen sein. Auch in dieser Richtung wurden erste Experimente mit dotiertem Quarz durchgeführt, dessen Oberfläche mit Kupfer, Nickel oder Platin beschichtet worden war. Wenn gasförmiges 2-Butanol bei 400–500 °C über derartige Oberflächen geleitet wurde, wurde in bemerkenswertem Ausmaß stereoselektive Dehydratisierung beobachtet, trotz der hohen Temperaturen (Schwab et al. 1932, 1934). Derartige Versuche wurden später auch von Klabunowski und Mitarbeitern durchgeführt (Terent'ev und Klabunowski 1953), aber ohne Fokus auf Biomonomere.

Von zwei verschiedenen Arbeitsgruppen wurde untersucht, inwieweit die Hydrolysegeschwindigkeit von Oligo- und Polypeptiden von der Stereosequenz abhängig ist (Brack und Spach 1980; Blair et al. 1980). Sowohl für α-Helix bildende Peptide als auch für βFaltblätter wurde gefunden, dass mehr oder minder statistische Stereosequenzen schneller abgebaut werden als homochirale Sequenzen, weil letztere stabilere Sekundärstrukturen bilden. In Kombination mit einer bevorzugt homochiralen Verknüpfung von Monomeren bei der (Poly)Peptidsynthese (s. u.) könnte sich aus wiederholten Synthese- und Hydrolyse-Zyklen ein relativ wirksamer Mechanismus der Enantioselektion ergeben haben.

Eine gänzlich andersartige Art von Versuchen wurde von Garay 1968 beschrieben, der racemisches D,L-Tyrosin mit spinpolarisierter β-Strahlung aus dem ^{90}Sr-Zerfall aussetzte. Diese Experimente beanspruchten jedoch einen Zeitraum von 18 Monaten und hatten eine geringe Effizienz. Ferner konnten Sie von anderer Seite nicht reproduziert werden (Bonner et al. 1975). Ein geringfügiger enantioselektiver Abbau wurde bei D,L-Leucin in kürzerer Zeit beobachtet, wenn es mit spinpolarisierten Elektronen beschossen wurde (Bonner et al. 1975; Bonner 1984). Weitere Versuche mit spinpolarisierten Elektronen, die auch auf der frühen Erde vorgekommen sein können, wurden von Hegstrom et al. (1985) beschrieben, doch ist allen diesen Experimenten gemeinsam, dass ihre Effizienz minimal ist. Dies gilt auch für die Bestrahlung mit polarisierten Positronen (Gidley et al. 1982).

Beginnend mit van t'Hoff (1897) hatten verschiedene Autoren spekuliert, dass zirkular polarisierte UV-Strahlung einen enantioselektiven Abbau von Racematen bewirken könnte. Erste erfolgreiche Experimente in dieser Richtung wurden von W. Kuhn und Mitarbeitern 1929 und 1930 beschrieben (Kuhn und Braun 1929; Kuhn und Knopf 1930), die α-Brom- oder α-Azidopropionsäure als Substrat einsetzten. Erste Versuche mit α-Aminosäure und zirkular polarisierter UV-Laserstrahlung (z. B. bei einer Wellenlänge von 212,8 nm) wurden von Flores et al. (1977) sowie von Norden (1977) durchgeführt. Als bestes Ergebnis wurde bei D- oder L-Leucin je nach Umsatz ein Enantiomerüberschuss von 2,0 bis 2,5 % erreicht. In neuerer Zeit wurden ausführliche Studien zu dieser Thematik von Meierhenrich und Mitarbeitern publiziert (Meierhenrich et al. 2005, 2010, 2011; DeMarcellus et al., 2011; Meinert et al. 2010, 2011, 2014, 2015; Modica et al. 2014). Diese Autoren verwendeten zirkular polarisierte Synchrotronstrahlung mit variierbarer Wellenlänge. Zunächst wurde bei D,L-Ala nur ein Enantiomerenüberschuss von 1,3 % erzielt, der aber bei späteren Versuchen (Meinert et al. 2014, 2015) auf 4,2 % gesteigert werden konnte. Von Val, Norval, α-Abu und 2,3-Diamonopropionsäure wurden Enantiomerenüberschüsse bis 2,5 % berichtet und im Fall von D,L-Leu sogar ca. 5 %. Diese Autoren verbinden mit ihren Experimenten die folgende Vorstellung von einer chiralen Evolution auf der frühen Erde (Meierhenrich et al. 2010):

> Amino acids asymmetry might have been induced by circularly-polarized electromagnetic radiation that has been detected in interstellar environments and star-forming regions. These data and indications point towards the fact that biomolecular asymmetry might have been induced photochemically in interstellar amino acids before these amino acids were delivered to the early Earth and triggered the origin of life on our planet.

Gegen diese Spekulation sprechen mehrere Argumente:

- Die Bildung von α-AS mit Enantiomerenüberschuss in interstellarem Eis ist vorläufig unbewiesen und basiert nur auf Laborexperimenten.
- Ob überhaupt eine nennenswerte Menge solcher α-AS auf die frühe Erde gekommen sein kann, ist äußerst fraglich.
- Die aus Meteoriten extrahierten proteinogenen α-AS sind allesamt racemisch (s. Abschn. 9.4).
- Alle die Energien, die bei der präbiotischen Entstehung von α-AS wirksam gewesen waren (Kap. 4) haben auch wieder α-As zerstört. Die Konzentration von α-As war das Resultat eines dynamischen Gleichgewichtes und dabei wurden auch AS aus dem Weltraum zerstört.
- Die schnelle Racemisierung von α-AS (s. Abschn. 10.3) wurde nicht in Rechnung gestellt.

Zu (C): Zahlreiche Experimente wurden durchgeführt und analytische Methoden entwickelt mit dem Ziel, eine Enantiomerenanreicherung durch enantioselektive Kristallisation (Klabunovskii 1959) oder durch Adsorption auf chiralen Oberflächen zu erreichen. So hat z. B. Harada schon 1965 beobachtet, dass aus übersättigten Lösungen von Racematen dasjenige Enantiomer bevorzugt auskristallisiert, wenn Spuren dieses Enantiomeren als Kristallisationskeime zugegeben wurden. Ein Enantiomerenüberschuss von bis zu 90 % konnte so erreicht werden. In neuerer Zeit wurden derartige Experimente von R. Breslow et al. (Breslow und Lewine 2006; Breslow und Cheng 2009) wieder aufgenommen. Bei diesen Experimenten wurde insofern ein entgegengesetzter Verlauf favorisiert und genutzt, als Biomonomere eingesetzt wurden, bei denen das Racemat eine geringere Löslichkeit besitzt als reine L- oder D-Enantiomere. Beim Abkühlen gesättigter Lösungen mit geringem Enantiomerenüberschuss kristallisierte das Racemat zuerst, und für Phenylalanin, Uridin und Adenosin konnte durch Wiederholung der selektiven Racematkristallisation ein Enantiomer auf ca. 90 % angereichert werden. Eine höhere Konzentration des L-Enantiomeren in Lösung aufgrund der Schwerlöslichkeit des Racemates wurde auch von Hayashi et al. 2006 berichtet. Diese Verfahren sind allerdings auf die Biomonomere beschränkt, deren Racemate deutlich schwerer löslich sind als die reinen Enantiomere. Ferner bewirkt dieses Verfahren keine Vermehrung des überschüssigen Enantiomeren, sondern nur eine Erhöhung seiner Konzentration in einem kleineren Lösungsvolumen.

Eine andere hocheffiziente und enantioselektive „Umkristallisierungsmethode" wurde von C. Viedma et al. für Asp erarbeitet (2008). Asp kann im Unterschied zu den übrigen α-AS separate Kristalle für das D- und L-Enantiomer bilden. Werden ungleiche Mengen der enantiomeren Kristalle in Gegenwart einer Flüssigkeit erhitzt, die Racemisierung in Lösung ermöglicht, so wachsen die im Überschuss vorhandenen Enantiomerkristalle, bis das andere Enantiomer verbraucht ist. Es erfolgt also eine 100 %ige Enantiomeranreicherung, weil das kristallisierende Enantiomer durch die Racemisierung des anderen aus der Lösung permanent nachgeliefert wird. Dieses Verfahren war aber für die chemische Evolution aus zwei Gründen sicherlich nicht von Bedeutung. Erstens kann das kristalline Enantiomer nicht weiter reagieren, z. B. zu Oligopeptiden, und zweitens ist dieses Verfahren auf den äußerst seltenen Fall beschränkt, dass ein Biomolekül getrennte D- und L-Kristalle bildet.

Zahlreiche Experimente, die auf Assoziation oder Adsorption basieren, wurden so durchgeführt, dass die Racemate mit optisch aktiven Naturprodukten wie etwa Strychnin, Brucin, Cellulose, Seide oder Wolle konfrontiert wurden. Derartige Experimente haben eine lange Tradition und gehen auf Versuche des Nobelpreisträgers R. Willstätter zurück (1904), der Seide und Wolle als chirale Reaktionspartner nutzte. Derartige Experimente sind allerdings nicht hilfreich, um die Entstehung von Homochiralität in einer chemischen Evolution zu erklären, weil die Reaktionspartner der Racemate schon von Lebewesen stammen. Allerdings mag die enantioselektive Adsorption von Biomonomeren auf Biopolymeren einen Homochiralität verstärkenden Effekt gehabt haben. Enantioselektive Adsorption an chirale synthetische Polymere ist ein Arbeitsgebiet, das während der vergangenen 40 Jahre viel Beachtung erfahren hat. Der entscheidende Antrieb zu diesbezüglichen Arbeiten ergab sich aus der Absicht analytische Methoden zu entwickeln, die eine zumindest qualitative oder besser eine quantitative Trennung von Enantiomeren natürlicher oder synthetischer Substanzen erreichen. Dieses Ziel konnte in Form von Gas- oder Flüssigchromatographie auch zufriedenstellend erreicht werden (Lindner 1992). Die letztere Methode hat dabei den Vorteil, dass die Flüchtigkeit der Substrate keine Rolle spielt.

Hinsichtlich der enantioselektiven Adsorption in einem frühen Stadium der chemischen Evolution ist die Rolle von Alumosilikaten von besonderem Interesse, weil derartige Mineralien auf der Erdkruste in vielen Gebieten und zu jeder Zeit vorhanden waren. Achirale Alumosilikate können natürlich nicht zwischen Enantiomeren unterscheiden, wohl aber zwischen Diastereomeren. Ein geringes Ausmaß an stereoselektiver Adsorption von Diastereomeren Mandelsäure oder Lysergsäureestern wurde in der Tat schon früh beschrieben (Jamison und Turner 1942; Stoll und Hoffmann 1938). Ein erhebliches Ausmaß an Enantioselektivität wurde für die Adsorption von α-AS an chiralen Quarzoberflächen berichtet (Bonner und Kavasmaneck 1967; Bonner et al. 1975; Kavasmaneck und Bonner 1977). Das Ausmaß der Enantioselektivität hängt stark von der Struktur des Substrats ab und kann außer bei α-AS auch bei Sacchariden (Holzapfel 1951) hoch sein, aber niedrig bei unpolaren Substanzen. Ein besonders interessantes Phänomen ist die enantioselektive Adsorption von chiralen Metallkomplexen des Chroms, Kobalts oder Platins auf Quarz (Tsuchida und Kopbayashi 1936; Schweitzer und Talbott 1952; Kübler und Bailar 1953; Balandin 1955). Dieses Phänomen kann die Konsequenz gehabt haben, dass auf diese Weise Katalysatoren für die stereoselektive Synthese von Naturstoffen in der chemischen Evolution entstanden sein können.

Über die selektive Adsorption von L- bzw. D-Aminsäuren an Calcit berichteten 2001 Hazen et al. Erstaunlich ist ein Bericht von Bondy und Harrington (1979), die eine hoch enantioselektive Adsorption von L-Leu, L-Asp oder D-Glucose an kolloidalem Bentonit beschreiben. Bentonit besteht im Wesentlichen aus Montmorillonit mit geringen Zusätzen anderer Mineralien wie Quarz, Pyrit und Calcit. Bondy und Harrington begründen nicht, warum sie gerade dieses Material gewählt haben, zumal es die Racemisierung von α-AS begünstigt (s. Abschn. 10.3). Es wird auch nicht erklärt, wie eine hoch enantioselektive Adsorption in einer nicht chiralen Matrix zustande kommen soll. Ferner konnte der Autor keine Bestätigung für die Reproduzierbarkeit dieser Ergebnisse finden. In keinem der dem Autor bekannten Übersichtsartikel oder Buchkapitel zum Thema Chiralität in der chemischen Evolution wurde diese Publikation überhaupt zitiert.

Verständlich ist dagegen die Beobachtung von Bujdak et al. (2006), die die Adsorption diastereomerer Dipeptide an Mineraloberflächen untersuchten, und eine bevorzugte Adsorption homochiraler Dipeptide fanden. Da Diastereomere unterschiedliche Konformation und Energieinhalte besitzen, ist eine selektive Adsorption nicht überraschend. Wenn die adsorbierten Dipeptide auch an der Mineraloberfläche bevorzugt zur Kondensation kamen (was rein spekulativ ist), dann konnte sich eine effiziente Verstärkung der Homochiralität ergeben. Hier soll auch die enantioselektive Adsorption von L-Peptidblöcken (15 oder 17 AS-Einheiten) an ein 32 Einheiten langes Proteinsegment mit gleichartigen AS-Sequenzen erwähnt werden (Saghatelian et al. 2001). Die analogen D-Polypeptide wurden nicht adsorbiert. Wie es aber in der chemischen Evolution zur Entstehung langer L- und D-Peptidketten gekommen sein soll, ist kaum vorstellbar.

Versuche zur Erzeugung von Enantiomerenüberschüssen durch Synthesen mittels optisch aktiver Katalysatoren wurden vor allem bezüglich der Bildung von Sacchariden über die Formosereaktion berichtet. Erste Versuche von Pizzarello und Weber (2004) ergaben bei der Kondensation von Glykolaldehyd Erythrose oder Threose mit Enantiomerenüberschüssen bis zu 50 %, wenn 100 % enantiomerenreine S- oder R-α-Amino-α-methylbuttersäure (iVal) dem Reaktionsgemisch zugesetzt wurden. Dieses Ergebnis ist insofern von besonderer Bedeutung, als die verwendete Aminosäure nicht racemisierungsempfindlich ist und mit einem Enantiomerenüberschuss von 9–18 % aus Meteoriten extrahiert werden konnte (s. Abschn. 9.4). Es wurde daher spekuliert, dass eine chirale Katalyse der Ribosesynthese durch enantiomerenangereichertes iVal aus dem Weltraum erfolgt ist. Gegen diese zweifellos interessante Hypothese gibt es aber auch Einwände. So ist die aus dem Weltraum angelieferte Menge an iVal äußerst gering. Eine bevorzugte Synthese von D-Ribose unter dem Einfluss von S-iVal ist nicht bewiesen. Ferner ist Ribose ein relativ instabiles Molekül, das sich nicht in einer Ursuppe über Hunderttausende oder gar Millionen von Jahren angereichert haben kann.

S. Pizzarello hat ihre Versuche auch auf die Synthese von Pentosen aus Glykolaldehyd und Glycerinaldehyd ausgedehnt (Pizzarello und Weber 2010), dabei wurde aber nicht iVal als optisch aktiver Katalysator eingesetzt, sondern Dipeptide aus verschiedenen prAS. Unter Verwendung von L-Val-L-Val oder L-Ile-L-Val wurde in mäßiger Ausbeute ein Gemisch von Ribofuranose und Ribopyranose mit einem D-Überschuss von bis zu 44 erhalten. Für die anderen ebenfalls gebildeten Pentosen wurden sehr unterschiedliche Enantiomerenüberschüsse gefunden. Andere Arbeitsgruppen berichteten über ähnliche Ergebnisse. Cordova et al. (2005) und Casas et al. (2005) zeigten, dass der Enantiomerenüberschuss bei Kondensationen von OBzl-Glykolaldehyd parallel zum L-Gehalt des eingesetzten Prolins anstieg. Breslow und Cheng (2010) und Hein et al. (2011) berichteten ebenfalls über erfolgreiche Enantiomerenanreicherung bei der Synthese von Glycerinaldehyd und anderen Saccharidvorstufen in Anwesenheit von L-Aminosäuren. Die mit optisch aktiven Katalysatoren oder Hilfsmitteln durchgeführten Synthesen von Sacchariden (und α-AS) sind sicherlich die effizienteste Methodik, um eine Steigerung von anfänglich geringen Enantiomerenüberschüssen zu erreichen.

Ein besonders effizientes Verfahren der Enantiomerenanreicherung wurde von Soai und Mitarbeitern erfunden (Kawasaki et al. 2005, 2006, 2008; Mineki et al. 2012). Diese Arbeitsgruppe erzeugte chirale Kristalle aus achiralen Biomolekülen, wie Hippursäure, Adenin und Cytosin durch Kristallisation unter Rühren. Diese chiralen Kristalle wurden dann als Cokatalysatoren in einem autokatalytischen Syntheseverfahren eingesetzt, bei dem Enantiomerenüberschüsse um die 90 % erreicht wurden. Diese Synthesen sind einerseits ein hervorragendes Beispiel für die Erzeugung von Enantiomeren aus achiralen Vorstufen, andererseits ist dieses Verfahren bis jetzt auf die Umwandlung von Pyrimidin-5-carbaldehyd in 2-Pyrimidin-2-butanol beschränkt. Solange keine analogen autokatalytischen Verfahren zur Gewinnung von D-Ribose oder L-Aminosäuren gefunden werden, können die Ergebnisse der Soai-Gruppe nicht als Beweis einer enantioselektiven Evolution von Biopolymeren gewertet werden.

10.2 Enantioselektion durch homochirale Verknüpfung

Dieser Abschnitt beschäftigt sich im Zusammenhang mit Hypothese II (Abschn. 1.1 und 9.3) mit der Frage, ob es bei der Verknüpfung von Biomonomeren mit (geringem) Enantiomerenüberschuss zu einer Verstärkung der Homochiralität gekommen sein könnte. Das mit Abstand am intensivsten untersuchte Arbeitsgebiet ist die Verknüpfung von prAS zu Dipeptiden, Oligopeptiden und Polypeptiden. Bei der Aufzählung und Bewertung diesbezüglicher Versuche empfiehlt es sich, zwischen Polykondensationen und CCPs (Kap. 3) zu unterscheiden. Ein Überwiegen von homochiraler Kopplung bei einer Polykondensation wurde erstmals von Degens et al. (1970) beschrieben, die D-, D,L- und L-Asparaginsäure auf Kaolin erhitzten. Diese Autoren beobachteten, dass die L-Form die höchste, die D-Form die geringste Kondensationsgeschwindigkeit aufwies. Allerdings wurde die Struktur der resultierenden Polyasparaginsäure nicht charakterisiert, und es ist unwahrscheinlich, dass ein Polypeptid frei von β-Amidbindungen entstanden ist. Polykondensationsexperimente in Lösung wurden von Brack und Spach (1971a, b) und Spach (1974) durchgeführt, wobei die Pentachlorophenylester von γ-OBzl-D-Glu und γ-OBzl-L-Glu als Monomere eingesetzt wurden. Vorgefertigte Poly(γ-OBzl-Glutamate) mit unterschiedlichen Sequenzen an D- und L-Einheiten wurden als Initiatoren verwendet und kinetische Messungen durchgeführt. Es wurde geschlussfolgert, dass das beobachtete vorwiegend homochirale Kettenwachstum durch Chiralität der α-Helix und nicht durch die D- oder L-Form des (Amino)Kettenendes bestimmt wurde. Diese Schlussfolgerung ist jedoch aufgrund folgender Fehler bzw. Missverständnisse nicht gerechtfertigt. Erstens trat intensive Racemisierung auf. Zweitens, die Bildung zyklischer Dipeptide wurde ignoriert. Drittens, den Autoren war der Unterschied zwischen Polykondensation und CCP nicht bekannt (s. Kap. 3). Bei einer Polykondensation können die Monomere mit sich und den entstehenden Oligomeren reagieren und müssen nicht an einen Initiator anwachsen. Viertens wurden bei den Reaktionsprodukten weder Molekulargewichte noch Helixanteil bestimmt.

Ausführlichere Studien, die auch eine Quantifizierung der homochiralen Kopplung beinhalteten, wurden von Kricheldorf et al. publiziert (Kricheldorf und Mang 1982a, 1983; Kricheldorf und Au 1985; Kricheldorf et al. 1985). Der größte Teil dieser Experimente waren Synthesen von Dipeptiden aus racemischen N-geschützen D,L-α-AS und D,L-α-Aminosäureestern. Diese Kondensationen lieferten Mischungen aus vier Stereoisomeren (Schema 10.1), die mittels ^{13}C- und ^{15}N-NMR-Spektroskopie charakterisiert wurden. Diese NMR-Methoden erlauben zwar keine Unterscheidung von Enantiomeren, wohl aber eine Differenzierung und Quantifizierung von Diastereomeren. D. h., L-L (D-D) Dipeptide lassen sich von L-D (D-L) Dipeptiden unterscheiden und damit das Ausmaß der homochiralen Kopplung ermitteln. Ausgehend von racemischen Ala-, Leu-, Phe- und Val-Derivaten wurden zunächst 46 Kondensationen mithilfe von 2-Ethoxy-1-ethoxycarbonyl-1,2-dihydrochinolin (EEDQ) durchgeführt. Eine Präferenz der homochiralen Kopplung wurde in 40 Experimenten festgestellt, mit

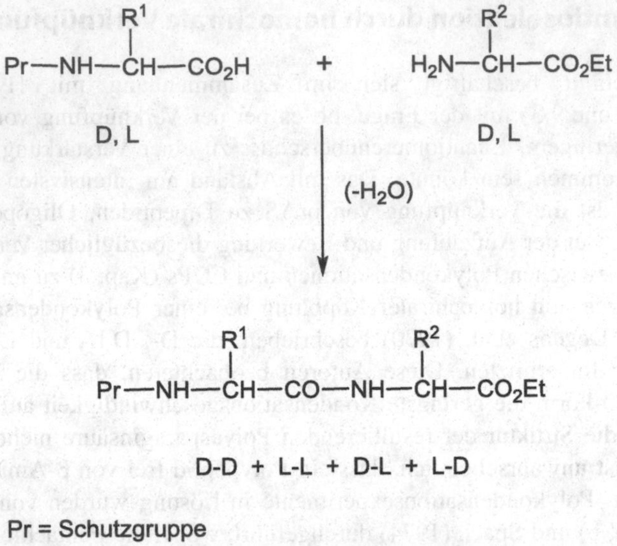

$$R^1 \qquad\qquad\qquad R^2$$
$$Pr-NH-CH-CO_2H \quad + \quad H_2N-CH-CO_2Et$$

$$D, L \qquad\qquad\qquad\qquad\qquad D, L$$

$$(-H_2O)$$

$$R^1 \qquad\qquad\qquad R^2$$
$$Pr-NH-CH-CO-NH-CH-CO_2Et$$

$$D\text{-}D + L\text{-}L + D\text{-}L + L\text{-}D$$

Pr = Schutzgruppe

Schema 10.1 Entstehung enantiomerer und diastereomerer Dipeptide bei der Kondensation racemischer Aminsäurederivate

L-L/D-L-Verhältnissen im Bereich von 1,1–2,4. Andererseits lagen bei 15 Kondensationen mit Carbonyldiimidazol als Kupplungsreagenz die L-L/D-L-Verhältnisse nur bei 0,8–1,0. Schließlich wurden mithilfe von EEDQ auch Tripeptide aus N-geschützten racemischen Dipeptiden und rac. Aminosäureestern hergestellt. Von 16 Experimenten waren es zwölf, bei denen die homochirale Kopplung mit Werten von 1,1–1,8 bevorzugt war. Die „Erfolgsquote" lag also bei 75 % und über 80 % bei den Dipeptidsynthesen mit EEDQ.

Viele weitere Kondensationen wurden mit Kupplungsreagenzien durchgeführt, die unter präbiotischen Bedingungen vorhanden gewesen sein könnten. So ist z. B. Cyanacethylen eine Komponente interstellarer Gaswolken. In 7 von 12 Dipeptidsynthesen aus racemischen Monomeren wurde homochirale Kopplung mit L-L/D-L-Werten bis zu 4,4 (!) gefunden. Mit Bisalkyl-Carbodiimiden oder -Cyanmiden wurden folgende Ergebnisse erzielt. Alle sieben Experimente mit Cyanamid in Wasser waren vorzugsweise homochiral mit L-L/D-L-Werten bis 1,9, während in organischen Lösungsmitteln immerhin noch 9 von 12 Experimenten unter Bevorzugung der L-L (D-D) Sequenzen verliefen, mit Werten bis 3,9. Neun von insgesamt zehn Dipeptidsynthesen, vermittelt durch Diethylcyanamid in der Schmelze, bevorzugten homochirale Verknüpfungen. Wenn Diisopropylcarbodiimid als Kopplungsreagenz in Wasser verwendet wurde, zeigten alle sieben Experimente eine Bevorzugung homochiraler Kopplungen mit L-L/D-L-Werten bis zu 4,0. Es ist besonders bemerkenswert, dass die hohen L-L-/D-L-Werte in allen zuvor genannten Peptidsynthesen unter Beteiligung von D,L-Valin-Derivaten zustande kamen, obwohl Val keine helixstabilisierende α-AS ist.

Weitere fünf Dipeptidsynthesen wurden in Wasser mit einem wasserlöslichen Carbodiimid durchgeführt und alle diese Experimente zeigten eine Bevorzugung der homochiralen Kopplung. Ferner, sechs von zehn Kondensationen, die in organischen Lösungsmitteln mit N,N′-Dicyclohexylcarbodiimid durchgeführt wurden, zeigten L-L/D-L-Werte bis zu 3,9. Eine große Zahl von Dipeptid- und Tripeptidsynthesen wurden auch mit verschiedenen Phosphorsäurederivaten als Kondensationsmittel durchgeführt. Mit Poly(ethylphosphat) waren alle 32 Kondensationen vorzugsweise homochiral mit L-L/D-L-Werten bis zu 3,0. Auch 14 analog ausgeführte Tripeptidsynthesen waren alle bevorzugt homochiral. Mit Poly(ethylphosphat) und drei weiteren Phosphorverbindungen war es auch möglich, Peptidsynthesen in konzentrierten organischen Lösungen durchzuführen (Kricheldorf und Mang 1983). Ale 20 Versuche mit D,L-Leu-Derivaten bevorzugten homochirale Kopplung, aber nur 9 von 18 Synthesen mit racemischen Val-Verbindungen verliefen bevorzugt homochiral. Die übrigen 9 Versuche lieferten L-L/D-L-Werte um 1,0. Bevorzugte homochirale Verknüpfung wurde in jüngerer Zeit auch bei Polykondensationen von amphiphilen D- und L-Lys-Derivaten befunden, die auf Wasser gespreitet wurden (Zepik et al. 2002).

Zusammengefasst, lässt sich sagen, dass nahezu 80 % der ca. 230 untersuchten Oligopeptidsynthesen eine homochirale Verknüpfungen bevorzugten, und wenn man die Versuche mit Carbonyldiimidazol ausklammert, liegt die „Erfolgsquote" sogar nahe bei 90 %. Diese Betrachtungsweise ist zulässig, weil Carbonyldiimidazol wegen seiner raschen Reaktion mit Wasser und Ammoniak auf der frühen Erde kaum in nennenswerten Mengen vorgekommen sein dürfte und auch nicht aus Meteoriten isoliert werden konnte. Dieses Ergebnis ist auch dadurch besonders bemerkenswert, dass die Bevorzugung der homochiralen Verknüpfung in Abwesenheit von helikalen Sekundärstrukturen zustande kam.

Das Ausmaß homochiraler Verknüpfungen wurde ferner für CCPs von NCA-, TOO- und TAD-Verbindungen (Schema 10.2) racemischer α-AS untersucht. E. Blout et al. und P. Doty et al. waren die Ersten, welche die Kinetik der CCPs von D-, L- und D,L-γ-OBzl-Glu-NCA verglichen (Blout und Idelson 1956; Blout et al. 1957; Lundberg und Doty 1957; Idelson und Blout 1958). Sie fanden, dass die reinen D- und L-Enantiomere gleichschnell polymerisierten, aber deutlich schneller als das Racemat. Sie schlossen daraus, dass die helicale Sekundärstruktur der optisch reinen Polypeptide das homochirale Kettenwachstum förderte, während die vermutete statistische Stereosequenz aus dem Racemat die Helices destabilisiert und dadurch das Kettenwachstum verlangsamt.

In der Folgezeit wurden Untersuchungen über die Enantioselektivität der NCA-Polymerisation von mehreren Arbeitsgruppen durchgeführt, wobei vor allem die NCAs von Glutamaten, von Leucin und Valin zum Einsatz kamen. Die Arbeitsgruppe von S. Inoue war hier Vorreiter (Matsuura et al. 1965; Inoue et al. 1968; Tsuruta et al. 1967; Akaike et al. 1975). Es folgten eine Arbeit von F. D. Williams (Williams et al. 1971) sowie mehrere Studien der Gruppe von Y. Imanishi und T. Higashimura (Imanishi et al. 1973, 1974, 1977; Hashimoto et al. 1976). Weitere Arbeiten kamen von W. A. Bonner (Blair et al. 1980; Bonner et al. 1981) und schließlich eine Studie über Tryptophan NCA von Blocher et al. (2001).

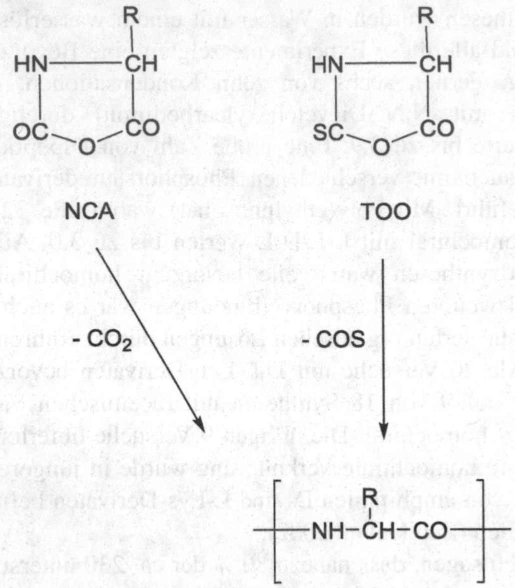

Schema 10.2 Verschiedene polymerisierbare, zyklische Anhydride von α-Aminosäuren

Alle diese Arbeitsgruppen studierten die Polymerisation von NCAs, die ein ungleiches Verhältnis von D- und L-Monomeren besaßen. Die Polymerisationen wurden nach verschiedenen Umsätzen gestoppt und untersucht, in welchem Verhältnis D- und L-NCAs in die isolierten Polypeptide eingebaut worden waren. Bei den helixfavorisierenden α-AS Ala, Glu und Leu zeigte sich ein bevorzugter Einbau des im Überschuss vorhandenen Enantiomeren, wodurch bevorzugt homochirale Sequenzen entstanden. Bei den NCAs des β-Faltblatt favorisierenden Valins war das nicht der Fall. Entweder wurde keine Enantioselektivität gefunden oder sogar eine Bevorzugung von D-L/L-D-Sequenzen (Akaike et al. 1975; Bonner et al. 1981). Dieses Verhalten war von Wald schon 1957 vorhergesagt worden.

Zahlreiche Polymerisationen von D,L-Ala-NCA, D,L-g-OMe-Glu-NCA, D,L-Leu-NCA und D,L-Val-NCA wurden von Kricheldorf et al. mittels ^{13}C- und ^{15}N-NMR-Spektroskopie untersucht (Kricheldorf und Hull 1979, 1982; Kricheldorf und Mang 1981, 1982). Mit D,L-Ala-NCA verliefen 2 von 6 Polymerisationen bevorzugt homochiral und zwei heterochiral, und im Falle von D,L-Val-NCA verliefen ebenfalls nur 2 von 5 Polymerisationen homochiral aber drei heterochiral. Aber alle 10 Polymerisationen von D,L-Leu-NCA verliefen vorwiegend homochiral und alle 6 Polymerisationen von D,L-γ-OMe-Glu-NCA (Kricheldorf und Hull 1979, 1982). Es ist ein interessantes Ergebnis, dass gerade die stark helixbildenden Polypeptide die Homochiralität deutlich bevorzugen, ein Ergebnis, das zu den zuvor erwähnten Ergebnissen andere Autoren passt.

Während die ^{15}N-NMR-Spektroskopie nur qualitative Schlussfolgerungen zulässt, konnten bei Anwendung der ^{13}C-NMR-Spektroskopie diastereomere

Diaden (L-L versus D-L) auch quantifiziert werden. Wenn D,L-Leu-NCA und D,L-Val-NCA bei 120 °C in der Schmelze polymerisiert wurden, hatten alle resultierenden Polypeptide statistische D/L-Sequenzen. Wenn aber das D,L-Leu-NCA bei 20 °C mittels protischer Initiatoren in Lösung polymerisiert wurde, verliefen alle 12 Polymerisationen unter Bevorzugung homochiraler Verknüpfungen (L-L/D-L bis zu 2,0) (Kricheldorf und Mang 1981, 1982). Im Falle analoger Experimente mit D,L-Val-NCA verliefen nur 7 von 12 Polymerisation überwiegend homochiral, und dazu auch nur mit L-L/D-L-Werten bis zu 1,3. Überraschenderweise war die Stereoselektivität meist höher, wenn die Schwefelanaloga der NCAs (Schema 10.2) polymerisiert wurden. Alle 9 Polypeptide, die mittels D,L- Leu-TOO produziert wurden, waren bevorzugt homochiral verknüpft, wobei 6 dieser Poly(D,L-Leu)-Polymere L-L/D-L-Verhältnisse von 4,0–4,5 aufwiesen. Die 5 Polypeptide, die aus D,L-Leu-TAD gewonnen wurden, waren ebenfalls alle homochiral verknüpft mit L-L/D-L-Werten bis zu 4,1. Das überraschendste Ergebnis lieferte D,L-Val-TOO, weil alle 13 Polymerisationen überwiegend homochiral verliefen, mit L-L/D-L-Werten bis zu 3,1. Für die Gesamtheit der Polymerisationsversuche ergibt sich somit, dass homochirale Kopplung in etwa 75 % aller Fälle bevorzugt ablief. Besonders erwähnenswert ist dabei die Beobachtung, dass die enantioselektive Verknüpfung beim α-Helix bildenden Leucin deutlich stärker ausgeprägt ist als bei Valin.

Es ergibt sich somit der Tatbestand, dass bei etwa 400 verschiedenen Kondensations- und Polymerisationsversuchen die Bildung von Peptidgruppen in 75–85 % aller Fälle bevorzugt homochiral verlief und zwar meistens auch ohne Einfluss helicaler Sekundärstrukturen. Man darf daraus wohl schließen, dass diese Art von Stereoselektivität in den Orbitalen der beteiligten Atome und Moleküle angelegt ist. Die meist geringe Bevorzugung der homochiralen Verknüpfung von α-As kann daher sicherlich als ein fundamentaler Verstärkungsmechanismus angesehen werden, der zur Ausbildung homochiraler Peptide ausgehend von geringen Enantiomerenüberschüssen beigetragen haben könnte. Die Effizienz dieses Mechanismus kann, im Prinzip, dadurch verstärkt worden sein, dass, wie oben erwähnt, eine Kopplung mit einem schnelleren hydrolytischen Abbau von D-/L-Sequenzen bestand. Dieser Schlussfolgerung gilt aber nur in Abwesenheit von Racemisierung, denn andernfalls ist die Kombination von Racemisierung und beschleunigtem Abbau von D-L-Sequenzen eher ein Hindernis für den Aufbau homochiraler, höhermolekularer Peptide und Proteine.

Hier stellt sich dann die Frage, ob dieser Verstärkungsmechanismus wirklich zu einer chemischen Evolution homochiraler Biopolymere einen wesentlichen Beitrag geleistet haben kann. Hierzu sind mehrere gewichtige Gegenargumente zu nennen. Erstens spielte die Polymerisation von NCAs, wie in Abschn. 3.3 dargelegt, keine wesentliche Rolle für eine chemische Evolution. Zweitens, es gibt kein auch nur annähernd glaubwürdiges Konzept für die Bildung längerer Polypeptid/Proteinketten außerhalb der RNA-Welt-Hypothese (Kap. 6), die zuerst die Entstehung eines ribosomalen Syntheseapparates mit nahezu perfekter Chiralitätskontrolle postuliert. Drittens, solange es keine widersprechenden experimentellen Beweise gibt, muss angenommen werden, dass die Racemisierung von α-AS wesentlich effektiver war als eine geringfügige Bevorzugung homochiraler Verknüpfungen in Kombination mit einem geringen Enantiomerenüberschuss.

Schließlich soll die enantioselektive Oligomerisierung von D,L-Guanosin-5´-phospho-2-methylimidazolid an einem poly(D-cytosinphosphat) genannt werden. Joyce et al. fanden 1984 eine sehr hohe Selektivität in Anwesenheit des Templates, aber nicht in seiner Abwesenheit. Diese Versuche erklären nicht, wie homochirale Polynucleotide bzw. RNA erstmals zustande kamen, aber sie demonstrieren, dass ihre Vermehrung hoch enantioselektiv verlaufen konnte.

10.3 Die Rolle der Racemisierung

Unter dem Begriff Racemisierung werden verschiedene chemische Reaktionen zusammengefasst, die gemeinsam haben, dass ein Teil eines Enantiomer in sein Spiegelbild umgewandelt wird. Haben sich equimolare Mengen an beiden Enantiomeren gebildet, so liegt ein Racemat vor und die Racemisierung hat ihr Ende erreicht. Bei chiralen sp^3-hybridisierten Kohlenstoffatomen erfordert Racemisierung in messbaren Zeiträumen die kurzfristige Ablösung eines Substituenten (meist eines Protons), sodass intermediär ein sp^2-hybrisiertes C-Atom mit planarer Anordnung der verbliebenen drei Substituenten entsteht. Dann kann die Wiederanlagerung des dissoziierten Substituenten von beiden Seiten gleich schnell erfolgen, wobei schließlich ein Racemat entsteht. Da dem Autor keine systematischen Untersuchungen zur Racemisierung von Nucleosiden und Nucleotiden untergekommen sind, beschränkt sich der folgende Text auf Racemisierungsphänomene von Aminosäuren und Peptiden.

Bei α-AS erfolgt Racemisierung immer durch temporäre Ablösung des α-Protons. Dieser Prozess wird durch fünf Faktoren begünstigt:

a) Höhere Temperaturen. Tab. 10.2 (Bada 1971) illustriert, dass sogar der geringe Anstieg von 0 auf 25 °C die Racemisierung dramatisch beschleunigt. In siedendem Wasser racemisieren einige α-AS schon in wenigen Tagen in erheblichem Umfang.

b) Substituenten an Amino- oder Carbonylgruppe, die die Elektronendichte vermindern, denn sie erhöhen die Acidität des α-Protons.

Tab. 10.2 Halbwertszeiten (Jahre) für die Racemisierung einiger α-AS bei pH 7,6 (definiert als D/L-Verhältnis von 0,34, Bada und Schroeder 1975)

Aminosäure	Bei 0 °C	Bei 25 °C
L-Phenylalanin	$0,16 \times 10^6$	$2,6 \times 10^3$
L-Asparaginsäure	$0,43 \times 10^6$	$3,5 \times 10^3$
L-Alanin	$1,4 \times 10^6$	$12,0 \times 10^3$
L-Isoleucin	$6,0 \times 10^6$	$45,0 \times 10^3$

c) Zyklische Strukturen, wie etwa zyklische Oligopeptide, Chelatkomplexe oder NCAs, weil die partielle Doppelbindung, die nach einer Protonenabspaltung entsteht (Schema 10.3), in einer linearen Kette die Rotation verhindert (mit Entropieverlust), nicht aber in einem Ring.

d) Basische Katalysatoren, bzw. pH-Werte oberhalb von 7,0, wie sie durch Anwesenheit geringer Mengen an Ammoniak unter präbiotischen Bedingungen zumindest temporär oder lokal existiert haben könnten.

e) Saure Katalysatoren, die die Carbonylgruppe protonieren können (Gleichung b in Schema10.3). Die saure Katalyse der Racemisierung dürfte allerdings unter präbiotischen Bedingungen keine Rolle gespielt haben, da sie starke Säuren erfordert.

Schema 10.3 Mechanismen der **a** alkalischen Racemisierung und **b** der sauer katalysierten Racemisierung von α-Aminosäuren

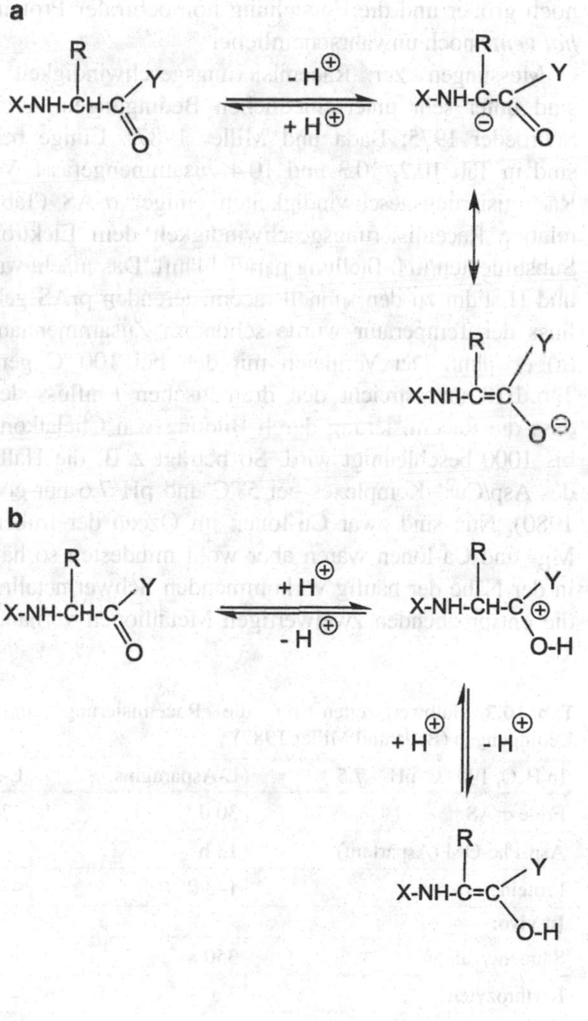

Je höher die Temperatur, desto geringer muss die Basizität eines Katalysators sein, um die in Gleichung (a) von Schema 10.3 formulierte Ablösung des α-Protons zu bewirken. Bei Temperaturen von 90–100 °C, wie sie in der Nachbarschaft von *hot vents* existieren oder beim Eindampfen wässriger Lösungen an den Hängen von Vulkanen, kann schon neutrales Wasser die Rolle des basischen Katalysators übernehmen.

Man kann hier zwar spekulieren, dass der hohe Druck am Ozeanboden in der Nachbarschaft von *hot vents* die Racemisierungsgeschwindigkeit reduziert. Der Einfluss von Druck auf chemische Reaktionen basiert aber auf Volumenänderung, und diese sind gerade bei der Bewegung von Protonen am geringsten. Würde hoher Druck die Bewegung von Protonen reduzieren, wäre dieser Einfluss bei der Reaktion voluminöserer Gruppen deutlich größer. Das Verhältnis von Racemisierungsgeschwindigkeit zu Geschwindigkeit anderer Reaktion würde also noch größer und die Entstehung homochiraler Proteine in der Nachbarschaft von *hot vents* noch unwahrscheinlicher.

Messungen zur Racemisierungsgeschwindigkeit von α-AS oder Peptiden sind unter sehr unterschiedlichen Bedingungen durchgeführt worden (Bada und Schroeder 1975; Bada und Miller 1987). Einige besonders wichtige Ergebnisse sind in Tab. 10.2, 10.3 und 10.4 zusammengefasst. Vergleichende Messungen von Racemisierungsgeschwindigkeiten einiger α-AS (Tab. 10.4) legen nahe, dass die relative Racemisierungsgeschwindigkeit dem Elektronen abziehenden Effekt des Substituenten in β-Stellung parallel läuft. Das macht wahrscheinlich, dass auch Serin und Histidin zu den schnell racemisierenden prAS gehören. Der enorm große Einfluss der Temperatur wurde schon im Zusammenhang mit Tab. 10.2 unter Punkt (a) erwähnt. Der Vergleich mit den bei 100 °C gemessenen Halbwertszeiten in Tab. 10.3 unterstreicht den dramatischen Einfluss der Temperatur. Dazu kommt, dass die Racemisierung durch Bildung von Chelatkomplexen um einen Faktor 100 bis 1000 beschleunigt wird. So beträgt z. B. die Halbwertszeit der Racemisierung des Asp/Cu^{2+}-Komplexes bei 5 °C und pH 7,6 nur etwa 100 Jahre (Bada und Man 1980). Nun sind zwar Cu-Ionen im Ozean der frühen Erde wohl selten gewesen, Mg- und Ca-Ionen waren aber wohl mindesten so häufig wie heute. Ferner waren in der Nähe der häufig vorkommenden Schwermetallmineralien FeS, FeS_2 und NiS die entsprechenden zweiwertigen Metallionen vorhanden. Die von Wächtershäuser

Tab. 10.3 Halbwertszeiten für die Racemisierung einiger α-AS unter verschiedenen Bedingungen (Bada und Miller 1987)

In H_2O, 100 °C, pH ~ 7.5	L-Asparagins.	L-Alanin	L-Isoleucin
Freie α-AS	30 d	120 d	300 d
Asp-Phe-OM (Aspartam)	13 h	–	–
Proteine	1–3 d	–	–
In vivo:			
Säugetierzähne	350 a	–	–
Erythrozyten	3 a	–	–

Tab. 10.4 Relative Racemisierungsgeschwindigkeiten für α-AS frei und in Proteinen (Bada und Schroeder 1975)

Ausgangsbedingungen	Isoleucin	Alanin	Asparaginsäure
Freie prAS in H_2O bei pH ~ 7,6 und 135 °C	1,0	2,4	8,8
prAS in Insulin und Ribonuclease, in H_2O bei pH ~ 7,6 und 135 °C	1,0	~3,0	8–9
prAs in Foraminiferen in Tiefseebohrkernen (210.000 Jahre alt)	1,0	1,5	1,9

propagierte Eisen-Schwefel-Welt (Abschn. 2.5) ist daher unter dem Aspekt der Racemisierung das ungünstigste aller Szenarien für die chemische Evolution homochiraler Biopolymere.

Die Adsorption oder Einlagerung von wachsenden Biopolymeren in Alumosilikatschichten wird ja, wie mehrfach erwähnt, von zahlreichen Autoren als wichtiger, wenn nicht entscheidender Faktor für den erfolgreichen Ablauf der chemischen Evolution gesehen. Nun enthalten Alumosilikate ja Aluminatanionen, die bei einer Anlagerung von α-AS oder Peptiden die Racemisierung beschleunigen können. Dieser Effekt wurde auch experimentell für Montmorillonite nachgewiesen (Frenkel und Heller-Kallai 1977). Dieser Zusammenhang ist eines von mehreren gewichtigen Argumenten gegen die Silikat-Welt-Hypothese von Cairns-Smith. Auch basische Gesteine oder Sedimente wie Calciumcarbonat und Magnesiumcarbonat beschleunigen die Racemisierung. Dass das Ausmaß der Racemisierung einzelner oder aller Aminosäuren in Proteinen mit der Zeit voranschreitet ist trivial und hat dazu geführt, dass man diesen Zusammenhang zur Altersbestimmung von Gesteinen und Sedimenten verwendet, die Proteinreste von Schalentieren enthalten. Dabei muss dann eben berücksichtigt werden, ob das umgebende anorganische Material einen basischen Charakter hat oder nicht (Bada und Schroeder 1975).

Zu erhöhten Racemisierungsraten kann insbesondere bei höheren Temperaturen auch beitragen, dass bei Oligopeptiden und Proteinen ein Abbau stattfindet, der durch *back-biting*, d. h. durch Abspaltung zyklischer Dipeptide vom Aminoende der Peptidkette, zustande kommt. Die abgespaltenen 2,5-Diketopiperazine (Formel s. Schema 3.4) racemisieren um zwei bis drei Zehnerpotenzen schneller als die Aminosäurebausteine in einer linearen Kette (Steinberg und Bada 1983; Mittereer und Kriausakul 1984).

Racemisierung findet allerdings nicht nur bei α-AS oder „toten Proteinen" statt, sondern auch in lebenden Organismen, so auch im menschlichen Körper (Ritz et al. 1996; Ritz-Timme und Collins 2002; Dobberstein et al. 2010; Truscott et al. 2016). Wenn ein Protein nach seiner Entstehung keinem nennenswerten Stoffwechsel mehr unterliegt, dann kann das Ausmaß der Racemisierung von Asp zur Bestimmung des Lebensalters genutzt werden. Dies gilt z. B. für Proteine im Dentin und für Osteocalcin in Knochen. Die saubere Trennung dieses Proteins von stoffwechselaktiveren Elastinen ist entscheidend für den Erfolg (Ritz et al. 1996). Bei kompetenter Durchführung erlaubt diese Art der Analytik die genaueste Bestimmung des Lebensalters zum Todeszeitpunkt bei Leichen- und Skelettfunden. Daher wird diese Methodik in zunehmendem Maße in der Rechtsmedizin eingesetzt. Da die Racemisierung von Asp und anderen AS die biologisch sinnvolle Kettenfaltung der Proteine stört, kann sie Krankheiten auslösen und im Extremfall zum Tode führen. Daher haben in allen Lebewesen die lebenswichtigen Proteine, wie Enzyme, nur eine kurze Lebensdauer und werden oft nach wenigen Tagen durch neu synthetisierte Proteine mit 100 % Homochiralität ersetzt und die racemisierte Aminosäure wird ausgeschieden. Bei Mikroorganismen verhindert die kurze Lebenszeit und rasche Generationsfolge Schädigungen durch Racemisierung, auch wenn sie, wie manche Archaeen, bei hohen Temperaturen leben. Die Homochiralität von Biopolymeren ist ein thermodynamisch ungünstiger Zustand geringer Entropie und muss ständig unter Zufuhr von Energie kinetisch überspielt werden. Aus der Existenz von thermophilen Mikroorganismen kann daher nicht auf den Ablauf einer chemischen Evolution zu homochiralen Biopolymeren bei hohen Temperaturen geschlossen werden. Bei der toten Materie dominiert die Thermodynamik das Geschehen, d. h. der Entropiegewinn durch Racemisierung.

Schließlich muss noch ein indirekter Racemisierungsprozess in Rechnung gestellt werden. Die Energien, die, wie in zahlreichen Modellsynthesen gezeigt (Kap. 4), α-AS aufgebaut haben, haben auch wieder α-AS zerstört. Die in einer Ursuppe vorliegende α-AS-Konzentration resultierte also aus einem dynamischen Gleichgewicht. Wurden nun α-AS mit geringem Enantiomerenüberschuss aus dem Weltraum angeliefert oder lokal auf Quarzoberflächen erzeugt, dann wurden diese auch wieder vernichtet und durch neue, voll racemisierte α-AS ersetzt. Der Entropiegewinn dominiert auch dieses Geschehen.

Die Gesamtheit der Ergebnisse und die hohen Racemisierungsraten, die insbesondere für Asp gefunden wurden, sowie die völlige Racemisierung der aus Meteoriten extrahierten proteinogenen α-AS lassen nur einen Schluss zu: Eine chemische Evolution zu homochiralen Proteinen kann es nicht gegeben haben. Diese Schlussfolgerung gilt, solange kein Mechanismus gefunden wird, der eine Verhinderung der Racemisierung bewirkt. Racemisierung wird zwar durch völlige Trockenheit weitgehend unterbunden (Bada und Schroeder 1975) aber bei völliger Trockenheit kann es auch keine chemische Evolution geben. Daher haben Bada und Miller schon 1987 die folgende Schlussfolgerung publiziert:

Even if one or a combination of the above mechanisms produced chiral amino acids on the Earth, subsequent racemization would have rapidly taken place once again producing a racemic mixture. This point has been pointed out repeatedly (Miller und Orgel 1974; Keszthelyi et al. 1979; Dose 1981). [...] Racemization rates in various proteins measured at elevated temperature as well as in vivo racemization rates in living mammalian proteins indicate that the rates of protein bound amino acids are faster than for free amino acids. This presents a potentially severe problem for the first organisms, especially since enzymes must have a high degree of [homo]chirality at the active site residues. [...] In order to preserve optically active amino acids in proteins, the protein synthesis rate would have to be rapid, and it seems more likely that this was accomplished by biological rather than by abiotic processes. If this was the case, the origin of optically active amino acids in proteins may have only occurred after the process of biological protein synthesis was well established or else it occurred simultaneously with the origin of this biosynthetic process. Thus, instead of the origin of optical activity amino acids preceding the origin of life on Earth, it may have occurred at the same time or after life on earth became established.

Die Spekulation, homochirale Biopolymere könnten gleichzeitig aber unabhängig von lebenden Organismen entstanden sein, erfordert schon einen starken Glauben an chemische Wunder. Mit Bezug auf ihren letzten oben zitierten Satz verweisen Bada und Miller auf eine Idee von Spach (1984), es könnte zunächst eine achirale RNA-Welt entstanden sein, aus der schließlich die homochirale RNA-Welt mit der Synthese homochiraler Proteine hervorgegangen ist. Dagegen spricht vor allem (aber nicht nur) das schon zu Beginn dieses Kapitels angeführte Argument, dass sowohl bei Proteinen als auch bei Nucleinsäuren eine unendliche Vielzahl an Sequenzen an D- und L-Einheiten sowie an Substituenten entstehen würde. Als Beispiel für Bausteine achiraler RNA wurden die auf Glycerin basierenden Nucleobasederivate C und D in Schema 2.1 präsentiert. Auch dies ist ein Luftschloss ohne Logik und ohne jegliche experimentelle Basis. Der Autor dieses Buches stimmt aber mit Bada und Miller darin überein, dass beim jetzigen Kenntnisstand (auch noch 2017) die hohen Racemisierungsraten von α-AS eine über viele Millionen Jahre dauernde chemische Evolution homochiraler Biopolymere ausschließen. Was immer auch die Menschheit in den kommenden Jahrhunderten dazu lernen wird, die Tatsache, dass α-AS in lebenden Organismen gemessen an den Zeiträumen einer chemischen Evolution sehr schnell racemisieren, kann nicht revidiert werden.

Schließlich soll erwähnt werden, dass in fast allen Publikationen, in denen Mechanismen für die Entstehung oder Erhöhung von Enantiomerenüberschüssen der Begriff Racemisierung nicht auftaucht. Es ist schon bedenklich für die Qualität und Objektivität der „Berichterstattung" auf dem Gebiet „Ursprung des Lebens und chemische Evolution", dass selbst in fast allen Büchern, die nach dem Jahr 2000 erschienen sind, das Problem der Racemisierung nicht erwähnt wird.

10.4   Der physiologische pH

Hier soll die im Zusammenhang mit der Racemisierungsproblematik wichtige Frage diskutiert werden, warum der physiologische pH-Wert des Menschen bei 7,4 liegt und nicht bei 7,0 oder gar im leicht sauren Bereich, z. B. bei 6,5. Bei einem leicht alkalischen pH ist die Racemisierungsgeschwindigkeit von prAS mindesten um zwei Zehnerpotenzen erhöht im Vergleich zu einem neutralen Milieu und um mehr als vier Zehnerpotenzen im Vergleich zu pH 6,5. Der physiologische pH ist also für die Entstehung und Aufrechterhaltung homochiraler Proteine ungünstig.

Der menschliche Organismus gibt sich, durch das Stammhirn kontrolliert, die größte Mühe, den pH bei 7,4 in engen Grenzen ($\pm 0{,}05$) aufrechtzuerhalten. Das dürfte zumindest auch bei allen Wirbeltieren so sein, denn die Struktur der Biopolymere und der Aufbau der Nerven und damit des Gehirns, sind im Prinzip identisch.

Der menschliche Körper besitzt ein Puffersystem, den sogenannten Carbonatpuffer, der die Konstanz des physiologischen pHs auch bei unterschiedlicher Belastung des gesamten Organismus gewährleistet. Gleichung 10.1 ist die allgemeine Puffergleichung. Der sauren Komponente HA entspricht im menschlichen Körper die Kohlensäure H_2CO_3, die sich gemäß Gl. 10.2 mit Wasser und Kohlendioxid im Gleichgewicht befindet. Die basische Komponente ist das Hydrogencarbonat-Anion (die eckigen Klammern bedeuten molare Konzentrationen).

$$pH = pK_a - \log[HA]/[A^-] \tag{10.1}$$

(K_a = Dissoziationskonstante der Kohlensäure)

$$H_2CO_3 \rightarrow H_2O + CO_2 \tag{10.2}$$

Dass schon geringe Abweichungen vom physiologischen pH dramatische Folgen für die Funktionsfähigkeit des Gehirns haben, lässt sich leicht im Selbstexperiment erfahren, nämlich am Beispiel der Hyperventilation. Wird durch übermäßiges Atmen mehr CO_2 aus dem Blut entfernt als durch Verbrennung von Nahrung über die Mitochondrien nachgeliefert wird, dann bewegt sich der pH in Blut und Gehirn in Richtung pH 7,5 bis 7,6 und es treten Schwindelgefühle auf. Würde die Fortsetzung der Hyperventilation erzwungen (was normalerweise das Stammhirn verhindert), dann würde schließlich sogar der Gehirntod eintreten.

Hier erhebt sich nun die Frage: War ein pH um 7,4 schon in der Ursuppe vorhanden, als die ersten Zellen entstanden und wurde von diesen einfach übernommen, oder war der pH der Urozeane von 7,4 verschieden und die ersten Zellen haben einen eigenen internen pH-Wert um 7,4 kreiert? Eine klare Antwort auf diese Frage kann aus mehreren Gründen zum gegenwärtigen Zeitpunkt nicht gegeben werden. Erstens ist der pH-Wert der heutigen Ozeane zwar im Bereich um 7,5, also passend zum pH (fast) aller höheren Organismen, aber dieser alkalische pH muss nicht schon vor 3,5–4,0 Mrd. Jahren existiert haben. Es ist sicher, dass die vulkanischen Aktivitäten in dieser frühen Phase sehr viel größer waren als heute und die Exhalationen von Vulkanen, die für die Entstehung der Uratmosphäre zum entscheidenden Zeitpunkt verantwortlich gemacht werden, hatten mit Sicherheit einen sauren Charakter allein schon wegen ihres Gehaltes an CO_2. Zweitens, auch wenn der Urozean leicht alkalisch war, sollte es für Zellen einfach gewesen sein den internen pH-Wert in Richtung 7,0 zu verschieben. So besitzen z. B. die Mitochondrien, die aus ursprünglichen Bakterien auf dem Weg über Endosymbiose hervorgegangen sind, effektive Protonenpumpen, die intern stark abweichende pH-Werte erzeugen können. Ferner könnte eine leicht reduzierte Abgabegeschwindigkeit von CO_2 aus den Zellen den pH in Richtung 7,0 verschieben.

Diese Problematik wird durch die Entdeckung extremophiler Archaeen noch weiter kompliziert. Diese sehr urtümlichen Einzeller besitzen keinen Zellkern, sondern nur eine zyklische DNA und werden zusammen mit Bakterien als Prokaryoten (zellkernfreie Organismen) klassifiziert. Einige Arten solcher Archaeen finden sich einerseits im menschlichen Darm, andere Arten aber leben auch unter extremen Bedingungen z. B. in der Nachbarschaft heißer Quellen in der Tiefsee.

Es wurden Arten gefunden, die in einem stark basischen Milieu mit pH-Werten um 10 existieren können, aber auch Arten, die noch bei pH 1 überleben. Die *Thermoplasmatales* der Gattung *Picrophilus* haben sogar ein Wachstumsoptimum bei pH 0,7! Aus diesen Erkenntnissen ergeben sich nun zwei Szenarien für den pH der ersten Zellen. Entweder die ersten Lebewesen hatten einen pH im Bereich um 7,3–7,5 wegen eines leicht alkalischen Urozeans, und die extremophilen Archaeen sind eine spätere Entwicklung, die sich durch allmähliche Anpassung an ein extremes Umfeld herausselektiert haben. Oder die ersten Zellen hatten einen extremeren pH, vorzugsweise im sauren Bereich wegen einer sauren Ursuppe, und der heutige physiologische pH ist eine spätere Entwicklung der biologischen Evolution. Wenn das letztere Szenario zutrifft, muss es einen oder mehrere Gründe gegeben haben, warum eine derartige Entwicklung stattfand, obwohl ein (leicht) alkalischer pH vom Standpunkt der Aminosäureracemisierung ungünstig ist.

Zu dieser Fragestellung geben die Forschungsergebnisse von S. A. Benner und D. Hutter eine interessante Antwort (2002). Diese Autoren synthetisierten Analoga von RNA-Oligomeren, die an Stelle einer Phosphatgruppe eine elektrisch neutrale Gruppe aufwiesen, z. B. eine Sulfat- oder Methylphosphonat-Gruppe. Der für RNA unter physiologischen Bedingungen typische anionische Charakter war daher nicht mehr gegeben. Aus diesen Ergebnissen wurde dann folgender Schluss gezogen:

> The polyanionic nature of the backbone appears to be critical to prevent the single strands from folding, permitting them to act as templates, guiding the interaction between two strands to form a duplex in a way that permits simple rules to guide the molecular recognition event, and buttering the sensitivity of its physiochemical properties to changes in sequence. We argue that the feature of polyelectrolyte (polyanion or polycation) may be required for a "self-sustaining chemical system capable of Darwinian evolution". The polyelectrolyte structure therefore may be a universal signature of life, regardless of its genesis, and unique to living forms as well.

Zu dieser ersten Begründung des physiologischen pH gesellt sich ein zweiter Aspekt, nämlich eine erhöhte Stabilität gegen Hydrolyse. Die anionische Ladung der Phosphatgruppe bewirkt nämlich eine elektrostatische Abstoßung der OH^--Ionen, wenn diese einen nucleophilen Angriff auf die Phosphorestergruppe starten wollen. Das bedeutet, dass eine erhöhte Stabilität biologisch sinnvoller Konformationen und eine erhöhte Stabilität gegen Hydrolyse von RNA- und DNA-Ketten für das Überleben von Zellen wichtiger ist, als eine Reduzierung der Racemisierungsgeschwindigkeit von prAS. Im Hinblick auf die hydrolytische Stabilität und deren Selektionswert soll hierzu eine Arbeit von Usher und Orgel (1976) zitiert werden. Diese Autoren synthetisierten Poly(A)-Dodecamer, das in der Mitte eine 2′,5′-Verknüpfung enthielt, und verglichen die Hydrolysegeschwindigkeit mit einem normalen Poly(A)-Dodecameren, das ausschließlich 3′,5′-Verknüpfung aufwies. In Gegenwart einer Poly(U)-Matrix hydrolysierte die 2′,5′-Verknüpfung um den Faktor 900 schneller als die 3′,5′-Bindungen.

An dieser Stelle soll nochmals darauf hingewiesen werden, dass lebende Zellen in der Lage sind (und sein müssen), Schäden in ihren Proteinen, die durch Racemisierung (Punktmutation oder falsche Verknüpfung) entstehen, durch hinreichend rasche Neusynthese der Proteine überzukompensieren. Das kann tote Materie, d. h. durch ungerichtete chemische Evolution gebildete Proteine, aber nicht, denn deren chemische Reaktionen sind durch Maximierung der Entropie diktiert und Racemisierung bedeutet Entropiegewinn. Das Entstehen einer lebenden Zelle durch zufälliges glückliches Zusammentreffen aller benötigten molekularen Komponenten im Rahmen einer ungerichteten Evolution kann diesen Eigenschaftssprung zwischen toter und lebender Materie nicht erklären.

Literatur

Akaike T, Aoyaki Y, Inoue S (1975) Biopolymers 14:2577
Bada JL (1971) Adv Chem Ser 106:309
Bada JL, Man EH (1980) Earth Sci Rev 16:21
Bada JL, Miller SL (1987) Biosystems 20, 21 (und zitierte Literatur)
Bada JL, Schroeder RA (1975) Naturwissenschaften 62, 71 (und zitierte Literatur)
Balandin AA (1955) Izv Akad Nauk U.S.S.S.r 4:624
Bauer EB (2012) Chem Soc Rev 41:3153
Benner SA, Hutter D (2002) Bioorg Chem 30:62
Berkessel A, Groyer H (2005) Asymmetric organocatalysis. Wiley VCH, Weinheim
Blair NE, Dirbas FM, Bonner WA (1980) Tetrahedron 37:27
Blocher M, Hitz T, Luisi PL (2001) Helv Chim Acta 84:842
Blout ER, Idelson M (1956) J Am Chem Soc 78:3857
Blout ER, Doty P, Young JT (1957) J Am Chem Soc 79:749
Bondy SC, Harrington ME (1979) Science 203:1243
Bonner WA (1984) Orig Life 14:383
Bonner WA, Dort MA, Yearian MR (1975) 258:419
Bonner WA, Kavasmaneck PR (1967) J Org Chem 41:2225
Bonner WA, Kavasmaneck PR, Martin FS, Flores JJ (1975)
Bonner WA, Blair NE, Dirbas FM (1981) Orig Life 11:119
Brack A, Spach G (1971a) Nat Phys Sci 229:124
Brack A, Spach G (1971b) Bull Soc Chim, France, 4485
Brack A, Spach G (1980) J Mol Evol 15:231
Breslow R, Cheng Z-L (2009) Proc Natl Acad Sci USA 16:9144
Breslow R, Cheng Z-L (2010) Proc Natl Acad Sci USA 107:5723
Breslow R, Levine MS (2006) Proc Natl Acad Sci USA 103:12979
Bujdak J, Remko M, Rode BM (2006) J Colloid Interface Sci 29:304
Casas Enquist M, Ibrahem I, Kaynak B, Cordova A (2005) Angew Chem Inmt Ed 44:1343
Degens ET, Matheia J, Jackson TA (1970) Nature 227:492
Cordova A, Enquist M, Ibrahem I, Casas J, Sunden H (2005) Chem Commun, 2047
DeMarcellus P, Meinert C, Nuevo M, Flipi JJ, Danger G, Deboffle D, Nahon L, LeSergeant-d'Hendecourt L, Meierhenrich UJ (2011) Astrophys J Lett 727:L27
Dobberstein RC, Tung SM, Ritz-Timme (2010) Int J Legal Med 124:269
Dose K (1981) Orig Life 11:165
Faber K (2011) Biotransformation in organic chemistry – a textbook, 6. Aufl. Springer, Berlin
Faber K, Griengel H (1992) Chirality in organic synthesis. The use of biocatalysts. In: Janoschek R (Hrsg) Cirality – from weak bosons to the α-Helix Janoschek. Springer, New York
Flores JJ, Bonner WA, Massay GA (1977) J Am Chem Soc 99:3622

Frenkel M, Heller-Kallai L (1977) Chem Geol 19:161

Garay AS (1968) Nature 219:338

Gidley DW, Rich A, VanHouse J, Zitzewitz PW (1982) Nature 297:639

Glorius F, Gnas Y (2006) Synthesis 2006(1):1899

Harada K (1965) Bull Soc Chem Jpn 38:1552

Hashimoto Y, Aoyama, Imanishi Y, Higashimura T (1976) Biopolymers 15:2407

Hayashi Y, Matsuzawa M, Yamaguchi J, Yonehara S, Matsumoto Y, Shoji M, Hashizme D, Koshino H (2006) Angew Chem Int Ed 45:4553

Hazen RM, Filley TR, Goodfriend GA (2001) Proc Natl Acad Sci USA 98:5487

Hegstrom RA, Rich A, VanHouse J (1985) Nature 313:391

Hein JE, Tse E, Blackmond DG (2011) Nature 3:704

Holzapfel L (1951) Z Elektrochem 53:577

Idelson M, Blout ER (1958) J Am Chem Soc 80:2387

Imanishi Y, Kugimiya K, Higashimura T (1973) Biopolymers 12:2643

Imanishi Y, Kugimiya K, Higashimura T (1974) Biopolymers 13:1205

Imanishi Y, Aoyama A, Hashimoto Y, Higashimura T (1977) Biopolymers 16:187

Inoue S, Matsuura K, Tsuruta T (1968) J Polym Sci Part C 23:721

Jacobsen N, Pfaltz E, Escher I (1999) Comprehensive asymmetric catalysis. Springer, Berlin

Jakschitz TAE, Rode BM (2012) Chem Soc Rev 51:5484

Jamison M, Turner E (1942) J Chem Soc, 611

Janoschek R (1992) Theories on the origin of biomolecular homoschirality. In: Janoschek R (Hrsg) Chirality – from weak Bosons to the α-Helix. Springer, New York, Chapter 2

Joyce GF, Vissert GM, van Bockelt CAA, van Boom JH, Orgel LE, van Westrenen J (1984) Nature 310:662

Kavasmaneck PR, Bonner WA (1977) J Am Chem Soc 99:44

Kawasaki T, Jo K, Igarashi H Sato I, Nagano M, Koshima A, Soai K (2005) Angew Chem Int Ed 44:2774.

Kawasaki T, Suzuki K, Hatase K, Otsuka M, Koshima K, Soai K (2006) Chem Commun, 1869

Kawasaki T, Suzuki K, Hakoda Y, Soai K (2008) Angew Cheem Int Ed 47:496

Keszthelyi L, Czege L, Fajszi C, Posfai J, Goldanskii VI (1979) Racemization and the origin of biomacromolecules. In: Walker DC (Hrsg) Optical activity in nature. Elsevier, Amsterdam, S 229–244

Klabunvskii EI (1957) Khimichevskaya Nauka i Premyshlennost 2:197

Klabunovskii EI (1959) In: Clark F, Synge RLM (Hrsg) The origin of life on earth. Pergamon Press, New York

Kricheldorf HR, Au M (1985) Macromol Chem Rapid Commun 6:469

Kricheldorf HR, Hull W (1979) Makromol Chem 180:1715

Kricheldorf HR, Hull W (1982) Biopolymers 21:1635

Kricheldorf HR, Mang T (1981) Makromol Chem 182:3077

Kricheldorf HR, Mang T (1982a) Makromol Chem 183:2093

Kricheldorf HR, Mang T (1982b) Makromol Chem 183:2113

Kricheldorf HR, Mang T (1983) Int J Biol Macromol 5:258

Kricheldorf HR, Au M, Mang T (1985) Int J Pept Protein Res 26:149

Kuebler IR, Bailar JC (1953) J Am Chem Soc 75:4574

Kuhn W, Braun E (1929) Naturwissenschaften 17:227

Kuhn W, Knopf E (1930) Naturwissenschaften 18:183

Latal R (1992) Parity violation in atomic physics. In: Janoschek R (Hrsg) Chirality – from weak bosons to the α-Helix (Chapter 1). Springer, New York

Lindner W (1992) In: Janoscheck R (Hrsg) Strategies for liquid chromatographic resolution of enantiomers in chirality – from weak bosons to the α-Helix. Springer, Berlin

Lundberg RD, Doty P (1957) J Am Chem Soc 79:3961

Mason SF, Tranter GE (1985) Proc R Soc (London) 397:45

Matsuura K, Inoue S, Tsuruta T (1965) Makromol Chem 85:284

Meierhenrich UJ, Nahon L, Alcaraz C, Bredehöft JH, Hoffmnn SV, Barbier B, Brack A (2005) Angew Chem Int Ed 44:3630

Meierhenrich UJ, Filipi JJ, Meinert C, Hoffmann SV, Bredehöft JH, Nahon L (2010) Chem Biodivers 7:1651

Meierhenrich UJ, Filipi JJ, Meinert C, Hoffmann SV, Bredehöft JH, Nahon L (2011) In: Brückner H, Fuji N (Hrsg) D-Amino acids in chemistry, life sciences and biotechnology. Wiley-VCH, Weinheim, S 341–349

Meinert C, Hoffmann SV, Cassam-Chenai P, Evans AE, Giri C, Nahon L, Meierhenrich UJ (2014) Angew Chem Int Ed 53:210

Meinert C, Filippi JJ, Hoffmann SV, LeSergeant d'Hendecourt L, deMarcellus P, Bredehöft JH, Thiemann WHP, Meierhenrich UJ (2010) Symmetry 2:1055

Meinert C, de Marcellus P, leSergeant d'Hendecourt L, Nahon L, Jones NJ, Hoffmann SV, Bredehöft JH, Meierhenrich UJ (2011) Phys Life Rev 8:307

Meinert C, Cassam-Chenai P, Jones NC, Nahon L, Hoffmann SV, Meierhenrich UJ (2015) Orig Life Evol Biosph 45:149

Miller SL, Orgel LE (1974) The origin of life on earth. Prentice Hall Inc., Engelwood Cliffs, S 166–174

Mineki H, Hanasaki T, Matsumoto A, Kawasaki T, Soai K (2012) Chem Commun 48:10538

Mittereer RM, Kriausakul N (1984) Org Geochem 7:11

Modica P, Meinert C, demarcellus P, Nahon L, Meierhenrich UJ, LeSergeant d'Hendecourt L (2014) Astrophys J 788:79

Norden B (1977) Nature (London) 266:567

Pizzarello S, Weber A (2004) Science 303:1151

Pizzarello S, Weber A (2010) Orig Life Evol Biosph 40:3

Ritz S, Turzynski A, Schütz HW, Hollmann A, Rochholz G (1996) Forensic Sci Int 770:13

Ritz-Timme S, Collins MJ (2002) Aging Res Rev 1:43

Saghatelian A, Yokobayashi Y, Soltani K, Reza-Ghadiri M (2001) Nature (Lett) 409:797

Schwab GM, Rost F, Rudolph L (1932) Naturwissenschaften 12:237

Schwab GM, Rost F, Rudolph L (1934) Kolloid Z 68:157

Schweitzer GK, Talbott CK (1952) Chem Abstr 46:11004

Spach G (1974) Chimia 28:500

Spach G (1984) Orig Life 14:433

Steinberg SM, Bada JL (1983) J Org Chem 48:2295

Stoll A, Hoffmann A (1938) Hoppe-Seyler 251:155

Terent'ev AP, Klabunowski EI (1953) Sbornik Statel po obshehel Khimii 2:1521

Thiemann W (1974) Naturwissenschaften 61:470

Tranter GE (1985) Nature (London) 318:172

Truscott RJW, Schey KL, Friedrich MG (2016) Trends Biochem Sci 41:654 (Review)

Tsuchida R, Kopbayashi M (1936) Bull Chem Soc Jpn 6:342

Tsuruta T, Inoue S, Matsuura K (1967) Biopolymers 5:313

Usher DA, Orgel LE (1976) Proc Natl Acad Sci 73:1149

van't Hoff JH (1987) The arrangement of atoms in space, 2. Aufl, S 30 zitiert in Flores JJ et al. 1977

Viedma C, Ortiz JE, DeTorres T, Izumi T, Blackmond DG (2008) J Am Chem Soc 130:15274

Wächtershäuser G (1991) Med Hypotheses 36:307

Wald G (1957) Ann N Y Acad Sci 69:352

Williams FD, Eshaque Y, Brown RD (1971) Biopolymers 10:753

Willstätter R (1904) Ber Dtsch Chem Ges 37:3758

Winterfeld E (1992) Preparation of homochiral organic compounds. In: Janoschek R (Hrsg) Chirality – from weak Bosons to the α-Helix. Springer, New York, Chapter 7

Zepik H, Shavit E, Tang M, Jensen TR, Kjaer K, Bolbach G, Leiserowitz L, Weissbuch I, Lahav M (2002) Science 295:1266

Zusammenfassung und Schlussfolgerungen

11

> The strongest arguments prove nothing so long as not verified
> by experiment. Experimental science is the queen of science and
> the goal of speculation.
>
> (Roger Bacon)

Inhaltsverzeichnis

In diesem Kapitel sollen vor allem solche Argumente vorgestellt und zusammengefasst werden, die einer chemischen Evolution beim derzeitigen Kenntnisstand widersprechen. Diese geschieht nicht, um das Konzept einer chemischen Evolution nur schlecht zu reden, sondern in der Absicht, ein Gegengewicht zu den vielen überoptimistischen Büchern und Übersichtsartikeln zu bilden, die zu dieser Thematik publiziert wurden, außerdem sollen die offenen Fragen aufgezeigt werden, die am ehesten einer intensiven Bearbeitung bedürfen.

11.1 Warum dies und nicht das?

Nur ein Bruchteil der in Modellsynthesen oder in Meteoriten identifizierten Moleküle findet sich in den uns heute bekannten Lebewesen wieder. Daher stellt sich die Frage, warum diese Moleküle im Lauf einer chemischen Evolution ausgewählt wurden. Eine geringe Selektion kann natürlich auch nach dem Auftreten der ersten

© Springer-Verlag GmbH Deutschland, ein Teil von Springer Nature 2019   225
H. R. Kricheldorf, *Leben durch chemische Evolution?*,
https://doi.org/10.1007/978-3-662-57978-7_11

Lebewesen eingetreten sein, doch ändert dies nichts an der Bedeutung der zuvor gestellten Frage. Überraschenderweise wurde diese Frage bisher in kaum einem Buch oder längeren Übersichtsartikel zum Thema chemische Evolution diskutiert. Löbliche Ausnahmen sind hier die Bücher von Wills und Bada (2000) und das Buch von Luisi (2006). Eine Bewertung der von Wills und Bada vorgeschlagenen Gründe für eine Selektion der prAS wurde schon in Kap. 4 diskutiert. Luisi widmet sich den drei wichtigsten Klassen von Monomerbausteinen, den Aminosäuren, den Nucleobasen und den Sacchariden, und begründet die bevorzugte Entstehung von α-Aminosäuren und Nucleobasen mit ihrer großen thermodynamischen Stabilität. Der Originalkommentar lautet (S. 50):

> Going back to Miller's synthesis in the flask, one question is why α-amino acids have been obtained and not for example β-amino acids, cyclic diketopiperazines and some other isomers. The answer is important: α-amino acids from because they are the most stable products under the selected conditions. In other words, the formation of those amino acids is under thermodynamic control. The same can be said for Oro's synthesis of adenine and other prebiotically low-molecular-weight substances formed in hypothermal vents, or found in space: certain molecules and not others form because they are thermodynamically more stable.

Diese Aussage enthält schon im ersten Satz einen gravierenden Fehler. Bei den meisten Modellsynthesen wie auch bei Extrakten von Meteoriten wurden große Mengen an β-Alanin gefunden sowie kleinere Mengen an anderen β- und γ-Aminosäuren. Darüber hinaus wurden stets große Mengen an Sarkosin, ein Isomer des Alanins, und kleinere Mengen an anderen Iminosäuren entdeckt. Hier ist vor allem Millers zweite Publikation von 1955 zu nennen, in der bei einem seiner drei Experimente Sarkosin sogar als Hauptprodukt entstand. Nur Glycin und Alanin wurden in ähnlich großen Mengen gebildet, während andere proteinogene Aminosäuren mit Ausnahme von Asparaginsäure nur in geringen Mengen oder Spuren gefunden wurden. Von einer bevorzugten Bildung proteinogener α-Aminosäuren kann also überhaupt keine Rede sein. Es ist aber richtig, dass Amino- und Iminosäuren insgesamt wegen ihrer thermodynamischen Stabilität verglichen zu vielen anderen Molekülen bevorzugt gebildet werden. Dies liegt vor allem an ihrer zwitterionischen (Betain-)Struktur.

Mit dieser naheliegenden Erkenntnis ist die Frage nach Bedeutung und Selektion von α-Aminosäuren in der chemischen Evolution aber nicht hinreichend beantwortet, vielmehr beginnen die Probleme hier erst. Ist die thermodynamische Stabilität aller Arten von Amino- und Iminosäuren wirklich ein Vorteil für die chemische Evolution? Aus drei Gründen lautet die Antwort: nein! Der erste Grund besteht darin, dass die Reaktivität einer chemischen Verbindung mit zunehmender Stabilität abnimmt. Die Natur muss daher für die Aktivierung und Verknüpfung von Aminosäuren zu Peptiden einen erheblichen Energieaufwand betreiben.

Zweitens ist die Selektion einzelner Aminosäuren bzw. deren Vermeidung ein ungeklärtes Rätsel, für das der Autor in der ihm bekannten Literatur keine nennenswerte Diskussion finden konnte.

Beispiel 1

Warum wurde Isoleucin neben Valin ausgewählt, obwohl beide α-Aminosäuren fast identische Eigenschaften aufweisen, und Modellsynthesen wie Meteoritenextrakte zeigen, dass die Bildungswahrscheinlichkeit von Isoleucin sehr gering ist? Auch der Einfluss beider prAS auf die Sekundärstruktur (Stabilisierung von β-Faltblättern) ist identisch. Zwei analoge Fragen lauten: Warum Threonin zusätzlich zu Serin und warum Glutaminsäure zusätzlich zu Asparaginsäure (oder umgekehrt)? Diese drei Beispiele sind deshalb von großem Interesse, weil bei Modellsynthesen und Meteoritenextrakten fast immer erhebliche Mengen an α-Aminobuttersäure gefunden wurden. Die Reaktivität von α-Abu ist annähernd identisch mit derjenigen von Alanin, und der Einfluss auf die Sekundärstruktur (α-Helix stabilisierend) ist derselbe. Daher stellt sich also die wichtige Frage: Warum wurde α-Abu nicht zusammen mit Ala zur Proteinsynthese verwendet?

Beispiel 2

Peptidbindungen an der Iminogruppe des Sarkosins haben die Eigenschaft, dass die cisoide Konformation ähnlich stabil ist wie die transoide. Ferner ist Polysarkosin wasserlöslich. Warum wurde Sarkosin nicht dort in Proteine eingebaut, wo die Bildung von Schlaufen *(loops)* thermodynamisch begünstigt und/oder der hydrophile Charakter der Proteinkette verstärkt werden sollte?

Beispiel 3

Ornithin gehört zum Harnstoffstoffwechsel und Ornithin ist eine Vorstufe der Biosynthese von Arginin. Beide Aminosäuren sind basisch und α-Helix-stabilisierend. Warum wurde Ornithin nicht zum Aufbau von Proteinen verwendet und warum wurde Lysin selektiert? Modellsynthesen wie Meteorextrakte haben gezeigt, dass die Bildungswahrscheinlichkeit von Lysin extrem gering ist.

Nun scheint die Entdeckung des Aptamer-Prinzips (s. Abschn. 8.2) im Rahmen der RNA-Welt-Hypothese den Ansatz zu einer Klärung der zuvor dargestellten Selektionsproblematik zu liefern. RNAs können Aptamere für einzelne Aminosäuren ausbilden und diese in ein Compartment transportieren (z. B. in Lipidvesikel), wo dann die Proteinsyntese mithilfe von Ribozymen vonstattengeht. Aber warum soll es in einem Potpourri von statistisch aufgebauten RNAs nur Aptamere für prAS gegeben haben? Es ist äußerst unwahrscheinlich und vor allem unbewiesen, dass Aptamere nur für prAS gebildet werden konnten und nicht auch für nichtproteinogene Aminosäuren. Solange es hier an geeigneten experimentellen Beweisen fehlt, bleibt die oben genannte Selektionsproblematik ungeschmälert bestehen.

Der dritte Grund, warum thermodynamische Stabilität nicht *per se* ein Vorteil für die Evolution ist, besteht in dem Befund, dass in lebenden Organismen Stoffwechselreaktionen unter Zuführung von Energie (z. B. ATP) und unter dem Einfluss von Enzymen kinetisch kontrolliert verlaufen und meist nicht zum thermodynamisch stabilsten Endprodukt führen. Zum Beispiel repräsentieren homochirale Proteine kein Maximum an thermodynamischer Stabilität, zumindest nicht in Lösung. Dazu nochmals Luisi (S. 50):

> Is it the case that all compounds of our cellular life are thermodynamically stable? Of course not. [...] Nowadays these compounds are formed thanks to the action of enzymes [...] However, how could these compounds have been formed in a time without enzymes? Do we need enzymes first, in order to make biochemicals that are not under thermodynamic control? How then were enzymes made, since in modern times they are also produced under kinetic control? [...] generally speaking this is one of the most difficult questions in the field of the origin of life: why and how have biological structures been formed that are spontaneous, i.e. not under thermodynamic control? [...] The notion of "frozen accident" is often used in the literature in this connection. The term conveys the idea that something that is not thermodynamically stable may have been formed by "accident" – and then been codified somehow in the living process. Of course, it is difficult to describe specific frozen accidents in terms of actual chemistry mechanisms. The notion of a frozen accident is a pictorial and fascinating metaphor, but it does not teach us anything from the operative point of view.

Deutlicher ausgedrückt heißt das, es muss wieder ein glücklicher Zufall zu Hilfe kommen, wenn rationale wissenschaftliche Erklärungen nicht vorhanden sind.

Bei der Frage nach Entstehung und Selektion von Nucleobasen treten die gleichen Probleme auf, wie sie zuvor für α-AS diskutiert wurden. Warum wurden die vier in heutiger RNA vorhandenen Basen selektiert? In Modellversuchen und Meteorextrakten wurden z. B. auch Xanthin, Hypoxanthin und Diaminopurin gefunden, die ebenfalls zur Basenpaarung befähigt sind. Ferner hat der Autor keine Informationen über Analoga der Purine, wie z. B. Amino- oder Hydroxybenzpyrazole, -benzimidazole, -benzoxazole und -benzthiazole (s. Schema 5.4), gefunden. Es ist nicht klar, ob derartige Heterozyklen, die bei der Synthese von RNA-ähnlichen Polymeren mit den Purinen konkurrieren können, unter den Bedingungen der frühen Erde nicht gebildet werden konnten, oder ob es an diesbezüglicher Forschung mangelt.

Schließlich stellt sich die Frage, warum Ribose als Baustein der RNA ausgewählt wurde und nicht ein anderes Monosaccharid. Luisi (2006) zitiert dazu (S. 51) die Ergebnisse des Nobelpreisträgers A. Eschenmoser. Dieser hatte RNA-Analoga, die auf anderen Monosacchariden basieren, hergestellt und die thermodynamische Stabilität mit RNA verglichen (s. Abschn. 2.4). Er fand z. B. für ein RNA-Analogon, das z. B. aus Ribopyranose aufgebaut war, eine höhere Stabilität der Doppelhelix (Eschenmoser 1999; Pitsch et al. 2003). Ribopyranose ist ein Sechsring, bei dem die CH_2OH-Gruppe in die Ringbildung involviert ist. Er kam zu dem Ergebnis, dass Ribose wohl deshalb selektiert wurde, weil die daraus gebildeten RNA-Doppelhelices (und RNA/DNA-Helices) nur mäßig stabil sind und daher bei Temperaturen <50 °C leichter eine Aufspaltung und Neupaarung vollziehen können. Über mehrere stabilere auf Pyranoseringen basierenden Polynucleotide sagt Eschenmoser (2003):

[...] these systems could not have acted as functional competitors of RNA in nature's choice of a genetic system, even though this six carbon alternatives of RNA must have had a comparable chance of formation under conditions where RNA was formed.

Diese Argumentation hat jedoch zwei Pferdefüße. Erstens ist die Auffassung, eine geringere Helixstabilität sei ein Selektionsvorteil, konträr zum Argument, α-Aminosäuren und die vier Standardnucleobasen seien wegen ihrer hohen Stabilität in der Evolution erfolgreich gewesen. Eine solche Inkonsistenz erhöht nicht gerade die Glaubwürdigkeit des Evolutionskonzepts. Zweitens glauben zahlreiche Anhänger der chemischen Evolution, dass diese zunächst bei hohen Temperaturen (z. B. 70–100 °C) stattgefunden habe (s. Abschn. 2.5 und 2.6). Diese Sichtweise beginnt schon mit C. Darwins „warm little pond" und führt über J. B. S. Haldanes „hot diluted soup" zu den Proteinoidsynthesen von S. Fox (Abschn. 6.1), der das Eindampfen und Polykondensieren von Aminosäure enthaltenden Tümpeln an den heißen Hängen von Vulkanen simulieren wollte. Enormen Auftrieb erhielt die „Hochtemperaturevolution" durch die um 1977 durch das Forschungs-U-Boot „Alvin" erfolgte Entdeckung heißer Quellen *(hot vents)* am Meeresboden, in deren Nähe zahlreiche thermophile Mikroorganismen ein anaerobes Leben führen. Wenn die Evolution tatsächlich bei so hohen Temperaturen stattgefunden hat, verkehrt sich Eschenmosers Argumentation ins Gegenteil, denn die stabileren Doppelhelices hatten dann einen Selektionsvorteil.

Weitere Forschungsergebnisse mit anderen Monosacchariden führten Eschenmoser später aber auch zu der Einsicht, dass es neben der Ribose-basierten RNA noch andere Polynucleotide als effektive Replikatoren gegeben haben könnte (Eschenmoser 2003):

While our experimental observations indicate that nature, in selecting the molecular structure of the genetic system, had also other options besides RNA, the notion we naturally would be inclined to consider, namely that RNA might be the biologically fittest of them, all remains a conjecture.

Bei Fragen nach der Auswahl einzelner Bausteine, Biopolymere oder Überstrukturen kann natürlich immer geantwortet werden, dass die chemische Evolution vieles ausprobiert und die nützlichsten Systeme herausselektiert hat. Mit dieser *„a posteriori Argumentation"* lässt sich alles begründen und die Erforschung der hypothetischen chemischen Evolution erübrigt sich teilweise. Vor allem aber widerspricht diese Argumentation der Hypothese einer ungerichteten Evolution und damit auch dem heutigen Verständnis der biologischen Evolution. Es ist so, als ob man sagen würde, die Evolution der Säugetiere musste zu Affen führen, weil die Existenz der Menschheit ja Affen als Vorfahren voraussetzt. Daher ergibt sich aus all den zuvor diskutierten Argumenten nur die Schlussfolgerung, dass es auf die Frage „Warum dies und nicht das?" vor dem Hintergrund einer ungezielten chemischen Evolution noch keinerlei befriedigende Antworten gibt.

11.2   Modellversuche und Chemie des Weltalls

Zu den Modellsynthesen von Aminosäuren, insbesondere zu den Versuchen der Miller-Gruppe, wurde schon eine ausführliche Kritik am Ende von Kap. 4 präsentiert, die hier nicht vollständig wiederholt werden soll, und in den Kapiteln 5–7 wurden ebenfalls detaillierte Kommentare zu einzelnen Modellsynthesen angeführt. Hier sollen daher in erster Linie Probleme aufgezeigt werden, die zuvor noch nicht oder kaum zur Sprache kamen. Hier ist vor allem die Tatsache zu nennen, dass die weitaus meisten Modellversuche mit dem Ziel unternommen wurden, eine bestimmte Substanz oder eine eng begrenzte Substanzklasse herzustellen und das Gelingen der gewünschten Synthesen wurde selbstverständlich als großer Erfolg gewürdigt. Der Nutzen für Begründung einer chemischen Evolution ist aber gering, wenn die dabei ausgearbeiteten Synthesebedingungen für die Entstehung anderer Biomonomere oder Biopolymere wenig geeignet sind. Sind die Bedingungen für die Entstehung andere Biomoleküle sogar schädlich, dann tendiert der Nutzen der Modellsynthese gegen Null. Dieser pauschale Kommentar soll mit einigen Beispielen konkretisiert werden.

Erstens, die von S. L. Miller und Mitarbeitern zunächst veröffentlichten Aminosäuresynthesen (s. Kap. 4, Tab. 4.1 und Tab. 4.2) wurden in Abwesenheit von H_2S und anderen Schwefel enthaltenden Gasen durchgeführt. Dadurch konnte natürlich kein Cystein oder Methionin entstehen. Nach Millers Tod haben ehemalige Mitarbeiter seiner Gruppe alte, versiegelte Versuche, die in Gegenwart von H_2S durchgeführt wurden, mit modernen analytischen Methoden aufgearbeitet und trotzdem kein Cystein gefunden, auch blieb unklar, inwieweit unter den veränderten Bedingungen all die zuvor identifizierten prAS wieder gebildet wurden (Parker et al. 2011). Ferner wurde nicht untersucht, ob bei den Miller'schen Versuchen Nucleobasen entstanden sind.

Zweitens, die erstmalige Synthese von Adenin aus Blausäure durch J. Oró (1960) ist ein anderer historischer Meilenstein der Evolutionsforschung. Die Synthesebedingungen sind jedoch für die Bildung von Pyrimidinbasen völlig ungeeignet und erlauben auch die Herstellung der meisten prAS nicht. Drittens, die Nucleotidimidazolide (aller Art!), die vor allem von L. E. Orgel sowie von J. W. Sczostak und Mitarbeitern zur Synthese von zahlreichen RNA-Sequenzen als Monomere eingesetzt wurden (s. Kap. 7), reagieren auch gut mit den Aminoendgruppen von Aminosäureester und Oligopeptiden sowie mit den seitenständigen Aminogruppen von Lysin und Arginin. Es können auf diesem Wege keine RNAs entstanden sein, wenn gleichzeitig Aminosäuren und Peptide bei mehr oder minder alkalischem pH vorhanden waren. Dieser Einwand gilt auch, wenn Nucleotidtriphosphate als Monomere gedient haben sollen, denn aliphatische Aminogruppen reagieren auch mit allen Arten von Phosphorsäureanhydriden.

Viertens sollen die neueren Versuche der Powner- und Sutherland-Gruppe zur Gewinnung von Nucleotiden unter Umgehung freier Ribose erwähnt werden (s. Abschn. 5.4). Diese Autoren haben sich löblicherweise das Ziel gesetzt, einen präbiotischen Syntheseweg zu finden, der die gleichzeitige Entstehung von Purin und Pyrimidinbasen aus gemeinsamen Vorstufen erklären kann. Selbst wenn dies gelingt (was einen großen Erfolg für die RNA-Welt darstellen würde), bleibt noch die Frage, ob die Synthesebedingungen mit der Bildung von Proteinen verträglich wären. Powner und Sutherland benötigen als Ausgangsprodukte reaktive Verbindungen wie Glykolaldehyd, Cyanacetylen, Cyanamid und Diaminobernsteinsäuredinitil. Diese Verbindungen reagieren auch schnell mit den Aminogruppen von Peptiden (einschl. der seitlichen Aminogruppen) und sie reagieren bei leicht alkalischem pH auch sehr schnell mit der SH-Gruppe von Cystein.

Es fehlt also vor allem an Versuchen, die vergleichend untersuchen, inwieweit Synthesebedingungen, die für eine Substanzklasse geeignet sind, auch die Herstellung anderer wichtiger Biomoleküle zulassen.

Das zuletzt genannte Beispiel thematisiert schon die zweite entscheidende Problematik, die alle Modellsynthesen betrifft. Für die Bildung von Aminosäuren, Sacchariden und Nucleobasen waren einige einfache, hoch reaktive Chemikalien notwendig, wie Ammoniak, Blausäure und Aldehyde, insbesondere Formaldehyd. Ferner beweisen die Modellsynthesen von Aminosäuren und Nucleobasen, sowie vor allem auch die Extrakte von Meteoriten, dass die Urozeane erhebliche Konzentrationen an Carbonsäuren und Alkoholen enthalten haben müssen. Unter Alkoholen sind hier nicht nur die einfachen Alkanole, sondern auch alle anderen Substanzklassen mit CH_2OH-Gruppe zu verstehen, wie etwa Glykolsäure, Glykolaldehyd, Glycerinaldehyd, Dihydroxyaceton usw. Wie war es möglich, dass Proteine, Nucleotide und RNA in Gegenwart dieser Störenfriede zustande kamen? Die Problematik soll hier nach den vier genannten Substanzklassen gegliedert diskutiert werden.

- **Ammoniak:** Ammoniak kann mit allen an der Carboxylgruppe aktivierten Aminosäurederivaten reagieren und somit Peptid- bzw. Proteinsynthesen verhindern. Das gilt sowohl für Aminosäuren, die als gemischtes Anhydrid mit AMP aktiviert wurden oder als Ester einer tRNA. Beide Formen der Aktivierung finden bei der Proteinsynthese in Ribosomen statt. Ammoniak reagiert auch mit allen Arten von Phosphorsäureanhydriden und spaltet z. B. die Triphosphate. Warum und wohin ist der für die Entstehung von Aminosäuren und Cyanamid dringend benötigte Ammoniak verschwunden, bevor es zur Synthese von Biopolymeren kam? Konnten die Urvesikel (Protozellen) den Ammoniak vollständig fernhalten? Beweise, dass RNA und Proteinsynthesen in Lipidvesikel ablaufen können, wenn die umgebende Lösung Ammoniak enthält, sind zumindest dem Autor nicht bekannt geworden. Bekannt ist dagegen, dass in allen lebenden Organismen Ammoniak als Zellgift wirkt, das möglichst schnell (als Harnstoff derivatisiert) aus dem Organismus entfernt werden muss.
- **Aldehyde:** Formaldehyd ist für die Bildung von Sacchariden über die Formosereaktion unerlässlich und ebenso für die Entstehung von Glycin (und Sarkosin). Formaldehyd konnte auch in den interstellaren Gasen nachgewiesen werden (s. Abschn. 9.1). Zahlreiche Hydroxyaldehyde entstehen bei der Formosereaktion und Acetaldehyd sowie höhere Alkanale sind als Bausteine verschiedener prAS von Nöten. Andererseits reagiert Formaldehyd rasch mit Aminogruppen

aller Art, zumindest bei höheren Temperaturen auch mit Aminogruppen des Adenins und Cytosins. Darüber hinaus reagiert Formaldehyd mit der SH-Gruppe von Cystein. Diese Reaktionen müssen nicht quantitativ sein, um die biologische Funktion von Proteinen und Nucleinsäuren zu unterbinden. Formaldehyd ist als wirksames Zellgift bekannt und in höheren Konzentrationen für fast alle Lebewesen tödlich. Schon in minimalen Konzentrationen bewirkt er beim Menschen Allergien durch Modifikation von Proteinen. Auch die Rolle von Glykolaldehyd ist kritisch zu sehen. Dieser Aldehyd muss in erheblichen Mengen gebildet worden sein, wenn die Formosereaktion eine wichtige Rolle bei der Entstehung von Sacchariden gespielt haben soll. Ferner spielt Glykolaldehyd eine entscheidende Rolle bei den von J. W. Sczostak (sowie von M. W.Powner und J. Sutherland (Abschn. 5.4) propagierten Synthesen von RNA. Warum und wohin sind also Formaldehyd und all die anderen Aldehyde verschwunden, nachdem sie ihren Job bei der Synthese von Biomonomeren erledigt haben?

- **Carbonsäuren:** Carbonsäuren verschiedenen Typs wurden von Miller in großen Mengen bei der Aminosäuresynthese in der Gasphase gefunden. Andere Forscher haben bei Ihren Modellsynthesen von Aminosäuren und Nucleobasen meist nicht danach gesucht. Entscheidend ist daher der Befund, dass Carbonsäuren aus Meteoriten in viel größerer Menge als prAS oder Nucleobasen extrahiert werden konnten. Nun können alle Reagenzien, mit denen sich die Carboxylgruppe von prAS aktivieren lässt, auch Carbonsäuren aktivieren, und diese aktivierten Carbonsäuren verhindern dann die Proteinsynthese gemäß der Rolle von Kettenabbrechern, wie sie in Abschn. 3.1 diskutiert wurde. Nun kann man natürlich wieder Compartments zu Hilfe rufen, aber die einfachsten Lipidmembranen von Urvesikeln bestanden selbst aus Carbonsäure (Fettsäuren), und es ist äußerst unwahrscheinlich und vor allem unbewiesen, dass diese Membranen die Diffusion kürzerer Alkansäuren total verhindert haben. Also stellt sich wiederum die Frage: Wie kommt es, dass die relativ großen Mengen an Carbonsäuren, die auf der frühen Erde überall vorhanden gewesen sein müssen, die Entstehung von Biopolymeren nicht behindert haben?
- **Alkohole:** Alkohole müssen aus zwei Gründen auf der frühen Erde in relativ großen Mengen vorhanden gewesen sein, und zwar erstens, durch Synthese einfacher Alkanole wie Methanol und Ethanol in der Gasphase. Dafür spricht auch, dass diese Alkanole auch im Weltraum gebildet werden. Zweitens sind alle Reaktionsprodukte des Formaldehyds in der Formosereaktion Alkohole. Wen man davon ausgeht, dass Nucleoide durch Phosphorylierung von Ribose zustande gekommen sind, dann war die Phosphorylierung anderer Alkohole unvermeidlich und diese waren in der Überzahl. Die Alkoholphosphate waren ideale Kettenabbrecher bei der Bildung von Oligonucleotiden. Nun kann man die von Powner et al. beschriebene Synthese von Cytidin und Uridin (s. Abschn. 5.4, Tab. 5.7) als Ausweg aus diesem Dilemma sehen, da auf diesem Weg keine Phosphorylierung von Ribose notwendig war. Es gibt jedoch auch Einwände gegen diesen Erklärungsversuch. Da wäre zunächst, wie schon

in Kap. 9 erwähnt, festzuhalten, dass in Meteoriten keine Nucleoside und Nucleotide gefunden wurden, was eine präbiotische Existenz des Powner'schen Syntheseswegs infrage stellt. Ferner erfordert die Überführung von Nucleotiden in Nucleosidtriphosphate eine Phosphorylierungsreaktion, bei der Alkohole phosphoryliert worden sein konnten. Wie also kam es, dass die überschüssigen Alkohole bei der Entstehung der ersten RNA-Oligomere nicht gestört haben?

Fasst man alle zuvor genannten Einwände zusammen, dann bedurfte die präbiotische Entstehung von RNA und Proteinen mehrerer chemischer Wunder.

Ein weiterer Schwachpunkt vieler Modellversuche, insbesondere im Falle von Aminosäuren, ist das Fehlen von Angaben zu Ausbeuten, weil nur eine qualitative Identifizierung der gesuchten Produkte in Chromatogrammen durchgeführt wurde. In andern Fällen sind die Ausbeuten so gering, dass an der Relevanz dieser Versuche gezweifelt werden darf.

Schließlich sollen die Ergebnisse der Untersuchungen zur Chemie im Weltall nochmals kurz zusammengefasst werden. Wichtige Bausteine einer chemischen Evolution wurden nicht gefunden. Dazu gehören einige prAs, Oligo- oder Polypeptide, Ribose, Cytosin, Nucleoside, Nucleotide und Oligonucleotide. Ferner sind lange, unsubstituierte, aliphatische Carbonsäuren wie Palmitinsäure, Stearinsäure, Linolsäure und Linolensäure, die zur Bindung von Lipidmembranen von Vesikeln und Protozellen erforderlich sind, nicht oder höchstens in Spuren gefunden worden. Andererseits wurden Unmengen an Verbindungen entdeckt, die eine chemische Evolution verhindert hätten, insbesondere Carbonsäuren aller Art sowie nichtproteinogene Amino- und Iminosäuren. Die Rolle aggressiver Radikale und Ionen zusammen mit der daraus resultierenden extremen Diversität organischer Moleküle ist ein weiterer Befund, der einer auf Evolution zum Leben ausgerichteten Chemie im Wege steht. Dennoch lohnt es sich nach Leben im Weltraum zu suchen, denn wenn es eine chemische Evolution auf der Erde gegeben haben sollte, kann dies auch auf einem anderen, erdähnlichen Planeten so gewesen sein, ohne dass die Chemikalien aus dem Weltraum diese Evolution spezifisch gefördert hätten (s. auch Abschn. 11.4). Eine diesbezüglich noch kritischere Stellungnahme gibt der Chemiker D. Rehder, der in seinem Buch *Chemistry in Space* (2010) eine detaillierte Übersicht zur Chemie des Weltalls präsentiert und zu dem Schluss kommt, dass die Entstehung von Leben auf der Erde ein unwahrscheinlicher Zufall war, der in unserer Galaxie wohl kein zweites Mal stattgefunden hat.

11.3 Ursuppen und andere Hypothesen

Wenn man den Ursuppenhypothesen von Oparin und Haldane gerecht werden will, so muss man, ähnlich wie bei den Aminosäuresynthesen von Miller oder bei der Adeninsynthese von Oró, zwischen ihrer historischen Wirkung einerseits und ihrer Beweiskraft für eine chemische Evolution andererseits unterscheiden.

Die außergewöhnliche historische Wirkung dieser Ursuppenhypothesen steht außer Zweifel und bedarf keiner weiteren Diskussion. Nachdem L. Pasteur in den 60er- und 70er-Jahren des 19. Jahrhunderts bewiesen hatte, dass die vor allem von Aristoteles postulierte permanente Spontanzeugung primitiver Lebewesen nicht stattfindet, gab es ein geistiges, wissenschaftliches Vakuum hinsichtlich der Entstehung des Lebens, sofern man einen religiösen Schöpfungsakt nicht akzeptieren wollte. Dieses Vakuum wurde nun durch die Ursuppenhypothesen von Oparin und Haldane gefüllt und dadurch eine langsam anlaufende, sich aber ständig beschleunigende Forschungslawine in Gang gesetzt. Diese Ursuppenhypothesen wurden durch die ersten Modellsynthesen von Aminosäuren, Nucleobasen und Sacchariden aus einfachsten Gasmolekülen einer postulierten Uratmosphäre scheinbar bestätigt. Haldane hatte von diesen ersten Biomonomeren postuliert, "[that they] must have accumulated until the primitive oceans reached the consistency of hot dilute soup." Shapiro (1987, S. 111) zitiert dazu den Geologen G. A. Goldsley mit den Worten: "These experiments have produced many of the chemicals fundamental to life. It seems likely in view of these results, that Haldane's description of the earth's primeval oceans as a hot dilute soup of organic molecules was correct", und der Nobelpreisträger H. C. Urey schrieb in seinem einflussreichen Buch *The Planets* (1952) "[These biomonomers would] remain for long periods of time in the primitive oceans [...] this would provide a very favorable situation for the origin of life."

Was ist nun von dieser überaus positive Sicht der ursprünglichen Ursuppenhypothesen heute noch übrig geblieben? Schon Ende der 1970er-Jahre setzte erste Kritik ein, so wurde z. B. von den Geologen Brooks und Schaw (1978) folgender schwerwiegender Einwand vorgetragen. In den Sedimenten und Feldformationen, die aus der Zeit von vor 3,5 bis 4,0 Mrd. Jahren bekannt sind, wurden nur in wenigen Fällen nennenswerte Mengen organischer Produkte gefunden. Diese bestanden fast ausschließlich aus Kohlenstoff und Wasserstoff und enthielten nur einen außergewöhnlich geringen Anteil (relativ zu neueren Sedimenten) an Stickstoff (<0,2 %). Dieser Befund lässt sich nicht mit der Existenz einer Ursuppe vereinbaren, die einen nennenswerten Anteil an Aminosäuren, Nucleobasen und anderen Stickstoffverbindungen (z. B. Cyanamid) enthalten haben muss, wenn sie als Basis einer chemischen Evolution gedient haben soll. Zu den Kritikern der Ursuppenhypothesen gehören natürlich alle diejenigen Forscher, die selbst einen anderen Ursprung des Lebens vorgeschlagen haben, wie der Chemiker Cairns-Smith (s. Abschn. 2.4) oder der Astronom F. Hoyle (Hoyle und Wickramasinghe 1981). Eine harsche Kritik kam zu dieser Zeit auch von C. Woese (1980 und Shapiro 1987, S. 114), der selbst eine andere Hypothese vorschlug (s. Abschn. 2.6):

The Oparin thesis has long ceased to be a productive paradigm: It no longer generates novel approaches to the problem; more often than not it requires modification to account for new facts, and its overall effect now is to stultify and to generate disinterest in the problem of life's origin. These symptoms suggest a paradigm whose course is run, and that is no longer a valid model of the state of affairs.

Diese und andere Einwände wurden von R. Shapiro in seinem Buch *Origins* in zwei Abschnitten mit dem Titeln „The Myth of the Prebiotic Soup" und „The Retreat from the Hypothesis" summiert. Aus Sicht des Autors müssen hier zumindest vier weitere Einwände genannt werden:

Erstens, die zur Synthese von Aminosäuren, Sacchariden und Nucleobasen notwendigen aggressiven Chemikalien, insbesondere Aldehyde und Ammoniak, verhindern (wie oben diskutiert) die Entstehung von Biopolymeren.

Zweitens, wie soll es in einem Gemisch proteinogener Aminosäuren und zahlreicher nichtproteinogener Amino- und Iminosäuren zu einer selektiven Polykondensation der prAs gekommen sein? Ebenso ist kaum vorstellbar, dass es aus einem Gemisch zahlreicher Stickstoffheterozyklen zu einer selektiven Polykondensation der vier für RNA typischen Nucleotide gekommen ist.

Drittens, gemäß der experimentell hinreichend begründeten neuen Polykondensationstheorie (s. Abschn. 3.1) liefern Polykondensationen in verdünnter Lösung weit überwiegend zyklische Oligomere, aber keine hochmolekularen linearen Polymerketten.

Viertens, bei hohen Temperaturen, wie sie Haldane postulierte, verläuft die Racemisierung von Aminosäuren besonders rasch, sodass keine homochiralen Proteine entstehen können (s. Abschn. 10.3).

Man muss daher vor allem die Haldane'sche „hot dilute soup" nicht nur als unwahrscheinlich, sondern als antiwissenschaftlich einstufen. Der erfolgreiche Biologe und Genetiker J. B. S. Haldane kann allerdings für die gravierenden Fehler seiner Hypothese nicht verantwortlich gemacht werden, denn zur der Zeit, als er sein Buch schrieb, gab es noch keine Polykondensationstheorie, und er konnte all die Erkenntnisse, die heute in die vorstehende Beurteilung einfließen, noch nicht wissen. All diese Gegenargumente gelten auch für Oparins erste Ursuppenhypothese. Aber im Gegensatz zu Haldane hat A. I. Oparin seine Version der Ursuppen-Hypothese über Jahrzehnte hin weiterentwickelt und insbesondere durch Spekulation über Bildung und Einfluss von „Coazervaten" ein moderneres und positiveres Image verliehen. Für das Zustandekommen von Coazervaten hat er jedoch die Bildung von homochiralen Proteinen, Nucleinsäuren (und auch von Lipiden) in der Ursuppe vorausgesetzt, für die es auch im Jahre 2017 noch keine akzeptable Erklärung gibt. Außerdem steht eine Bildung von Proteinen vor der Entstehung von Compartments im Widerspruch zur RNA-Welt-Hypothese. Ferner hat Oparin auch keine Aussagen zur selektiven Permeabilität der Coazervatwände und damit zum Zustandekommen eines eigenständigen Stoffwechsels gemacht. Die zuvor zitierte Kritik C. Woeses an den Ursuppenhypothesen bleibt daher uneingeschränkt bestehen.

Andererseits kann man Oparins Coazervat-Konzept als Vorläufer moderner Compartment-Hypothesen sehen, und diese bilden einen wesentlichen Bestandteil der modernen RNA-Welt-Hypothese. Nur in Compartments und durch Wechselwirkung von Monomeren und Oligomeren mit Compartment-Oberflächen ist es denkbar, dass ein erfolgreicher Ablauf von Polykondensationsreaktionen zustande kam. Dabei kann es zu einem Zusammenspiel anorganischer Compartments (z. B. aus Silikaten oder Eis), die in einem frühen Stadium der chemischen

Evolution involviert waren, mit der Bildung von organischen Compartments (z. B. Lipidvesikeln) gekommen sein. Die großen experimentellen Fortschritte in der Erforschung von Entstehung und Eigenschaften von RNAs, die vor allem im Rahmen der „Evolution im Reagenzglas"-Forschung (s. Abschn. 8.2) erzielt wurden, machen die Kombination von RNA-Welt- und Compartment-Hypothese zum einzigen plausiblen Kandidaten für eine wissenschaftlich akzeptable Erklärung, wie eine chemische Evolution abgelaufen sein könnte. Dass dabei noch viele entscheidende Fragen offen sind, wurde in den vorstehenden Abschnitten und in den Kapiteln 2 bis 10 ausführlich dargelegt, und die diesbezüglichen kritischen Kommentare sollen hier nicht wiederholt werden.

Es ist allerdings so, dass auch in neueren Büchern die Ursuppentheorie immer noch als Standardszenario für die Entstehung von Leben aus einfachsten Chemikalien genannt wird, vor allem, wenn Biologen die Autoren sind. Das Buch *The Genetic Code and the Origin of Life* von Ribas de Pouplana (2004) soll hier als typisches Beispiel zitiert werden:

> The most widely accepted scenario for the transition from abiotic to biotic chemistry is that the simple monomeric compounds present in the prebiotic soup somehow underwent polymerization, perhaps with the assistance of clays and minerals and formed longer and longer chains or polymers which over time became increasingly more complex with respect to both their structures and properties. Eventually, some of these polymers acquired the capacity to replicate, one of the fundamental and most important properties of living organisms.

Auf diese Weise wird die Ursuppentheorie zumindest für chemische Laien für die Ewigkeit fortgeschrieben.

Schließlich soll hier nochmals die fundamentalste Problemstellung angesprochen werden, nämlich die Frage, warum sich eine chemische Evolution auf der Erde zur Bildung einer lebenden Zelle hin entwickelt hat. Auch noch so viele Erklärungen zum „Wie" der einzelnen Schritte liefert dafür keine Begründung. Wenn man aufgrund der vorliegenden experimentellen Ergebnisse auf eine reduktionistische (wellenmechanische) Begründung verzichten muss und auf eine mystische *„vis vitalis"* bzw. den von Antireduktionisten geforderten *„added value"* verzichten will, dann fehlt bisher eine akzeptable Begründung für den angenommenen Verlauf der chemischen Evolution. Die Chemie des Weltalls beweist, dass unter dem Einfluss ständiger Energiezufuhr eine größere Diversität organischer Moleküle entstehen kann, als dies auf der Erde der Fall ist, ohne dass alle die für eine erste Zelle benötigten Bausteine überhaupt gebildet werden, geschweige denn bevorzugt entstehen. Die ungeheure Diversität der Chemikalien des Weltalls erfolgt unter Maximierung der Entropie, eine Entwicklungsrichtung, die der Entstehung und Autopoiesis lebender Organismen diametral entgegengesetzt ist.

Die Hypothese vom glücklichen Zufall im Rahmen einer ungerichteten Evolution ist eher ein Glaubensbekenntnis als eine Hypothese und steht im Widerspruch zu zwei experimentellen Befunden. Erstens ist es bislang nicht beweisbar, dass alle für das Zustandekommen einer funktionsfähigen Zelle benötigten Komponenten jemals gleichzeitig in nennenswerten Mengen vorhanden waren. Die vorliegenden Modellexperimente und Messungen legen vielmehr nahe, dass eine gleichzeitige Bildung homochiraler Proteine, RNAs und Vesikel aus langen n-Alkansäuren gar nicht möglich war. Zweitens, das Entstehen einer funktionsfähigen Zelle erfordert den Sprung von einer thermodynamisch kontrollierten Chemie der toten Materie zur kinetisch kontrollierten Biochemie der lebenden Zelle. Wie soll dieser Sprung durch einen glücklichen Zufall zustande gekommen sein? Die Entstehung der Homochiralität ist ein spezieller Aspekt dieses Problems. Es reicht nicht aus anzunehmen, eine lokale Anhäufung homochiraler Biomonomere sei durch einen glücklichen Zufall entstanden. Die Aufrechterhaltung der Homochiralität in einer Zelle erfordert einen ständigen Kampf gegen Racemisierung. Dass die tote Materie ein solches Verhalten durch einen glücklichen Zufall plötzlich gelernt haben soll, erfordert schon einen starken Wunderglauben. Wunderglaube ist unter bestimmten Voraussetzungen eine positive menschliche Eigenschaft und kann z. B. zu spontanen Heilungen führen, sollte aber nicht Bestandteil einer wissenschaftlichen Hypothese sein.

11.4 Entstand Leben nur einmal?

Diese Frage lässt sich beim heutigen Kenntnisstand nicht beantworten und nur die umfangreiche Erforschung erdähnlicher Exoplaneten kann zu einer wissenschaftlich begründeten Antwort führen. Die geistigen Voraussetzungen für die Beantwortung der Titelfrage lassen sich jedoch präzisieren und dadurch Fehlinterpretationen oder Fehleinschätzungen vermeiden. Die richtige Beantwortung der Titelfrage kann nur auf Basis zweier fundamental verschiedener Alternativen erfolgen.

1. Die Entstehung von Leben beruht auf einem oder mehreren Naturgesetzen. Dann muss die Entstehung von Leben im gesamten Universum zig-milliardenfach erfolgt sein und sich auch ständig weiterhin wiederholen (s. Hypothesen I (A) und I (B) in Abschn. 1.2).
2. Es gibt keine diesbezügliche Naturgesetzlichkeit, mit der Konsequenz, dass die Entstehung von Leben auf der Erde ein einmaliger Vorgang im gesamten Universum war (Hypothesen vom Typ III, Abschn. 1.2).

Zu (1): Für diesen Fall lassen sich wieder zwei alternative Szenarien formulieren, die hier in Analogie zu Abschn. 1.2 als I (A) und I (B) bezeichnet werden sollen. Mit I (A) ist die reduktionistische, wellenmechanische Hypothese gemeint, die annimmt, dass der gesamte Verlauf der chemischen Evolution bis hin zur zwangsläufigen Entstehung von Leben schon in den Orbitalen von Atomen und Molekülen angelegt ist. Gegen die Gültigkeit dieser Hypothese sprechen, erstens, der unbefriedigende oder gar konträre Verlauf zahlreicher Modellsynthesen (Kap. 4–7), vor allem aber die Chemie des Weltalls (Kap. 9). Wenn man aber I (A) als experimentell widerlegt ansieht, dann bleibt nur Hypothese I (B), und diese besagt, dass die Entstehung von Leben aus einer Naturgesetzlichkeit hervorgeht, die zusätzlich und komplementär zu den bekannten chemischen und physikalischen Gesetzen dem Universum eingeschrieben ist. Sie entspricht dem Konzept vom *„added value"* antireduktionistisch eingestellter Wissenschaftler.

Wenn die Menschheit lange genug existiert, hat sie durch Erforschung zahlreicher Exoplaneten zumindest die Möglichkeit zu klären, ob die Entstehung von Leben durch Evolution einfachster Moleküle gesetzmäßig (gemäß Hypothese I (B) in Abschn. 1.2) erfolgt oder nicht. Wenn das nicht der Fall ist, wäre die Entstehung des Lebens auf der Erde ein einmaliger Vorgang, und die Forschung hätte zu klären, ob dieser einmalige Vorgang in einer gerichteten Evolution bestand oder in einer spontanen Entstehung von Protozellen, die aus dem Gemisch einiger Aminosäuren, einiger Saccharide und einiger Nucleobasen in der Ursuppe ihren Stoffwechsel- und Replikationsbedarf decken konnten.

Zu (2): Um diese Alternative richtig zu verstehen, muss man, wie schon in Abschn. 1.2 dargelegt, zwischen zwei Arten von Zufall unterscheiden. Zufall I benennt die menschliche Unfähigkeit, den Zeitpunkt eines Ereignisses vorherzusehen, auch wenn dieses Ereignis eine zwangsläufige Konsequenz von Naturgesetzen ist. Zufall I ist also eine typische Eigenschaft von Alternative (1). Alternative (2) erfordert den Zufall vom Typ II, der ein schöpferischer Akt ist und etwas schafft, was ohne diesen Zufall nicht eingetreten wäre. Ob man diesem Zufall das atheistische Etikett „Glücklicher Zufall" oder das religiöse Etikett „Göttlicher Schöpfungsakt" anhängt, ist wissenschaftlich nicht relevant. Es ist aber wesentlich, zu verstehen, dass die Ursache, das „Warum" eines solchen einmaligen Zufalls wissenschaftlich nicht erklärt werden kann, sondern höchstens das „Wie" und die sich daraus ergebenden Konsequenzen. In dieser Hinsicht entspricht dieser Zufall II dem Urknall des Universums.

Was passiert, wenn diese Differenzierung des Zufallsbegriffs nicht vorgenommen wird, lässt sich beispielhaft aus den Schlusssätzen eines Buches des Chemikers D. Rehder ersehen (2010). Dessen Buch *Chemistry in Space* präsentiert eine umfangreiche Übersicht über die Chemie des Weltalls, u. a. spezifiziert nach einzelnen Planeten und Komponenten unserer Galaxie. Zum Schluss kommt D. Rehder zu der Ansicht, dass die Entstehung von Leben auf der Erde ein unwahrscheinlicher Zufall war, der in unserer Galaxie wohl kein zweites Mal stattgefunden hat. Wenn man aber eine ähnliche Wahrscheinlichkeit für andere Galaxien annimmt und dem Universum 10^{10} Galaxien zutraut, dann könnte Leben im gesamten Weltraum immer noch häufig sein.

Diese Aussage suggeriert zunächst, dass die Entstehung von Leben auf der Erde ein unwahrscheinlich glücklicher Zufall vom Typ II war, also unter die Alternative (2) fällt. Die Schlussfolgerung, dass die unzähligen Galaxien im Weltraum dann aber doch zur milliardenfachen Entstehung von Leben geführt haben sollten, postuliert die Existenz eines Naturgesetzes gemäß Alternative (1), bei der die Vorgänge auf der Erde einem Zufall vom Typ I gehorchten.

Es bleibt also nur zu wünschen, dass die Menschheit lange genug existieren möge, um durch Erforschung zahlreicher Exoplaneten eine wissenschaftlich fundierte Antwort zu finden. Der Start des Weltraumteleskops TESS im April 2018 ist ein wichtiger Schritt in diese Richtung.

11.5 Schlußwort

Aus den bislang vorliegenden und zuvor diskutierten Ergebnissen lassen sich zumindest vier Schlussfolgerungen herleiten:

- Erstens, eine chemische Evolution in einer Ursuppe, in der alle drei wichtigen Biopolymerklassen, Proteine, Nucleinsäuren und Polysaccharide, mehr oder minder gleichzeitig entstanden sind, kann es nicht gegeben haben.
- Eine chemische Evolution, sofern sie stattgefunden hat, kann nicht auf der Basis von reduktionistisch-deterministischen Reaktionsabläufen erklärt werden. Allein schon die vielen vergeblichen Modellversuche, alle zwanzig prAS herzustellen, eine präbiotische Synthese von Nucleotidtriphosphaten zu finden und die vergeblichen Bemühungen, eine präbiotische Entstehung von Proteinen ohne ribosomalen Apparat zu erklären, sind hinreichende Argumente gegen die Hypothese, dass eine erfolgreiche chemische Evolution zwangsläufig aus den Orbitalen der beteiligten Atome hervorgehen musste.
- Die von Radikalen und aggressiven Ionen dominierte Chemie des Weltalls sowie Folgereaktionen in Asteroiden, Kometen und Meteoriten sind einer chemischen Evolution hin zu lebenden Organismen diametral entgegengesetzt. Die Weltraumchemie zeigt, was von einer ungerichteten chemischen Evolution zu erwarten ist, nämlich eine zunehmende Diversifizierung organischer Moleküle mit gleichzeitiger Maximierung der Entropie. Auch dieser Sachverhalt spricht eindeutig gegen eine reduktionistisch-deterministische Begründung der chemischen Evolution. Der Beitrag zu einer chemischen Evolution auf der Erde kam am ehesten durch Anlieferung größere Mengen organischer Materie zustande, vielleicht auch durch einen Beitrag zur Entstehung der Homochiralität (s. Abschn. 10.2), aber sicherlich nicht durch bevorzugte Anlieferung von Biomonomeren oder gar Biopolymeren.
- Unter Berücksichtigung der oben genannten Argumente gibt es keine Erklärung für die Frage, warum eine ungerichtete chemische Evolution den Weg zur ersten Zelle gefunden haben müsste. Postuliert man aber eine gerichtete Evolution ohne reduktionistisch-deterministische Begründung, dann landet man bei der in Abschn. 1.2 definierten Hypothese I (B), d. h., es müssen im Universum Gesetze implantiert sein, die ergänzend zu den bekannten chemischen und physikalischen Gesetzen dafür sorgen, dass eine chemische Evolution die Richtung zur Erschaffung einer Protozelle findet.

Die zahlreichen Kenntnislücken, Negativergebnisse und Gegenargumente, die in den vorstehenden Kapiteln angeführt wurden, machen es beim augenblicklichen Kenntnisstand schwer, aus distanzierter, wissenschaftlicher Sicht die ehemalige Existenz einer zu Leben führenden chemischen Evolution zu akzeptieren. Trotz zahlreicher Fortschritte, insbesondere im Rahmen der RNA-Welt-Hypothese, reichen die bislang vorliegenden Ergebnisse bei Weitem nicht aus, eine chemische Evolution bis hin zu lebenden Organismen ausreichend zu begründen.

Die enormen Fortschritte der letzten drei Jahrzehnte lassen aber auch Raum für die Hoffnung, dass in Zukunft weitere experimentelle Befunde zugunsten einer chemischen Evolution auf der frühen Erde erarbeitet werden können. Für Gläubige der chemischen Evolution mag diese Hoffnung schon eine Art Gewissheit sein, denn was sollen weitere Ergebnisse anderes bringen, als eine immer bessere Begründung der chemischen Evolution. Von einem neutralen Standpunkt aus betrachtet gibt es jedoch eine Alternative, die darin besteht, dass immer nur weitere Details ans Licht kommen, wie einzelne Schritte der chemischen Evolution abgelaufen sein könnten, ohne dass eine Antwort auf die Frage nach dem „Warum des Evolutionsverlaufs zur Protozelle hin" gefunden wird. Für einen Anhänger der „a posteriori Argumentation" (da es Leben auf der Erde gibt, muss die Evolution ja den entsprechenden Verlauf genommen haben) hat die zweite Frage natürlich keine Bedeutung. Wer aber wissen will, warum eine ungerichtete chemische Evolution den Weg zur Protozelle finden konnte, so wie eine ungerichtete biologische Evolution den Weg zum Menschen, für den ist die Beantwortung dieser Frage entscheidend und die Beantwortung des „Wie" ist nicht ausreichend. Solange dieses Szenario besteht, sind die Antireduktionisten, die für die Entstehung des Lebens einen über die chemischen und physikalischen Gesetze hinausgehenden *added value"* postulieren, nicht widerlegt.

Um Missverständnissen vorzubeugen, möchte der Autor abschließend seine eigene Sichtweise der chemischen Evolution in einem Satz darlegen. Für den Autor ist das Konzept „chemische Evolution" eine faszinierende Arbeitshypothese aber kein Glaubensbekenntnis, und es gilt für diese Arbeitshypothese wie für alle anderen wissenschaftlichen Hypothesen die Aussage, die schon vor über 700 Jahren von dem britischen Franziskanermönch Roger Bacon (ca. 1214–1292) formuliert und diesem Kapitel vorangestellt wurde.

Literatur

Brook T, Schaw G (1978) Orig Life 9:597
Eschenmoser A (1999) Science 284:2128
Eschenmoser A (2003) Creating a perspective for comparing. In: Proceedings of the J. Templeton Foundation "Biochemistry and Fine-tuning", Harvard University, October 10–12, 2003
Hoyle F, Wickramasinghe C (1981) Evolution aus dem All. Ullstein, Berlin
Luisi PL (2006) The emergence of life. Cambridge University Press, Cambridge
Miller SL (1955) J Am Chem Soc 77:2351
Oró J (1960) Biochem Biophys Res Commun 2:407
Parker ET, Cleaves HJ, Callahan NR, Dworkin JP, Glavin DP, Lazkano A, Bada JL (2011) Orig Life Evol Biosph 41, 201 und 569
Pitsch S, Wendekorn S, Krishnamurthy R, Holzner A, Minton M, Bolli M, Miculka C, Windhab N, Micuru R, Stanek M, Eschenmoser A et al (2003) Helv Chim Acta 86:4270
Rehder D (2010) Chemistry in space. Wiley-VCH, Weinheim
Ribas de Poublana L (2004) The genetic code and the origin of life. Kluver Academic & Plenum Publishers, New York
Shapiro R (1987) Origins – a skeptic's guide to the creation of life on earth, Bantham Ed, Summit Books a Division of Simon % Schuster, New York

Urey HC (1952) The Planets. Yale University Press, Connecticut
Wills C, Bada J (2000) The spark of life. Perseus Publications, Cambridge
Woese C (1980) An alternative to the Oparin view of the primeval sequence. In: Halvorson HO,
    Van Holde KE (Hrsg) The origins of life and evolution. Alan R Liss,, New York, S 65–76

Stichwortverzeichnis

A

Acetaldehyd, 78, 231
added value, 7, 167, 236, 238, 240
Adenin, 89, 94, 97–102, 104, 151, 174, 190, 191, 195, 230, 232, 233
Adenosin, 102–104, 128, 130, 138, 177
Adsorption
  enantioselektive, 207
Ala, 205
Alanin, 20, 65, 185, 226
Alkohol, 45, 59, 62, 184, 192, 231, 232
α-Abu, 165, 205
α-Aibu, 176, 185, 187, 188
α-Aminobuttersäure, 227
α-AS
  nichtproteinogene, 186
α-Helix, 204, 209, 227
Alumosilikat, 31, 207, 217
Aminoethylglycin, 27
Aminoimidazol, 94, 106, 140
Aminomethylglycin, 80
Aminosäure, 20
Aminosäuresynthese, 69
Ammoniak, 231, 235
Amphiphile, 41, 42, 192, 194
amphiphile Komponente, 41
a-posteriori-Argument, 8, 33, 229
Aptamer, 153–155, 163, 165, 227
Archaeen, 46, 153, 218, 220
Arginin, 46, 82, 84, 195
Asparagin, 47, 82
Asparaginsäure, 20, 26, 185, 209, 226, 227
ATP, 163, 227
ATP-Synthase, 46
Autopoiesis, 3, 236

B

Benzimidazol, 141, 191
β-Alanin, 226
β-Faltblätter, 82, 147, 204, 227
Biopolymer
  homochirales, 40, 189, 200, 217–219
Blausäure, 72, 73, 94, 96, 98, 99, 106, 123, 150, 230, 231
Borsäure, 93, 196

C

Carbodiimid, 98, 122, 128, 130, 132–134, 141, 210, 211
Carbonsäure, 45, 47, 57, 59, 66, 71, 78, 79, 83, 84, 182, 183, 185, 191–194, 231–233
Carbonyldiimidazol, 43, 65, 118, 210, 211
CCP, 60–62, 146, 147
Chemoton, 39
Chondrit, 181
Coazervat, 17, 38, 193, 235
Code
  genetischer, 157, 158, 161, 165
Codon, 158, 163, 164
Compartment, 17, 37, 39, 40, 42, 44, 46, 47, 49, 84, 139, 150, 151, 156, 165, 232, 235
Copolymersequenz, 145
Copolypeptid
  homochirales, 36
Cyanacetaldehyd, 98, 101
Cyanacethylen, 98, 99, 102–104, 106, 161, 210, 231
Cyanamid, 41, 42, 93, 98, 102, 104, 106, 107, 121, 122, 128, 130, 134, 210, 231, 234

© Springer-Verlag GmbH Deutschland, ein Teil von Springer Nature 2019
H. R. Kricheldorf, *Leben durch chemische Evolution?*,
https://doi.org/10.1007/978-3-662-57978-7

Printed in the United States
by Bookmasters

Printed in the United States
By Bookmasters